DaVinci Resolve 18 中文版达芬奇调色技法

孙春星　庄栎燊◎著

中国铁道出版社有限公司
CHINA RAILWAY PUBLISHING HOUSE CO., LTD.

内 容 简 介

本书主要围绕达芬奇调色主题展开。系统讲解了达芬奇调色的软硬件搭配、基础操作、媒体管理、剪辑技巧、套底回批、色彩科学、色彩美学、一级调色、二级调色、节点调色、LUT 详解、OFX 特效、调色管理和输出交付等，并以案例形式对调色的技巧、经验和风格进行了演示与总结。书中案例涉及广告片调色、科幻短片调色和短片调色等，特别适合初学者循序渐进学习使用，不断提高。

本书是中文版的达芬奇调色教学基础图书，中文菜单和中文界面更适合中国用户的使用习惯。讲解的调色理论简洁实用，调色案例贴近实战，可作为传媒和影视制作专业的达芬奇调色教材和课外参考书。随书下载（以网盘形式分享）包含学习所需的调色素材、达芬奇调色台操作手册及重点内容的教学录像，便于读者学习掌握达芬奇调色的技能和调色台的使用方法。

本书不仅适合调色师阅读使用，而且对剪辑师、合成师、摄影师、导演、制片和独立电影制作人也具有一定的参考价值。

图书在版编目（CIP）数据

DaVinci Resolve 18中文版达芬奇调色技法 / 孙春星，庄栎桑著. —北京：中国铁道出版社有限公司，2023.12（2024.10重印）
ISBN 978-7-113-30557-4

Ⅰ.①D… Ⅱ.①孙… ②庄… Ⅲ.①调色-图像处理软件 Ⅳ.①TP391.413

中国国家版本馆CIP数据核字（2023）第178017号

书　　名：DaVinci Resolve 18 中文版达芬奇调色技法
DaVinci Resolve 18 ZHONGWEN BAN DAFENQI TIAOSE JIFA
作　　者：孙春星　庄栎桑

责任编辑：张亚慧　　编辑部电话：（010）51873035　　电子邮箱：lampard@vip.163.com
封面设计：宿　萌
责任校对：苗　丹
责任印制：赵星辰

出版发行：中国铁道出版社有限公司（100054，北京市西城区右安门西街 8 号）
网　　址：https://www.tdpress.com
印　　刷：北京盛通印刷股份有限公司
版　　次：2023 年 12 月第 1 版　2024 年 10 月第 2 次印刷
开　　本：787 mm×1 092 mm 1/16　印张：25　字数：593 千
书　　号：ISBN 978-7-113-30557-4
定　　价：168.00 元

2013年，我在筹备《DaVinci Resolve 11 达芬奇影视调色密码》。2023年，我在为新书《DaVinci Resolve 18 中文版达芬奇调色技法》写序。10年过去了，感慨良多！这10年来，我从一名达芬奇调色学员进阶成为BMD官方认证的达芬奇调色导师，并且在2019年参与了BMD官网达芬奇中文教学视频的录制工作，在BMD公司总部演播室录制了“DaVinci Resolve 16-剪辑入门”和“DaVinci Resolve 16-调色的艺术”这两节视频教程。

这些经历使我备受鼓舞又倍感压力，深感唯有不断学习，持续进步才能不负各方信任。多年来，不断有学员从全国各地赶赴北京，来到“中影华龙教育”求学，有不少学员都读过我的书，看过我的网络教程，一提“春星开讲”，多多少少都有印象。我和很多学员也建立了密切的联系，经常在微信群中聊技术、谈工作，不亦乐乎。

一切都在良性发展，但疫情让我的工作遭遇了严重打击。2020年上半年几乎没怎么开班，原本每月一期变成了两个月一期甚至三个月一期。好处也有，那就是逼出了网络班。下半年接了一部电视剧的前期录音和后期制作，有两个月都在剧组工作，终于彻底实现了达芬奇剪辑、调色和混音的全流程制作。

达芬奇软件的版本更新也受到了严重影响，2020—2022年，三年只更新了两个版本。我的写书计划也是走走停停，迟迟难以定稿。但是，达芬奇依然在发展，影视行业依然在艰难前行。2022年，由詹姆斯·卡梅隆执导的科幻电影巨作《阿凡达：水之道》使用达芬奇完成调色并输出母版。同年，由郭帆执导的科幻电影力作《流浪地球2》也使用达芬奇完成DIT现场调色和后期DI调色。在影视行业中，达芬奇就是调色的代名词。达芬奇稳稳占据了影视调色的高、中、低端市场。电影、广告、电视剧、综艺、宣传片和短视频调色，都能看到达芬奇的身影。

2023年，春风化雨，万物复苏！北京的达芬奇调色培训班又开起来了，达芬奇调色的新书也要出版了。我也希望把这些年积累的知识和经验以“图书+视频”的形式呈现给大家。达芬奇软件又要以一年一个版本的速度更新，很有可能本书出版时，达芬奇19版本已经发布了。那读者岂不是永远跟不上达芬奇更新的速度了？

并不是的。无论达芬奇软件怎样改变，其核心是不变的。这个核心就是“调色”，界面可以越来越时尚，插件可以越来越丰富，色彩科学可以越来越高级，但是核心算法依然是如何精确地“雕刻光影”。另外就是保持对新技术的持续关注，永远上进。

因此，我想告诉读者们：无论何时，学习达芬奇调色都不算晚。闻道有先后，术业有专攻。人事有代谢，往来成古今。无论你是“前浪”还是“后浪”，都有自己闪光的时刻！

孙春星

写于北京中影华龙调色学院

2023年3月5日

喜欢读前言的你真的是一个懂得读书技巧的人！既然你看到这里了，那么我建议你花点时间仔细读下去。不管你是一位初学者还是一个调色高手，相信你都能从中获益。

必备的学习和工作设备

学习达芬奇调色不同于学习常见的后期软件，因为调色工作对软硬件环境有一定的要求。读者想要学习达芬奇调色，首先必须准备一台能够流畅运行达芬奇软件的计算机。达芬奇对计算机性能有一定的要求，显卡是非常重要的，达芬奇需要用到显卡的并行加速运算，也就是要支持CUDA（以NVIDIA显卡为主）、OpenCL（以AMD显卡为主）和Metal（以Apple公司显卡为主）加速。

如果安装了达芬奇，但是在开启过程中闪退，很可能是由于显卡不支持造成的，例如，你用的是板载显卡或者虽然支持达芬奇的显卡但是驱动太旧。如果在调色过程中出现“花屏”现象，则可能是显存不足的原因。其他硬件如CPU、内存和硬盘等，自然是越快越好。达芬奇12版本开始支持集成显卡（核心显卡），这意味着一些性能较低的计算机（尤其是带有集显的笔记本电脑）也可以运行达芬奇软件。

能够运行达芬奇的计算机如下：

- Apple公司的iMac、MacBook、MacBookAir、MacBookPro和MacPro。前提是这些计算机的显卡要满足需求，屏幕分辨率满足1920×1080及以上。Apple M系列芯片均支持运行达芬奇软件，甚至iPad都可以运行（推荐搭载M芯片的iPad Pro）。
- DIY的或者品牌的Windows计算机或笔记本电脑。前提是这些计算机的显卡要满足需求，屏幕分辨率满足1920×1080及以上。
- 安装有Linux版本达芬奇的Linux计算机。一般是系统集成商出售的“高端达芬奇调色系统”或用户自行DIY的Linux计算机。

达芬奇软件分为三个系统，两个版本：

- 达芬奇18的两个版本是DaVicni Resolve 18和DaVicni Resolve Studio 18。DaVicni Resolve 18是免费的，限制了部分功能，如不能输出4K视频，

不能进行立体电影调色，不能开启硬件降噪，只能支持一块显卡和不支持官方调色台等。限制的这些功能是非常重要的，有能力的个人和单位，可以考虑使用DaVicni Resolve Studio 18版。Studio版是使用加密狗或者序列号两种方式授权的，联系官方授权的代理商购买。

- 三个系统是Mac OS X、Windows和Linux。注意，不同的系统对应不同的达芬奇软件，否则将会导致无法安装。

如果要下载达芬奇软件，可以登录官方网站的达芬奇软件专题页面，单击页面中的“下载”按钮，然后在弹出的窗口中选择合适的系统和版本进行下载。

达芬奇调色周边设备

达芬奇不是一个调色软件而是一整套系统。一套完整的达芬奇系统除了软件外，还包括一台主机、一个磁盘阵列、一台显示器、一台监视器（甚至一台电影放映机）、一台示波器、一个调色台及一个专业的调色环境。

对于拥有专业成套设备的读者而言，学习本书无须添置设备。对于只拥有主机和显示器的读者而言，还可考虑购买调色台、I/O卡和监视器。

本书都讲了些什么

本书主要围绕达芬奇调色主题展开，共14章。

- 第1章　达芬奇调色系统概述：欢迎进入达芬奇调色的光影世界！我们将从达芬奇调色系统的诞生讲起，一步步带领读者熟悉达芬奇调色系统的软硬件构成，进而学习如何安装达芬奇调色软件，为后续的课程做准备。
- 第2章　达芬奇18软件基础：从本章开始，我们就要学习达芬奇软件的界面布局和操作方式了。希望读者耐心阅读，打好基础。好的开始是成功的一半！相较于之前的版本，达芬奇18版本的界面又有了较大变化，即使是达芬奇的老用户也有必要重新熟悉。
- 第3章　影视调色流程概述：对于调色师而言，不仅需要熟练地掌握技术（如对调色软件和调色台的熟练掌握），而且需要具备对色彩的敏锐度和悟性等艺术素质和工作经验。对于电影调色公司而言，则不仅仅是拥有一

两个优秀的调色师就能解决问题的。因为电影调色自身就是一个小型的系统工程（电影制作是个大型的系统工程），需要依靠团队的力量和科学严谨的制作流程才能在限定期限内优质高效地完成任务。

- 第4章　从DIT到剪辑：从影视拍摄现场到后期制作公司，DIT是衔接各个部门或公司的中心枢纽，对素材的传递起到承上启下的重要作用。DIT不仅要对数据进行多重备份和校验，保证拍摄素材的绝对安全，还要对素材进行质量检查甚至是转码、合板与交接工作。本章将讲解DIT基础知识和操作技能，为后续的剪辑工作打下良好的基础。
- 第5章　从剪辑到调色：在以往的调色工作中，调色软件通常要和剪辑软件结合使用来完成整个流程。如今，随着达芬奇软件的升级，剪辑和调色工作都可以在达芬奇中完成，这对调色流程的影响是十分巨大的。本章将介绍达芬奇调色的剪辑功能和调色流程。由于每个人使用的平台和剪辑软件各不相同，所以，本章中讲解的是套底的基本操作方法，不可能涵盖所有的套底流程。
- 第6章　一级调色：本章主要讲解达芬奇一级调色的知识，进行一级调色必须掌握的常用工具。达芬奇的一级调色工具主要包括色轮调色和一级调色（Primaries调色）。另外，还介绍了怎样平衡画面。
- 第7章　二级调色：二级调色是很多调色学习者非常感兴趣的内容。本章主要讲解了窗口、跟踪器、限定器、曲线、色彩扭曲器、神奇遮罩和键等工具。
- 第8章　色彩管理：调色工作是艺术和技术的结合，所以，很有必要掌握一些色彩科学的相关知识。通过本章的学习，将会学习到色彩空间及视频技术的基础知识。懂得RAW、LOG和709素材的相互关系，并且掌握色彩管理（YRGB、RCM和ACES）的用法及技巧。
- 第9章　小清新风格："小清新"一词意为构图简单、略微过曝的风格化调色。对此风格加以细分，大致分为LOMO、唯美等。这种透着一股温馨淡然气息的风格调色正受到越来越多的追捧。带有小情节、小情绪和生活气息、温情柔和的"小清新"调色风格，其中的些许柔光、过曝的效果，都透着达芬奇调色的魅力。

● 第10章　数字美颜：本章介绍了肤色校正、美颜磨皮及通过达芬奇来完成动态视频的瘦身瘦脸。对于调色师而言，需要掌握不同年龄、不同职业、不同性别的人的肤色、皮肤质感及美妆的处理。为了更加通透地理解人物的肤色处理和具体操作，在达芬奇学习中，肤色处理是必不可少的技能。

● 第11章　OFX特效：达芬奇既含有内置特效插件又支持第三方特效插件。本章将详细介绍内置的几十款插件的用途和使用技巧。有了插件的帮助，达芬奇调色师可谓是如虎添翼，以往难以实现的效果如今都可以使用插件获得。

● 第12章　调色案例——超光速旅行：本章将讲解科幻短片《超光速旅行》的调色流程和调色步骤。科幻片的摄影风格和调色风格也有多种流派。《少数派报告》的“跳过漂白（Bleach Bypass）”和《变形金刚》的“橙青（Orange Teal）”就是两种完全不同的风格。即使是主题相同的电影，《银翼杀手1982》和《银翼杀手2049》的风格也有着显著区别。在本例中，读者完全可以发挥想象力，塑造出自己的科幻风格。

● 第13章　家具广告片调色：本章讲解了家居广告片的准备过程，调色思路和调色步骤。广告片调色的品质要求上比纪录片或者宣传片更高，这也要求注重素材的前期拍摄质量，对于调色学员来说是有门槛的。不同的广告片也有不同的风格。本章以家居广告为例进行讲解，读者可以根据不同类型的广告制作出不同的广告风格。

● 第14章　从调色到交付：当影片制作完成后就需要输出成片并进行交付。本章将介绍达芬奇交付页面的布局及常用的渲染预设，带领读者认识常用的文件格式与编码。输出交付是调色工作的最后环节，其中涉及大量的技术问题，并且容不得粗心大意，需要每一位从业者慎重对待。

更多的达芬奇调色学习渠道

由于本书是一本供初级读者和中级读者使用的达芬奇调色教材，所以，对于高级和深入的达芬奇调色内容未做过多涉及。如果你想学习更多、更深入的达芬奇调色知识，有以下渠道供你选择：

● 欢迎订阅“春星开讲|达芬奇调色”微信订阅号。截至2023年3月

5日，已经发布了1030篇文章。“春星开讲”一直在这个订阅号上持续更新关于达芬奇调色的文章与教程，敬请关注！

- “春星开讲”在“哔哩哔哩”网站开设了自媒体频道，持续发布达芬奇调色教程。
- 国内外同行发布了不少达芬奇调色教程与资源，读者可以自行在网络搜索。初学调色的人尽可能多地观看不同人讲授的达芬奇课程，然后博观约取，综合对比分析，形成自己的观点和思路。万不可先入为主，固执己见。
- 如果想要深入地学习达芬奇软件本身，可以阅读达芬奇软件的帮助文档，该文档多达4000页，回答了关于达芬奇的几乎所有问题。该文档目前虽然是英文版的，但是将会在2024年前后推出中文版。
- 读者也可选择“中影华龙调色学院面授培训”对达芬奇调色进行更加贴近实战的深入学习，面对面交流和手把手辅导是目前效率最高的教学形式。

关于达芬奇调色国际用户认证

DaVinci Resolve国际用户认证是通过在合法的BMD授权机构参加面授培训和考试，在考试合格后获得DaVinci Resolve用户认证证书的教育计划。

Blackmagic Design认证的培训课程专门为新用户和资深专业用户量身打造，教你如何在完成工作的同时变得更有创意、更有效率。Blackmagic Design培训网络包括250名经过认证的培训导师和100多家认证培训中心。

中影华龙调色学院于2018年6月通过Blackmagic Design公司官方认证，成为达芬奇调色认证培训中心，可以在达芬奇软件的官方网站上查询到相关信息。

关于快捷键的问题

本书是在Mac（苹果计算机）平台上写作完成的，讲解的达芬奇软件也是Mac版的。对于Windows平台的用户来说，在学习中要注意的是快捷键的差异。Mac的【Command】键等同于Windows的【Control】键，Mac的【Option】键等同于Windows的【Alt】键。

关于随书素材的声明

本书中使用的调色素材承蒙Blackmagic Design、中影华龙教育、幻彩天成和庄栋檠等公司或个人提供，在此深表谢忱。必须说明的是，本书下载中提供的所有素材仅供调色练习之用，未经版权方许可，任何机构或个人均不得以商业目的使用该素材。

本书作者联系方式

读者在学习过程中如果有关于达芬奇调色的相关问题，可以和作者进行交流，联系方式如下：

- 微信：scxwin或chunxingkaijiang
- 新浪微博：@孙春星

《达芬奇调色密码》读者交流微信群

凡购买本书的读者均可加入读者交流微信群（请先添加微信号：chunxingkaijiang，经核实后拉你进群）进行交流。调色朋友遍天下，不亦乐乎！

孙春星

2023年3月5日

DaVinci Resolve Advanced Panel
DaVinci Resolve Mini Panel
DaVinci Resolve Micro Panel
DAVINCI
NEURAL ENGINE

CONTENTS 目录

先进的遮罩
和动态遮罩工具
全自动化控制
导入并渲染3D模型
栩栩如生的光影
使用修改器
NIGHT

第5章 从剪辑到调色

第6章 一级调色

第7章 二级调色

Radius
Primaries
Color Wheels
Temperature 0.0
Tint 0.00
Contrast 1.000
Pivot 0.435
Midtone Detail 0.00
Lift
Gamma
Gain
Offset
-0.04 0.01 0.01 0.01
0.05 0.08 0.05 0.04
1.06 1.14 1.05 0.93
22.62 22.84 20.14
Color Boost 0.00
Shadows 0.00
Highlights 0.00
Saturation 50.00
Hue 50.00
Luminance Mix 100.00

CONTENTS 目录

第9章 小清新风格调色

第10章 数字美颜

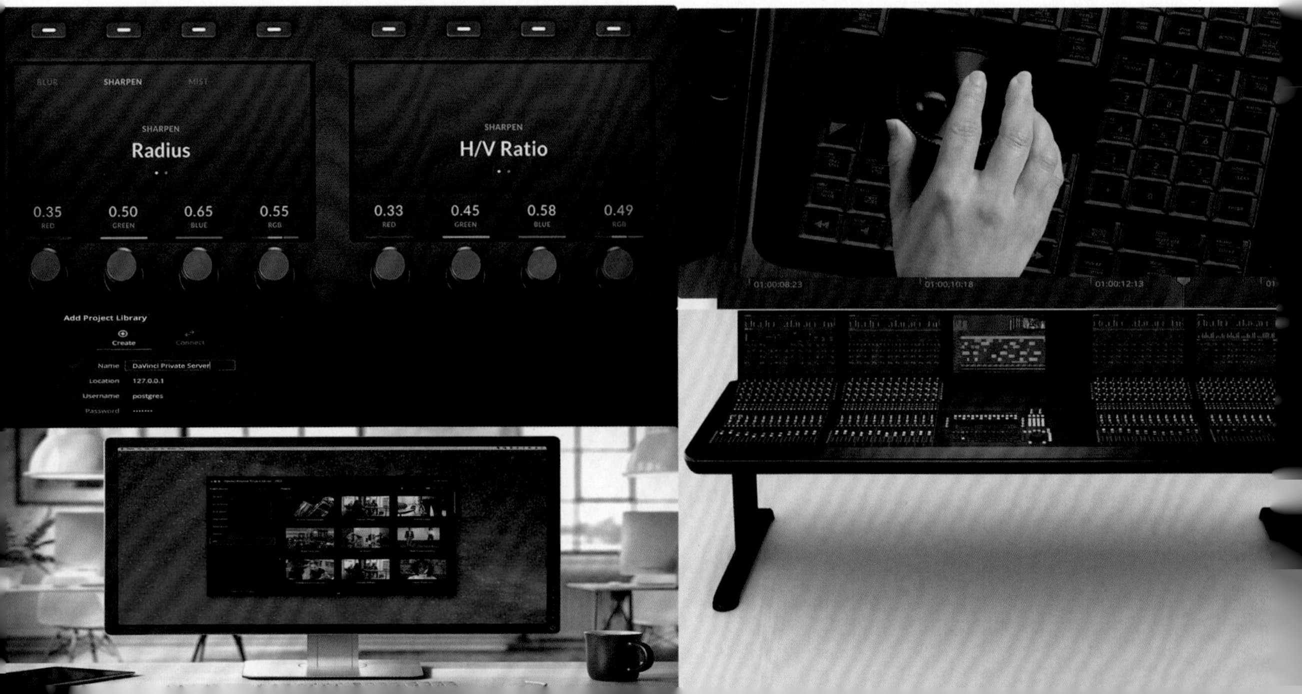

CONTENTS 目录

第12章 调色案例——超光速旅行

第13章 家居广告片调色

第14章 从调色到交付

第1章 达芬奇调色系统概述

本章导读

DaVinci Resolve 是一款在同一个软件工具中，将剪辑、调色、视觉特效、动态图形和音频后期制作融于一身的解决方案。它采用美观新颖的界面设计，易学易用，能让新手用户快速上手操作，还能提供专业人士需要的强大性能。有了 DaVinci Resolve，无须学习使用多款软件工具，也不用在多款软件之间切换来完成不同的任务，从而以更快的速度制作出更优质的作品。这说明在制作全程均可使用摄影机原始画质影像。只需一款软件，就相当于获得属于自己的后期制作工作室。

本章学习要点

◇达芬奇软件简介
◇选配与安装达芬奇系统
◇安装达芬奇软件
◇达芬奇 18 新功能

1.1 达芬奇软件简介

影视色彩能够在场景中建立起和谐融洽或者冲突对立的氛围，可以在无形中影响观众的情绪、心理甚至引发身体反应。影视色彩的最终呈现会受到多种因素的影响，如前期的美术、服装、化妆、道具、灯光和摄影，还有后期的调色（Color Grading）。

调色是电影制作和视频制作中不可或缺的后期制作过程，用于改变视频画面的观看感受。DaVinci Resolve（根据不同情况，本书有时称为“达芬奇”，有时使用英文原名称）是一款由 Blackmagic Design（简称“BMD”）公司出品的影视后期制作软件。最初，达芬奇专攻影视调色。经过多年发展，达芬奇已成为一款综合型影视后期制作软件，集剪辑、特效、混音和调色功能于一身。软件调色界面如图 1-1 所示。

图 1-1　达芬奇软件调色界面

达芬奇是从事影视节目制作高端专业人士的得力助手。达芬奇拥有荣获艾美奖的 32 位浮点图像处理技术，获得专利的 YRGB 色彩科学，以及用于新型 HDR 工作流程的广色域色彩空间。除此之外，它还能提供有着传奇品质的 Fairlight 音频处理，为作品赋予非同凡响的音质。有了达芬奇软件，就能拥有专业调色师、剪辑师、视效师和混音师所使用的同款制作工具，为影视制作提升制作水准。而且达芬奇新引入的 Blackmagic Cloud 技术能让用户在世界各地存储并获取项目文件，让剪辑师、特效师、混音师和调色师在不同地点进行协作，如图 1-2 所示。

图 1-2　不同岗位协同工作

达芬奇调色系统的发展简史，见表1-1。

表1-1 达芬奇调色系统的发展简史

年　份	版本号	备　注
1984	da Vinci Classic	美国da Vinci Systems公司开发出第一代达芬奇调色系统——da Vinci Classic。注意：此时的软件名称中，达芬奇的首字母是小写的d并且后面有一个空格
1998	da Vinci 2K	此时改名为da Vinci 2K，运行于SGI O2工作站上。适用于对SD（标清）、HD（高清）及2K分辨率的影像文件进行处理
2002	da Vinci 2K Plus	此时改名为da Vinci 2K Plus，运行于Linux工作站上。极大地提升了一级调色和二级调色的功能。 修正了不少da Vinci 2K调色系统的问题，极大地提升了硬件性能
2009	被BMD收购	BMD公司收购了da Vinci Systems公司的全部资产。从此，达芬奇调色系统开始了它的新生
2010	DaVinci Resolve 7.0	基于Mac OSX系统的DaVinci Resolve 7.0发布，售价995美元。之前达芬奇调色系统的售价高达20万美元甚至80万美元。达芬奇7.0支持RED Epic摄影机，不安装FCP也可读写ProRes编码的视频。支持群集GPU，支持JL Cooper Eclipse CX调色台
2011	DaVinci Resolve 8.0	BMD公司发布了DaVinci Resolve 8.0。达芬奇8支持FCPX的多机位剪辑和复合片段，支持RED HDRx的Magic Motion模式，支持Tangent Element调色台，支持ACES色彩空间。对于CUDA显卡支持实时降噪。同时BMD公司还发布了DaVinci Resolve Lite版本。Lite版本是精简版，虽然带有一定的功能限制但是完全免费
2012	DaVinci Resolve 9.0	BMD公司发布了DaVinci Resolve 9.0。达芬奇9拥有全新的界面设计，将之前的十个工作区精简为五个，分别是“Media”（媒体）、“Conform”（套底）、“Color”（调色）、“Gallery”（画廊）和“Delivery（导出）”。Mac版达芬奇9.0成为完全的64位程序
2013	DaVinci Resolve 10	BMD公司发布了DaVinci Resolve 10。达芬奇10仍然是五个工作区，支持现场实时调色，支持OpenFX插件，每个节点支持无限个窗口（达芬奇9每个节点只能有4个窗口）。整合了easyDCP，可以进行电影打包。新增了运动特效面板（添加时域降噪和运动模糊）
2014	DaVinci Resolve 11	BMD公司发布了DaVinci Resolve 11。达芬奇11开始支持多语言界面（英文、日文和中文）。达芬奇11的工作区被精简为四个：媒体、编辑、调色和导出。支持多用户协作流程及双屏操作界面，软件示波器实时刷新（之前版本延迟0.2s左右）。Linux版的达芬奇支持苹果公司许可的ProRes编解码，增添了克隆工具，支持完整的JKL导航

续表

年　份	版本号	备　注
2015	DaVinci Resolve 12	BMD公司发布了DaVinci Resolve 12。分为两个版本，DaVinci Resolve和DaVinci Resolve Studio。DaVinci Resolve就是之前的Lite版。达芬奇12设计了全新的、现代的、灵活的、可缩放的用户界面，支持从1440×900到5120×2880的显示屏幕。媒体管理能力得到很大提升，拥有完善的剪辑功能。
2016	DaVinci Resolve 12.5（达芬奇13）	达芬奇13增强了剪辑时间线和调色页面的性能，增加了Fusion Connect，可以将达芬奇中的片段直接发送给Fusion进行合成操作，渲染后的画面会在达芬奇中直接更新。一级校色面板中新增了色温和色调工具。新增了HDR调色功能、HDR示波器，支持HDMI2.0元数据。将23.976fps和24fps渲染为29.97fps和30fps时，可以使用3：2下拉功能。对于带场的素材，可以激活去场功能
2017	DaVinci Resolve 14	新增协作能力，可以多用户同时操作同一个项目。整合了Fairlight混音软件，如今达芬奇14已拥有剪辑、调色、混音等多项专业功能。新增面部优化、除霾、变形器、色域映射及去除色带等多项专业插件
2018	DaVinci Resolve 15	合成软件Fusion被整合进达芬奇，极大扩充了达芬奇的合成能力。剪辑功能继续增强，时间线可以堆叠，检视器上可以绘制标注。调色页面新增LUT画廊，极大地提高了使用LUT的效率。节点编辑器和节点图标进行了重新设计，新增共享节点
2019	DaVinci Resolve 16	DaVinci Neural Engine神经网络引擎，可实现AI和深度学习性能，可检测人脸并创建媒体夹，可实现自动调色和镜头匹配。新增“快编”页面。与Frame.io集成远程协作。混音和母版沉浸式3D音频
2020	DaVinci Resolve 17	带有自定义色轮和色调区域的新一代HDR调色工具。以全新方式呈现色彩变换的色彩扭曲器。拥有DaVinci Neural Engine神经网络引擎加持的神奇遮罩。带有色调映射和色彩空间工具的改进版色彩管理，能实现更高品质图像处理的庞大DaVinci广色域色彩空间
2022	DaVinci Resolve 18	支持Blackmagic Cloud云存储和云管理项目素材库。新Blackmagic Proxy Generator代理生成器App可自动创建和管理代理文件。新增物体遮罩功能，可自动识别并跟踪成千上万的物体运动。DaVinci Resolve Studio中的新深度贴图功能可为场景生成3D深度蒙版
2022.10	iPad版达芬奇发布	DaVinci Resolve Studio for iPad版本支持H.264、H.265、ProRes和Blackmagic RAW文件格式。可从iPad存储、照片库和iCloud，以及外部USB-C硬盘导入素材。支持Apple Pencil、Magic Trackpad、Magic Keyboard和Smart Keyboard Folio。可通过Apple Studio Display、Pro Display XDR或AirPlay兼容显示器实现外部监看，在12.9英寸M1芯片iPad Pro上支持HDR显示

续表

年　份	版本号	备　注
2023	DaVinci Resolve 18.5	DaVinci Resolve 18.5 添加了新型 AI 工具和 150 多项全新功能，其中包括为快编页面剪辑工具集新增大量功能，新型 Resolve FX 特效，添加 USD 支持等 Fusion 工具强化，以及强大的 Fairlight 混音自动化等。可以使用自动语音转文本功能，为时间线快速生成字幕，还可通过搜索关键词来提升剪辑速度。Resolve FX Relight 效果能让调色师在场景中添加虚拟灯光

1.2 选配与安装达芬奇系统

达芬奇调色系统由操作系统、达芬奇软件、相关硬件和调色环境共同构成。也就是说，一套完整的达芬奇调色系统除软件之外，还包括一台主机、一套存储设备、一台显示器、一台监视器（甚至是一台电影放映机）、一台硬件示波器、一个调色台，以及一个专业的调色场地共同构成，搭建这样一套系统动辄需要上百万元。专业的达芬奇调色系统如图 1-3 所示。

自从达芬奇被 BMD 公司收购后，达芬奇软件不再依附于特殊的操作系统和硬件，用户在搭建达芬奇调色系统时可以拥有很大的自由度。达芬奇软件可以免费下载，在一台笔记本电脑上就可以流畅运行，如图 1-4 所示。

图 1-3　专业的达芬奇调色系统

图 1-4　在笔记本电脑上运行达芬奇

1.2.1 操作系统

达芬奇软件可以运行在 Mac、Windows 和 Linux 三个操作系统上，如图 1-5 所示。

图 1-5　三个操作系统

苹果公司开发的Final CUT Studio系列产品包括剪辑、合成、调色、转码等工具，在影视行业中得到广泛使用。苹果公司研发的ProRes编码在剪辑、调色和归档领域的作用也是举足轻重。随着近几年苹果公司的战略调整，Final CUT Studio系列已经被改组。2011年，剪辑软件Final CUT Pro 7进阶为Final CUT X，用于调色的Apple Color停止开发，2018年苹果公司宣布全新的Mac系统停止对Final CUT Pro 7的支持。这种调整也改变了不少团队的工作流程。原先剪辑调色的搭配是Final CUT Pro 7 + Apple Color，如今是Final CUT Pro X + DaVinci Resolve。达芬奇软件在剪辑功能的开发上对Final CUT Pro X有不少借鉴，达芬奇与Final CUT Pro X的套底流程也是非常顺畅的。

按照BMD公司的营销策略，达芬奇软件被移植到Windows平台上，这样可以覆盖更大的用户群体。笔者在从事达芬奇教学以来，收到过大量关于达芬奇调色的问题。其中使用Windows平台达芬奇用户的问题最多。Mac版达芬奇用户的问题通常是软件使用问题，而Windows版达芬奇用户问得最多的却是安装、闪退、渲染失败问题等。造成这种现象的原因是复杂的。一方面，Mac系统、Linux系统和Unix系统之间有着千丝万缕的联系，所以，达芬奇软件从Linux系统向Mac系统上移植就比较容易，从Linux系统向Windows系统移植就困难一些，当然这不是绝对的。另一方面，用户的Windows计算机绝大多数是DIY的，硬件配置差别很大，安装的Windows版本也各不相同，导致在一定数量的Windows计算机上不能完美地运行达芬奇软件。

基于Linux系统的达芬奇一般是成套销售的，也就是BMD公司及其代理商按照用户需求提供一揽子软硬件产品，费用高达几十万元甚至上百万元。因此，对于个人和小型公司而言，难以承受如此之高的费用，所以，更适合购买或者自己组装基于Mac或Windows系统的调色系统。

2022年10月，Blackmagic Design宣布推出DaVinci Resolve for iPad，从而创作者可以新方式在新场所扩展视频工作流程。DaVinci Resolve for iPad对多点触控科技和Apple Pencil进行优化，搭载了快编和调色页面，从而获得DaVinci的获奖图像技术、调色精编工具及最新的HDR工作流程。而且，它支持Blackmagic Cloud，可以让创作者与全球各地的多个用户进行协作。DaVinci Resolve for iPad可以在Apple App Store中免费下载，还可通过App内购买一次性付费升级到DaVinci Resolve Studio for iPad，如图1-6所示。

对Apple Silicon性能优化后，DaVinci Resolve在搭载M2的新款iPad Pro上可将Ultra HD ProRes渲染性能提升四倍。使用搭载M1芯片的12.9英寸iPad Pro用户也将获得HDR支持。创作者可将纯画面调色监看输出发送到Apple Studio Display、Pro Display XDR或AirPlay兼容显示器上，因此，不论在片场或后期制作时，用户可直接在iPad上使用外接显示器快速展开调色，如图1-7所示。

新款DaVinci Resolve for iPad可打开并创建标准DaVinci Resolve项目文件，与桌面版DaVinci Resolve 18兼容。支持的文件格式包括H.264、H.265、Apple ProRes和Blackmagic RAW，这些片段可从iPad Pro存储和照片图库中内部导入，或是从连接的iCloud和USB-C存储盘外部导入。

图 1-6　DaVinci Resolve studio for iPad

图 1-7　iPad 版达芬奇界面

1.2.2 主机配置

达芬奇调色系统的主机硬件主要包括 CPU、内存、显卡和硬盘等。对于 CPU 而言，自然是核心数量越多、线程越多、主频越高，优势就越大。对于 R3D 素材而言，当没有安装 Red Rocket 加速卡时，系统主要依赖于 CPU 对其解码，新版达芬奇也可使用 GPU 来加速 R3D 解码。许多专业的达芬奇平台都会选用英特尔至强处理器。

对于达芬奇而言，推荐使用 16GB 及以上内存。64 位系统能够使用更多的内存，所以，如果安装的是 32 位的 Windows 系统，必须升级到 64 位，否则不能安装达芬奇软件。

达芬奇对显卡的要求非常重要，必须能够满足并行运算（CUDA 或者 OpenCL）功能。新版达芬奇软件支持 NVIDIA 显卡、AMD（ATI）显卡及 Intel 板载显卡。虽然新版达芬奇对显卡的要求放宽了，但是，仍有一定数量的 Windows 组装机、iMac 和笔记本电脑不能运行达芬奇，即使能打开也会闪退，造成这种问题的主要原因是显卡性能不达标。

显卡性能主要看两方面：并行运算核心数量和显存大小。N 卡的 CUDA 核心数量和 A 卡的流处理器数量可在官网查询。例如，GeForce GT 330M 显卡的 CUDA 数量只有 48 个，而 QUADRO P6000 显卡的 CUDA 数量多达 3840 个。显存能够保证处理更高分辨率的素材和更复杂的纹理，显存大的显卡在处理 4K RAW 素材调色时更有优势。

对于小项目，可以使用单个 GPU 进行图像处理。如果要处理 8K 或 4K 立体调色，则需要使用 8 个 GPU 进行图像处理。尽管性能差异巨大，目前大多数英特尔、AMD 及 NVIDIA 等支持 OpenCL 1.2 或 CUDA 3.0 计算能力的 GPU 均可用于达芬奇软件。

选配主机时，要特别注意整体的协调性和稳定性。也就是说，要综合考虑主板、CPU、内存、显卡和硬盘之间的性能，让整体性能得到高效发挥，并且还能够长期稳定运行。推荐用户选择专业的工作站级别的主机进行达芬奇调色。对于学习和小型项目来说，DIY 计算机、笔记本电脑也可基本满足需求。

1.2.3 软件界面显示设备

在达芬奇调色系统中，显示器主要用来显示图形界面，便于用户进行调色操作，信号由显卡获得。监视器主要用来监看调整画面的颜色，信号由I/O卡获得。监视器是一种更高级的显示设备，可以保证你看到精准的颜色信息。

1.显示器

达芬奇软件对显示器分辨率的要求较高，一般要满足1920×1080及以上。否则会造成界面显示不全或者检视器画面太小。

大多数液晶显示器（也包括液晶电视机）售价较低，这是因为市场对其各项指标的要求没有那么严格，主要面向普通消费者。由于不同品牌显示器的颜色参数由厂家自行控制，所以，为了销售便利，厂商在校准时会加大对比度、饱和度及锐度等，以及故意偏向某种颜色（如品红色，这会让肤色看起来更粉嫩）。这种现象在液晶电视机领域尤其多见。当然，显示器或电视机都会提供一些可选的颜色模式和调整参数。即使这样，这些显示器还是不能用作颜色监看设备，因为在未校准前，看不到标准的颜色。

在绝大多数情况下，显示器只是用来显示达芬奇的软件界面，很少用它作为查看颜色的标准设备。调色师经常使用的颜色标准有两个：一个是高清电视的Rec.709标准，另一个是数字电影的DCI-P3标准。

当然，市场上还有一批为专业人士生产的专业显示器，这些显示器拥有更宽的色域，更多的Gamma选项，更准确的白平衡色温，甚至具有硬件校准功能。这些高端显示器或电视机在进行校准后也可当作监视器使用。这样的显示器价格昂贵，通常售价在一万元甚至数万元。另外，监视器拥有很多显示器所不具备的功能，如内建示波器、内置LUT、辅助聚焦等。专业的监看还是建议使用监视器。

2.投影仪

投影仪，又称投影机，是一种可以将图像或视频投射到幕布上的设备，可通过不同的接口与计算机、VCD、DVD、BD、游戏机、DV等相连接播放相应的视频信号。投影仪目前广泛应用于家庭、办公室、学校和娱乐场所，根据工作方式不同，有CRT、LCD、DLP等不同类型。

投影仪可分为消费级和专业级两种，消费级投影仪可作为GUI设备使用，专业级投影仪可作为技术监看设备使用。

消费级投影仪是无法给达芬奇调色当作监看设备使用的。因为达芬奇调色对投影仪的色域和颜色精准度有着非常严格的要求，一般投影仪是无法满足的。配合达芬奇调色要选择专业投影仪，最好的是电影放映机。

1.2.4 监看设备——监视器

监视器是调色师评估图像颜色最主要的工具。选配监视器要注意以下几个要点。

01 面板：CRT监视器已成为历史，目前监视器的面板主要是液晶面板，当然也有少量的

OLED 面板。

02 分辨率：在调色时，通过分辨率足够高的图像可以看到更多细节。目前，绝大多数监视器的分辨率均可达到 HD 标准，也就是 1920×1080 像素。有些监视器则具有高达 4K 的分辨率。分辨率是影响监视器价格的最主要因素。一般来说，尺寸越大的监视器越昂贵。

03 色域：面对电视节目制作，监视器应满足 NTSC、PAL 或 HD 视频图像的全色域显示，使用 SMPTE-C 标准或者使用 EBU（欧洲广播联盟）标准。高清监视器遵循 ITU-R BT.709 标准。对于电影调色，监视器则需要满足 DCI-P3 色域。面向最新的 4K HDR 节目制作，则需要监视器满足 BT.2020 色域。

04 可调性：要确保监视器具有足够的菜单设置和手动调节能力，可以实现针对显示环境的校准，如 Blue Only（仅蓝通道）、亮度、色度、相位、对比度调整等工具。还应具备色域切换（BT.709、DCI-P3 等）、色温切换（D65、D93 和自定义）和 Gamma 切换（2.2、2.4 和 2.6）等功能。另外，有些监视器还具备内置示波器、安全框、辅助聚焦、画中画等附加功能。

05 接口：监视器有多种输入输出接口，一般具有 SDI 输入输出接口和 HDMI 输入接口。有些监视器还具有 DVI 和 VGA 输入接口以及 Video 输入输出接口、S-Video 输入输出接口和 YCbCr 输入输出接口。还有网线接口用于管理监视器驱动或者上传 LUT 文件。

06 音频功能：与显示器不同的是，监视器都有内置音箱和音频接口，并且可以在画面上显示音频波形。

07 售价：监视器的售价比较昂贵，是显示器价格的数倍。一般来说，进口监视器比国产监视器昂贵，P3 色域监视器比 Rec.709 色域监视器昂贵，大尺寸监视器比小尺寸监视器昂贵。

在工作中，一些调色师尝试使用两个显示装置：一是用一个较小的、便宜的监视器作为色彩评估显示，而较大的显示器供客户能更为舒适地观看。

二是额外设置一台低质量的显示器。这样可以查看所调色的节目在普通电视上显示的效果。一些调色师也喜欢使用一台小尺寸的显示器，用来观看图像的黑白版本。这有助于评估图像的对比度。由于图像没有色彩，所以客户不会更多地注意它。

还可在调色间中装配一台高档投影仪，目前这仍是一个更为昂贵的选择。投影仪的好处是具有超大面积的图像显示。监视器的优点并不在于观看面积，而在于它拥有非常高的对比度和颜色精准度。

1.2.5 监看设备——电影放映机

顾名思义，电影放映机就是放映电影的机器，可以把影片上记录的影像和声音，配合银幕和扩音机等机械设备还原。时至今日，电影放映机基本上都数字化了。数字电影放映机替代了传统胶片电影放映机胶片图像重现模式，实现了无胶片放映。与传统胶片电影相比，数字电影放映机具有无抖动、不易出现放映事故（胶片断裂）、放映成本低、色彩鲜明饱满、观影质量稳定、发行方式简便、保存简易等显著的技术发行和放映优势，并可有效提供增值服务。

数字电影放映机可作为达芬奇调色的监看设备来使用，这也是最高级别的监看环境，真正做到“所见即所得”。也就是说，调色环境和放映环境无限接近，进而保证色彩的一致性。需要注意的是，数字电影放映机不适合所有影视作品的调色监看，工作中再配合监视器就可以模拟多种观看环境。

1.2.6 I/O卡

许多初学达芬奇的人会问有两个显示器，怎样实现一边显示软件界面，一边满屏显示所调的画面。这个想法看似不错，实际上并不可取。首先，在硬件上无法实现，因为官方对达芬奇进行了输出限制，如果不使用I/O卡，单靠显卡是不能实现在第二个显示器上满屏显示所调画面的。其次，即使能够从显卡输出满屏画面，也难以保证颜色的准确性。因为显示器未校准，并且绝大多数显卡只能输出8bit信号。所以，要想实现独立的画面监看，需要使用I/O卡。

达芬奇所使用的I/O卡分为内置和外置两种。内置I/O卡插在主板的PCI-E接口上。BMD公司出品的Decklink系列I/O卡即属此类，如图1-8所示。

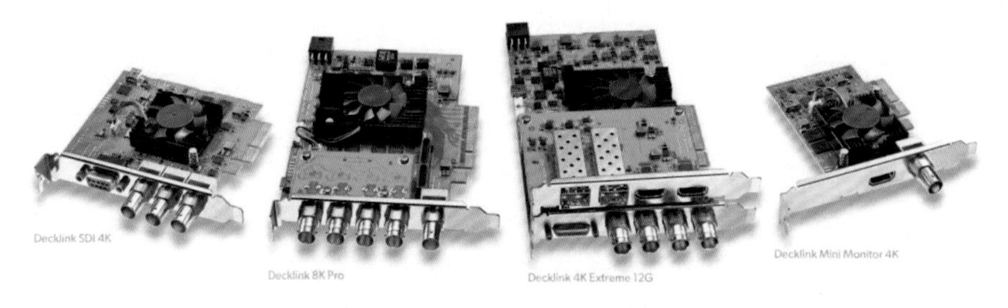

图1-8　Decklink系列I/O卡

图1-9所示为BMD公司出品的UltraStudio外置I/O卡，该卡通过雷电线连接到苹果台式计算机或笔记本电脑上。

图1-9　UltraStudio外置I/O卡

I/O卡通常有SDI和HDMI（高清）接口，可以采集或者输出视频及音频信号。当录放机连接到I/O卡时，可通过达芬奇采集磁带上的影音文件或者把调色后的影音文件输出到磁带。当监视器连接到I/O卡时，调色师以监视器上的画面颜色为参考进行调色处理。当摄影机连接到I/O卡时，可使用达芬奇的现场调色功能对摄影机拍摄的画面进行实时调色处理。

选购I/O卡时还要注意其参数，如UltraStudio Mini Monitor仅能进行监看，而不能用于采集，并且其支持的分辨率最高为1920×1080。要想监看UHD 60P需要购买UltraStudio 4K卡。

1.2.7 硬件示波器

在使用达芬奇调色时，不管是调电影、电视还是网络作品，还需一台硬件示波器来评估画面。尤其是为电视台提供的影像作品还需符合广播标准。达芬奇软件带有软件示波器，该示波器只是提供一个波形的大致显示，对于一般性的调整是有用的，但是其精确性和实时性都不如硬件示波器。外置硬件示波器仍然具有广泛的应用，因为外置硬件示波器拥有更多种类的波形及更多的设置选项。图 1-10 所示为 BMD 公司出品的 SmartView 设备，它既可监看画面，也可监看视频和音频波形。

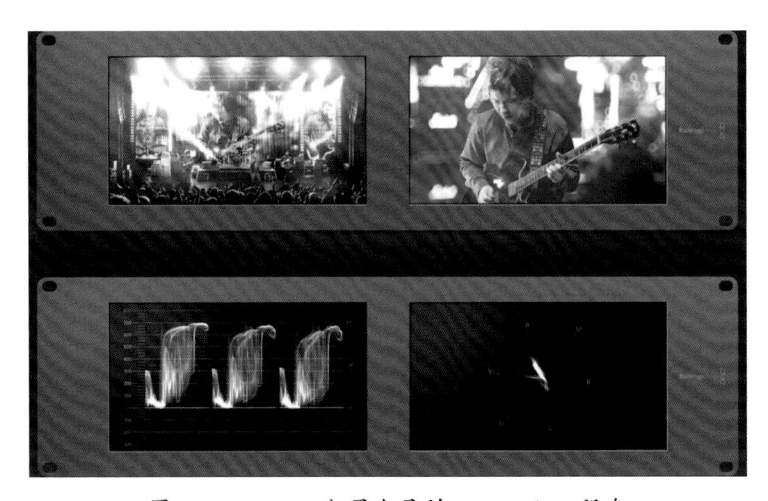

图 1-10　BMD 公司出品的 SmartView 设备

★提示

更为专业的示波器设备可以参考 Tektronix 公司和 HARRIS 公司的相关产品，这些示波器可以从更深入的层面和角度检查节目的视频信号是否达标。

1.2.8 存储设备

达芬奇调色对存储设备的容量和性能的要求也较高，因为影视调色主要处理品质很高的 Raw 文件或者 dpx 序列文件，这些文件的码流很高，给存储设备带来的压力很大，所以，必须要求使用高速存储设备。近些年来，很多摄影机和单反相机都可以拍摄 4K、6K 及 8K 视频，分辨率的提升带来了码流的大幅提升，这也给存储设备带来了很大压力。

存储可分为 DAS、NAS 和 SAN 三种类型。DAS 是指直连存储，内部或外部直接和 PC/Mac 连接，具有可预测的性能及专用带宽。NAS 是指网络连接存储，使用共享 IP 网络。性能合适、共享带宽，总体成本较低。SAN 是指区域网络存储，使用专用的光纤通道网络、高性能、专用带宽，总体成本较高，如图 1-11 所示。

图 1-11　存储的三种类型

在计算机发展初期，大容量硬盘的价格居高不下，数据的存储速度与安全性都得不到改善。因此，开发出磁盘阵列 RAID 技术，磁盘阵列技术是由一个硬盘控制器来控制多个硬盘的相互连接，使多个硬盘的读写同步，减少错误，增加效率和可靠度的技术。其后，磁盘阵列技术得到了广泛应用，数据存取进入了更快速、更安全、更廉价的新时代。

在达芬奇调色的过程中也经常使用磁盘阵列，因为在 Raw+4K、6K 或 8K 时代，数据是海量的，一块 1T 的硬盘可能只存放几十分钟的素材就满了。

可以在主机内部组建 RAID，也可使用外置的磁盘阵列盒。外置的磁盘阵列接口主要是 USB、eSATA 和雷电等。USB 2.0 的速度很难满足 4K 调色的需求，所以，推荐使用更快的 USB 3.0、USB 3.1、雷电 2 或者雷电 3 接口。随着技术的发展，可能还有新的接口出现。

1.2.9 达芬奇调色台

调色是影视后期流程中的最后环节，工作周期非常紧张，即使是一部 150 分钟的电影所给的调色时间也不过一两个月。对于一些广告片和真人秀来说，只给几小时的时间。调色团队为改进自己的工作流程，需要更方便更快捷的控制设备——调色台。

调色也是一门“手艺”。使用调色台可以增进人机之间的亲密感，形成调色师独特的手感。经过长期的训练，专业的调色师可以在极短的时间内对一个镜头完成优良的调色，可达到“盲调”的境界。

达芬奇调色台可分为原厂调色台和第三方调色台这两大类。下面将对这些调色台进行介绍。

1.达芬奇高端调色台

Blackmagic Design 专门提供了 DaVinci Resolve Advanced 调色台，Advanced 调色台由专业调色师深度参与设计。整个调色台由左、中、右三个控制台组成，可快速地一键式访问软件中的几乎所有参数和控件。DaVinci Resolve Advanced 调色台不仅可以同时调整多个参数，而且响应迅速。Mini 调色台可以访问 DaVinci Resolve 中几乎所有的调色工具，而 Advanced 调色台更胜一筹，它可以更灵活地使用物理按键和旋钮来控制如记忆（Memories）、OpenFX 特效、杜比视界（Dolby Vision）HDR，以及另外一些可以提高整个工作流程的效果和效率的工具。Advanced 调色台还提供了一个独特的带有 T 形推子的控制面板用于播放画廊静帧，另外，还有一个快搜（Shuttle）控件用来在时间线上快速穿梭来循环搜索画面帧。除此之外，Advanced 调色台还自带一个滑出式键盘。DaVinci

Resolve Advanced 调色台已在全球许多顶级调色公司或工作室中使用，是 DaVinci Resolve 的终极调色台，如图 1-12 所示。

图 1-12 达芬奇高端调色台

由图 1-12 可以看到，达芬奇高端调色台由三个面板组成。在中间的轨迹球面板上可以找到调色师的大多数控件和反馈，其中包含一个滑出式键盘。轨迹球面板两侧是两个可互换位置的面板，其位置取决于调色师的偏好。T 形推子面板（见图左上方所示）具有 T 形推子混合 / 划像控件及多个菜单和功能键。右上方显示的播放面板拥有时间线播放控件和慢搜 / 快搜控件，以及数字键盘和相关的功能键。

所有面板上都有随着液晶屏幕的可变按键和可变旋钮，液晶屏幕为控件提供了精确的视觉参考，避免看错菜单的风险。面板设计的关键特性是通过全彩液晶面板给调色师提供实时反馈，可以一眼看到控件的菜单设置及上一次触摸的控件的高亮提示。例如，如果控件超出其默认的重置，则面板将以可选的颜色突出显示该控件。达芬奇原厂调色台的布局如图 1-13 所示。

图 1-13 中注释如下：

①参考键与 T 形推杆。调色师可以时常抓取或播放静帧来比较画廊中的各种调色方案。DaVinci Resolve 调色台设有专门的记忆键，可以快速保存和加载静帧，还能使用 T 形推杆比较素材加载静帧前后的区别。

②轨迹球区域。轨迹球提供了对 Lift、Gamma、Gain 和 Offset 的 RGB 色彩平衡的控制，控制环可以调整相应的主增益。最右侧的轨迹球还可作为光标用来选色或者控制窗口的大小、位置和方向。另外，只需按下一个按钮就可切换轨迹球控制，在 Log 色轮模式下工作，为暗部、中间调和亮部进行调色。

③滑动式键盘。需要录入片段元数据、文件名、节点信息或在标记添加备注时可将键盘拉出。不需要键盘时，可将其推入调色台收起。

④导航控制。慢速 / 快进旋钮和导航控制键可以完全控制项目时间线和外接录放机。

⑤背光按键。可以自定义按键背光的色彩与强度，这在暗室调色中尤其重要。

图 1-13 达芬奇原厂调色台布局

⑥多功能旋钮。可以精细地调整参数，按下该旋钮即可设置参数为默认。

⑦高分辨率 LCD 显示屏。五个超亮全彩色显示屏可显示多达 32 个多功能旋钮及 30 个多功能键的菜单和提示。菜单可自动更新，显示每个功能最快捷和最常用的按钮，无须费时在菜单中层层查找。

另外，使用调色台单独摄影机的 RAW 参数。可从调色台直接获得 GPU 解拜耳控制，从而调整曝光值、对比度、Lift、增益、色温、色调、亮部和暗部恢复、饱和度、颜色增强及中间调等细节。

2.DaVinci Resolve Mini Panel

DaVinci Resolve Mini Panel 是一款小巧却蕴含强大功能控制的紧凑型调色台。Mini 调色台也是 BMD 公司研发的达芬奇原厂调色台之一，包括三个专业轨迹球和一组用于切换工具、添加调色系统和浏览节点树的按钮。同时它还自带两个 LCD 彩色屏幕，显示选中工具的菜单、控制和参数设置，以及直接控制按钮，可直接进入特定的 DaVinci 功能菜单。Mini 调色台尤其适合经常在剪辑和调色之间切换的剪辑师和调色师，以及需要在工作场所之间随身携带调色台的自由调色师。Mini 调色台则是参与现场镜头制作的调色师，企业和活动摄影师的理想选择，如图 1-14 所示。

3.DaVinci Resolve Micro Panel

Micro 调色台是一款优质便携的调色台，也是 BMD 公司研发的达芬奇原厂调色台之一。用户可通过三个高灵敏轨迹球和 12 个精准控制旋钮来操控所有主要调色工具。中央轨迹球上方的一组按键可在对数曲线和偏移调色方式之间切换，或用于显示达芬奇的全屏检视器，十分适合与笔记本电脑共同使用。位于右侧的 18 个专用键可用来操控最常用的调色功能和播放控制。Micro 调色台非常适合需要真正便携解决方案的独立剪辑师和调色师，它可在现场创建调色风格并分析色彩和灯光，同时也是直播车内快速视频调色以及教育领域等多种应用场合的理想之选，如图 1-15 所示。

图 1-14　DaVinci Resolve Mini Panel

图 1-15　DaVinci Resolve Micro Panel

达芬奇支持多种第三方调色台，下面介绍几款达芬奇支持的第三方调色台。

4.Tangent系列调色台

英国 Tangent 公司推出的 Tangent Devices Wave ™和 Tangent Devices Element ™都

适用于达芬奇软件。Wave 调色台采用一体化设计，通过 USB 连接线连接到计算机上，不需要安装驱动即可运行。配合达芬奇使用的 Wave 调色台功能比较全面，如图 1-16 所示。

为弥补 Wave 调色台的缺点，2018 年 Tangent 公司推出了 Wave 调色台的升级版 Tangent Devices Wave 2，如图 1-17 所示。

图 1-16　Tangent Devices Wave 调色台

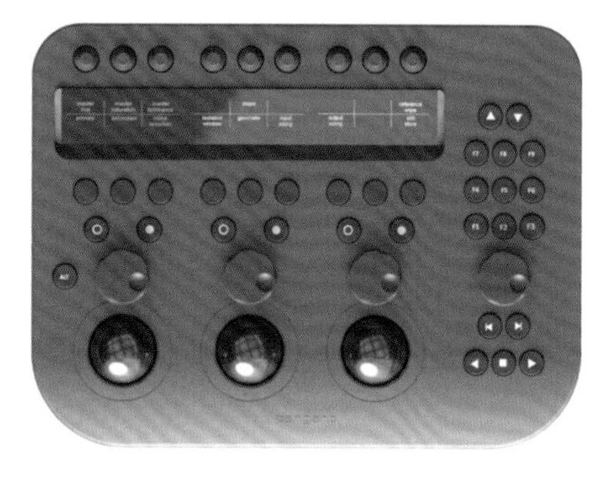

图 1-17　Tangent Devices Wave 2 调色台

Wave 2 缩小了调色台的体积，增强了旋钮的阻尼。轨迹球和亮度旋钮采用 Ripple 调色台的形式，轨迹球的手感没有任何提升，如图 1-18 所示。

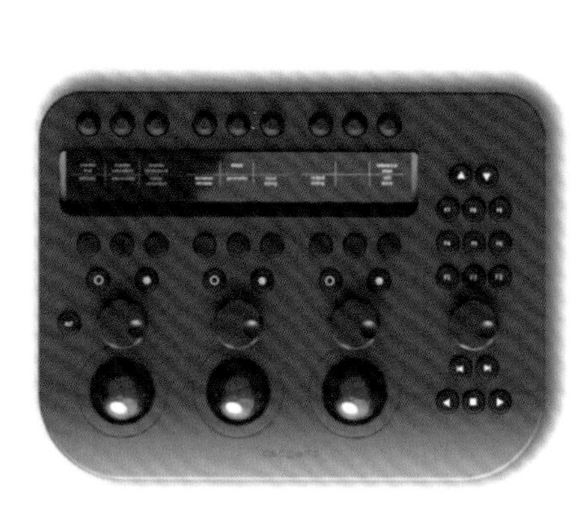

图 1-18　Wave 2 和 Wave 的尺寸对比

Element 调色台采用分体式设计，分为 Element-Bt（按钮）、Element-Kb（旋钮）、Element-Tk（轨迹球）和 Element-Mf（多功能）四种控制面板，可以按需购买。Element 调色台通过 USB 连接线连接到计算机上，当多个调色台共同连接时可能需要 USB HUB 控制器。Element 调色台做工精细，手感优良，功能全面，价格适中（售价在 25 000 元左右），是目前被专业公司广泛采用的调色台之一，但是 Element-Mf（多功能）控制面板上的轨迹球不能作为 Offset 功能使用。要想使用该调色台需要给操作系统安装驱动，如图 1-19 所示。

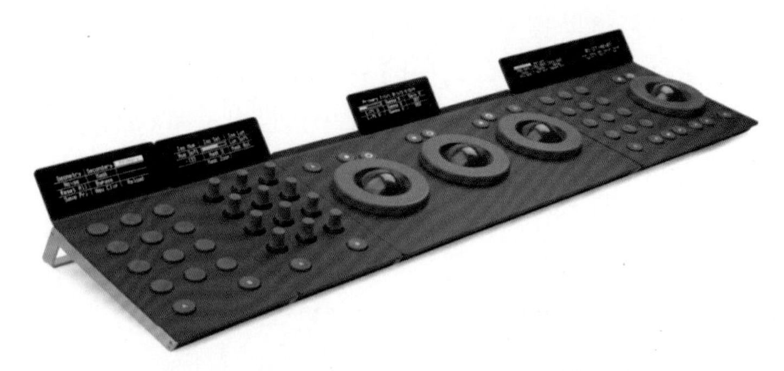

图 1-19　Tangent Devices Element 调色台

2015 年 9 月，Tangent 公司在 IBC 2015 展会上发布了 Ripple 调色台。这款调色台设计紧凑，拥有三组轨迹球和拨盘，每组轨迹球区域都有独立的复位按键。另外还有两个可编程的 A、B 按键。Ripple 是一款经济型调色台（售价在 2500 元左右），并且拥有较好的便携性。缺点是功能简单，轨迹球和台身是分体设计，容易滑落。要想使用该调色台需要给操作系统安装驱动，如图 1-20 所示。

图 1-20　Ripple 调色台

★提示

Ripple 调色台可以取代 Element-Tk（轨迹球）调色台。

5.Avid Artist Color™调色台

Avid 公司出品的 Avid Artist Color ™调色台除支持 Avid Media Composer 软件外，也支持达芬奇软件，如图 1-21 所示。这款调色台通过以太网端口连接，如果连接到没有网口的计算机上，则需要 USB 转以太网的转换器。另外，还需要安装驱动才能运行。

6.JL Cooper Eclipse CX™调色台

JL Cooper Eclipse CX ™调色台也支持达芬奇软件，但在国内极少被使用，如图 1-22 所示。

图 1-21　Avid Artist Color ™调色台

图 1-22　JL Cooper Eclipse CX ™调色台

1.3 达芬奇软件

达芬奇调色能够在近两年成为热门，一是官方把达芬奇软件单独发售，并且快速将其拓展到 Mac 和 Windows 系统上；二是精简版的达芬奇软件完全免费。下面将介绍达芬奇软件的版本划分及安装方法。

1.3.1 达芬奇软件版本的划分

达芬奇软件有两个版本：一个是免费精简版 DaVinci Resolve，另一个是收费完整版 DaVinci Resolve Studio。Studio 版的达芬奇有两种激活方式：一种是序列号激活，另一种是加密狗激活，如图 1-23 所示。

图 1-23 达芬奇 18 的两种激活方式

DaVinci Resolve 版本可以免费下载使用，运行中不需要加密狗，属于限制了部分功能的版本，主要限制有：不能输出 DCI-4K 分辨率的影像，不能开启时域降噪，不能进行立体调色及只能使用一块 GPU 等。DaVinci Resolve Studio 是完整版达芬奇软件的新名称，具备完整的功能，需要付费购买。

1.3.2 安装达芬奇18的最低系统需求

下面是安装达芬奇 18 软件的最低系统要求。以 Mac 系统为例，要求如下：

01 Mac 系统版本需达到 Mac OS 11 Big Sur。
02 推荐使用 16 GB 系统内存。当使用 Fusion 时推荐 32 GB 内存。
03 Blackmagic Design Desktop Video 需要达到 12 版本或更新版本。
04 集成 GPU 或独立 GPU 要求最低 2 GB 显存。
05 GPU 需要支持 Metal 或 OpenCL 1.2。

1.3.3 安装达芬奇软件

安装达芬奇软件非常简单，但是安装后遇到的问题却不是每一个用户都能解决的。下面将讲解在 Mac 系统和 Windows 系统上安装 DaVinci Resolve Studio 版本的方法。

★视频教程

下载与安装达芬奇软件。

1.4 达芬奇18新功能

DaVinci Resolve 18 是一次重大更新，采用了基于云流程的远程协作，可通过 Blackmagic Cloud 存储的项目素材库，并在同一时间线上实时与全球多个用户共同协作。新 Blackmagic Proxy Generator 代理生成器可自动创建代理并连接到摄影机原始文件上，从而实现更快的剪辑工作流程。

此外，Apple M1 Ultra 支持提供强大的图像处理引擎，避免了昂贵的云计算。还提供了超级美化和 3D 深度贴图等新 Resolve FX，并为剪辑师们改善了字幕功能，以及 GPU 加速 Fusion 绘图和实时标题模板播放、Fairlight 固定总线转 FlexBus 总线的转换及更多功能。下面简单介绍 DaVinci Resolve 18 的改进之处，尤其是调色方面的改进。

1.4.1 云端协作

1.Blackmagic Cloud

DaVinci Resolve 18 支持 Blackmagic Cloud，因此，可以在 DaVinci Resolve Project Server 项目服务器上云管理项目素材库，与世界各地的剪辑师、调色师、视觉特效师和音频工程师一起同时处理同一个项目。

2.代理生成器

新“代理生成器（Blackmagic Proxy Generator）”App 可从摄影机原始文件自动创建代理文件并加以管理。创建监视文件夹后，新的媒体文件会自动转换成 H.264、H.265 或 ProRes 代理来加速剪辑流程。可以将代理文件提取到单独文件夹用于离线工作。

3.共享项目素材库

协作更新还对使用安全私有网络的情况提供了多项重大性能提升。当在远程主机项目素材库上进行协作时，将获得剪辑和调色修改的及时更新。根据最新修改，可以实时做出创意决策。

4.远程监看流媒体

将 DaVinci Resolve Studio 检视器中的内容通过流媒体直播，显示在远程计算机显示器，或通过 DeckLink 显示在参考调色监视器上，再发送到世界各地。这一低延迟和高品质 12bit 图像非常适合根据即时修改反馈从事远程剪辑或调色所用。

1.4.2 调色改进

1.物体遮罩

新物体遮罩功能位于神奇遮罩面板，可以识别和跟踪成千上万特定物体的运动轨迹。DaVinci Neural Engine 神经网络引擎可以直观地隔离动物、车辆、人物、食物及其他各种元素，用于先进的二级调色和特效应用。

2.深度贴图

新的深度贴图特效可立即生成场景的 3D 深度蒙版，从而快速从背景中隔离出前景进行调色，反之亦然。可以突出前景画面，让采访对象脱颖而出，或为场景背景烘托气氛。

3.表面跟踪器

表面跟踪器可以在 T 恤、旗帜，以及人物侧脸等容易发生扭曲变形或者角度变化的物体表面应用图文。表面跟踪器的自定义网格可以跟随纹理表面动态。采用这一强大的跟踪工具，可应用图文、合成文身或遮住徽标。

4.升级版美颜插件

超级美化模式可在处理校正美化工作时带来先进的控制。这一超级美化工具由专业级调色师开发，可通过磨皮处理来改善普通瑕疵，然后再恢复细节，打造出更加自然悦目的人物面部状态。

★视频教程

达芬奇 18 新功能。

1.5 达芬奇18.5新功能

Blackmagic Design 公司于 2023 年 4 月 16 日发布 DaVinci Resolve 18.5，添加新的 AI 工具及超过 150 项功能更新。主要更新内容如下：

- 多项快编页面改进。
- Blackmagic Cloud Presentations 支持。
- DaVinci Neural Engine 可根据音频制作字幕（Studio 版）。
- DaVinci Neural Engine 助力基于文本的编辑（Studio 版）。
- 新的 Resolve FX Relight 工具添加虚拟光源。
- Fusion 中 Universal Scene Description 工作流程支持。
- 新的 Fusion 多层合并工具合成和管理多个图层。
- 多项远程监看改进。

- 支持以时间线为单位进行快速备份。
- 以时间线为单位进行 Resolve 色彩管理。
- Fairlight 中编辑和混合群组支持。
- 基于 AI 的音频分类支持（Studio 版）。

★视频教程

达芬奇 18.5 新功能。

1.6 本章小结

本章首先讲解了达芬奇调色系统的基础知识，让读者对达芬奇的硬件和软件有一个概括性的了解，便于将来搭建自己的达芬奇调色平台。随后讲解了达芬奇软件的下载与安装，并且讲解了达芬奇 18 的新功能。从下一章开始，我们将开启一段愉快的调色之旅。

第2章 达芬奇18软件基础

本章导读

从本章开始，我们要学习达芬奇软件的基础知识，包括项目库、界面布局和操作等多种知识。希望读者耐心阅读，打好基础。好的开始是成功的一半。相较于之前的版本，达芬奇 18 版本的界面发生了较大变化，即使是达芬奇的老用户也有必要重新熟悉。

本章学习要点

◇达芬奇的项目库
◇项目与时间线
◇页面与布局
◇操控达芬奇

2.1 达芬奇的项目库

从 DaVinci Resolve 18 版本开始，原来的“数据库”改名为“项目库”，并且新增加了一种项目库类型——“云（Cloud）”。这样一来，DaVinci Resolve 18 就拥有了三种类型的项目库：本地、网络和云，如图 2-1 所示。

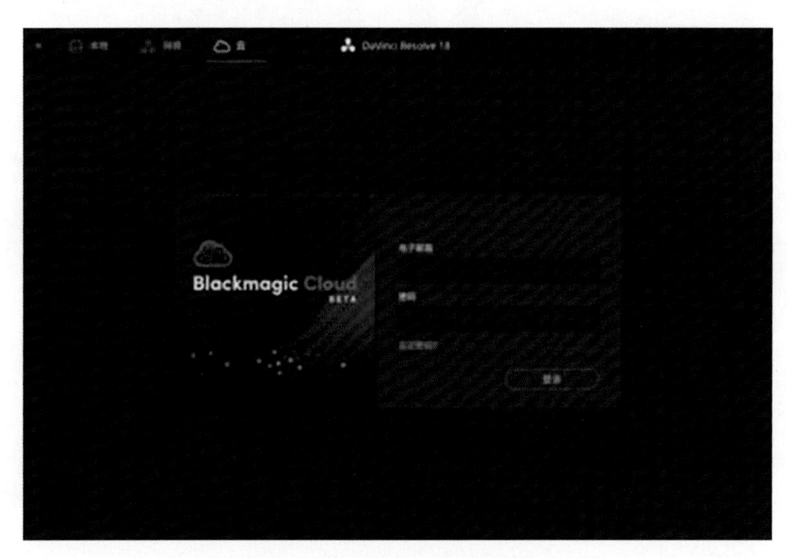

图 2-1　三种类型的项目库

项目库是在达芬奇中进行一切工作的基础。用户可以为一条广告、一部电视剧或者一部电影创建各自的项目库。尤其是集数众多的电视剧，使用项目库管理非常方便。例如，创建一个名为“三国演义”的项目库后，即可创建代表第一集、第二集和第三集的项目。然后每一个项目中还包含不同的时间线来对应不同的调色或剪辑版本，如图 2-2 所示。

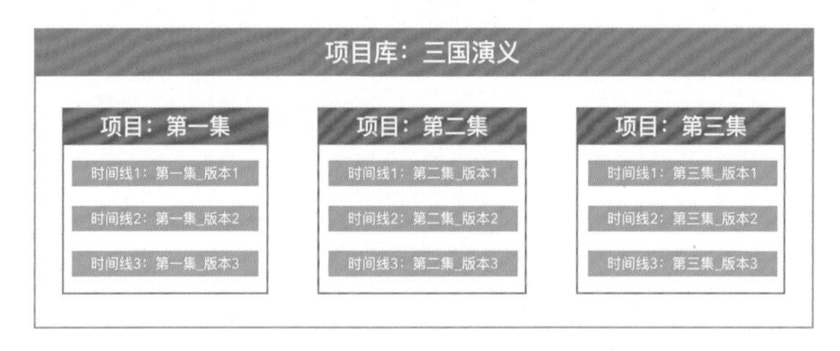

图 2-2　项目库结构示意

其中，“本地项目库”通常存储在用户所使用的计算机上并且服务于本计算机。在这种情况下，同一时间只能由一个用户使用达芬奇软件，不能进行项目的多用户协作。“网络项目库”通常建立在一个内部的局域网中，其位置可以在网络中的任何一台计算机或是 NAS 服务器上。一旦建立了网络项目库，无论是使用 DaVinci Resolve（限制版）还是使用 DaVinci Resolve Studio（完整版）都可以启用多用户协作流程，提高工作效率。

然而，在多数情况下，网络数据库仍然以内部局域网的形式部署。要想实现方便的异地协作流程，还需专门的技术和硬件支持。为解决这一问题，Blackmagic Design 公司推出了云服务，其官方名称为“Blackmagic Cloud”。用户可以在“Blackmagic Cloud”上面建立项目库，并且邀请世界各地的剪辑师、特效师、混音师和调色师加入自己的项目，集众人之力，完成影片的制作。

2.1.1 创建本地项目库

对于大多数读者而言，本地项目库是使用频率最高的类型，必须熟练掌握相关知识。下面介绍如何创建本地项目库。

01 打开“项目管理器”，在“本地”选项卡中，单击“添加项目库”按钮，如图 2-3 所示。

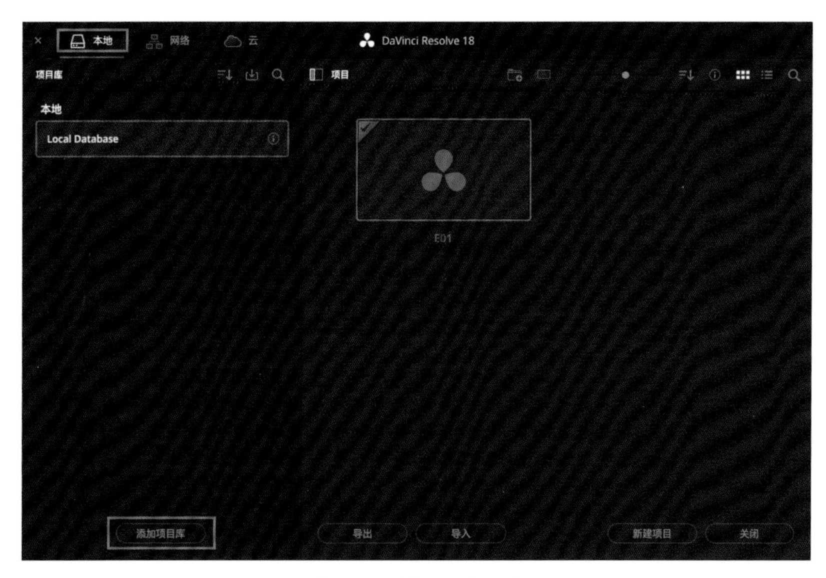

图 2-3 添加项目库

02 在弹出的“添加项目库”对话框中，保持“创建”选项卡为默认选择状态，在“名称”文本框中输入“Test”，然后单击“浏览”按钮，如图 2-4 所示。

03 选择一个合适的路径。在本例中，笔者在“影片”文件夹中新建一个名为“数据库”的文件夹，然后单击“创建”按钮，如图 2-5 所示。

图 2-4 “添加项目库”对话框

图 2-5 为数据库选择位置

04 “Test”数据库出现在左侧边栏中，红框表明它的活动状态。右侧是“Untitled Project（未命名项目）”图标，本例中想要创建一个新的项目，单击“新建项目”按钮，如图 2-6 所示。

图 2-6　创建完成的 Test 数据库

05 在弹出的“新建项目”对话框中输入项目的名称“第一集”，然后单击“创建”按钮，如图 2-7 所示。

06 在“媒体”页面中，选择“媒体存储”面板，导航到“Movies（影片）”中的“02-课程素材 / 第 02 章”目录，选择其中的视频素材，然后将其拖动到“媒体池”面板中，如图 2-8 所示。

图 2-7　新建项目

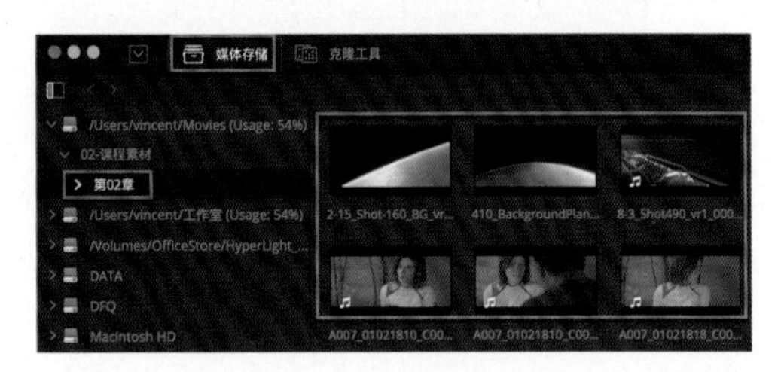

图 2-8　选择素材片段

07 在“媒体池”中选中所有的素材片段，然后在任意片段缩略图上右击，在弹出的菜单中选择“使用所选片段新建时间线”命令，如图 2-9 所示。

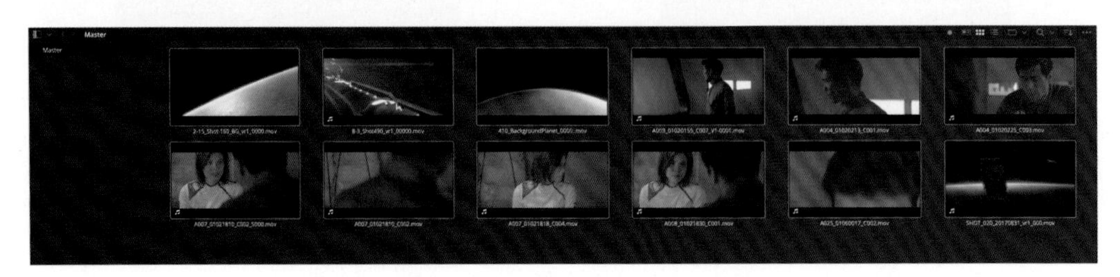

图 2-9　在媒体池中选中所有片段

08 在弹出的“新建时间线”对话框中，保持所有的参数为默认状态，单击“创建”按钮，如图 2-10 所示。

09 进入达芬奇的剪辑页面中可以看到已经得到了一条时间线，然后执行菜单“文件→保存项目”命令，达芬奇就会对数据库执行一系列操作，如图 2-11 所示。

图 2-10　“新建时间线”对话框

图 2-11　保存项目

10 当保存完成后，首先在根目录会发现一个名为“Resolve Projects”的文件夹。继续展开目录会看到其中有两个文件夹，一个名为“Settings”，其中是一些扩展名为 xml 的设置文件，如图 2-12 所示。

11 另一个文件夹名为“Users（用户）”，展开后发现只有一个用户名为“guest（访客）”，其中有三个文件夹“Configs（配置）”，“ProjectMetadataCache（项目元数据缓存）”和“Projects（项目）”。“Projects（项目）文件夹非常重要，可以看到其中就是之前创建的“第一集”的文件夹，文件夹内部是最核心的“Project.db”文件。该文件内部保存的就是时间线剪辑及调色的所有信息，如图 2-13 所示。

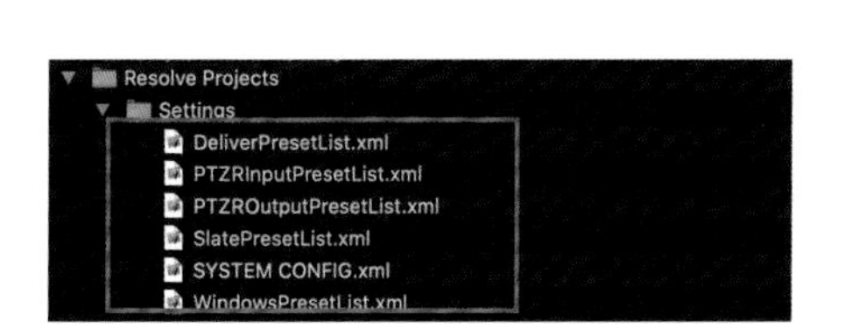

图 2-12　多种配置文件

图 2-13　Users（用户）的目录结构

★提示

DaVinci Resolve 的老用户可能知道，在旧版的达芬奇中有三种不同的用户：管理员、访客和用户自定义，并且为除了访客用户外的其他用户设置密码。随着软件升级，达芬奇已经取消了这种用户分类。在数据库结构中，也只保留了 guest（访客）文件夹。

2.1.2 连接项目库

除了直接创建全新的项目库之外，还可通过连接的方法新建项目库。前提是用户要知道旧数据库的存储位置。如果存储位置比较隐蔽，还可起到加密作用。假设和其他人共用一台计算机，而又不想让别人看到自己的项目，就可在工作完成后断开项目库，然后在需要时重新连接项目库。当然，也可把数据库建立在外置硬盘中随身携带，从物理上保密。

01 在本地“项目库”面板中，单击“添加项目库”按钮，如图 2-14 所示。

02 在弹出的“添加项目库”对话框中，单击“连接”按钮，然后输入项目库的名称，如“Hyperlight”。然后单击“浏览”按钮，如图 2-15 所示。

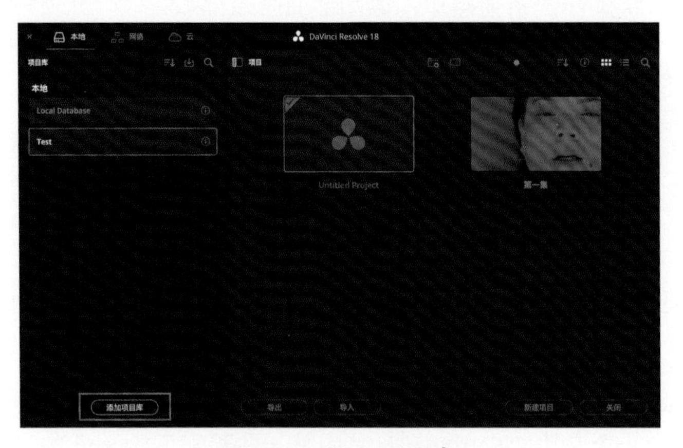

图 2-14　添加项目库

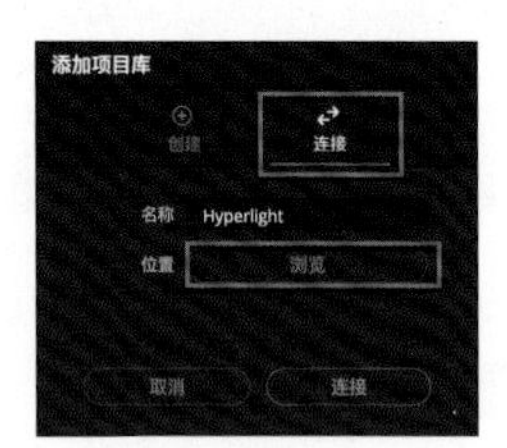

图 2-15　连接项目库

03 导航到“02- 课程素材 / 第 02 章 /Hyperlight Database”目录，选择“Resolve Projects”文件夹，然后单击“Open”按钮，如图 2-16 所示。

图 2-16　选择“Resolve Projects”文件夹

04 然后在“本地”项目库中可以看到新连接的项目库，其中包含的项目也都在右侧面板中显示（由于素材存在于笔者的计算机上，所以素材片段也自动链接了），如图 2-17 所示。

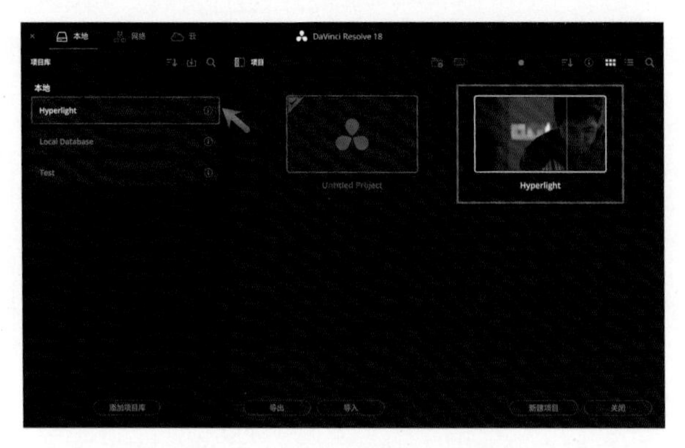

图 2-17　新连接的项目库

对于读者来说，项目中的素材片段呈现失联状态，片段缩略图显示为红色。可以使用右键菜单中的命令重新连接失联片段。

2.1.3 备份和恢复项目库

不管是在项目进行中还是在项目完成后，或是安装新版的DaVinci Resolve之前，备份项目库都是非常重要的。

1.备份/导出项目库

01 选择要备份的项目库。

02 单击显示项目库详细信息图标，如图2-18所示。

03 单击“备份”按钮。

04 在“备份项目库”对话框中选择要将备份保存到的位置，然后单击“保存”按钮。

2.恢复/导入项目库

01 单击项目库边栏顶部的“恢复”按钮，如图2-19所示。

图2-18 项目库详细信息图标

图2-19 “恢复”按钮

02 使用文件导入对话框找到需要导入的项目库，然后单击“打开”按钮。

03 在“添加项目库”对话框中，在“名称”文本框中输入新项目库的名称，将重命名导入项目库，但不会更改其内容，也可将其命名为与原始项目库相同的名称。

04 单击“创建”按钮，导入的本地项目库将出现在项目库边栏中。

2.1.4 创建网络项目库

创建一个新的网络项目库，操作步骤如下：

01 单击“项目管理器”左上角的“显示/隐藏项目库”图标以显示侧边栏。

02 在项目库选项中单击“网络”图标，如图2-20所示。

03 单击边栏底部的“添加项目库”按钮。

04 选择“创建”选项以创建新的项目库。为项目库输入一个新名称，输入正在访问的DaVinci Resolve Project Server的IP地址，如图2-21所示。

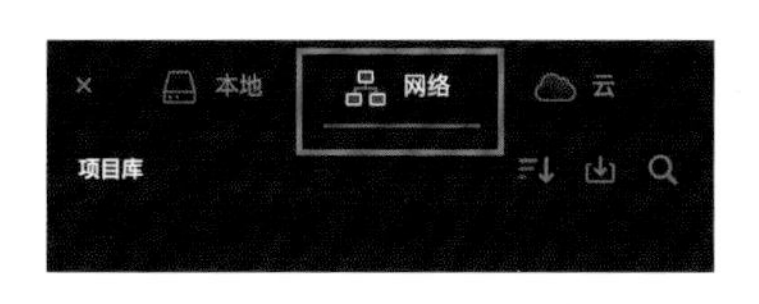

图2-20 网络图标

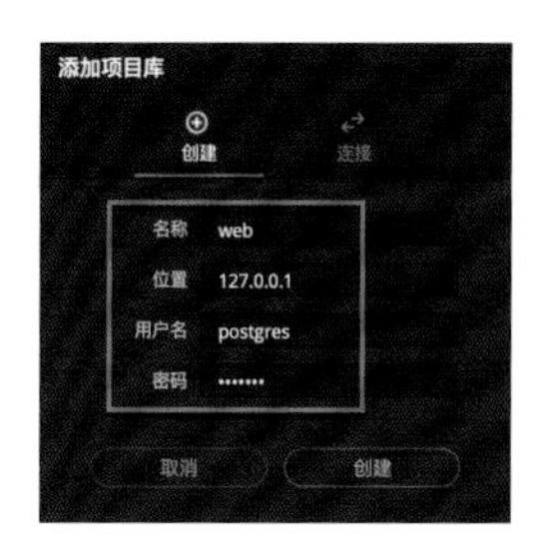

图2-21 输入IP地址

如果是 Project Server 成员，则输入用户名和密码。否则，使用默认用户：postgres 和密码：DaVinci。

05 单击"创建"按钮。创建完成后，可以直接创建新项目或将其导入新的网络项目库。

★实操演示

本节内容请看配套视频教学录像。

2.1.5 云项目库

在云项目库中，用户的项目库将存储在 Blackmagic Cloud 中。这允许多个工作站通过互联网（Internet）连接到同一个项目库。它还允许控制用户对项目库的访问。云项目库最适用于世界各地从事同一项目的多个用户之间的协作。

01 要想加入协作流程，用户须先注册 Blackmagic Cloud 账户。访问网站 http://www.blackmagicdesign.com，然后在页面右上角单击"登录"按钮，如图 2-22 所示。

图 2-22 BMD 官方主页的"登录"按钮

02 然后在打开的页面中会看到 Blackmagic Cloud 的登录信息。如果是第一次使用 Blackmagic Cloud，那么就不是单击"Log In（登录）"按钮，而是单击"Sign Up（注册）"按钮，如图 2-23 所示。

图 2-23 Blackmagic Cloud 页面

03 注册完成后，输入电子邮箱和密码即可登录。登录后会看到"Welcome to Blackmagic Cloud（欢迎来到 Blackmagic 云）"信息。单击"Settings（设置）"按钮，在打开的页面中设置自己的信息，如头像和信用卡等。单击"Project Server（项目服务器）"按钮，在打开的页面中建立位于云端的项目库，如图 2-24 所示。

04 单击"Project Server（项目服务器）"按钮后，将打开 Project Server 对话框，输入"Project Library Name（项目库名称）"，选择"Region（地区）"，这决定了服务器的

位置，然后单击 Create（创建）按钮。在弹出的页面中付费后即可完成项目库的创建，如图 2-25 所示。

图 2-24　Blackmagic Cloud 设置页面

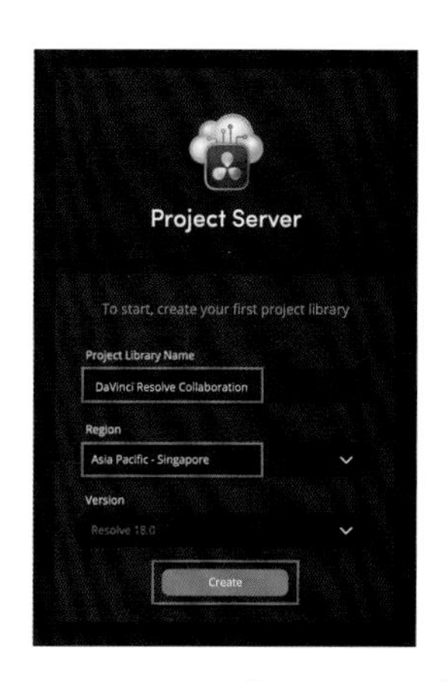

图 2-25　创建云端项目库

★提示

目前每个项目库每月所需的费用为 5 美元。用户可以创建多个项目库，当然费用也会按规则增加。每个项目库可以邀请数十人参与，参与者无须付费，只需创建该项目库的人付费即可。但是 Blackmagic Cloud 依然处于测试阶段，还不够完善，期待正式版早日上线。

05 创建完项目库后，即可邀请其他人加入这个项目。单击“Share（分享）”按钮，如图 2-26 所示。

06 在弹出的对话框中输入受邀请者的邮箱，需要已经注册过 Blackmagic Cloud 账户的，如图 2-27 所示。

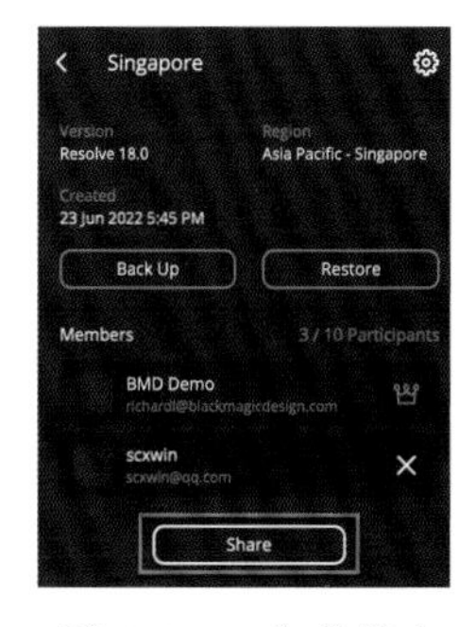

图 2-26　分享按钮

图 2-27　输入邮箱信息

★提示

可以输入或者粘贴多个邮箱信息，每个邮箱之间用英文的逗号分隔。这样就可以一次邀请多人加入你的项目。

07 在“项目管理器”面板中单击“云”按钮，输入之前注册过的电子邮箱和密码，然后单击“登录”按钮，如图 2-28 所示。

图 2-28　在达芬奇中登录云账户

08 等待一段时间后，在“云”面板中可以看到自己所加入的项目。笔者 Singapore 项目库中创建名为“云协作 - 新加坡服务器”项目，并在“开始”菜单中启用协作流程。所以，项目缩略图的右上角出现了协作图标，如图 2-29 所示。

图 2-29　启用协作流程的项目

09 如果在另一台计算机上作为参与者加入这个项目，则初次打开项目后会发现达芬奇软件的整个界面都是空的，什么画面也看不见。这需要用户首先选择一条时间线再进行工作。在“剪辑”或“调色”页面的“检视器”中单击下拉菜单，选择想要的时间线即可，如图 2-30 所示。

10 这样即可看到完整的时间线及调色信息。加入协作后，一个用户可以执行剪辑，其他用户可以进行调色、Fairlight 混音和 Fusion 特效制作。时间线剪辑只能由一个用户来控制，但是其他工作可以由多人共同完成，如图 2-31 所示。

图 2-30　选择时间线

图 2-31　协作中的调色页面

11 在达芬奇软件页面右下角多了两个图标，一个是聊天图标，方便协作的用户进行专业交流。另一个是用户列表图标，可以看到有多少人参与当前项目，如图 2-32 所示。

图 2-32　协作流程中新增的两个图标

从 DaVinci Resolve 18 开始，BMD 公司推出了 Blackmagic Cloud，因此，用户可以在 DaVinci Resolve Project Server 项目服务器上云管理项目素材库，与世界各地的剪辑师、调色师、视觉特效师和音频工程师一起同时处理同一个项目，再次释放创作潜力，无惧山川阻隔。

2.2 项目与时间线

通常，项目管理器是在 DaVinci Resolve 启动时看到的第一个窗口。它是一个方便的集中式浏览器，用于创建、组织和管理所有项目。与其他依赖文件管理器来组织项目的应用程序不同，DaVinci Resolve 要求在项目管理器中进行大部分的项目组织。

在 2.1 节中，已经创建了一个简单的项目，名为“Hyperlight”。在“项目管理器”窗口的底部有四个按钮，分别是“导出”“导入”“新建项目”和“关闭”，如图 2-33 所示。

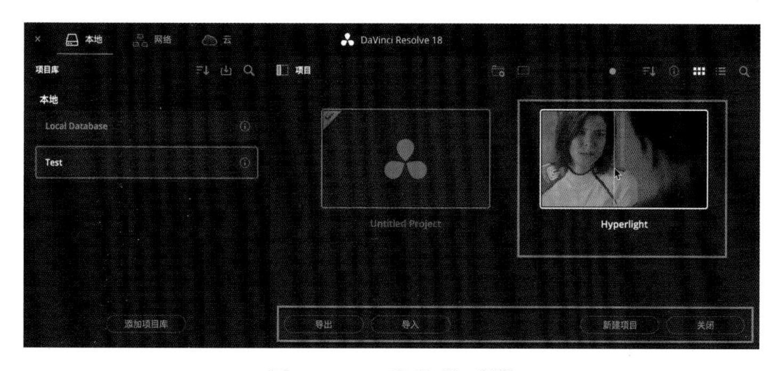

图 2-33　项目管理器

“导出”按钮可以将当前项目导出为 .drp（DaVinci Resolve Project 的首字母缩写）格式的文件。把该文件发送给同事，他就可以通过“导入”按钮把项目导入自己的达芬奇软件中，如图 2-34 所示。

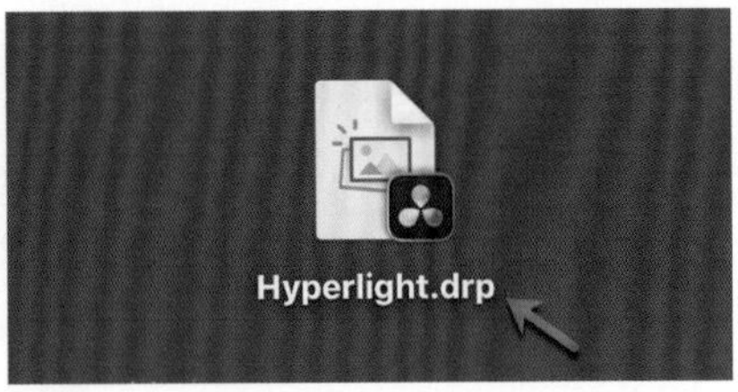

图 2-34　导出后的项目图标和名称

2.2.1 管理项目

项目管理器提供了一个用于创建、重命名和删除项目的应用程序界面，右击项目管理器背景时，在上下文菜单中有许多命令，具体如下：

创建新项目：双击默认项目（Untitled Project）的缩略图，或单击窗口底部的“新建项目”按钮。创建一个新项目后，DaVinci Resolve 会打开媒体页面或者快编页面。打开项目后，可通过单击“齿轮”图标来更改其项目设置。

打开以前保存的项目：双击任何项目的缩略图，如果在列表视图中，则双击项目所在那一行的任何位置，还可选择一个项目并使用右键菜单“打开”它。

以只读模式打开项目：右击项目缩略图，在弹出的菜单中选择“以只读模式打开”命令。如果进行更改，可以使用“另存为”命令以新名称保存项目的新副本。

重命名项目：右击项目缩略图，在弹出的菜单中选择“重命名”命令，然后在弹出的对话框中输入新名称，完成后单击“确定”按钮。

将项目设置从另一个项目加载到当前打开的项目：右击项目缩略图（当前打开的项目除外），在弹出的菜单中选择“将项目设置加载到当前项目”命令。可以在打开项目之前更改项目的设置，以防项目设置导致某种问题阻止打开项目。

在项目管理器中更新项目的缩略图：右击任何项目，在弹出的菜单中选择“更新缩略图”命令。

删除项目：选择一个或多个项目，然后按“删除”键，或右键选定项目之一并选择“删除”命令。当对话框要求确认操作时，单击“确定”按钮。

如果已经打开一个项目，可以随时通过单击页面导航栏中 DaVinci Resolve 窗口右下角的主页按钮重新打开项目管理器，如图 2-35 所示。

如果隐藏了 DaVinci Resolve 窗口底部的页面导航栏，可通过执行菜单“文件→项目管理器”命令打开项目管理器，如图 2-36 所示。

图 2-35　项目管理器图标

图 2-36　项目管理器菜单

2.2.2 项目设置

“项目设置”窗口包含所有与那个项目相关的参数。其中包括基本的项目属性，如时间线格式、视频监看设置、如何优化媒体以及保存缓存文件的位置。“项目设置”还包括图像缩放属性、色彩管理设置和许多其他属性。

1.打开和编辑项目设置

单击达芬奇页面右下角的“项目设置”按钮，可以从DaVinci Resolve的任何位置打开“项目设置”窗口，如图2-37所示。

“项目设置”窗口分为一系列面板，可以从左侧的侧边栏中进行选择。每个面板都包含一组相关设置，这些设置会影响某些类别的DaVinci Resolve功能，如图2-38所示。

图 2-37　“项目设置”按钮

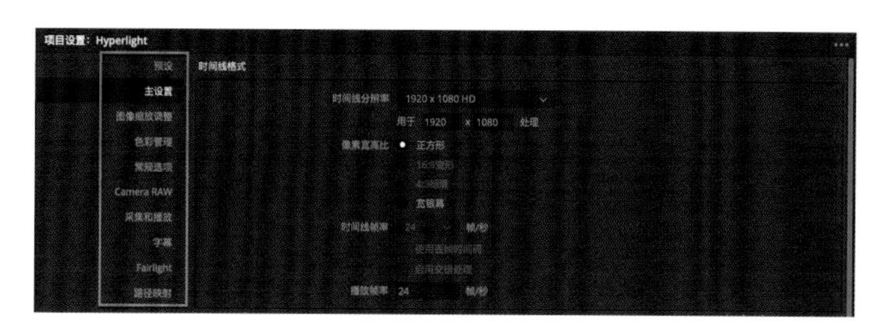

图 2-38　项目设置窗口的侧边栏

2.更改项目设置

01 单击左侧边栏中任何一组设置的名称，打开该面板。

02 修改需要更改的任何设置。

03 单击“保存”按钮以应用所做的更改，并关闭“项目设置”面板，还可在按【Option】键的同时单击“保存”按钮以应用所做的更改，并保持“项目设置”窗口的打开状态，可以进行其他更改。

★实操演示

本节内容请看配套视频教学录像。

2.2.3 时间线

如果正在剪辑一个新的视频或音频节目，通常需要一个空白时间线。要创建新的空白时间线，具体操作步骤如下。

01 在媒体夹列表中选择或创建一个新的媒体夹，用于放置新的时间线。

02 执行菜单“文件”→“新建时间线”命令，或者按快捷键【Command-N】，弹出“新建时间线”对话框，如图2-39所示。

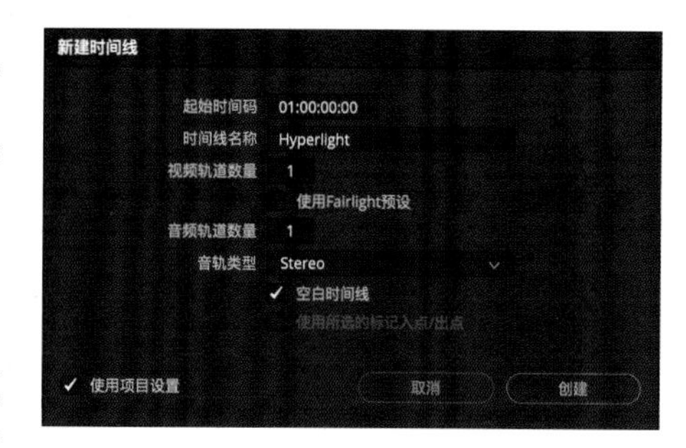

图 2-39　“新建时间线”对话框

★提示

另一种新建时间线的方法是在媒体池中右击，在弹出的菜单中选择“时间线→新建时间线”命令。

03 弹出“新建时间线”对话框，在该对话框中可以设置以下选项。

起始时间码：如果需要特定的起始时间，可以更改起始时间码。

时间线名称：在“时间线名称”文本框中输入名称。

视频轨道数量：输入想要拥有的视频轨道数，还可在此文本框内拖动以使用虚拟滑块调整视频轨道的数量。

使用 Fairlight 预设：如果勾选该复选框，则会使用先前创建的 Fairlight 配置预设创建带有预分配音轨的时间线。然后弹出一个下拉菜单，允许选择时间线的特定预设。该预设用于代替下面的音频轨道数量设置。可以使用 Fairlight 预设库创建 Fairlight 配置预设，该预设库可从 Fairlight 菜单中获得。

音频轨道数量：输入想要拥有的音轨数量，还可以在此文本框内拖动以使用虚拟滑块调整音轨的数量。

音轨类型：选择新的音频轨道所使用的通道映射，如单声道、立体声及 5.1 等。

空白时间线：默认为选中状态，将新的时间线设置为空白。如果取消勾选“空白时间线”复选框，则创建的新时间线将包含媒体池中每个媒体夹中的所有媒体，从而快速地创建导入的所有内容的串接时间线。

使用所选的标记入点 / 出点：仅在“空白时间线”关闭时可用。当勾选该复选框时，新时间线中每个片段的持续时间由每个片段中保存的入点和出点定义。如果片段中没有入点 / 出点，则使用该片段的整个持续时间。

使用项目设置：如果要为每个时间线进行独立于“项目设置”的设置，如“常规”“格式”“监看”和“输出”选项卡，则勾选该复选框。

04 单击“创建”按钮，新建时间线，如图 2-40 所示。

图 2-40　新建的时间线

由图 2-40 可以看到，在媒体池中新增了一条名为“Hyperlight”的时间线，并且在时间线上有两个轨道。一个是名为“视频 1”的视频轨道，另一个是名为“音频 1”的音频轨道，格式为立体声 2.0，并且这是一条空白时间线，里面没有任何片段。

★实操演示

本节内容请看配套视频教学录像。

2.3 页面与布局

自从 BMD 公司收购达芬奇系统以来，数年间对达芬奇软件持续改进，几乎每年都会发布一个新版本，并且每个版本在功能和界面上都有一些变化。从 DaVinci Resolve 12 开始，其界面设计经历了一次巨大的革新，几乎重绘了每一个图标，并且支持视网膜屏幕的显示。

DaVinci Resolve 18 由七个不同的“页面（Page）”组成，每个页面分别针对特定的任务提供专门的工作区和工具集。剪辑工作可以在快编和剪辑页面完成，视觉特效和动态图形可以在 Fusion 页面完成，调色处理可以在调色页面完成，而音频处理则可以在 Fairlight 页面完成，最后，由交付页面负责所有媒体管理和输出。用户可以单击达芬奇软件底部的按钮在不同的页面之间进行切换，如图 2-41 所示。

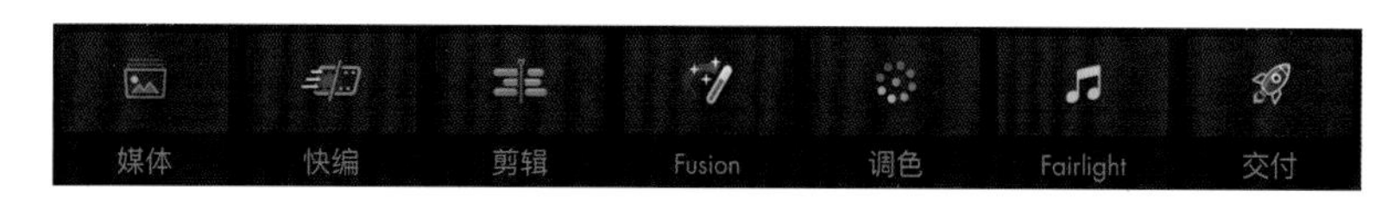

图 2-41 不同页面的切换按钮

用户也可使用快捷键在不同的页面之间进行切换。分别是媒体【Shift+2】、快编【Shift+3】、剪辑【Shift+4】、Fusion【Shift+5】、调色【Shift+6】、Fairlight【Shift+7】和交付【Shift+8】。

用户可以按照自己的需求隐藏不需要的页面，如以调色为主的用户可以把“快编”“Fusion”和“Fairlight”页面隐藏。在“工作区→显示页面”菜单中取消勾选这些页面的名称，如图 2-42 所示。

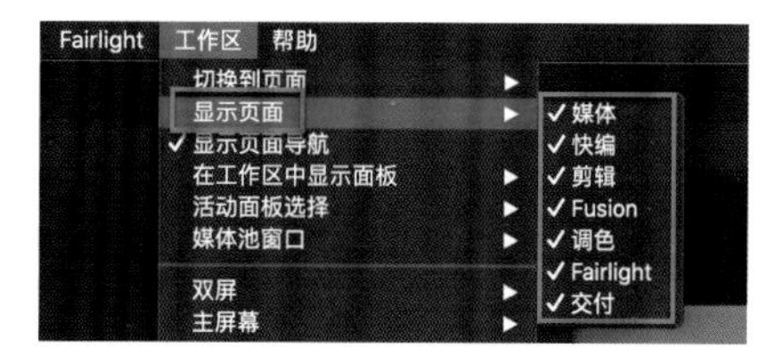

图 2-42 显示或隐藏页面

2.3.1 媒体页面

媒体页面用来备份（克隆工具）、导入和管理各种类型的素材，可以快速导入视频，只要一拖一放，文件就导入 DaVinci Resolve 中。屏幕左上方的媒体池包含所有项目片段。只需在硬盘上找到想要导入的文件，将它们拖放到媒体池中，即可开始剪辑。还能将整个文件夹连带子文件夹一同拖放到媒体池中，保留它们原有的结构。DaVinci Resolve 能使用几乎所有专业视频和音频文件格式，从 H.264、H.265 到 ProRes、DNx、Blackmagic RAW 及 EXR 等。

将片段添加到媒体池后，即可创建名为“媒体夹”的文件夹来管理它们。只需在“文件”

菜单中选择“新建媒体夹”，然后将需要使用的片段拖放到该媒体夹中即可。媒体夹使用便捷，与在硬盘上创建文件夹的操作无异。媒体池设有各类按钮，可以在图标视图和列表视图之间切换，并且提供一个供寻找媒体文件的搜索工具，以及一个可以显示Master媒体夹层级文件的侧边栏。还可创建智能媒体夹，根据摄影机、日期、场景等元数据自动对素材进行分类。此外，DaVinci Resolve Studio还配有DaVinci Neural Engine神经网络引擎加持的先进面部识别技术，能够为每位角色自动创建媒体夹，如图2-43所示。

图2-43　媒体页面

2.3.2 快编页面

快编页面非常适用于制作交付日期紧张的项目，同时也是制作纪录片类题材的理想之选。快编页面采用简洁界面设计，以提高效率为设计重点，便于用户快速上手使用。该页面具有源磁带、双时间线、快速审片、智能剪辑工具等功能，能在更短的时间内完成工作。同步媒体夹和源媒体覆盖工具是多机位项目剪辑的好帮手，能快速创建精准同步切出画面。快编页面上的一切设计都具备实际功能，每一次单击都能执行一项任务，节省大量用于寻找各项命令的时间，专注于剪辑和创作本身。该界面采用可缩放设计，是便携式剪辑的理想方案，如图2-44所示。

图2-44　快编页面

2.3.3 剪辑页面

剪辑页面是一套非常先进的专业非编工具，采用熟悉的轨道布局方式，双检视器设计，以及传统的工作流程，不仅能让新用户快速掌握使用，还能为专业剪辑师提供足够强大的性能，是电影长片、电视节目、网络播出、广告宣传、纪录片等大型项目的理想选择。剪辑页面采用拖动式剪辑方式，配有可根据鼠标位置自动切换功能的上下文相关修剪工具，以及可全面自定义的键盘快捷键，能显著提高工作效率，还有含数百个标题、转场和特效的特效库，可供添加并进行动画制作。除此之外，还能获得完整的媒体文件管理、归类和时间线管理工具，如图2-45所示。

图 2-45　剪辑页面

2.3.4 Fusion页面

Fusion 页面能打造出拥有电影水准的视觉特效和广播级高品质动态图形，全部在 DaVinci Resolve 中就能完成。Fusion 采用节点式工作流程，能更快速、更便捷地创建出比图层式操作更加复杂精妙的特效和动画。它能提供数百种 2D 和 3D 工具用于视觉特效和动态图形，并具有先进的动画曲线和关键帧编辑器，可以创建出形态逼真的动画效果。Fusion 具备丰富的工具，包括点、平面、3D 摄影机跟踪，以及动态遮罩和抠像工具，能创建栩栩如生的合成画面、精彩炫目的动画标题和 3D 粒子系统等效果，如图 2-46 所示。

图 2-46　Fusion 页面

2.3.5 调色页面

DaVinci Resolve 的调色页面是一款先进的好莱坞调色工具，用于大量高端影视作品的调色和精编。其设计简单易懂，并蕴含众多实用工具，让新用户也能更快速地完成优质作品，同时还能不断学习和掌握更为高端的工具。只要使用过图像处理软件，就不会对新的一级校色控制滑块感到陌生，调整对比度、色温、中间调细节、饱和度等参数一点也不难。调色页面包含大量一级和二级调色工具，以及 PowerWindows™、限定器、跟踪、高级 HDR 调色等多项工具，如图 2-47 所示。

图 2-47 调色页面

2.3.6 Fairlight页面

Fairlight 页面拥有数百项用于音频后期制作的专业工具，就像在剪辑和调色系统中内置一套专业的数字音频工作站（DAW）。熟悉的键盘剪辑工具能让其极速操作，尤其适合从其他软件系统转移到 Fairlight 的情况。新型 Fairlight Audio Core 能一次同时处理多达 2000 条轨道，并带有实时效果、EQ 和动态处理。将获得精确到采样级别的剪辑工具，先进的 ADR 和拟音，以及混响、齿音消除、去嗡嗡声等。Fairlight FX 还可混合并制作立体声、5.1 和 7.1 环绕声母带，以及新型沉浸式 3D 音频格式，全部可以在同一个项目中实现，如图 2-48 所示。

图 2-48 Fairlight 页面

2.3.7 交付页面

可以在任何页面上使用快速导出工具，向 YouTube、Vimeo 及 Twitter 输出并上传文件。交付页面提供全面的编码和格式选项控制，并且设有渲染队列，可用来导出多个项目。除了免费版本支持的所有 8bit 格式外，DaVinci Resolve Studio 可以大多数专业格式进行工作。其他支持还包括高端 AVCHD、AVC-Intra 和热门的 H.264 等使用 ALL-I 帧内编码的摄像机格式，以及 10bit 编码格式。在交互回批流程和输出或交付方面，DaVinci Resolve Studio 添加了 IMF 编解码支持、先进的 Dolby Vision HDR 交付、HDR10+ 格式、数字电影数据包（DCP），可用于院线发行等更多场合，如图 2-49 所示。

图 2-49　交付页面

2.3.8 DaVinci Resolve 18界面中的通用设计语言

在 DaVinci Resolve 18 的用户界面设计中，有一些通用的设计语言，即使在不同的页面中，只要看到类似的图标，用户就会明白其用法。熟悉了这些设计语言就可以触类旁通，提高学习效率。

单击“画廊按钮”，打开“画廊”面板，再次单击该按钮会关闭画廊面板，如图 2-50 所示。

图 2-50　通过按钮开关面板

在“媒体池”面板或“画廊”面板中，还可以看到一些常见的工具，如图 2-51 所示。

图 2-51 中的常用工具如下。

①缩放滑块：可以放大或缩小媒体的缩略图。

②排序按钮：用来对媒体进行排序，排序的规则可以是文件名、时间码和日期等。

③缩略图视图：以缩略图方式显示媒体，便于看到媒体的代表性内容。

④列表视图：以列表方式显示媒体，可以显示出更多的元数据信息。

⑤搜索按钮：按照一定的关键词或元数据信息进行搜索。

⑥扩展按钮：弹出一个新的窗口，能够看到更多更细致的信息，便于用户操控。

⑦三点按钮：这是一个快捷菜单，其中有很多的命令。

在“剪辑”页面经常会使用一个上下方向的“扩展”按钮，如图 2-52 所示。

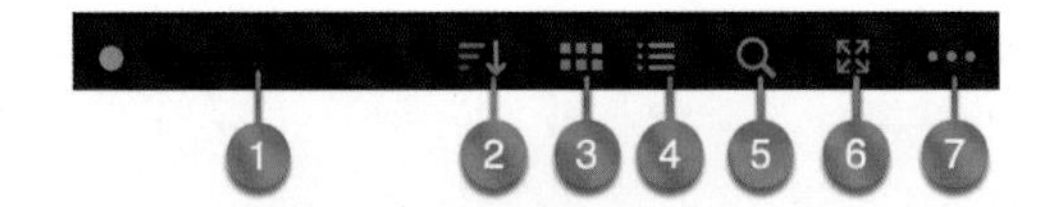

图 2-51　浏览媒体的工具

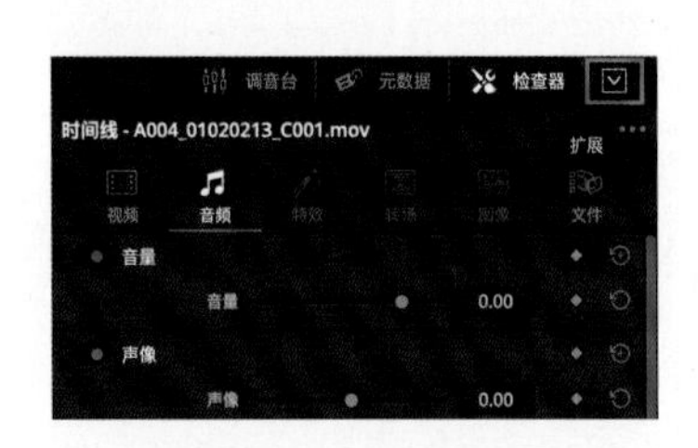

图 2-52　扩展按钮

扩展按钮可以让一些面板的高度从“半高”变为“全高”，从而展示出更多的参数，便于用户进行调整。

在 HDR 调色板中，单击“横向扩展”按钮，如图 2-53 所示。

图 2-53　“横向扩展”按钮

可以看到 HDR 调色板从左侧向右扩展了 1 倍，出现一个新的分区面板。这样用户可以更加清楚每一个色轮的影响范围，如图 2-54 所示。

图 2-54　扩展后的 HDR 调色板

在达芬奇中，关键帧图标是一个菱形，红色表示制作了关键帧，灰色表示没有关键帧。当前后都有关键帧时，当前关键帧图标两侧还会出现两个箭头，通过箭头可以跳转到前一个关键帧或后一个关键帧。再次单击红色的菱形图标可以删除关键帧。单击后方的圆圈箭头可以删除该参数的所有关键帧，如图 2-55 所示。

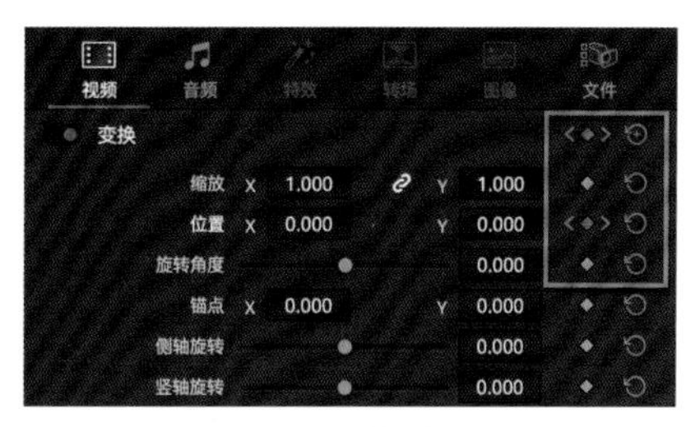

图 2-55　关键帧图标

2.4 操控达芬奇

使用键盘和鼠标来操作达芬奇进行调色是最基础的方式，也是许多初学者的主要操作方式。有些软件如 Quantel、Flame 和 Mistika 等比较适合用手绘板进行操控，因为这些软件专门为手绘板操控进行了优化。虽然达芬奇软件也可使用手绘板进行控制，但是由于没有相应的操控优化，所以，手绘板并不是最佳的达芬奇操控方式。要想自如地控制达芬奇软件，应选择官方的调色台。当然，鼠标键盘也是必不可少的辅助工具。

2.4.1 鼠标操作

达芬奇软件支持多种类型的鼠标，为更好地发挥鼠标的作用，建议用户选择三键鼠标，尤其是带滚轮的鼠标。某些带有轨迹球或多个功能键的鼠标也可提高调色的工作效率，这类鼠标设备通常需要安装专门的驱动。

1.左键

通常情况下，左键在单击时可以打开或关闭某个按钮，或者执行选择命令。左键单击并拖动可以执行修改参数或者绘制选区等命令。左键双击某个素材片段可以在检视器中查看片段内容，在节点编辑器中双击节点可以选中该节点。

2.中键

中键按钮（滚轮鼠标的滚轮可以滚动也可按下，按下时是中键功能）可以执行单击操作。中键在达芬奇软件中有着不少妙用。例如，可以使用滚轮缩放检视器的画面，并且在检视器面板中使用中键单击并拖动画面可使其自由平移，也可使用中键单击来复制调色信息。中键单击还可删除 PowerCurves 曲线上的控制点。

★提示

苹果公司的 Magic Mouse 鼠标没有实体的滚轮，虽然可以模拟滚轮的滚动，但是无法执行按下滚轮的操作。因此，Magic Mouse 鼠标在配合达芬奇进行调色操作时，还是会有诸多不便。建议换成带有实体滚轮的鼠标配合达芬奇使用。如果坚持使用 Magic Mouse 鼠标，可以安装一款叫作“Better Touch Tool”的应用程序，它可以拓展 Magic Mouse 鼠标的功能，进而实现“按下滚轮”的操作。

3.右键

右键在媒体池中的素材片段上单击可以显示“上下文菜单”（在本书中称为“右键菜单”）。在达芬奇软件中，右键在某些情况下还有特殊用途，如在“调色”页面的“曲线”面板中，右击曲线上的控制点可以将其删除。

2.4.2 键盘与快捷键

由于达芬奇可以运行在 Mac、Windows 和 Linux 三个操作系统上，而这些操作系统使用的键盘布局又有着细微的差别，因此，有必要讲解键盘按键的对应关系。本书以 Mac 版的达芬奇 18 为基础进行编写，因此，书中给出的快捷键也是 Mac 版的。如果读者使用的是 Windows 版或者 Linux 版的达芬奇软件，见表 2-1。

表 2-1　不同操作系统中按键的对应关系

Mac 系统按键图标	Mac 系统按键名称	Windows 系统按键名称
⌘	Command	Ctrl
⌥	Option	Alt
⇧	Shift	Shift
^	Control	无对应键
↖	Home	Home
↘	End	End
⌫	Delete（退格键）	Backspace

★提示

如果用户在 Mac 系统上使用 Windows 布局的键盘，一定要注意按键的映射关系，大多数情况下，Win 键被映射到 Command 键，但是也有可能被映射到 Alt 键。

在市场上还能找到专门为达芬奇设计的专业键盘。常用的剪辑和调色的快捷键在键盘上都被标示出来，并且这款键盘的按键是有背光的，便于在黑暗的环境中快速地识别按键位置，因为调色一般是在暗环境中进行工作的，如图 2-56 所示。

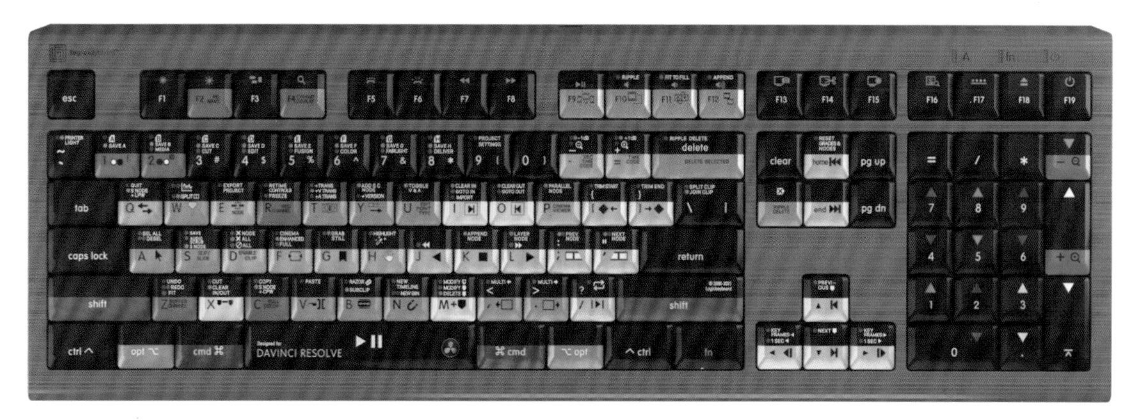

图 2-56 达芬奇专用快捷键键盘

2.4.3 操控技巧

达芬奇界面有不同类型的可操控元件，如色轮、色条、参数、滑块、文本框和检视器等。如果使用鼠标，则双击参数名称即可将其复位。而对于整个面板的复位，则要用到相应的图标。在不同的窗口中，按下鼠标滚轮都可以进行“平移”操作。

★实操演示

本节内容请看配套视频教学录像。

2.4.4 可编程键盘

由于科技发展和行业需要，常规键盘已经不能很好地适应某些专业领域的灵活使用场景，于是就诞生了一种能够对每个键进行自主编程的键盘——可编程键盘。对于达芬奇剪辑和调色来说，时间就是金钱，快速执行某些命令就会用到可编程键盘。下面介绍几种适用于达芬奇的可编程键盘（控制器）。

1.Stream Deck

Elgato 公司推出的 Stream Deck 是一款可全方位自定义的 LCD 按键直播控制台。用户通过按键即可轻松地控制手中的各种应用和工具。STREAM DECK 控制台有 6 键、15 键和 32 键等多个尺寸版本。如果配合达芬奇调色使用，建议使用 15 键或 32 键版本，如图 2-57 所示。

图 2-57 32 键 STREAM DECK 控制台

用户可以自定义 STREAM DECK 控制台每一个按键的功能。例如，在达芬奇中添加节点的快捷键是【Option+S】，在 STREAM DECK 控制台中，用一个按键就可执行【Option+S】组合键，进而按一下即可添加一个节点，并且按键的下方是液晶屏幕，可以为按键设置一张静态图片或是一个 GIF 动图，效果非常酷炫。

STREAM DECK 控制台售价不菲，如果预算紧张，还可选择 STREAM DECK App，通过手机或者平板电脑即可享受到 STREAM DECK 的各种功能，如图 2-58 所示。

2.LoupeDeck+

Loupedeck+ 是一款适合 Photoshop 或 Premiere 使用的专用调控键盘，它拥有 1 个大旋钮和 12 个小旋钮及 8 个滚轮。底部为保持稳定共安装了多个防滑垫，在 USB 数据线位置预留了走线槽，能够确保平稳地放置在工作台上，如图 2-59 所示。

图 2-58　手机版 STREAM DECK App

图 2-59　Loupedeck+ 专用调控键盘

Loupedeck+ 可以配合达芬奇使用，但是并不能得到最佳体验。如果要更好地配合达芬奇使用，推荐使用 Loupedeck+ CT，如图 2-60 所示。

3.Tour Box

TourBox 是一款自定义编辑控制器，可与几乎所有创意软件一起使用，并为所有内容创作者量身定制，包括插画家、摄影师及视频和音频剪辑师。可以根据需要自定义它，无论是复杂的键盘快捷键、鼠标操作还是内置功能。TourBox 提供了更加自然和即时的操控体验。TourBox 可以配合达芬奇使用，主要实现时间线滚动、视图缩放和按一下快捷键的操作，如图 2-61 所示。

图 2-60　Loupedeck+ CT

图 2-61　TourBox 控制器

2.4.5 剪辑专用键盘

DaVinci Resolve 键盘的设计贴合快编页面的使用方式，可显著提升剪辑效率。各项实体按键控制仅凭手感就能触及，带来远胜纯软件剪辑的畅快操作体验。键盘上的机加工金属旋钮设有柔软橡胶涂层，能获得不同于鼠标的精准时间线搜索和定位，让时间线仿佛在手中一般灵活自如。结合使用修剪按键可让搜索旋钮执行实时修剪操作，利用大而精准的旋钮实现更为快速的搜索。使用搜索旋钮进行剪辑和修剪将成为一种全新的工作方式。

DaVinci Resolve Editor Keyboard 是一款全尺寸传统型 QWERTY 剪辑键盘，采用高品质全金属设计，配有一个带电磁离合器的机加工金属搜索旋钮，额外增设剪辑、修剪和时间码输入等按键，并采用快捷安装设计，通过切割桌面后将其嵌入即可实现美观一体的视觉效果，如图 2-62 所示。

图 2-62　DaVinci Resolve Editor Keyboard

DaVinci Resolve Speed Editor 搭载机加工金属搜索旋钮，设计简洁，只包括剪辑所需的特定按键。此外，它还带蓝牙功能和内部电池，既可实现无线连接，也可通过 USB-C 连接，比全尺寸键盘更加便携，如图 2-63 所示。

图 2-63　DaVinci Resolve Speed Editor

★提示

本书配套视频课程素材中附赠了达芬奇专用剪辑键盘的操作手册（电子版）。

2.4.6 调色台操作

下面以 Micro 调色台为例，讲解调色台的用法。Micro 调色台可分为一级调色旋钮区、轨迹球区和控制键区，如图 2-64 所示。

图 2-64　Micro 调色台布局

1.轨迹球区

调色台的左边轨迹球、中间轨迹球和右边轨迹球和达芬奇软件界面上的暗部（Lift）、中灰（Gamma）、亮部（Gain）面板的色轮布局是对应的，和 Log 色轮的阴影、中间调、高光的布局也是对应的，如图 2-65 所示。

在 Micro 调色台轨迹球附近有三个复位按钮：RGB、ALL 和 LEVEL。RGB 复位，将 RGB 的参数调整复位，但是不影响 Y（亮度）参数的调整。ALL 是全部重置，也就是把 YRGB 四个参数的调整全部复位。LEVEL 复位，是在保持 RGB 差异的情况下将亮度复位，如图 2-66 所示。

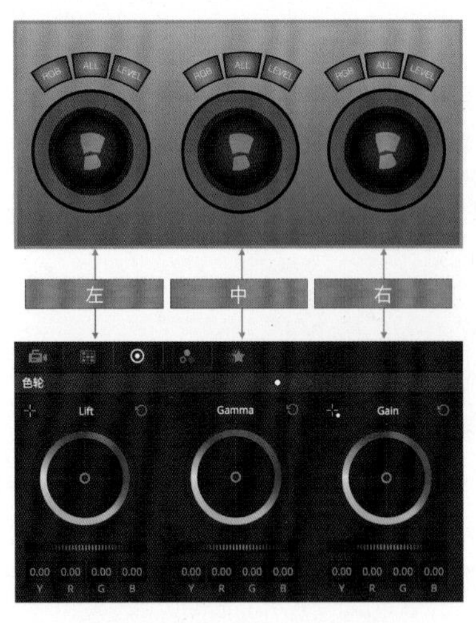

图 2-65　调色台轨迹球与调色面板色轮的对应关系

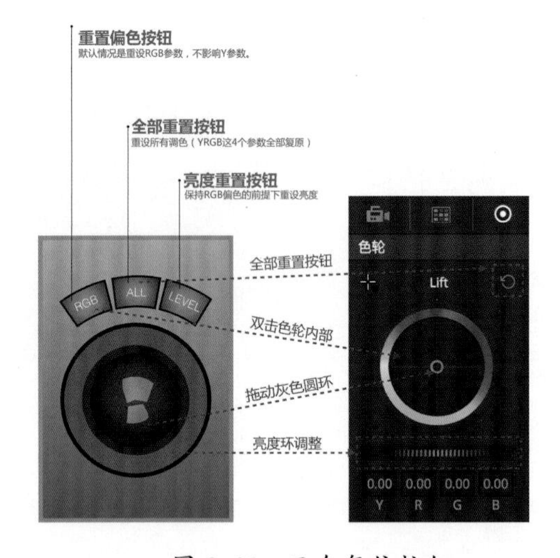

图 2-66　三个复位按钮

2.旋钮区

Micro 调色台顶部的 12 个旋钮分别对应达芬奇调色界面上的 12 个参数，如前三个旋钮分别对应 Y LIFT、Y GAMMA 和 Y GAIN。顺时针拧旋钮是增加数值，逆时针拧旋钮是减少数值，按下旋钮可以复位参数，如图 2-67 所示。

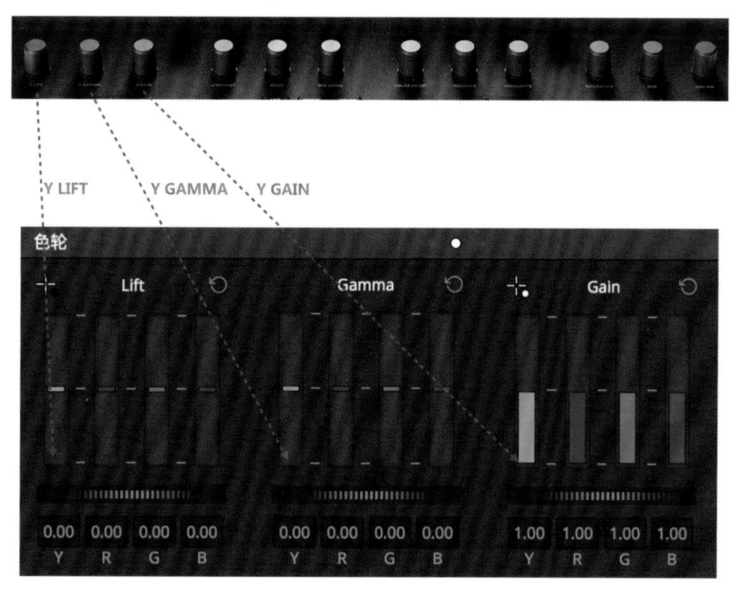

图 2-67 旋钮和参数的对应

图 2-68 中旋钮的功能如下。

Y LIFT（暗部亮度）：在不影响 RGB 平衡的情况下调整 Y（亮度）通道。Y LIFT 主要影响画面的暗调区域，对中间调和亮调区域的影响力依次递减。

Y GAMMA（中灰亮度）：在不影响 RGB 平衡的情况下调整 Y（亮度）通道。Y GAMMA 主要影响画面的中间调区域，对暗调和亮调区域的影响力是递减的。

Y GAIN（亮部亮度）：在不影响 RGB 平衡的情况下调整 Y（亮度）通道。Y GAIN 主要影响画面的亮调区域，对中间调和暗调区域的影响力依次递减。

其余的旋钮功能如下。

CONTRAST（对比度）：用于增加或者降低画面的对比度。在达芬奇中调整对比度有多种办法，使用该旋钮增加对比度执行 S 曲线变化，降低对比度是直线变化。

PIVOT（轴心）：轴心决定了对比度 S 曲线变化的中心位置在哪里。在增加对比度时，高于轴心亮度的像素会变得更亮，低于轴心亮度的像素会变得更暗。

MID DETAIL（中间调细节）：中间调细节决定了画面主要部分的细节情况。增加这个值会让画面的细节增多，降低这个值会减少细节。大量用户在使用该工具进行磨皮处理。

COLOR BOOST（色彩增强）：色彩增强和饱和度不同，虽然看上去都是控制饱和度的。色彩增强更加智能，在调节饱和度时会分区域调整，而饱和度参数则是全部调整。

SHADOWS（阴影）：阴影工具主要调整画面的暗部，但是这不表示中间调和高光不受影响。事实上，阴影工具是改造过的 GAMMA 调整，但是限定了活动范围，并且作用区域向下移动了。

HIGHLIGHTS（高光）：高光工具用于调整高光区域。高光不够可以增加，高光过度可以减少。高光的作用力曲线比较独特。

SATURATION（饱和度）：饱和度也称纯度，通过增加饱和度可以让颜色更纯，更鲜艳。降低饱和度则会让颜色更浊，直至完全变成黑白。

HUE（色相）：调整色相可以让一个颜色变成色相环任意位置上的颜色，如可以将红色变成黄色、绿色变成蓝色。

LUMA MIX（亮度混合）：亮度混合是一个不太容易理解的参数。在达芬奇中调整 RGB 通道时，画面亮度 Y 保持不变。这是因为亮度混合数值为 100，如果降低该数值，调整 RGB 时就会影响画面的亮度 Y。

3.按键区

在 Micro 调色台的按键区可以执行常用的调色快捷键，如撤销、重做、抓取静帧、播放静帧及重置调色等。按键区还可控制影片播放，以及切换前后节点，如图 2-68 所示。

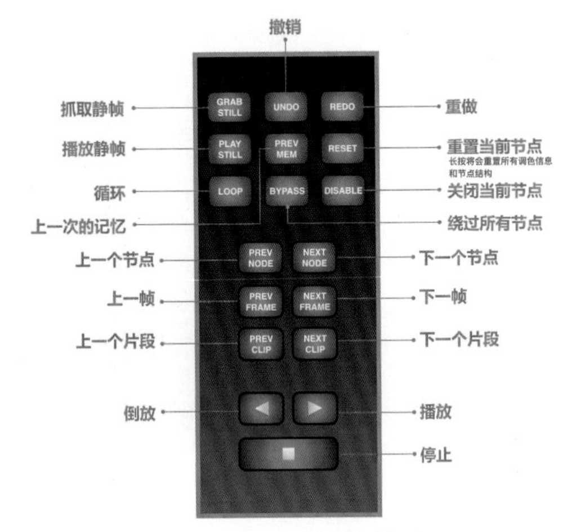

图 2-68　右侧按键区

轨迹球上方还有三个按键，“LOG”按键可以在一级校色轮和 LOG 校色轮模式之间进行切换。激活“OFFSET”按键则会把右侧的轨迹球和亮度环切换为“偏移”模式。此时左侧的控制环可以调节色温，中间的控制环可以调整色调。左侧和中间的轨迹球失效。按下“VIEWER”按键可以激活“影院模式检视器”，相当于按下快捷键【Command+F】，如图 2-69 所示。

图 2-69　轨迹球上方的三个按键

★实操演示

本节内容请看配套视频教学录像。

2.5 偏好设置

DaVinci Resolv 的“偏好设置”窗口中包含多种设置，用于自定义 DaVinci Resolve 的工作方式，分为“系统”和“用户”选项卡。执行菜单“DaVinci Resolve→偏好设置”命令或者按下快捷键【Command- 逗号】，打开“偏好设置”窗口，如图 2-70 所示。

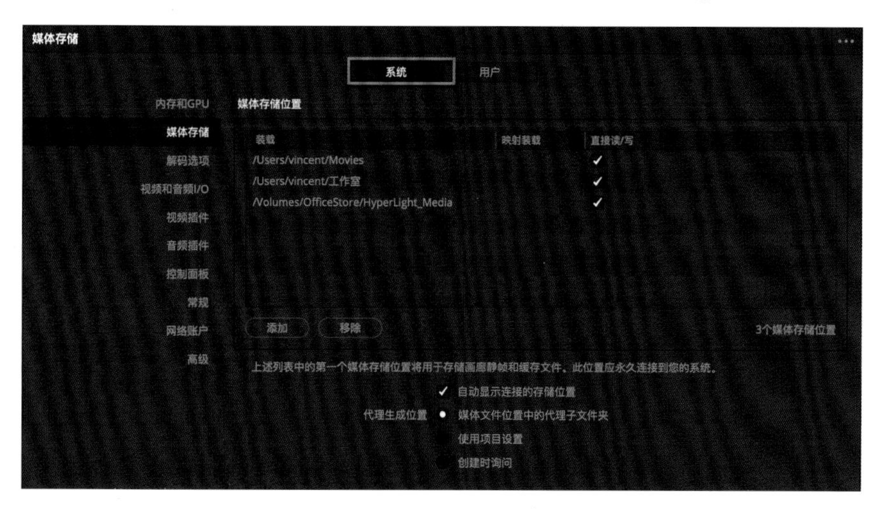

图 2-70　偏好设置窗口

★实操演示

本节内容请看配套视频教学录像。

2.6 备份和迁移项目

在使用 DaVinci Resolve 工作的流程中，有时需要和其他用户交换项目或者时间线。例如，剪辑师和调色师在不同的地点，剪辑师在南京，他可以把时间线和素材发送给在北京的调色师。这有多种文件格式可供选择，不同的格式也有不同的特性。迁移项目的多种方法见表 2-2。

表 2-2　迁移项目的多种方法

格　式	文件类型	特　点
DRP（Project）	项目	可以包含多条时间线的剪辑与调色信息，不包含视频、音频或图片素材。文件非常小
DRA（Archive）	项目存档	不但包含多条时间线的剪辑与调色信息，而且还包含视频、音频或图片素材。当然，这会占用更多的存储空间。该文件通常较大
DRT（Timeline）	时间线	仅包含一条时间线的剪辑与调色信息，不包含视频、音频或图片素材。该文件非常小
DRB（Bin）	媒体夹	仅包含媒体池中媒体夹内的相关素材的链接，不包含实际的素材。该文件非常小
Database	项目库（数据库）	可以包含多个项目以及每个项目内的多条时间线的剪辑与调色信息，不包含视频、音频或图片素材。文件通常不会很大，但是庞大的项目数据库可能会有几百兆或超过 1GB

续表

格　式	文件类型	特　点
EDL、AAF、XML	剪辑决策列表文件	仅包含一条时间线的剪辑信息，不包含视频、音频或图片素材。该文件非常小。通常用于在剪辑和调色软件之间交换时间线。其中，XML 还可携带简单的一级调色信息。如果 EDL 和 CDL 配合，CDL 可以传递一级调色信息

★实操演示

本节内容请看配套视频教学录像。

2.7 本章小结

本章首先讲解了达芬奇的项目库知识。从 DaVinci Resolve 18 开始，达芬奇拥有一种新型的项目库，称为“云”。世界各地的用户可通过 BMD 公司提供的云端平台开展协作流程。其次讲解了在“项目管理器”中创建项目和管理项目的方法。再次讲解了达芬奇软件的页面布局和操控方法。达芬奇的偏好设置面板将通过视频教程的方式进行讲解。最后讲解了如何备份和迁移项目。

第3章 影视调色流程概述

本章导读

对于调色师而言，不仅需要熟练地掌握技术（如对调色软件和调色台的熟练掌握），而且需要具备对色彩的敏锐度和悟性等艺术素质和工作经验。对于电影调色公司而言，则不仅仅是拥有一两个优秀的调色师就能解决问题的。因为电影调色是一个小型的系统工程（电影制作是个大型的系统工程），需要依靠团队的力量和科学严谨的制作流程才能在限定期限内优质高效地完成任务。

本章学习要点

◇从光学到数字

◇电影调色团队职位表

◇电影调色工作流程

3.1 从光学到数字

影视后期制作在整个影片制作中具有非常重要的地位，它包含了剪辑、特效、混音、字幕和调色等多个步骤。通过后期制作，前期拍摄的视频和录制的音频再加上其他素材最终被编辑成为一部完整的影片。从胶片到数字，电影制作流程经历了漫长的发展和成熟，下面将简单梳理从胶片的光学制作流程再到数字制作流程的转变。

3.1.1 传统的光学流程

在传统的电影后期制作流程中，调色（Color Grading）扮演着重要角色。这项工作以前并不叫调色，而是称为配光或调光（Color Timing）。相应地，调色师也称为配光师。

1.工作样片

一切开始于工作样片（Dailies）。通过这个过程，前一天拍摄的胶片经过冲洗和印制样片，供主创人员和制片方审看及供剪辑使用。有了工作样片，电影制作过程中涉及的各个部门才能开展工作，因此，工作样片是电影拍摄情况的进程表。工作样片在洗印厂中被分为A底片和B底片。A底片，或者称圈定镜头，包括导演想要印制供观看和剪辑的那些镜头。导演会让人在随胶片送往洗印厂的拍摄场记单中在这些镜头上画圈，或者做上“好”的标记。B底片在洗印厂中被存放，以备导演或是剪辑师后来想印制这些不被选用的镜头。然后A底片会被送到配光部门。工作样片配光师会对底片的曝光情况进行评价，决定合适的光号，以便将其很好地印制出来。

2.样片配光

对于配光师的主要工具，人们很少使用其正式的名称——彩色分析仪。配光师通过它用红、绿、蓝值和密度值（可以简单地看作是对比度）来改变影像。它按照洗印目标密度（LAD）参照工具来设定。LAD是配光过程中用以调控颜色和密度的一种标准手段，主要目的是校准彩色分析仪，通过改变色调和对比度就能同时改变电影拷贝上的颜色和密度。

配光师为每台印片机提供一组光号值，并为每个场景的印片决定最佳光号。印片配光后，底片会送到印片车间，在那里按照配光师决定的光号印制出样片。印片后，通常会有一名洗印厂的代表用高速电影放映机来观看影片。这名洗印代表会与电影摄影师交流，告诉他在电影中的所见，然后对影片的曝光和其他问题做出评价。洗印代表如果觉得某些电影镜头没能准确地呈现电影的样子，就可能会要求重新配光和印片。这些工作都要在早上极少的时间内完成，以便于助理剪辑师尽早地拿到印出的样片，然后进行无声样片与声音的同步过程。

3.剪辑、套底和其他

剪辑师负责将拍摄期间每天拍摄的样片组接，然后逐步完成粗剪和精剪。当影片定剪后，就可进入“套底”步骤。这个工作由底片剪辑师完成，使用剪辑部门提供的“剪辑决策表”作为辅助把相应的底片连缀成一部完整的电影。当然，传统的电影后期制作流程中还有音频、特效和字幕等环节，由于和调色相关度不高，这里不再赘述。

4.最终配光

一旦接片完成，底片即可为最终的影片发行做准备。电影制作过程中极其重要的一步，也是极富创造力的一步就是彩色配光，影片的最终样子就在这一步中被确定。在电影制作过程中，摄影师已经完成了照明和曝光，有时还对胶片进行了某种特定方式的处理。印工作样片的过程中，工作样片配光师已经为每一个镜头或者场景提供了代表最佳光号的工作样片电影拷贝。

但是现在影片剪接在一起，又有重新调整颜色的机会。首先，要使一场戏中每个镜头之间的色彩连贯，因为一场戏中的连续镜头常常是在不同的日期和时间拍摄的；其次，创造性地运用某种色彩或风格可以帮助影片更好地叙述故事和营造氛围。

配光师在与导演和摄影师商讨后，将使用彩色配光机来设定配光光号，为影片配光。通过配光、印制拷贝、放映影片征询电影制作者的意见，然后回过头来做必要的修改。影片的彩色校正是在交互的过程中完成的。尽管每部影片不同，但是通常经过约两周的时间即得到最终的拷贝——标准拷贝，这是得到电影制作者认可的拷贝。标准拷贝包含被剪切底片的最终配光结果。

最后的配光工作由导演、摄影师连同洗印厂的最终配光师合作完成。

5.中间片和发行拷贝

除印制标准拷贝之外，原始的剪辑底片通常不用来为影院发行而印制发行拷贝，因为会不可避免地损坏最纯正的原始底片。所以，有必要制作一个或多个底片的“替身”，也即“翻底片（Inter-negative）”。首先使用原始底片制作翻正片（Inter-positive），然后再用翻正片制作翻底片，最后由翻底片印制发行拷贝。翻正片和翻底片也就是“中间片”，它们由光学流程产生，所以，也称为“光学中间片”。随着科技的发展，后来出现了“数字中间片”。

3.1.2 数字中间片调色

数字中间片（Digital Intermediate，DI），是指利用数字技术对整部影片进行高分辨率数据转换、调色及其他辅助操作，最后直接输出用于印制胶片电影发行拷贝的翻底片、数字电影发行母版（DCDM）、视频母版等的一种电影制作工艺。

DI 发展成熟于 21 世纪初期，用于取代传统胶片电影中间片的制作流程。相对于传统胶片电影的剪接、配光、印制工作样片、印制翻正片和翻底片等复杂的工艺过程，数字中间片不仅避免了印片转换造成的画面损失，使电影质量得以提升，而且操作便捷，且不受胶片物理特性的限制，可以更好地对色彩和视觉效果进行操控，从而为电影的后期制作提供了丰富的技术手段和创作工具，使艺术家可以在“近似所见即所得”的即时反馈环境下进行可回溯的无损创作尝试，赋予了电影新的表现力，也衍生出新的创作理念和新的工业模式，使电影质量无论在技术上还是在艺术上都得到了极大提升。

DI 不仅使传统胶片电影的后期制作工艺发生了革命性的变化，同时也非常适合数字电影节目的后期制作。随着电影数字化整体转换进程的不断深入，如今数字电影已经几乎全面取代胶片电影，胶片已然淡出电影工业。

我国于 2005 年开始引入数字中间片的制作工艺，由华龙电影数字制作有限公司利用有限的技术资料并通过大量自主研发和技术测试，使用当时的数字中间片技术完成了电影《太行山上》的调色制作，使该片成为中国第一部用 35mm 底片拍摄、以 35mm 胶片拷贝发行、采用 DI 工艺制作并进行全片调色的 DI 电影。

DI 调色是利用计算机数字图像处理技术对电影画面进行色彩调整的一项工作，以期在提高影片制作效率的同时为观众制作出完美的影片。它是现代电影制作工艺中不可缺少的工序。在影视制作中，数字调色通常是制作流程的最后一道工序。在这个环节中，调色师根据主创人员（导演和摄影等）对于画面影调质感的追求，配合影片叙事本身进行调色，弥补前期拍摄的缺憾、统一全片画面光影和色调，优化画面的质感，营造特定气氛等。使镜头之间衔接流畅，形成特定的艺术魅力。

3.1.3 数字中间片展望

从黑白到彩色，从胶片到数字，从 2D 到 3D，同过去一样，技术在不断改变电影制作的过程，未来的电影制作技术变革将会突飞猛进。目前，显著影响电影内容调色制作的技术有 HDR 电影显示技术，如更好的激光投影机和 LED 墙，以及机器学习及人工智能。人工智能将在影调风格创造、画面色彩匹配、动态自动跟踪、画面质感增强等方面发挥作用。另外，新的摄影技术和色彩管理技术将在后期制作中更逼真地还原初始拍摄场景，更好地重建拍摄场景的光场，这些技术将推进调色工具效率的进一步提高。另外，5G+ 云技术将改变整个电影制作工艺，让世界各地的电影制作不再有地域限制，现在有些调色系统厂商根据特殊原因对行业的影响强化了流媒体在电影调色和制作中的应用，并且利用高速网络配合新的工具让远程调色和审片变得更加方便。

随着 5G 技术的发展，云剪辑、云调色和云审片必将成为电影制作流程的标配。现在已经实现远程调色，相信在 5G 加持下，沉浸式的全场景调色体验也将走进现实。

3.2 电影调色团队职位表

一个完整的调色团队由调色制片、调色师和调色助理构成。调色制片负责统筹全局，协调不同部门，保障影片顺利完成。调色师负责具体的定调和调色工作。调色助理主管物料的输入输出、套底回批及其他相关工作。调色团队职位见表 3-1。

表 3-1 调色团队职位

类　别	中文名称	英文名称	说　　明
调色制片组	高级 DI 调色制片	Senior Digital Intermediate Producer	总制片，总统筹
	DI 调色制片	Digital Intermediate Producer	对外：和特效、剪辑和音频等部门对接 对内：协调、辅助 I/O 部门和调色部门
	DI 调色制片助理	Digital Intermediate Coordinator	对外：和特效、剪辑和音频等部门对接 对内：协调、辅助 I/O 部门和调色部门
调色师组	调色指导	DI Colorist Director	对接甲方、和其他部门协调制定交接流程。影片定调，整体把控
	高级调色师	Senior DI Colorist	执行具体的调色工作，有一定管理权限
	调色师	DI Colorist	执行具体的调色工作
	现场调色师	Dailies Colorist	跟组 DIT 调色师，在拍片现场为导演和 DP 提供调色服务
调色助理组	I/O 人员	I/O Operator	数据交接、备份、粗套、粗调、出特效物料、出备份物料和发行物料等
	完片主管	Finishing Supervisor	QC、修改影片的小组负责人
	完片剪辑师	Finishing Editor	剪辑、QC、片头、片尾、字卡、调色
	完片艺术家	Finishing Artist	剪辑、QC、特效等

3.3 电影调色工作流程

在进行具体的电影调色项目制作前，需要预先选定与项目特点对应的调色工作流程，提前考虑可能出现的问题，在本部门及其他部门之间进行相应的一系列测试工作，或者严格按照已有的规范及工作流程进行制作。

3.3.1 建立工作目录

在项目开始前，I/O（数据输入 / 输出）部门负责创建工作目录结构。即使不同的调色公司会有不同的目录结构规范，但是均应满足分门别类、清晰明了和便于管理的特点。建议使用英文字母和阿拉伯数字为目录和文件命名。

首先创建一个以项目参数命名的根文件夹，命名规则可以参考以下设置（读者也可自行改进）：

<日期>_<项目名称>

例如：2021_08_08_Avatar

建议使用英文和数字进行命名，以防有些软件不能识别中文路径或文件名。DaVinci Resolve 对中文的支持是相当不错的，但是当制作大型项目时，需要与不同的公司及不同的软件进行交互，所以还是应该提前考虑周到。

然后在项目文件夹内部创建更多的文件夹形成一套规范的工作目录结构，命名规则可以参考以下设置（读者也可自行改进）：

01_FOOTAGE（存放原始素材文件和转码过的素材文件）

02_VFX（存放特效交接文件）

03_CONFORM（存放套底相关文件）

04_REF（存放参考片和参考图等文件）

05_OUTPUT（存放各种物料和母版文件）

06_CDL（存放 DIT 现场调色的相关文件）

07_AUDIO（存放音频交接文件）

08_SUBTITLE（存放字幕和字卡等文件）

09_TEMP（存放临时文件）

10_BACKUP（存放项目和数据库等的备份文件）

3.3.2 I/O及调色助理工作

I/O 部门是贯穿整个后期流程重要的一环，与前期 DIT、剪辑、视效、声音、调光等环节都有密切的沟通和环节物料往来，主要工作有接收和交付后期素材及环节物料（DIT 部门原始素材 / 剪辑部门工作版画面 / 视效部门转码素材及完成视效镜头 / 声音环节终混参考画面），辅助 DI 部门工作（视效转码 / 调色时间线回批维护），成片物料输出。I/O 部门相对后期其他环节，更偏向于技术类，需要严谨的工作态度，为电影项目如期交付保驾护航。

I/O 部门要紧密配合 DI 环节的工作。I/O 的工作包括但不限于如下内容：

01 根据剪辑部门提供的正片参考小样、EDL、XML 等，回批原始素材，保证剪辑点、时间码、画面效果（位移、变速）与剪辑小样一致，并通过调色软件的素材管理功能迁移素材至本地存储。

02 回插提交的视效镜头，检查版本号、色彩空间、画面尺寸、镜头长度等内容，问题镜头需反馈至视效部门（并做大致记录，如提交日期、数量、版本、镜头反馈等），视效镜头接收齐全后，需提供视效镜头总表，包含视效镜头编号及版本号等信息，用于核对视效镜头数量及镜头版本是否正确。

03 对于多次更新版本的视效镜头及视效量较大的影片，定期维护时间线，保证在接收视效镜头多版本的情况下，镜头版本正确。

1.签收、备份与转码

前期拍摄完成后，制片方或DIT部门会把拍摄素材交付给后期I/O环节。尽量要求制片方提供存储阵列而不是散盘。拿到后需检查存储设备的外观完整性（是否有磕碰或污渍等）。根据项目的DIT报告，核对存储内文件数量是否齐全。核查无误后，填写素材接收单，并收纳到仓库中。

为数据安全起见，应将制片方提供的所有数据备份到调色公司的“中央存储”上。备份过程中需使用MD5安全校验。

规范化的数据管理还需进行“扫盘”操作。扫盘，是指通过软件或计算机命令，生成所有文件的元数据信息表（Metadata Sheet），便于以后查找资料。具体流程和软件一般是调色公司自行设计的。

扫盘完成后要进行“抽条（consolidate）”工作。根据剪辑部门提供的剪辑工程或EDL、XML、AAF等信息抽取所需素材片段。DaVinci Resolve的“媒体文件管理”面板可以辅助执行抽条操作。

另外，有些素材的原始编码不适合调色处理，那么就需要对这些素材进行转码，并且在转码过程中不应产生画质损失。还有些镜头需要进行特效制作，转码的具体要求需要与特效公司沟通后决定，非视效镜头应全部使用原始RAW文件进行调色。

2.与DIT部门交接前期调色数据

由DIT在现场制作的调色信息可能会被“烧录”进数字样片，这对剪辑师和导演非常方便。并且这些调色数据同样可以交付给后期调色师，以此作为最终调色的起点。I/O部门经调色制片协助向DIT部门获取相关数据如下。

01 摄影机元数据：数字摄影机通常在录制的文件中存储ISO、曝光值和其他元数据。调色软件与特定的RAW格式兼容，就可读取和操作图像调节的元数据，这会对该媒体图像处理中的反拜耳计算产生影响。

02 色彩查找表（LUTs）：LUTs是预存的图像处理操作，可以在现场监视器上挂载并监看。LUTs非常有用，可以加载到各种现场监视器上，也可交付给后期调色师用来参考或作为调色起点。

03 色彩决定表（CDLs）：CDLs作为一种工业标准文件格式，由美国电影摄影师协会技术委员会研发。CDL文件格式类似于EDL（剪辑决策表），一般来说，被认为是在典型的EDL中嵌入SOP，即Slope（斜率）、Offset（偏移）、Power（幂律）和SAT（Saturation饱和度）值作为元数据。CDLs用于电视和电影长片的现场色彩数据组织管理。使用CDLs在不同地点拍摄的素材的一级调色数据可以被组织管理并向调色师移交，用于参考和作为调色起点。

与DIT部门交接还涉及将前期测试效果引入前期拍摄的情况，要在拍摄现场预览想要看到的调色师和摄影指导定下的影像风格，通常将所需的色彩管理工作流程和额外的调色过程烘焙到3D-LUT中。这个LUT通常是从摄影机各种Log的色彩空间转换为2.4 Gamma/Rec.709，拍摄团队会在前期监视器中加载这个LUT进行风格预览。

3.与剪辑部门交接数据

定剪后，剪辑部门会输出剪辑本（REEL）小样及EDL等交付给I/O部门，用于回批调色时间线。剪辑小样也称为Offline（离线样片）。在Mac平台上，建议采用QuickTime（.mov）格式、Proress 422LT/Proxy编码。分辨率可以小一些，如4K分辨率的电影可以输出2K的小样。帧率应和剪辑时一致。剪辑小样上还应该烧录如下信息：原素材名、原素材时间码、位移、缩放、旋转、翻转和变速等信息。

当然，必不可少的还有套底文件如XML、EDL及AAF等，具体使用哪种文件格式还需自行选择。不管使用哪个，均应保证其时长、剪辑点和变速等信息和剪辑小样完全匹配。

★提示

这部分内容会在第5章详细讲解。

4.与特效部门交接数据

I/O部门使用从剪辑部门获取的数据进行初步的套底处理，以便于和特效部门进行数据交接。因此，I/O人员也需掌握套底回批技术。另外，还要掌握调色技术，以对某些素材进行预调色工作。例如，对绿幕素材进行调色和色彩匹配处理。某些非绿幕素材也需要此类操作。后续工作是对视效素材进行转码，通常使用OpenEXR格式的序列帧，压缩方式要和特效公司沟通后才能确定，还需注意素材的色彩空间和命名规范等。看似简单，实则需要I/O人员进行耐心细致的处理。

5.字幕和包装等文件的交接

片头字卡、片间字卡，交接规范与特效部门商定。片尾滚屏，交接规范与后期制片部门商定。对白字幕，外包给字幕制作公司或I/O部门自行制作。

6.与音频部门交接数据

首先向音频部门提供参考样片。画面锁定后（视效、调色环节完成，剪辑锁定），由I/O部门交付终混小样至声音部门。该文件应满足以下要求：由于此物料为声音环节最终定版参考小样，输出前后需根据剪辑小样进行比对，避免出现偏差导致二次输出及周期延误。分辨率为HD1920×1080，mov格式。视频画面上烧录清晰的RecTC（录制时间码）。视频必须添加水印，水印内容为接收方公司或个人的名称。水印大小以覆盖完整画面为依据，不透明度以不影响观看为前提。

然后从音频部门获取音频文件。I/O部门负责和音频部门沟通以获取制作好的音频文件，这些文件可能是分轨文件，也可能是Stems文件。工作要求如下：检查音频文件的编码、格式、位深度等信息。音频文件必须是无损格式。例如，48kHz（或更高）的16位或24位的WAV或AIFF文件。按照SMPTE环绕声标准：L、R、C、LFE、Ls、Rs（左、右、中、低频效果、左环绕、右环绕）。将音频放置在正确的通道中制作5.1音频。按照要求制作立体声混音、环绕声混音及外语音轨。

7.完片与质检

完片（Finishing）通常是将影片输出为成片之前的最后一步。在电影调色完成后，完片人员会按照剪辑定好的内容添加片头、片尾字幕和片间字幕等。有时导演在调色公司看片后，不想或者来不及回剪辑流程修改，会直接在调色环节修改一些剪辑内容，如镜头长度的调整、渐隐渐显的调整等，甚至是修补穿帮镜头或者制作简单特效。

质量控制，也称为“QC”，是一种检查交付物料的方法，以确保它们符合甲方收片文档中的要求。QC 不仅是视觉上的“检查”，还包括查找文件中的技术问题，如合法的音频和视频级别、正确的时间码和文件元数据等。QC 可能涵盖数百个潜在问题。一些常见的 QC 问题包括：

01 坏 / 死像素（花帧、黑帧、丢帧）；
02 压缩伪影；
03 合成错误；
04 亮度偏移；
05 颜色级别错误（如 Rec.709 与 Rec.2020）；
06 音频电平错误，噪声过高；
07 ADR（电平和同步）；
08 时间码和帧速率不正确；
09 缺少字幕文件；
10 包装元素、音频位置和语言轨道不正确；
11 质量差的素材（老胶片或低分辨率素材）。

3.3.3 调色步骤与管理

尽管不同的 DI 调色公司和不同的调色师有着不同的调色步骤，下面概括地介绍相对通用的调色步骤与调色管理的方法。

1.定调

叙事电影摄影很少考虑以完全准确、中性的色彩和影调来拍摄客观的灯光效果。而是采用大量的照明设备和严谨的艺术指导来操控片场的灯光和颜色，让场景看起来更加阴郁、魔幻、恐怖或闷热。这些创作意图延伸到调色中，表明您的工作不是描绘世界原本的样子，而是摄影师和导演希望观众看到的样子。

当时间线准备就绪后，调色的第一步就是定调。对于电影而言，由于素材众多，情节曲折。所以，在初步定调阶段需要申请一定的时间（1 ～ 2 周）来熟悉项目，阅读剧本，查看 DIT 部门是否提供了现场的调色光号（CDL 或 LUT），然后进行定调测试工作。感觉测试结果达到初步要求后才和导演、摄影指导等进行当面定调处理。经过当面讨论修改后即可最终定调。

2.单个镜头的工作流程图

每款调色系统都有基于软件设计架构和工作特点的调色顺序，每一位调色师也有自己习

惯的调色步骤。有的调色师严格按照一级调色、二级调色的传统调色流程，有的则喜欢一步到位，只要最终能得到令人满意的画面效果和画面质量。适用于 DaVinci Resolve 的调色节点结构如图 3-1 所示。

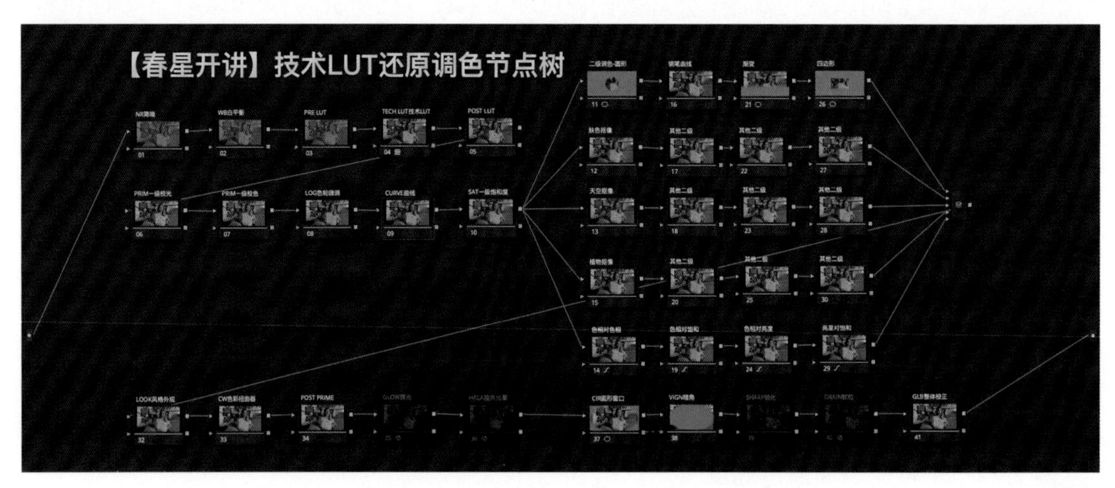

图 3-1　适用于 DaVinci Resolve 的调色节点结构

3.镜头匹配

未经调色的镜头之间很难做到无缝匹配。即使是精心曝光，不同角度的镜头之间也难免会存在微小差异，需要进行均匀化处理。无论镜头之间的差异是大是小，这种变化都会引起观众对剪辑的过度关注，并使观众的注意力脱离节目本身。平衡这些镜头之间的差异是调色师的另一个基础工作。当场景中的每个镜头看起来都是在同一时间、同一地点拍摄的，并且从一个片段切换到下一个片段，对颜色和对比度的调整不易被察觉时，平衡场景的工作即完成了。镜头匹配应满足以下要求：

01 前后镜头的曝光和反差自然衔接，无明显跳跃感。

02 前后镜头的色温和色调自然衔接，无明显跳跃感。

03 前后镜头的相关元素（如肤色、衣服、天空等）光色自然衔接，无明显跳跃感。

04 前后镜头的画面质感（如分辨率、焦点、纹理等）自然衔接，无明显跳跃感。

4.审片与修改

在电影调色过程中，调色师会有一定的时间和导演、摄影指导一起工作，在此情况下，审片和修改是及时发生的。有时导演的时间比较紧张，调色师会先把修改意见记录下来，然后再进行修改。这样不断地在审片和修改之间循环迭代，直到完成整部影片的调色。当电影全片的调色完成后，将举行试映。在影院调色环境中，对影片色彩、声音和字幕等进行综合评价。这也是一个不断迭代的过程，直至最终交付。

5.调色管理

调色管理的目的是保证工作安全，提高工作效率。调色管理包括数据安全、编组管理、画廊管理、特效管理及调色协作等方法。

01 数据安全。调色师在工作中需要保证调色数据的安全。以下数据应定期备份：调色数据库文件，应实时备份。另外至少制作两个备份，并且存放于不同位置。调色项目文件，应实时备份。至少制作两个备份，并且存放于不同位置。按照一定的时间段（如 10 ～ 30min）进行增量备份。

02 编组管理。为提高调色的工作效率，应使用编组方式来管理相同场景的素材。建议编组命名规则如下：< 序号 >_< 场景主题 >_< 内外景 >。例如：16_ 追逐 _ 日外。DaVinci Resolve 的群组调色工作逻辑如图 3-2 所示。

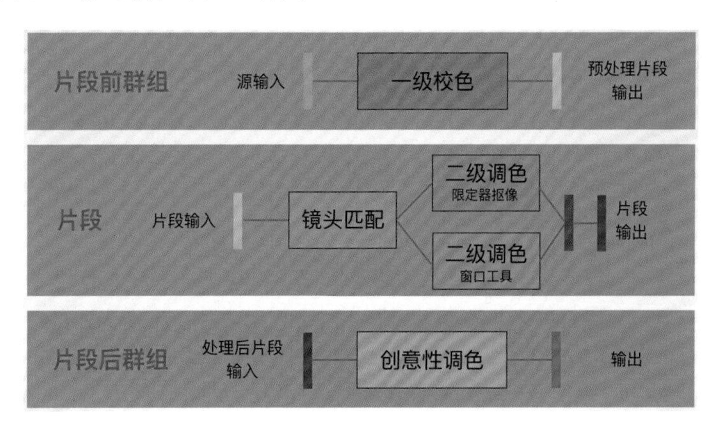

图 3-2　达芬奇群组调色逻辑

03 画廊管理。为电影项目创建多个 Gallery（画廊），不同的画廊满足不同的需求。至少建立一个共享画廊，便于其他项目调用画廊中的静帧。

04 特效管理。特效镜头需要单独放在自己的轨道中，并且特效镜头的每一个版本应放在基础版本轨道的上方。这需要合理对时间线进行布局设计。为特效调色创建独立的画廊，存放相应的特效调色静帧。

05 调色协作。有些调色软件支持多人协作流程。不同的剪辑师和调色师在同一条时间线上工作，项目数据保存在共享数据库中。不同岗位之间还可使用内置聊天软件进行即时交流。一旦调色团队适应了这种流程，那么调色效率将获得极大提高。当然，调色是一种主观性很强的创作活动，不同的调色师共同调整同一部电影，如何统一风格是个棘手的问题。而且调色公司可能是多个项目并行的，每个调色师都有自己的手头工作。所以，这种协作流程在调色公司还未有得到大面积采用。

★视频教程

达芬奇调色管理。

3.3.4 物料输出和母版制作

物料输出算是调色流程的最后一步。多种媒体文件被打包在一起生成发行物料或备份物料。发行物料面向多种媒体的投放，如网络、广播、电影、移动端等。

母版制作是数字电影流程的核心，是联结色彩、格式化、音频、字幕制作、版本及元数据等各个环节的纽带。母版制作的好坏决定了数字电影素材是否能够达到传统胶片电影的水准，甚至比传统胶片电影具有更大的吸引力，它是数字电影制作历程整体质量的决定因素。

物料可分为发行物料和备份存档物料两类。发行物料又可分为SDR母版和HDR母版。SDR母版包括但不限于：SDR Cinema母版、SDR网络发行母版、IMAX母版和China CGS母版。HDR母版包括但不限于：HDR Cinema母版（杜比视界Dolby Vision）、HDR Cinema母版（Cinity）和杜比视界Home版母版。备份物料则包含了ACES母版、DCDM母版、MOV母版及无字幕版本等。

而物料的存储介质也类型丰富，如磁带（HDCAM-SR/HDCAM/D5/Digital-Beta）、光盘（Blu-ray/DVD）和硬盘（机械 / 硬盘）等。

3.4 本章小结

本章讲解了电影制作流程的光学流程和数字中间片流程。随着技术发展，影视调色不再使用光化学反应即可完成。一切都变成了数字化操作，这也让更多人进入影视制作行业。同时也希望读者能够树立专业意识，了解电影调色制作的工业化流程。即使制作的是个小项目，良好的习惯也能保证你的项目安全并提高工作效率。

第4章 从DIT到剪辑

本章导读

从影视拍摄现场到后期制作公司，DIT是衔接各个部门或公司的中心枢纽，对素材的传递起到承上启下的重要作用。DIT不仅要对数据进行多重备份和校验，保证拍摄素材的绝对安全，还要对素材进行质量检查甚至是转码、合板与交接工作。本章将讲解DIT基础知识和操作技能，为后续的剪辑工作打下良好的基础。

本章学习要点

◇ DIT基础知识
◇ DIT之存储知识
◇ DIT之DMT
◇剪辑准备工作
◇字幕和字卡制作

4.1 DIT基础知识

DIT是随着电影从胶片时代过渡到数字时代所产生的工种。在胶片时代，拍摄的胶片必须送到洗印厂进行冲印后才能看到所需的画面，有时候还要对胶片进行胶转磁扫描。随着技术发展到数字时代，现场拍摄的数字信号可以直接记录到存储卡上，甚至直接输出到现场调色设备上。和胶片时代相比，同样拍一场戏，数字时代的周转时间要快多了。

DIT的历史并不长。2000年左右，国外诞生了第一批DIT从业者。2009年之后，随着RED和ARRI等数字摄影机的广泛使用，剧组对数字流程解决方案的刚需变大，国内的DIT从业者也应运而生。因为行业需要数字技术工程师的介入来衔接前期和后期制作中遇到的多种问题，素材管理成为每个剧组的标配，Qtake现场录制、现场回放及现场调色的概念也逐步成为必需。在拍摄阶段即可随时反馈，随时调整，避免到后期才发现问题。

4.1.1 什么是DIT

DIT（Digital Imaging Technician），指“数字影像工程师”。作为一个“人”来说，他需要具备电影技术和IT技术等综合能力。电影制作是高度工业化的，在拍摄现场产生的大量数据和信号需要进行录制、回放、调色、备份、转码等处理。这不仅要求工作人员具备后期制作知识，还应该具有摄影摄像的常识与现场应变能力。

DIT工作可分为四个部分：第一部分是摄影辅助，也称为On-Set。第二部分是信号管理。第三部分是数据管理，也称为DMT。第四部分是数据交接，又称DW（Data Wrangler）。

在正式开始拍摄工作前，DIT部门要和摄影部门联合做一次全方位测试，获得大量信息。例如，摄影机品牌、拍摄格式、分辨率、帧速率和编码等数据信息。也可借此和摄影指导进行沟通交流，了解摄影指导的想法、习惯和要求。之前胶片摄影师通常依赖测光表去监测曝光，而数字时代可以做到所见即所得，因此，DIT可以利用硬件和软件对视频信号进行分析，并结合自己的判断为摄影指导提供协助与建议（偏技术层面）。例如，辅助判断画面曝光和偏色情况，也有时会提供现场调色和其他协助。DMT（Data Management Technicians，数据管理技师），有时也俗称为“拷盘的”或“拷卡的”。DMT与DIT工作本来有着相对清晰的区别，但DMT被很多人认为就是DIT，这是混淆了概念。素材拍摄完成后，DMT人员要立刻使用存储设备对拍摄数据进行多重备份，确保数据安全。DW（数据交接员）。不仅应掌握DMT的所有能力，还应该拥有数据资源整合能力，懂得如何整理和交接数据。因为剪辑、特效和调色公司需要接收不同格式不同编码的数据。

DIT有三种不同工作模式：ON SET（现场）、NEAR SET（近场）、IN HOUSE（驻地）。

ON SET（现场）：主要进行数据备份工作，通常处理数据的多重备份和校验工作。

NEAR SET（近场）：通常需要在现场和近场完成大部分数据的备份、校验、调色和转码等工作。

IN HOUSE（驻地）：把现场的数据备份交接给驻地的工作人员和设备进行转码和调色工作，同时与多部门进行数据交接，如剪辑部门与特效部门等。

4.1.2 DIT相关软件简介

电影拍摄现场的数据管理至关重要。在许多情况下，备份摄像机存储卡的数据只是一个起点。实际上 DIT 管理影视制作的核心资产。DIT 软件起重要作用，一个好的 DIT 软件不仅帮助你执行必要的工作，还帮助构建一个资产库，编辑元数据、同步音视频以及导出报告等功能。还有一些 DIT 软件可以执行现场采集、调色和录制等功能。下面介绍几款 DIT 软件。

1.Livegrade STUDIO

Livegrade STUDIO 提供卓越的图像控制和画面风格管理能力，可以在许多层级上大幅提高拍摄的画面质量并提升工作流程的效率。Livegrade STUDIO 的综合技术能应对快节奏和高要求的数码影像拍摄过程中的各种挑战，有助于拍摄成果变得更好，如图 4-1 所示。

图 4-1　Livegrade STUDIO

Livegrade STUDIO 的特性如下：

01 为每个场景实现卓越的图像质量及 DP 预期的艺术表现，摄影部门在现场即使面对大型和复杂的置景，也能实现全面的画面控制。

02 通过使用针对多机位拍摄开发的灵活工具集，可以优化调整拍摄设置、设置摄影机系统和照明条件的变化，快速响应 DP 对于拍摄现场的改动和要求。

03 利用唯一一款适用于全行业各类标准的色彩处理管道，并搭配对应调色模式的数字成像软件，确保从拍摄到完成片之间无缝衔接的色彩工作流程。

04 让拍摄团队通过实时调色和即时访问参考资料在更丰富的内容环境中评估场景，以做出更明智的创意决策，同样适用于具有多个拍摄单元的长期拍摄项目。

05 跨部门精确地传递调色与元数据，以简化并加强与样片操作员、视频助理及后期制作部门之间的协作。

06 在选择的色彩处理管道中进行强大的调色工作，为所有的输出色彩空间创造完美的色调风格。

2.SILVERSTACK LAB

SILVERSTACK LAB 是数据管理软件，它可以安全地备份镜头素材，并以快速、有组织、透明的方式提取数据。无论是在拍摄现场、现场附近，还是在后期制作环境中，SILVERSTACK LAB 都能即时保存数据，预览源素材，并基于一个元数据库中心创建各种拍摄与素材报告。

安全地拷贝和备份数据。SILVERSTACK LAB 使用流行的校验方式对拷贝的素材进行校验，这是确保从摄影机中拷贝并备份到多个目标硬盘的素材高度安全的一种机制。通过 SILVERSTACK LAB 的级联拷贝功能，可以先把素材备份到最快的存储媒介，然后再自动从最快的存储器分配拷贝到其他目标硬盘，而且在所有的拷贝层级中都保证一致的安全性，如图 4-2 所示。

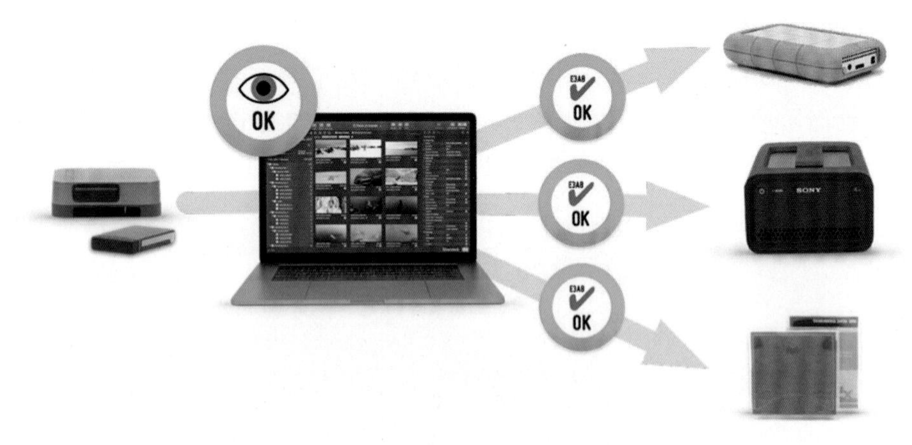

图 4-2　安全地拷贝和备份数据

3.QTAKE

QTAKE 是为视频辅助专业人员设计和开发的高级软件应用程序，用于采集、录制、回放、编辑和处理摄影机的视频输出信号。QTAKE 是全球受欢迎的影视工作者的首选工具，每个月都根据来自一线片场的反馈意见进行更新，如图 4-3 所示。

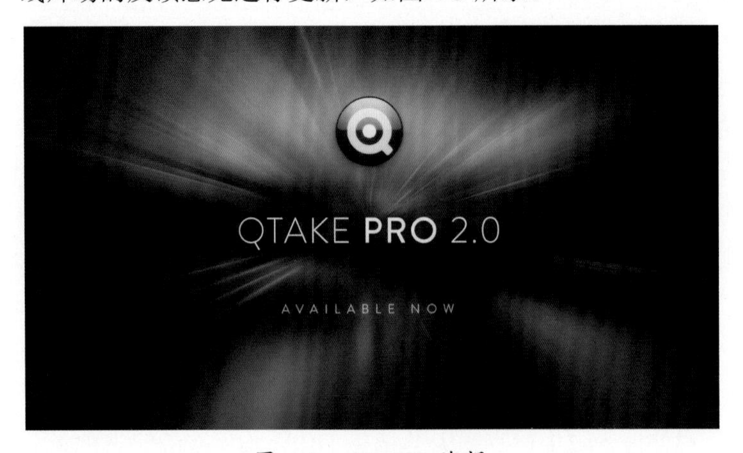

图 4-3　QTAKE 海报

这个功能强大但易于学习的系统将现代视频辅助的各个方面集成到单一解决方案中。QTAKE 拥有强大的录制功能，以及基于“树”的可视化浏览器快速选择拍摄镜头、简单直观的非线性编辑器、媒体导入和导出、实时叠加与混合、抠像和擦除等功能。HDx2 版本还提供高级立体视觉功能，可以进行实时 3D 处理、3D 播放和 3D 编辑。

QTAKE 只能运行在 Mac OS 上。它使用基于 QuickTime 的电影文件，因此，在与 Quick Time 兼容的应用程序（如 Final Cut Pro）之间共享媒体。QTAKE 使用来自 AJA、BMD 和 Deltacast 的视频硬件来采集标清或高清视频、音频和时间码信息。每个片段都被捕获到高速媒体存储中，并且立即检索以进行播放、剪辑或合成。使用广泛的元数据，QTAKE 改进了项目工作流程，远远超出了常规视频辅助。通过利用现代高级显卡的 GPU 功能，QTAKE 能够实时执行高强度的图像处理，包括但不限于具有实时键控功能的实时合成能力。

4.Assimilate DIT Pack+

Assimilate DIT Pack+ 使用业界领先的摄影机媒体备份工具 Hedge 将所有拍摄素材备份到多个目标存储中。Hedge 可以同时进行多个备份，包括源验证、目标验证和所有必要的校验和（Checksums）。通过应用程序内的首选项，Hedge 可以设置为自动将所有备份的素材加载到 SCRATCH 项目中，为质量控制（QC）、音频同步和色调风格（LOOKS）匹配做好准备，如图 4-4 所示。

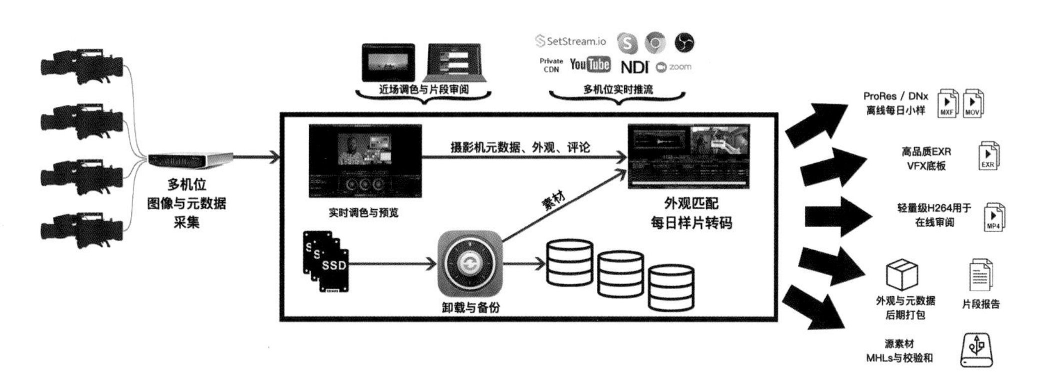

图 4-4　Assimilate DIT Pack+ 流程

4.2 DIT之现场调色

现场调色是指 DIT 在拍摄现场对摄影机信号进行实时色调风格（Looks）调整。这样，摄影指导和导演可以对画面的最终呈现做到胸中有数。有很多软件可以进行现场调色，如 Pomfort LiveGrade、Scratch Lab、DaVinci Resolve、QTAKE、LinkColor 和 Colorfront 等。当然，仅有软件是不够的，现场调色还需要相关硬件的支持，如 I/O 卡、连接线和监视器等。一个简化版的现场调色方案如图 4-5 所示。

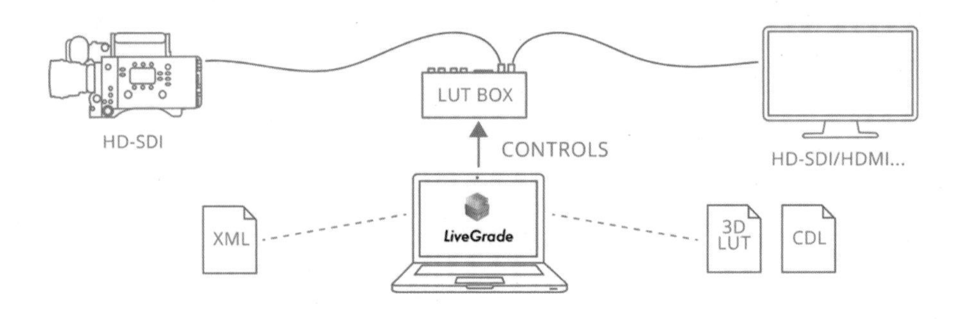

图 4-5　现场调色示意

4.3 DIT之存储知识

DIT 人员在进行数据操作时，为保证数据传输的安全与效率，需要学习并掌握多方面的知识。仅就传输速度而言，存储卡（或硬盘）的类型以及数据线的接口、协议等因素都会制约传输效率。

在 DIT 工作中，经常用到 USB 设备和雷电（Thunderbolt）设备。不同的 USB 标准有着不同的传输速度，相同的 USB 标准却有不同类型的接口形状，如果理解不深，就很容易产生误解。例如，认为 Type C 接口的读卡器或者影片的一定是高速设备，或者认为 Type C 连接线和雷电 3 的连接线是通用的。

4.3.1 USB基础知识

USB（Universal Serial Bus，全称通用串口总线），由 Intel、Compaq、Digital、IBM、Microsoft、NEC 及 Northern Telecom 等计算机公司和通信公司于 1995 年联合制定，并逐渐形成了行业标准。USB 总线作为一种高速串行总线，其极高的传输速度可以满足高速数据传输的应用环境要求，且该总线还具有供电简单（可总线供电）、安装配置便捷（支持即插即用和热插拔）、扩展端口简易（通过集线器最多可扩展 127 个外设）、传输方式多样化（四种传输模式），以及兼容良好（产品升级后向下兼容）等优点。

随着各种数码设备的大量普及，我们周围的 USB 设备已经非常丰富。虽然都采用了 USB 接口，但是考虑设备端的体积大小和用途各不相同，因此，所设计的接口外观也不尽相同。目前，USB 接口有三种不同的外观，即 Type-A、TypeB、Type-C。Type-A 是计算机、电子配件中最广泛的接口标准，鼠标、U 盘、数据线上大多是此接口，体积也最大。Type-B 一般用于打印机、扫描仪、USBHUB 等外部 USB 设备。Type-C 拥有比 Type-A 和 Type-B 均小得多的体积，是最新的 USB 接口外形标准，这种接口没有正反方向的区别，可以随意插拔。Type-C 接口具有强大的兼容性，因此，成为能够连接 PC、游戏主机、智能手机、存储设备和拓展等一切电子设备的标准化接口，并实现数据传输和供电的统一，如将两台显示设备通过一条 Type-C 线紧密结合在一起使用。

4.3.2 雷雳

Intel 发布了 Light Peak 技术，并将其定名为“Thunderbolt（雷雳）”。雷雳接口，俗称雷电接口。Thunderbolt 连接技术融合了 PCIExpress 数据传输技术和 DisplayPort 显示技术，可以同时对数据和视频信号进行传输，最新的雷雳 3 的传输速率达到 40Gbit/s。它除了可以提供双通道双向的传输带宽外，还可供电，直接驱动无源的移动设备。

雷雳 3 带来了一种兼具出众速度和丰富功能的连接方式，其带宽可达到雷雳 2 的 2 倍，将数据传输、视频输出和充电集合至一个小巧的接口中。它还与 USB-C 整合，在获得雷雳速度的同时，更加便捷易用，打造出一个真正通用的端口，如图 4-6 所示。

图 4-6 通过雷电接口连接显示器和外置显卡箱

雷雳 3 的数据传输速率最高可达到 40Gbit/s，是雷雳 2 的 8 倍，USB3 的 8 倍，可为各种基座、显示屏或设备提供高速连接。还能以菊花链的方式，将多达 6 部雷雳设备连接至单个端口，而无须使用集线器或交换机。因此，凭借强劲的数据吞吐量，可以将存储设备连接至计算机，再将显示屏连接至存储设备。

4.4 DIT之DMT

DMT 是保证拍摄素材的绝对安全。到达拍摄现场后，DMT 要进行摄影机存储卡的管理与摄影机的设置工作。例如，掌握现场摄影机的总数量，每台摄影机配备了几张存储卡，每张存储卡的容量大小与可拍摄时长等。更换存储卡时应与摄影组管理存储卡的人员签署存储卡交接表，以保证存储卡本身无损坏及内部的素材完整无误。

不论如何，均须保证对素材进行双备份，绝对不能只有单备份。备份应使用专业的 DIT 软件而不是简单地进行复制粘贴操作。因为专业的备份流程要求对每一个文件都进行数据校验并保留校验日志。备份完毕后，还需要使用专业软件对素材进行现场快速质量检查，以确保不会出现坏点、黑帧、失焦等问题。如果发现任何问题，均须第一时间进行反馈。备份完成后，需要生成相应的报告文档。

★视频教程

本节内容请看随书视频教程。

4.5 剪辑工作

剪辑（Editing），是指将影视前期拍摄中所得到的大量素材，经过选择、取舍、分解与组接，最终完成一个连贯流畅、含义明确、主题鲜明并有艺术感染力的作品。剪辑既是影片制作工艺过程中一项必不可少的工作，也是影片艺术创作过程中进行的再创作。

剪辑软件林林总总，如 Avid media Composer、Final Cut、Premiere、Edius 和 Vegas 等。DaVinci Resolve 最早只是一款调色软件，随着发展逐步变成了全流程软件。作为全流程中的一个环节，剪辑是必不可少的。因此，DaVinci Resolve 还拥有强大的剪辑功能。除了这些专业软件外，近年来随着短视频流行起来的“剪映”之类也属于剪辑软件。与“剪映”不同的是，DaVinci Resolve 的剪辑功能更多是为专业剪辑工作而设计的。

4.5.1 媒体管理

DaVinci Resolve 是一套很棒的剪辑、混音、视觉特效制作和调色系统，在开始进行剪辑前，还可在片场用它来整理所记录的各种媒体文件。下面将主要介绍 DaVinci Resolve 中一些非常强大，但常常被忽略的功能。在制作中，可以使用这些功能来整理和优化摄影机记录的原始高分辨率媒体文件，可为后续的剪辑工作做好一切准备。

★视频教程

本节内容请看随书视频教程。

4.5.2 合板（音视频同步）

在拍摄较为简单的场景时，话筒收录的声音会和视频一起被录制到同一个文件中，音频和视频是严格对位的，因此，无须进行合板工作。但是在场景复杂、品质要求高的场合，需要单独录制音频。例如，场景中有五个演员的对白需要录制，并且要每个演员的声音能够分开，这就需要使用录音机和无线麦克风。录音机录制的音频文件品质很高，并且还能把每个演员的声音录制在不同的轨道上。而摄影机的机身麦克风录制的音频大多是立体声，距离演员很远，音质较差并且不能分轨录制。

在拍摄完成后，录音机录制的音频要和摄影机录制的视频进行同步，保证声画对位。这个过程也称为“合板”。之所以叫合板是因为拍摄现场会使用场记板打板，录音机会录下打板的啪声，摄影机会拍摄小木板和场记板撞击在一起的画面，如图 4-7 所示。

图 4-7　场记板

在后期软件中，让啪声的音频波形和场记板撞击的那一帧画面在轨道上对齐，然后链接音视频文件，就完成了音视频同步工作，也就是合板工作。合板既可手动完成也可自动完成，这取决于团队所选择的工作流程，一般来说有以下几种情况。

1.使用时码器的情况

时码器是一种高度精确的时钟，专业时码器的精准度可达到每24小时的偏移小于一帧。虽然摄影机和录音机都有内部时钟，但是精度和时码器相比稍差一些，以及难以把摄影机的时钟传递给录音机。因此，使用外部的时码器把时间码传递到摄影机和录音机就可让视频和音频拥有相同的时间码。

假设有两个摄影机和一个录音机，那么就需要三个时码器。首先把三个时码器进行同步，可通过连接线、蓝牙或其他方式进行。然后把时码器分别连接到摄影机和录音机上。影视专用的录音机大多都支持外部时间码输入，可以使用BNC线连接时码器和录音机，并且在录音机的菜单中激活使用外部时间码功能。

有些摄影机可以接收外部时间码，通过BNC线把时码器和摄影机相连即可。在此情况下，音频文件和视频文件的时间码都来自时码器，因此，可通过时间码自动同步，如图4-8所示。

图4-8　根据时间码同步

有些则缺少时间码输入接口，如一些单反或微单。对这些设备来说，怎样输入外部时间码呢？答案是使用LTC（Longitudinal Time Code）时间码，它是SMPTE时间码的一种，也称为相对时间码。这种时间码可以记录在音频轨道上，并且其波形所发出的声音可以被人耳听到。对于不能直接输入时间码的摄影机，可通过音频接口把时码器发送的时间码记录为音频，如果摄影机录制立体声，那么可以左声道录制时间码，右声道录制现场音频。当然也可反过来。在此情况下，视频文件和音频文件的时间码是不同的，但是可通过软件从音频轨道中提取时间码，然后再根据时间码进行同步。

01 打开DaVinci Resolve软件，新建一个分辨率为3840×2160，帧速率为50的项目，然后把下载内容“02-课程素材”文件夹中的合板素材添加到媒体池中，如图4-9所示。

图4-9　媒体池中的视频和音频片段

02 单击“媒体池”面板右上角的“列表”图标，媒体池中素材将会以列表方式显示，这样能够显示出更多的元数据，如图 4-10 所示。

图 4-10　以列表方式显示文件

03 观察视频文件的时间码和音频文件的时间码，发现不能互相匹配。但是视频文件有两个音轨，左声道录制的是 LTC 时间码，在达芬奇软件中，可以对时间码进行更新。选中两个视频片段，右击并在弹出的菜单中选择“Update Timecode from Audio Track（从音频轨道中更新时间码）”命令，如图 4-11 所示。

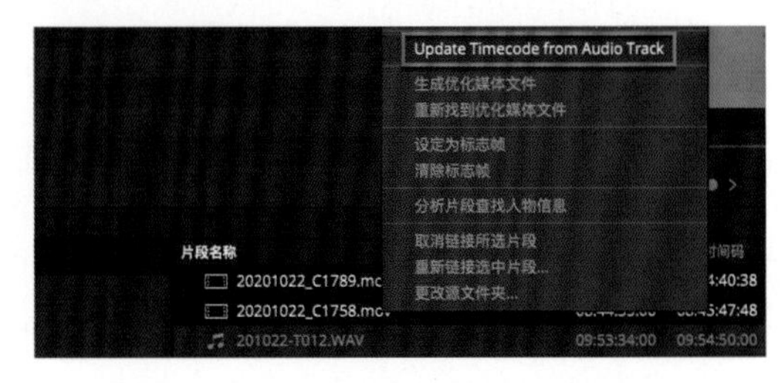

图 4-11　从音频轨道中更新时间码

04 更新后发现音频“201022-T012”和视频“20201022_C1758”的时间码非常接近，另两个文件也是这样。之所以音视频的起始时间码还有差异是因为摄影师按下快门的时间和录音师按下录制按钮的时间是不同的，如图 4-12 所示。

05 同时，选中媒体池中的音频和视频片段，右击并在弹出的菜单中选择“自动同步音频→根据时间码和附加轨道”命令，如图 4-13 所示。

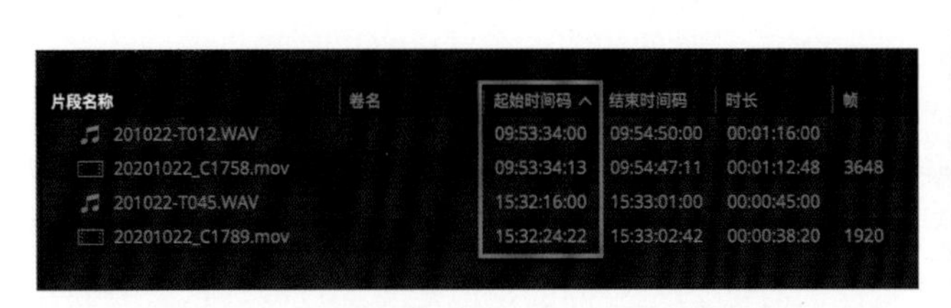

图 4-12　音视频文件的时间码非常接近

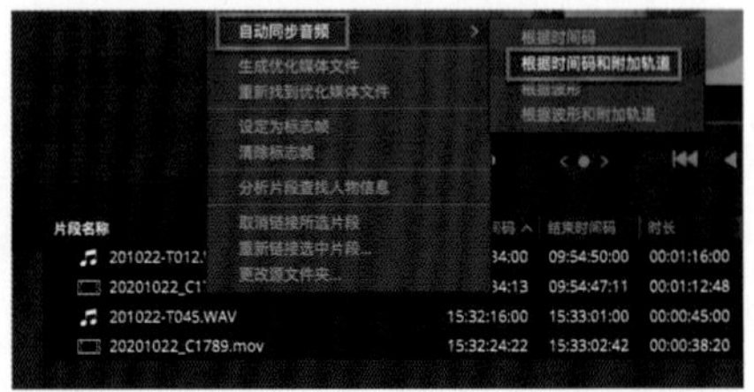

图 4-13　自动同步音频

★提示

之所以选择附加轨道，是因为想通过这个案例让读者更直观地看到音视频同步的情况。在大多数情况下，选择“根据时间码”命令即可，无须保留视频中原有的音频轨道。

06 注意，视频文件的音频通道数量已经由 2 变成了 5，这说明音频文件中的三个轨道已经附加到视频文件的音频轨道上，如图 4-14 所示。

片段名称	起始时间码	结束时间码	时长	分辨率	FPS	音频通道
201022-T012.WAV	09:53:34:00	09:54:50:00	00:01:16:00		50.000	3
201022-T045.WAV	15:32:16:00	15:33:01:00	00:00:45:00		50.000	3
20201022_C1758.mov	09:53:34:13	09:54:47:11	00:01:12:48	1920x1080	50.000	5
20201022_C1789.mov	15:32:24:22	15:33:02:42	00:00:38:20	1920x1080	50.000	5

图 4-14　显示音轨数量

★提示

对于大多数情况来说，自动合板到这一步已经完成了。但是为保险起见，还需对合板后的音视频进行检查。判断打板的那一帧画面和音频波形是否对位，还应该检查摄影机的音频波形和录音机的音频波形是否对位。

07 新建一条时间线并把视频文件添加到时间线中，发现音频轨道的数量是 4 个。这是因为轨道 1 是立体声，其音频通道数量是 2，如图 4-15 所示。

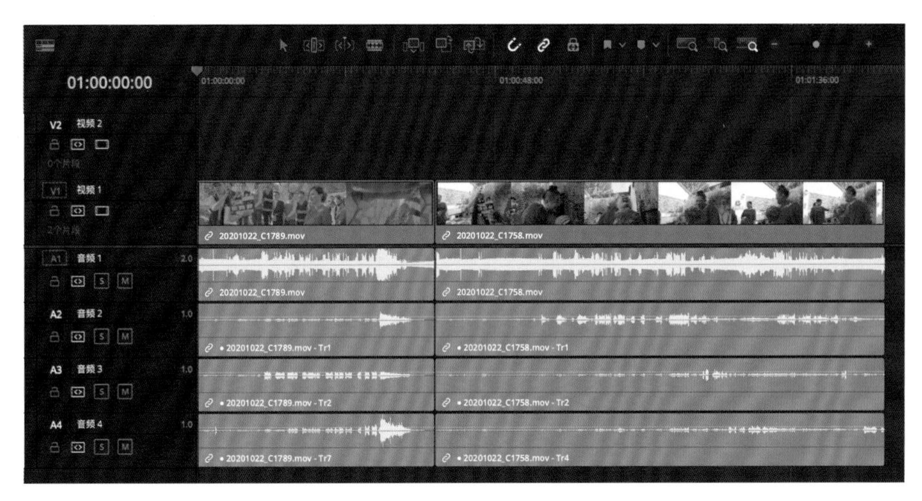

图 4-15　在时间线上查看音轨

08 进入达芬奇 Fairlight 页面，适当缩放音频轨道，可以看到有 5 个音频通道。此时播放，除了对白之外还会听到刺耳的噪声。这个噪声就是音频时间码。但是如果把这个噪声关掉会同时把摄影机录制的打板声也关掉，如图 4-16 所示。

09 选中媒体池中的视频片段，右击并在弹出的菜单中选择“片段属性”命令，如图 4-17 所示。

10 单击“音频”按钮，进入“音频”选项卡，将 Stereo 的内嵌声道 1 设置为静音，如图 4-18 所示。这将关掉音频时间码轨道，然后再把视频文件放到时间线上播放，就不会听到噪声了。

11 但是，当放大音频波形观看时，会发现摄影机录制的打板声波形和录音机录制的打板声波形是错位的，也就是说二者不同步，如图 4-19 所示。如果播放，能够听到重复的打板声。

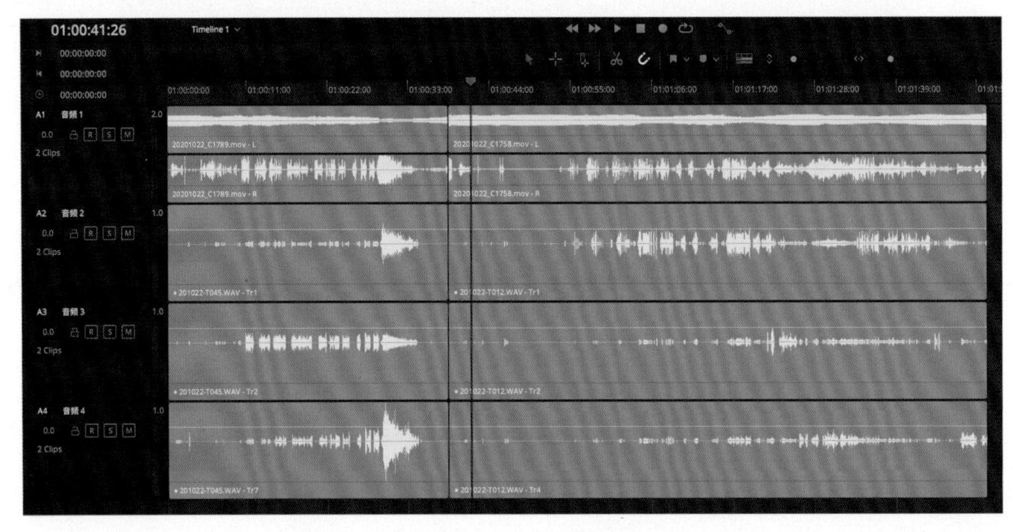

图 4-16　5 个音频通道

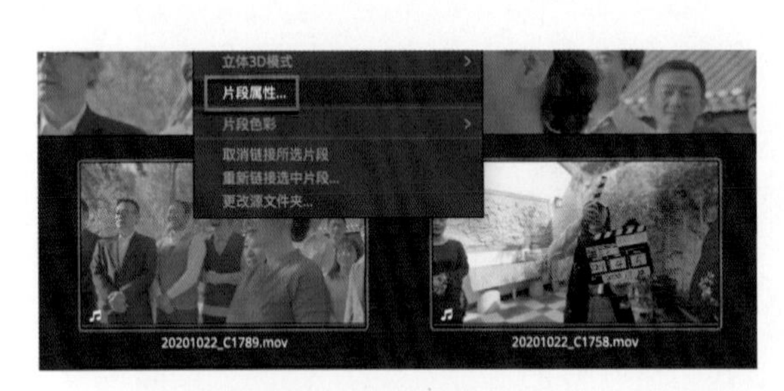

图 4-17　片段属性

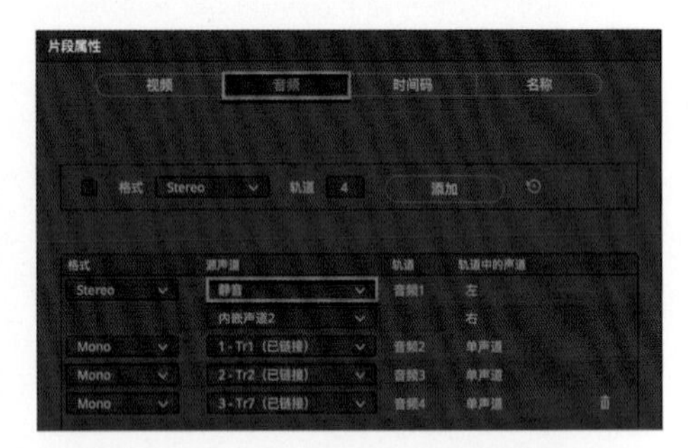

图 4-18　将内嵌声道 1 静音

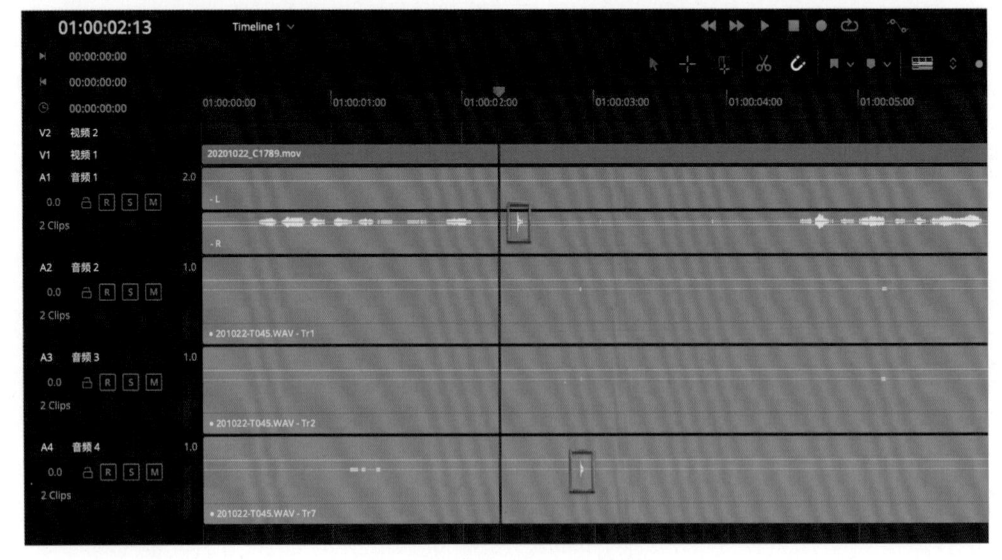

图 4-19　错位的音频波形

导致音频错位的主要原因是本例中使用的时码器不能完美支持50帧或60帧的视频。对于24帧、25帧或30帧的视频来说，绝大多数时码器是没问题的，但是对于高帧率的视频来说，一些时码器就会出问题了。因为这些时码器在开发时使用标准的SMPTE 12M时间码。在高帧率视频出现前，该标准已经被发明很久了。所以，它不支持任何高于每秒30帧的帧速率。如果使用TENTACLE SYNC时码器，则可以使用Tentacle Sync Studio软件进行合板工作来解决错位问题。

12 打开Tentacle Sync Studio软件。单击界面左上角的加号按钮，然后把下载内容“02-课程素材”文件夹中的合板素材添加进来。视频文件导入后，在音轨中记录的时间码就被读取出来。可以看到视频“20201022_C1758”的时间码和音频“201022-T012”的时间码非常接近，另外一对视频和音频也是如此，如图4-20所示。

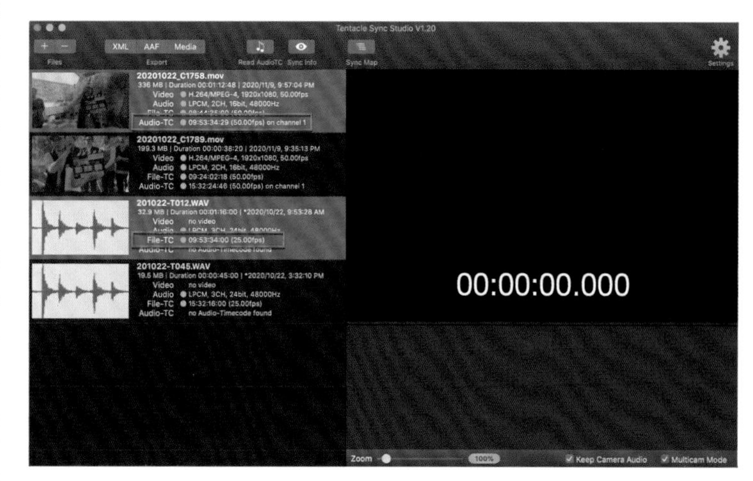

图4-20 Tentacle Sync Studio软件界面

13 依次单击Sync Info和Sync Map按钮。同步的文件右上角会出现绿色的三角形。界面右下方会出现音视频轨道。可以直观地看到音视频是怎样同步的，可是看不到音频波形，如图4-21所示。

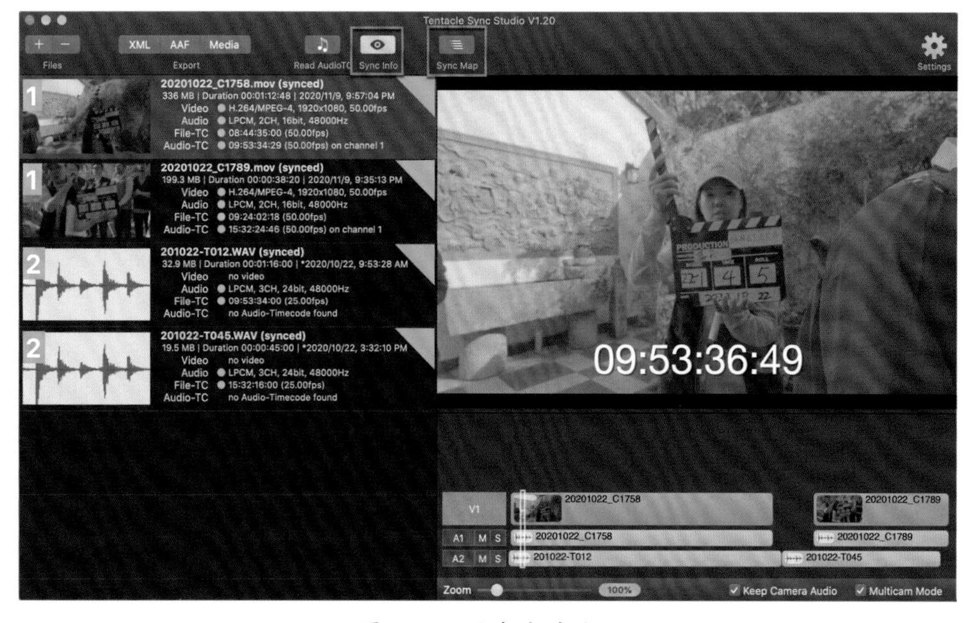

图4-21 同步后的界面

14 单击工具栏上的 Media 按钮，在弹出的对话框中使用默认设置即可。注意，音频和视频编码都是直通方式，不会进行二次编码。这样不仅时间快而且无损。导出的媒体实际上是用 mov 格式封装的，如图 4-22 所示。

15 考虑大多数读者未安装 Tentacle Sync Studio 软件，所以，笔者将输出后的视频文件放在下载内容中。读者把下载内容“02- 课程素材 >03- 章鱼合板的视频”文件夹中的两段素材放到达芬奇的时间线上，可以看到打板画面、摄影机录制的音频波形和录音机录制的音频波形都是对位的，误差在 1 帧内，如图 4-23 所示。

图 4-22　导出 Media 的设置

图 4-23　波形是对位的

★提示

Tentacle Sync Studio 软件虽然可以解决 50 帧（或 60 帧）每秒素材的合板问题。但是该软件是收费软件，不是每个人都会购买。并且多了一个步骤，如果能够在达芬奇内部直接完成会更好。

另外，还可根据同步信息将时间线导出成 XML 文件给 Final Cut Pro X、Premiere 或者达芬奇，导出 AAF 文件给 AVID Media Composer。这种方式导出的音视频文件是分开的。

16 另外，在达芬奇中还有一种办法可以修复错位。在“媒体”页面中，选择自动合板后的视频，打开音频波形示波器，在检视器中也显示波形，并且播放，找到打板波形的位置，发现录音机录制的打板波形靠后了，如图 4-24 所示。

17 单击波形示波器面板右下角的“链接”按钮，暂时将其关闭，如图 4-25 所示。

18 这时可以使用左右箭头逐帧挪动音频波形，直到它和检视器中的打板波形对齐，然后再次单击“链接”按钮。这样即可手动修正错位的波形，如图 4-26 所示。

图 4-24　打板的音频波形

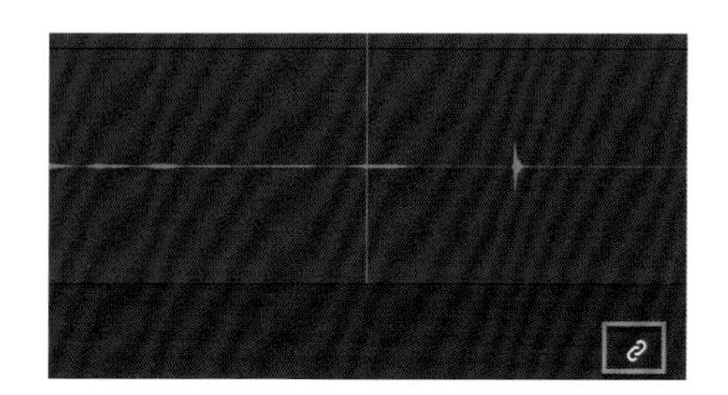

图 4-25　链接按钮

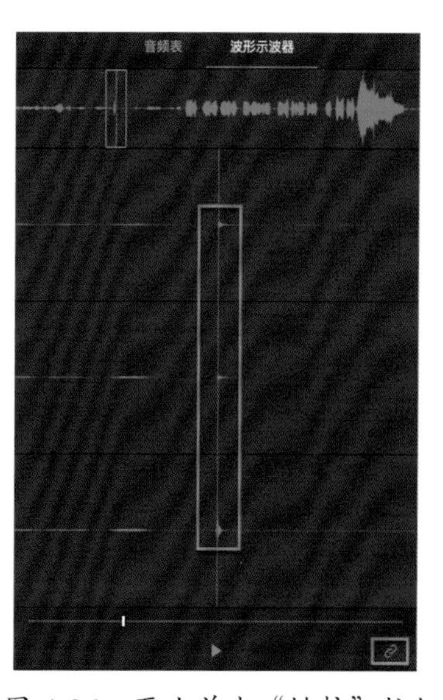

图 4-26　再次单击“链接”按钮

2.不使用时码器的情况

如果未购买时码器，或者出现时码器不够用、同步错误等情况，就不能使用时间码来同步音视频。这时还可以使用音频波形来同步。软件可以分析录音机录制的音频波形和摄影机录制的音频波形，然后将音视频文件进行同步，如图 4-27 所示。

图 4-27　根据波形同步

但是，仅靠音频波形同步有时候是不可靠的。同一场戏中，演员的台词可能重复多次，当软件无法很好地分辨时，会导致合板错误。因此，在合板完成后，还需进行人工核验。最后，当时间码和波形都不可用时，只能进行手动合板。手动合板方法如下：

01 把音视频素材添加到时间线上，然后导航到打板的那一帧画面，放大音频波形找到打板波形的位置，按【M】键添加标记。在录音机录制的音频上面寻找同样的打板波形，也添加标记，如图 4-28 所示。

图 4-28 给视频和音频打标记

02 拖动音频文件使之与视频文件的标记对齐，当二者的标记距离较近时会产生吸附效果。因此，打标记有助于快速对齐二者。如果觉得没对准的地方还可以进行微调，如图 4-29 所示。

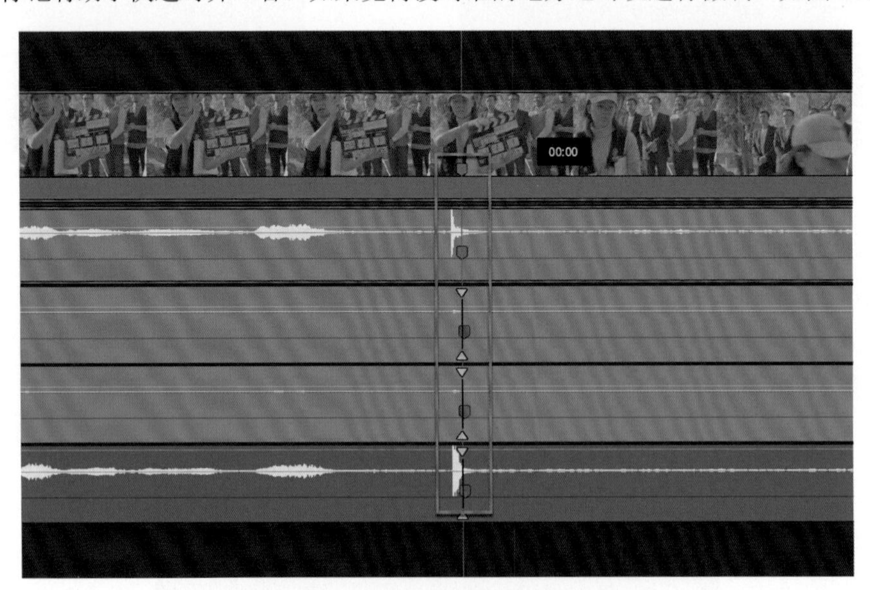

图 4-29 视频和音频的标记对位

03 虽然二者波形已经对齐了，但是视频和音频并未链接在一起，在剪辑时会带来不便。因此，需要同时选中视频和音频，右击并在弹出的菜单中选择“链接片段”命令。这样二者就链接在一起，如图 4-30 所示。

图 4-30 “链接片段”命令

★提示

在手动合板的过程中，可以查阅场记单以更好地熟悉所处理的音视频文件。如果摄影机仅有打板画面而没有录制声音，那么手动合板的难度就会增加。除了对齐打板画面位置外，还可检查演员说话的口形。

作为一名剪辑师，合板也算是必备的基础技能。在处理大项目时，使用时码器配合自动合板工具是一个好选择，这能节省大量的时间，让剪辑师把精力都放在剪辑上。对于比较简单的项目，使用音频自动合板也是个不错的选择，但是做事情不能太理想化，在实际工作中，还需要随机应变采用合适的合板策略。

4.5.3 剪辑知识拓展

想要全面掌握达芬奇软件的剪辑功能，建议学习官方教材《DaVinci Resolve 17 剪辑师指南》。该书是针对视频剪辑的艺术和技术而专门编著的手把手培训辅导书。实操课程演示了如何在剪辑页面和快编页面中剪辑采访视频、剧情片、纪录片和音乐视频，以及如何使用新的 Speed Editor（快编剪辑键盘）。还有专门课程演示如何使用新增的 3D 键控器和视频拼贴画特效构建出引人注目的效果，以及如何混音并交付最终影片以用于在线发行、广播电视或流媒体服务。

4.6 字幕和字卡制作

在一部电影中，字幕是指角色对话的文本，通常在画面的底部居中位置。而字卡主要用来介绍制片人、导演、摄影指导或主演带有一定设计感的文字或图案。在达芬奇的“特效

库”面板中单击“标题”选项卡，其中有不少字幕和标题预设，拖放到轨道上即可使用，如图 4-31 所示。对于复杂的字卡可以使用 Fusion 或 After Effects 等软件进行制作。

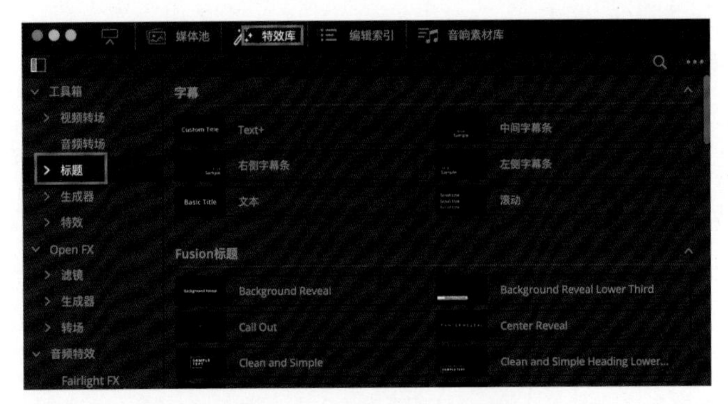

图 4-31 “特效库”面板

4.6.1 在达芬奇中制作对白字幕

01 在达芬奇内部即可制作对白字幕。在“剪辑”页面中的视频轨道上方的空白区域右击，在弹出的菜单中选择“添加字幕轨道”命令，如图 4-32 所示。

02 即可得到一条空白的字幕轨道，在字幕轨道的空白区右击，然后在弹出的菜单中选择“添加字幕”命令，如图 4-33 所示。

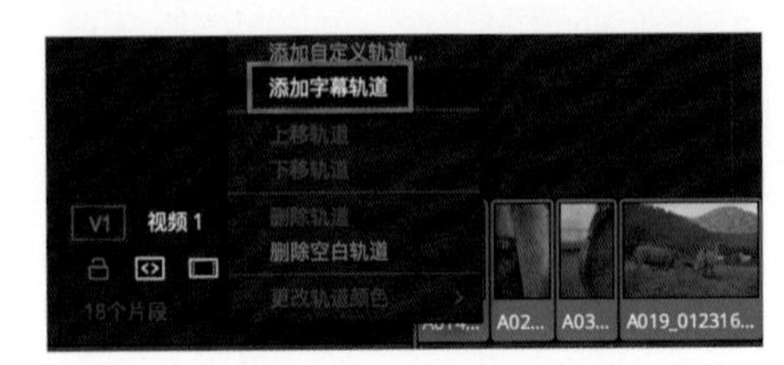

图 4-32 添加字幕轨道

图 4-33 添加字幕

03 在“检查器”面板中的“字幕”选项卡中输入所需的文本。然后按“回车”键确认。以此类推，即可一句一句地制作出所需字幕，如图 4-34 所示。

04 在“风格”选项卡中可以设置文字的字体、字形、色彩、大小、行距和字符间距等，如图 4-35 所示。

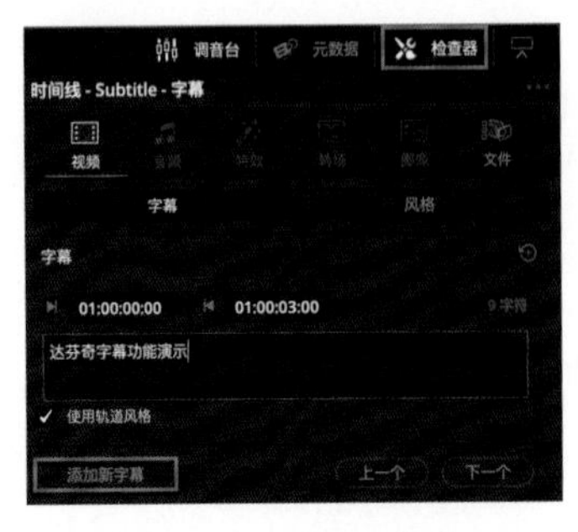

图 4-34 输入文本

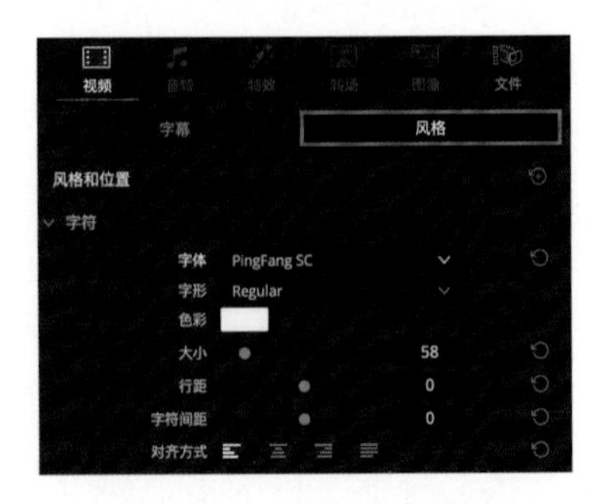

图 4-35 文本风格设置

★提示

目前，达芬奇17和18版本的字幕描边都是内描边，并且描边位于文本的上方，希望未来达芬奇改进为外描边，让描边层位于文本层的下方。

05 达芬奇18还支持多层字幕。用户可以在字幕占位器上右击，然后在弹出的菜单中选择“添加字幕区域”命令，如图4-36所示。

06 新增的字幕区域会出现在原有字幕的上方。用户可以输入字幕文本并对其进行风格样式的修改。也可继续增加字幕区域，制作出更多层的字幕效果，如图4-37所示。

图4-36 添加字幕区域

图4-37 双层字幕效果

07 字幕轨道的颜色也可进行修改。在字幕轨道头部右击，然后在弹出的菜单中选择“更改轨道颜色”命令，并在下级菜单中选择所需的颜色即可，如图4-38所示。

08 字幕可以和视频片段连接到一起。框选字幕和视频片段右击，在弹出的菜单中选择“链接片段”命令，如图4-39所示。

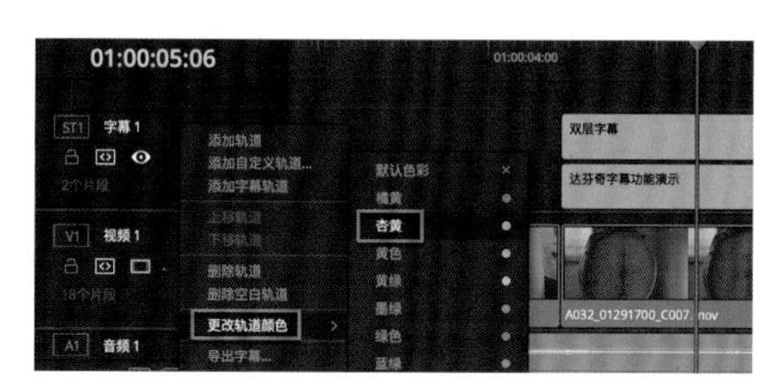

图4-38 更改轨道颜色

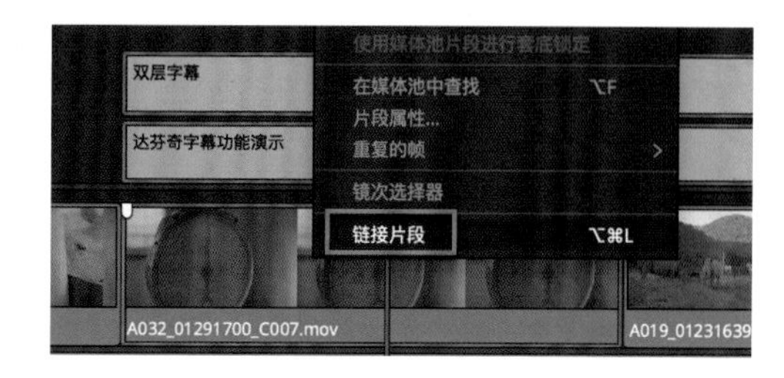

图4-39 链接字幕和视频片段

09 用户可以双击任何字幕轨道的名称，对轨道进行重命名。例如，按照字幕语言命名，CN代表中国，如图4-40所示。

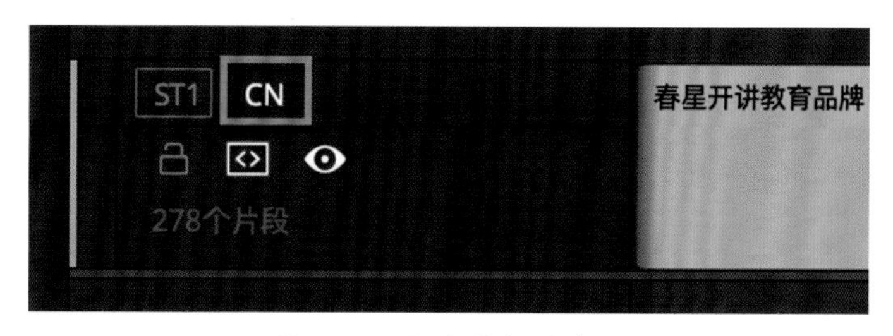

图4-40 给字幕轨道命名

根据工作流程和交付规范，存在识别语言的现有约定，例如，ISO-639-1（适用于两个字母代码）或 ISO-639-2/B（适用于三个字母代码）。这些代码可在国际标准化组织网站上找到。

一些命名约定需要语言代码和国家代码。例如，Facebook 需要命名格式为“视频文件名 .[语言代码]_[国家代码].srt”的 SubRip（.srt）文件才能正确嵌入。

★提示

在达芬奇 18 官方手册的第 981 页中提供了一份来自世界各地的标准化语言和国家代码的表格。可以点击达芬奇软件界面顶部的“帮助”>“DaVinci Resolve 参考手册”菜单打开一个 PDF 文档，然后在其中查看相关内容。

4.6.2 达芬奇导入外部字幕

除了手动制作字幕之外，在 DaVinci Resolve 时间线上添加字幕或隐藏式字幕也可导入在其他软件中制作好的字幕文件。目前 DaVinci Resolv 支持 .srt、.vtt、.xml、.ttml 等多种格式的字幕文件。

01 在“媒体池”的空白区右击，在弹出的菜单中选择“导入字幕”命令，如图 4-41 所示。

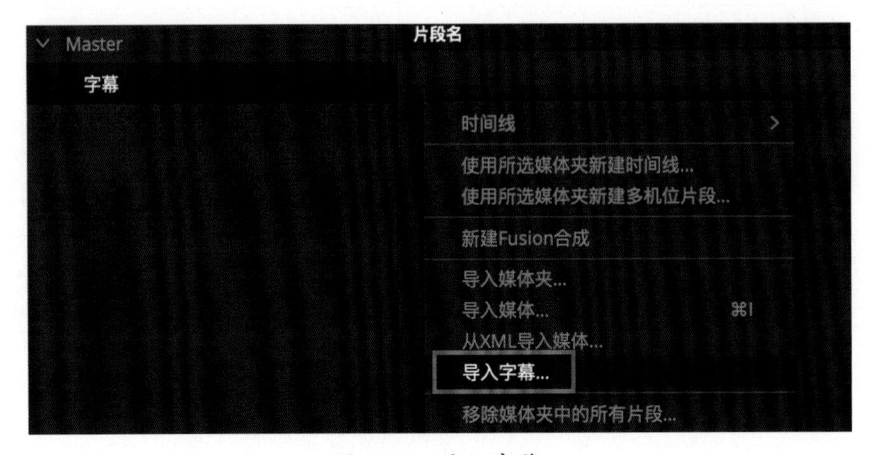

图 4-41　导入字幕

★提示

想要导入字幕也可在达芬奇的“文件”菜单中选择“导入”→“字幕”命令。

02 在本书下载内容中找到“02- 课程素材 / 第 04 章”中的“媒体文件管理字幕 .srt”文件，然后将其导入媒体池中，如图 4-42 所示。

03 字幕导入后的缩略图中是看不到具体的图案或文字的，但是在缩略图左下角会出现一个代表字幕的小图标，如图 4-43 所示。

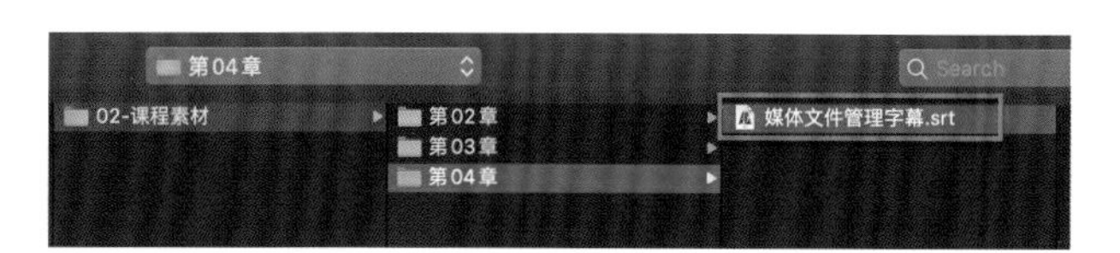

图 4-42 “媒体文件管理字幕 .srt”文件

图 4-43 字幕小图标

04 用户可以新增一个字幕轨道再把字幕文件拖放上去，也可直接把字幕文件拖放到轨道中，此时达芬奇会自动增加一个字幕轨道来容纳字幕，如图 4-44 所示。

图 4-44 将字幕拖放到轨道中

05 如果是手动拖放的，那么字幕的位置就需要手动核对。如果想按照字幕自带的时间码放置，可以先把字幕加载到“源片段检视器”中，然后使用“插入”命令把字幕插入轨道中，也可在字幕图标上右击，在弹出的菜单中选择“使用时间码将所选标题插入时间线”命令，如图 4-45 所示。

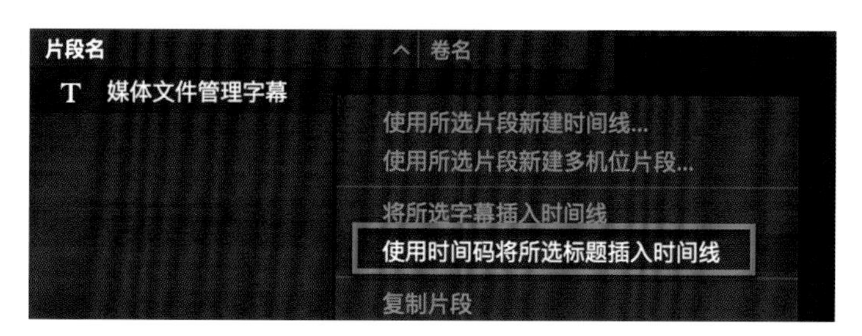

图 4-45 使用时间码将所选标题插入时间线

4.6.3 达芬奇导出和渲染字幕

字幕制作完成后，用户可通过几种不同的方式导出它们。一是通过文件菜单导出字幕。二是通过字幕轨道头部导出字幕。三是在交付页面导出、烧录或嵌入字幕。

1.通过文件菜单导出字幕

执行菜单“文件”→“导出字幕”命令，然后使用“导出”对话框为导出的字幕文件选择位置和文件类型，可以导出 .srt 和 .vtt 格式的字幕，如图 4-46 所示。

图 4-46　使用菜单导出字幕

2.通过字幕轨道头部导出字幕

右击字幕轨道的头部，在弹出的菜单中选择“导出字幕”命令。使用“导出”对话框为导出的字幕文件选择位置和文件类型，可以导出 .srt 和 .vtt 格式的字幕，如图 4-47 所示。

3.在交付页面导出、烧录或嵌入字幕

当在时间线中设置一个或多个字幕轨道时，“交付”页面会在“渲染设置”的“视频”面板底部显示一组字幕设置，用于控制字幕或隐藏式字幕是否以及如何与该时间线一起输出。来到交付页面，展开字幕设置群组，如图 4-48 所示。

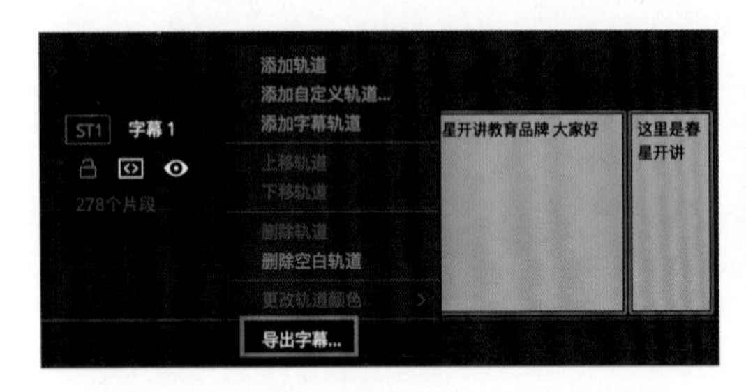

图 4-47　通过字幕轨道头部导出字幕

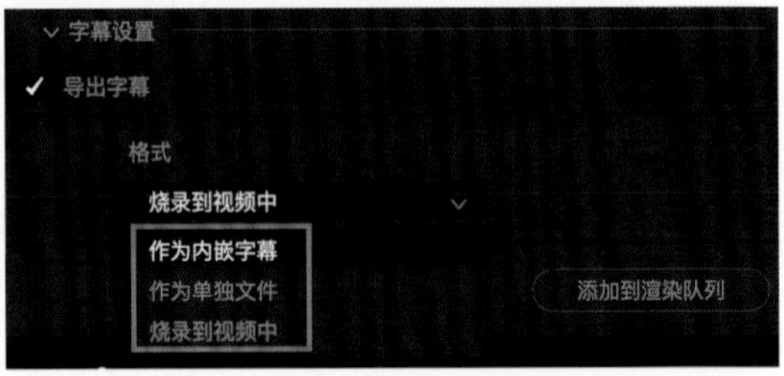

图 4-48　字幕设置

在图 4-48 中可以设置以下选项。

“导出字幕”复选框：允许启用或禁用字幕 / 隐藏式字幕输出。

“格式”下拉菜单：提供四个选项用于输出字幕 / 隐藏式字幕。

作为内嵌字幕：将当前选定的字幕轨道输出为支持的媒体格式内的嵌入元数据层。目前在 MXF OP1A 和 QuickTime 文件中支持 CEA-608 隐藏式字幕。可以在“编解码器”菜单中选择字幕格式，如图 4-49 所示。

作为单独的文件：可以将选择的每个字幕轨道输出为单独的文件。面板中有“导出为”选项和“在导出中包含以下字幕轨道”选项，如图 4-50 所示。

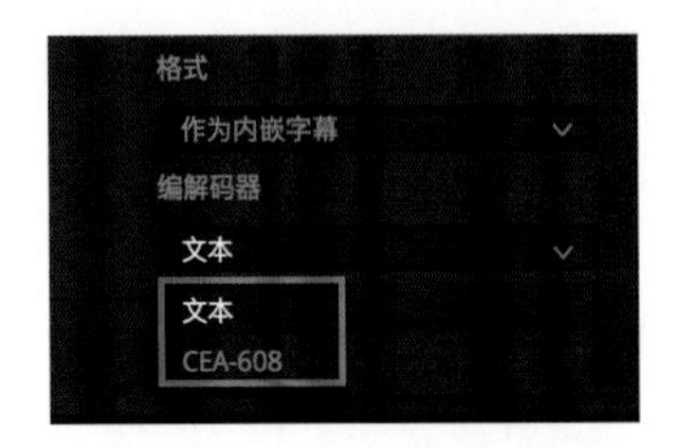

图 4-49　内嵌字幕格式

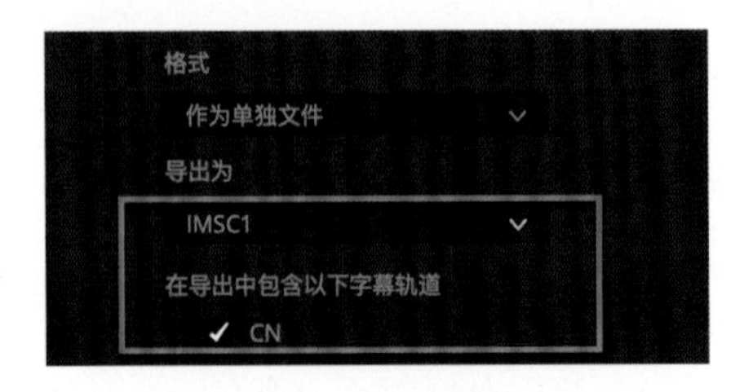

图 4-50　作为单独文件

导出为：选择要输出到的字幕/隐藏式字幕格式，选项包括IMSC1、DFXP、SRT和WebVTT。

在导出中包含以下字幕轨道：一系列复选框可选择要输出的字幕轨道。

烧录到视频中：渲染所有视频，其中当前选择的字幕轨道被烧录到视频中，成为不可改动的文字像素。

4.6.4 使用其他软件制作字幕

如果觉得在达芬奇内部制作字幕比较麻烦并且不够智能，那么可以使用“剪映”“讯飞听见”或“ArcTime”等软件制作字幕，然后再将这些字幕导入达芬奇软件中。下面以“剪映”为例讲解字幕的制作方法。

01 打开剪映并将视频文件添加到时间线中，单击“文本”按钮，然后在“智能字幕”选项卡中单击“开始识别”按钮（记得保持连网），如图4-51所示。

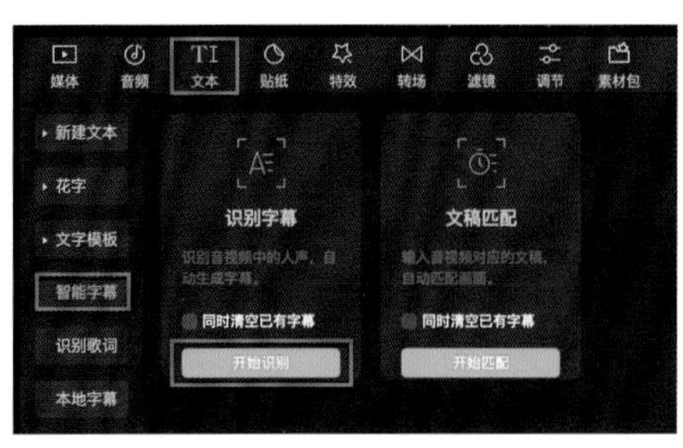

图4-51 智能字幕

02 此时剪映会对视频中的音频文件进行分析，并将音频转换为文字，然后将这些文字制作为字幕文件，结果如图4-52所示。

图4-52 字幕识别完成

03“剪映”对于中文的字幕识别准确度可达到95%以上，少量的识别错误可以手动修改，如图4-53所示的“卫生”应该是“位深”。

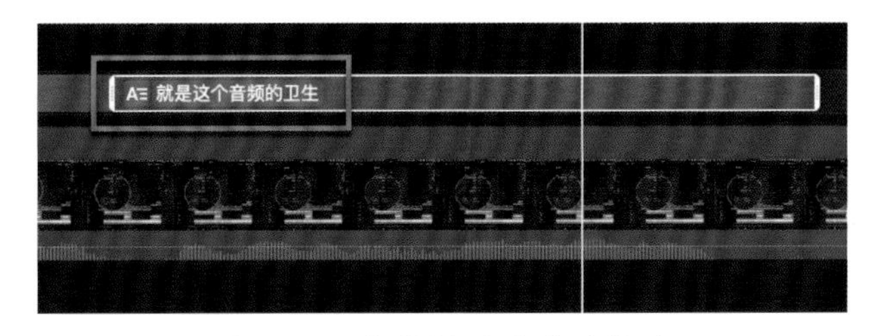

图4-53 字幕错误需手动修改

04 字幕制作完成后，单击“剪映”界面右上角的“导出”图标，打开“导出”对话框，取消勾选“视频导出”复选框，仅保留“字幕导出”，将“字幕格式”设置为SRT，如图4-54所示。

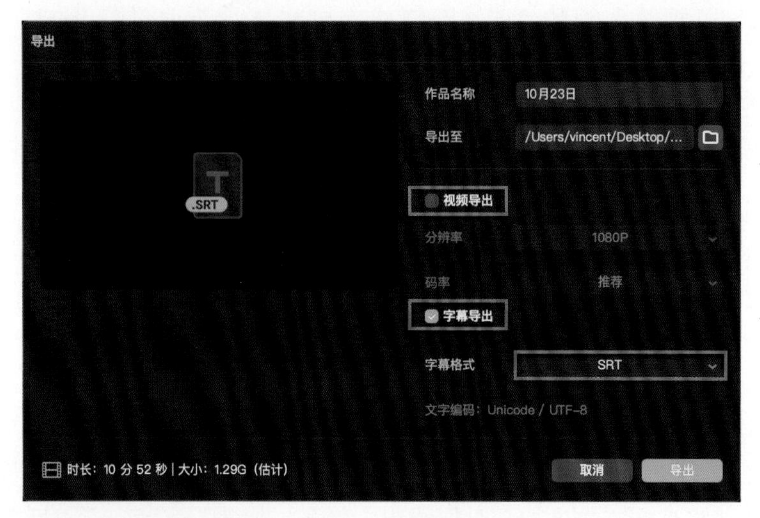

图 4-54　导出设置

工欲善其事，必先利其器。选择合适的工具可以让字幕制作事半功倍。前文已经介绍过，达芬奇可以导入 SRT 格式的字幕。因此，剪映和达芬奇配合，可以提高字幕制作效率。

4.7 本章小结

DIT 在电影制作中，从前期摄影机的测试，到整体数字制作流程的制定，以及数据安全的保障上发挥着越来越重要的作用。随着数字科技的不断突破与发展，DIT 从业人员也需要紧随潮流不断学习和提升。另外，本章还讲解了达芬奇剪辑的基础知识，涵盖了从媒体管理到粗剪的整个过程。最后讲解了字幕和字卡的制作，这也是影视制作者的必备技能之一。

第5章 从剪辑到调色

本章导读

在以往的调色工作中，调色软件通常要和剪辑软件结合使用来完成整个流程。如今，随着达芬奇软件的升级，剪辑和调色工作都可以在达芬奇中完成，这对调色流程的影响是巨大的。本章将介绍达芬奇调色的剪辑功能和调色流程。由于每个人使用的平台和剪辑软件各不相同，所以，本章中讲解了套底的基本操作方法，不可能涵盖所有的套底流程。

本章学习要点

◇套底回批流程
◇电影套底规范
◇场景剪切流程
◇重新套底技巧
◇初识达芬奇调色

5.1 套底回批

套底（Conform）是指电影后期制作中将素材按照“剪辑决定信息”进行装配的过程。在传统工艺中，套底即“套对底片”，就是完全按照样片的剪辑结果剪辑底片。数字化后，套底还包括根据剪辑结果对原始素材文件进行匹配。无论哪种方式，套底都是依照“剪辑决定信息”进行的，且无论“剪辑决定信息”以剪辑决定表EDL文件或胶片剪辑清单（Cut List）等何种形式存在，都需要保证其包含的信息准确无误才能使套底的结果准确。

5.1.1 什么是“套底”

想要明白什么是“套底”，必须要先明白什么是“底”。图5-1所示为一个简化的胶片套底流程。在胶片拍摄电影时代，这个“底”就是胶片底片，也称为“原底片”或“原底”。原底上呈现负像，用原底剪辑看不到正确的色彩，并且极不安全。所以，最好的办法是把原底片洗印成正片之后再剪辑。

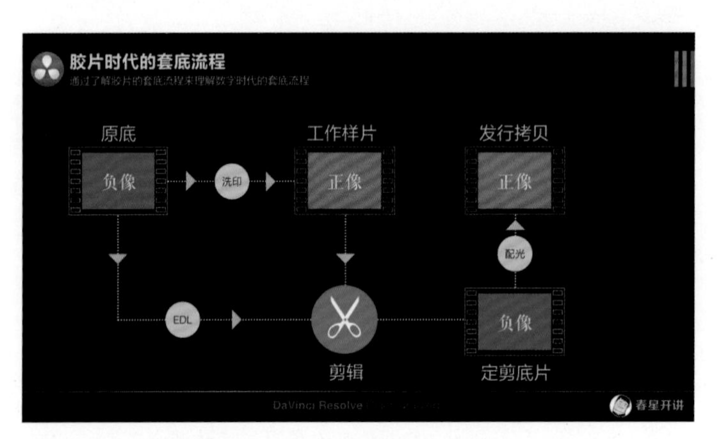

图5-1 简化的胶片套底流程

在电影拍摄期的每一天，所拍摄的底片都会被送到电影洗印厂，工作人员会把导演需要的镜头洗印出来，洗印出来的胶片被称为工作样片（Dailies，日报）。工作样片是经过简单调色的正片，用来做剪辑很合适。当剪辑完成后，剪辑部门就会编撰一个“剪辑点决定列表（EDL）”。由于工作样片不能用来发行拷贝，所以，要根据EDL的信息，让底片剪辑师对底片进行剪辑。底片只有一份，剪辑时要格外小心，底片剪辑师一般都是由经验丰富的剪辑师来担任。

总结以上的工作流程，发现剪辑师首先使用工作样片进行剪辑，然后再“套”取底片完成底片剪辑，这个过程称为“套底”。当底片剪辑完成后，配光师对影片进行细致的调色处理。配光完成后，经过一系列过程即可发行拷贝。

到了数字时代，这个“底”就是“数字负片”——RAW文件或Log文件等。胶片时代的“工作样片”对应数字时代的“代理（Proxy）”文件。所以，电影后期的工作流程是先剪辑代理文件，然后再套取RAW文件。实际工作中，并不是每个项目都会拍摄RAW文件，有的辅助镜头可能还使用单反相机来拍摄，这也给套底带来一些挑战（文件名和时间码的问题）。因此，掌握混合格式的套底流程非常重要。

随着数字摄影机的发展，越来越多的机器不再只是拍摄经过压缩的视频，而是越来越多地倾向于拍摄 RAW 格式的文件，这给调色的软硬件都带来很大压力。如果使用 All In One 流程，则不存在套底的问题。但是由于硬件性能的限制，很少有设备能够做到对 RAW 素材的实时剪辑，所以，很多时候还是先剪辑代理文件，然后再套底到达芬奇中，读取 RAW 文件进行调色。因此，套底在目前依然是影视后期流程的主流方式，除非硬件得到十足的进步并且剪辑调色师们都认同 All In One 流程。

5.1.2 套底交换语言及特点

达芬奇的套底交换文件主要使用 EDL、XML 和 AAF 三种文件格式。EDL 支持的范围较广，甚至比较老的剪辑系统都支持 EDL 文件。XML 的应用范围较广，适用于 Final CUT Pro 7、Premiere Pro，以及 Smoke 等剪辑软件。由于 Final CUT Pro X 的出现，XML 家族又增添了 FCPXML。AAF 文件适用于 Avid Media Composer 和 Premiere Pro 等剪辑软件。另外，XML 和 AAF 套底支持多轨道并且支持片段的非均匀变速，而 EDL 只能支持单轨道和均匀变速。AAF 主要针对 Avid 平台。EDL 虽然支持较多平台，但是性能不够强大。所以，使用 XML 套底是大多数情况下首选的方式，如图 5-2 所示。

图 5-2 EDL、XML 和 AAF

1.EDL

EDL（Edit Decision List）又称剪辑决定表，20 世纪 70 年代，针对传统的磁带编辑传递编辑数据。在计算机非线性编辑系统中以文本形式记录的文件，有多种记录格式，如索尼系列、GVG 系列及 CMX 系列等。不同格式的 EDL，其内容会有所不同，但基本上都包含标题、事件和注释。其中，事件是 EDL 的核心部分，包含事件号、源素材带名称、编辑模式（A-音频、V- 视频或 AV- 音视频编辑）、转换类型（C- 硬切、W- 划变、K- 键控或叠加、D- 叠化）、原始时码入出点、母带时码入出点等。

2.XML

XML（Extensible Markup Language，可扩展标记语言）是一套定义语义标记的规则，这些标记将文档分成许多部件并对这些部件加以标识。它也是元标记语言，即定义了用于定义其他与特定领域有关的、语义的、结构化的标记语言的句法语言。一般为影片元数据的组织结构形式。

3.AAF

AAF（Advanced Authoring Format，先进分发格式），是专为视频后期和分发环境设计的一种专业的交换文件格式。AAF 格式中含有丰富的元数据来描述复杂的编辑、合成、特效及其他编辑功能。经常用到的元数据包括：所有权和位置（通过它可对素材进行唯一识别），管理（权限、加密、解密等），说明（名称、创作者等），参数（素材编码格式、设备型号），操作（数据），关系（描述元数据和素材之间的关系），时空（地点、时间、事物、拍摄角度等）。通过这些元数据就可知道编辑项目中素材之间转场时间长度是多少，素材添加了什么特效效果，素材的格式是什么，素材存在什么位置，是谁在什么时间、什么地点拍摄了什么素材等。这样就给项目的重新创建（同一平台或跨平台）提供了基础，实现了在后期制作中在不同设备和不同应用之间交换数据。包含了比 OMF 更丰富的信息，也能内嵌音频和 / 或视频。

5.1.3 电影套底规范

剪辑部门定剪后，最终时间线的 EDL、XML 或 AAF 将与“剪辑小样”文件一起发送给调色公司。剪辑公司一般是没有原始拍摄文件的，这需要和 DIT 部门交接素材（见第 3 章）。调色助理可以使用这些文件进行套底工作。

对剪辑部门的要求如下：

01 在分本（Reel）的头尾处添加 Leader 文件。

02 复制一条时间线以便于整理。

03 最好把所有不做合成的素材移动到轨道（V1）上。

04 挑选出调色系统不支持的特殊转场效果。

05 挑选出做过变速的镜头，进行单独处理。

06 挑选出使用特殊效果插件的素材进行单独处理。

07 输出离线对比样片（Offline Movie），也即剪辑小样。

08 套底要求。

通常，套底工作由 Online Editor（在线剪辑师）完成。为保证套底得到的时间线准确无误，需要套底人员耐心细致地工作并按照工作规范（不同调色公司的套底工作规范可能会有差异。）逐项核对。

01 按分本（Reel）套底，每本约 25 分钟。

02 将分本时间线拼合为完整影片。

03 使用离线对比样片（Offline Movie）核对电影的每一帧。

04 所有素材均在线完美显示，无离线帧、丢帧和坏帧。

05 时间码精准对位，精确到帧。

06 画幅大小精准对位，精确到像素。

07 特殊交叉渐变的重建，精确到帧。

08 变速效果精准对位，重建变速，精确到帧。

09 特殊效果和其他特殊镜头处理均须尽善尽美。

5.2 达芬奇剪辑代理并套原底流程

目前使用达芬奇剪辑越来越流行，但是在使用达芬奇剪辑时，你是否考虑过流程问题？达芬奇可以直接识别各种格式的素材，或是 RAW 文件。有些人会在媒体池中为这些 RAW 文件生成“优化媒体”或者“代理媒体”，然后再进行剪辑工作。但有些时候，DIT 部门已经将 RAW 文件转码成代理文件，那么是否能使用达芬奇剪辑代理文件，然后再替换为 RAW 文件呢？答案是肯定的。下面就来演示这个流程。

01 打开达芬奇软件，在媒体页面中将下载内容素材“02- 课程素材 / 第 05 章”文件夹中的 DaVinci Conform 目录整个拖动到媒体池的边栏中，如图 5-3 所示。

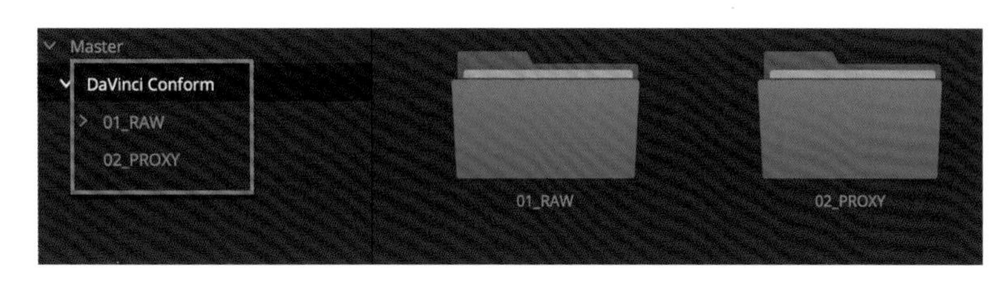

图 5-3　将文件目录加载到媒体池

02 在边栏空白区右击，在弹出的菜单中选择“新建媒体夹”命令，命名为“03_时间线”，如图 5-4 所示。

03 进入“剪辑”页面，新建一条名为“达芬奇剪辑”的时间线，其他参数保持默认，如图 5-5 所示。

图 5-4　新建媒体夹

图 5-5　新建时间线

04 在媒体池中，打开“02_PROXY”文件夹，可以看到其中的 6 段素材。这些都是代理文件，体积很小，如图 5-6 所示。

图 5-6　查看代理文件

05 将素材进行简单剪辑，组织成一条多轨道的时间线，如图 5-7 所示。

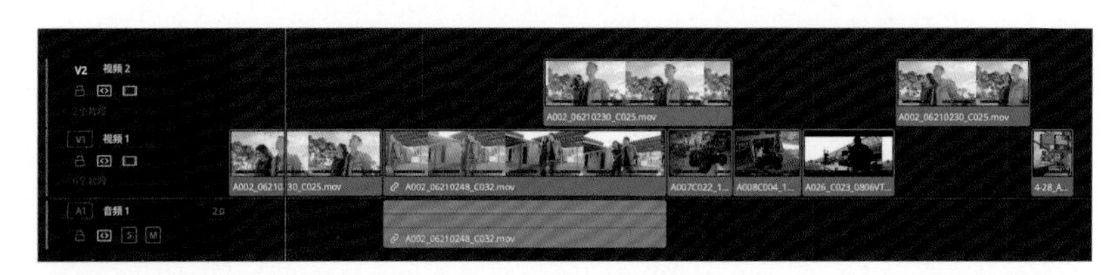

图 5-7　组织时间线

06 剪辑完成后，就要看如何把这些代理文件替换成 RAW 文件。本例中的 RAW 文件夹中所包含的不仅有真实的 RAW 文件，也有普通格式的文件。实际工作中，也会发现原始文件的格式是多种多样的。全选所有片段，然后在任意片段上右击，在弹出的菜单中取消勾选“套底锁定已启用”，如图 5-8 所示。

07 由于在媒体池中同时存在文件名和时间码相同的 RAW 文件和代理文件，当取消套底锁定后，每个片段的左下角都出现一个红色的叹号图标，说明该片段出现了冲突，如图 5-9 所示。

图 5-8　取消套底锁定

图 5-9　红色叹号

08 双击红色的叹号图标，弹出“冲突解决”对话框。例如，A002_06210230_C025.mov（代理文件）和 A002_06210230_C025.braw（RAW 文件）就出现了冲突，如图 5-10 所示。

图 5-10　查看冲突

09 双击 A002_06210230_C025.braw（RAW 文件）区域，将代理文件替换为 RAW 文件。此时红色叹号变成了黑色叹号，如图 5-11 所示。

10 如果一个片段接一个片段地替换，效率非常低。对于大量素材的替换，建议使用重新套底功能。执行菜单“文件”→“从媒体夹重新套底”命令，如图 5-12 所示。

图 5-11　黑色叹号

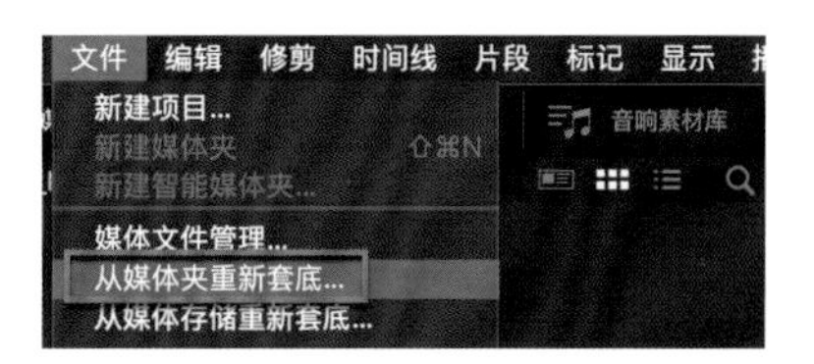

图 5-12　从媒体夹重新套底

11 弹出“从媒体夹套底”对话框，在左侧“选择套底媒体夹”面板中仅勾选“01_RAW”文件夹。在右侧选中“时间码”中的“源时间码”单选按钮。勾选“文件名”复选框，并且选中“宽松的文件名匹配”单选按钮，然后单击“Ok”按钮，如图 5-13 所示。

图 5-13　从媒体夹套底对话框

12 所有片段都被替换成原始文件。注意，A002_06210230_C025.braw 的左下角图标是黑色，而其他片段的图标还是保留了红色，这表明替换方式的差异，如图 5-14 所示。

图 5-14　叹号颜色差异

13 打开“调色”页面，进入“Camera RAW”面板，将解码方式修改为“片段”，即可看到所有可以修改的 RAW 参数。这表明代理文件已经替换成 RAW 文件，如图 5-15 所示。

图 5-15　激活 RAW 参数

14 当套底完成后，再次全选所有片段，然后在任意片段上右击，在弹出的菜单中重新勾选“套底锁定已启用”，表示冲突已经得到解决，叹号图标也将消失，如图 5-16 所示。

图 5-16　重新锁定套底

5.3 FCPX剪辑达芬奇套原底流程

在实际工作中，由于剪辑软件非常多，如 Apple Final Cut Pro 7（已经在逐步退出市场）、Apple Final Cut Pro X、Avid Media Composer、Adobe Premiere Pro、Autodesk Smoke 及 Edius 等。虽然软件不同，但套底流程大同小异。下面将以 Apple Final Cut Pro X 为例讲解套底流程。

01 打开 Apple Final Cut Pro X 软件，建议新建一个资源库，然后把下载内容素材“02- 课程素材 / 第 05 章 /DaVinci Conform/02_PROXY”文件夹中的素材导入“事件”中，保持“让文件保留在原位”的选中状态，如图 5-17 所示。

图 5-17　导入素材

02 导入后可以看到六个代理片段，可以使用它们进行剪辑操作。为简化演示，本案例中没有准备音频素材，如图 5-18 所示。

图 5-18　查看代理片段

03 新建一个名为“FCPX 剪辑”的项目，帧率设置为 24p，其他选项保持默认状态，如图 5-19 所示。

04 为方便演示更多套底功能，笔者把时间线组织成多轨道，如图 5-20 所示。

图 5-19　新建项目

图 5-20　组织时间线

第一个片段和第二个片段之间添加了交叉叠化转场，如图 5-21 所示。

图 5-21　交叉叠化

片段“A007C022_110407_R236”上面添加了简单的整体调色，如图 5-22 所示。

图 5-22　在片段上调色

片段“A008C004_110407_R236”被放置到片段“A026_C023_0806VT”之上，并且制作了画中画效果，如图 5-23 所示。

图 5-23　画中画效果

片段“A002_06210248_C032”上执行了变速，并且是分段变速，第一段是快速 400%，第二段是慢速 25%，第三段是常速 100%，如图 5-24 所示。

图 5-24　分段变速

想要测试的是套底文件是否能够携带以上的操作到达芬奇中。

05 时间线组织完成后，需要输出一个“剪辑离线小样”，以便于达芬奇套底后的核对。单击 FCPX 的“共享”按钮，仅渲染视频，编解码器可以是 H.264 或 ProRes 422 LT 等，将小样命名为“FCPX 剪辑离线小样”并渲染，如图 5-25 所示。

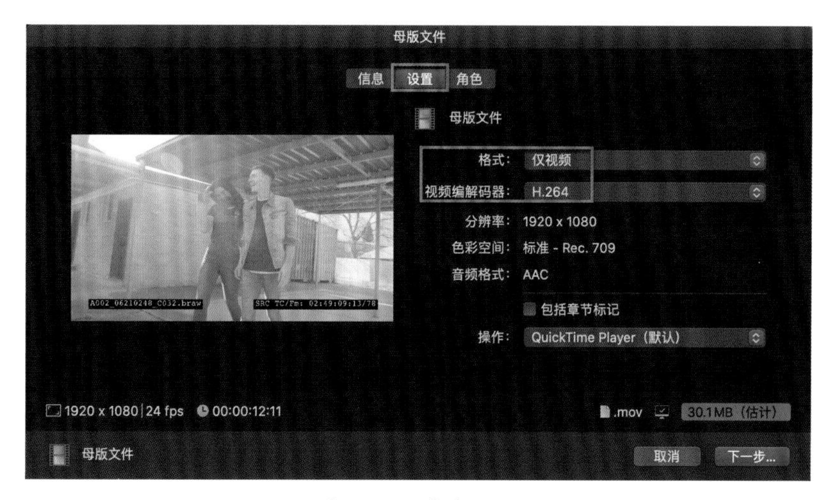

图 5-25　导出设置

★提示

读者可以在下载内容资料的“/02- 课程素材 / 第 05 章 /DaVinci Conform/03_OFFLINE”中找到“FCPX 剪辑离线小样”文件。

06 对于 FCPX 来说，能使用的套底语言只有 XML，而且还是专门命名的 FCPXML。保持项目“FCPX 剪辑”的选中状态，执行菜单“文件”→“导出 XML”命令，将 XML 文件导出，如图 5-26 所示。

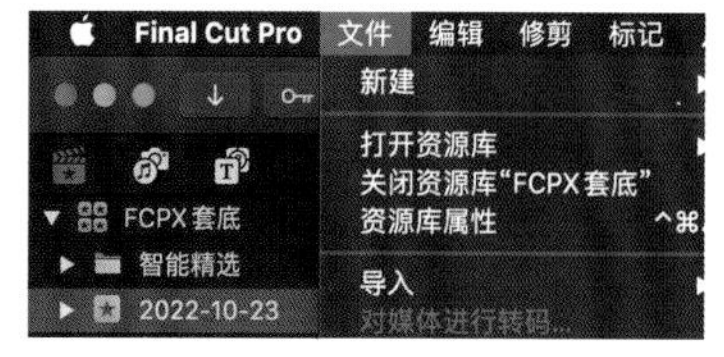

图 5-26　导出 XML

★提示

读者可以在下载内容资料的“02-课程素材/第05章/DaVinci Conform/04_XML”中找到文件“FCPX剪辑.fcpxml”。

07 打开达芬奇软件。新建一个空白项目并命名为“FCPX套底”，然后在“剪辑”页面，执行菜单“文件”→“导入”→“时间线”命令，如图5-27所示。

08 选择下载内容资料的“02-课程素材/第05章/DaVinci Conform/04_XML”目录中的“FCPX剪辑.fcpxml”文件并将其导入，如图5-28所示。

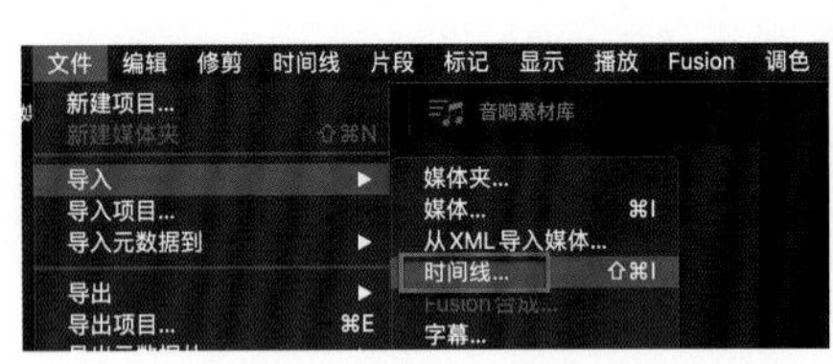

图5-27 导入时间线

图5-28 选择XML文件

09 弹出“加载XML”对话框，将时间线名称修改为“FCPX剪辑-达芬奇套底”，勾选“匹配时忽略文件扩展名”和“使用调色信息”复选框。其他参数保持默认，如图5-29所示。

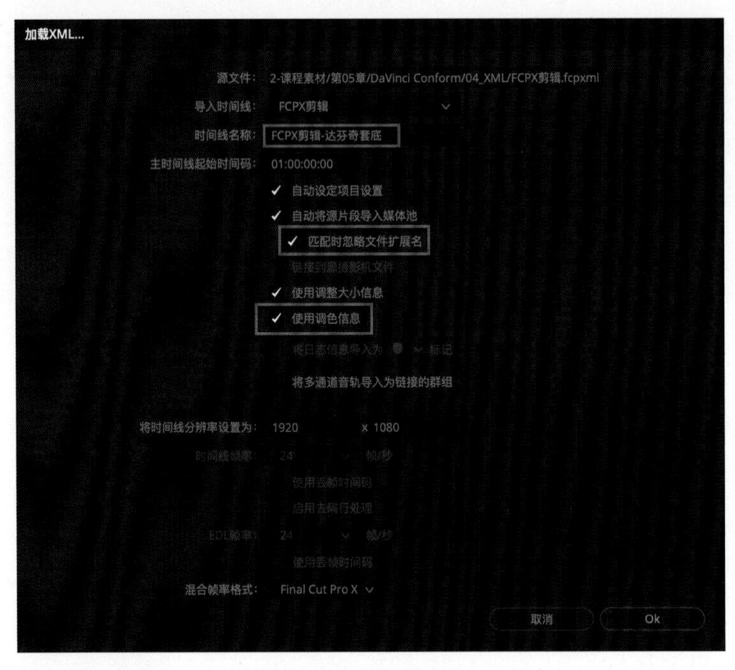

图5-29 配置参数

10 弹出“请选择含有要导入源片段的文件夹”对话框，在其中导航到“/02-课程素材/第05章/DaVinci Conform/01_RAW”目录并选择“01_RAW”，然后单击“OK”按钮，如图5-30所示。

图 5-30 导航到 RAW 目录

11 达芬奇时间线上就出现了组织好的视频片段，也是两个轨道，如图 5-31 所示。

图 5-31 查看轨道

12 再观察一下交叉叠化，初看上去是没有什么问题的，如图 5-32 所示。

13 但如果仔细观察，就会发现第一个片段和第二个片段此时都变成了复合片段。为方便调色，应该在后续步骤中拆掉复合片段结构，如图 5-33 所示。

图 5-32 交叉叠化

图 5-33 复合片段

14 由于在“加载 XML”对话框中勾选了“使用调色信息”复选框，所以，套底后的片段“A007C022_110407_R236”上也继承了 FCPX 中的调色信息，如图 5-34 所示。

15 对于“A026_C023_0806VT_001”片段来说，套底后它已经是 RAW 文件。在 CameraRAW 面板中可以看到它的 RAW 参数。这是一段 RED 摄影机拍摄的 R3D 文件，如图 5-35 所示。

16 片段“A008C004_110407_R236”和“A026_C023_0806VT”依然保持画中画效果，如图 5-36 所示。

17 片段“A002_06210248_C032”也是带有变速信息的，但是仔细观察却又发现这个片段也变成了复合片段，如图 5-37 所示。

18 上面出现的复合片段会给调色带来麻烦，执行菜单“工作区”→“数据烧录”命令，如图 5-38 所示。

图 5-34　继承了调色信息

图 5-35　RAW 面板

图 5-36　画中画依然存在

图 5-37　变速效果

19 将“源片段名”和“源片段时间码和帧编号”显示在画面上。对于常规素材来说，信息显示正常，如图 5-39 所示。

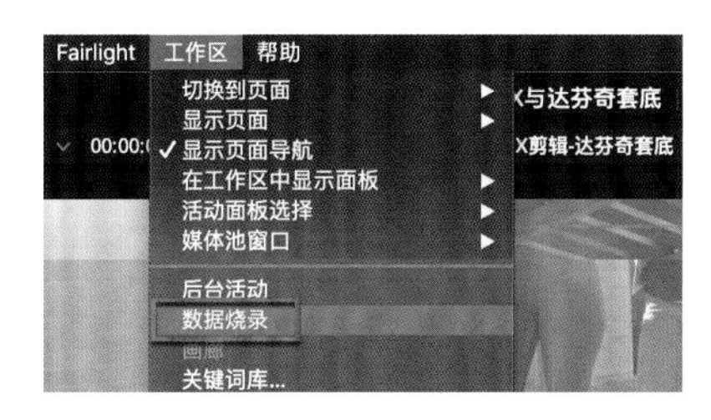

图 5-38 数据烧录

图 5-39 烧录信息

20 在复合片段上显示的信息就不对了。“源片段时间码和帧编号”还可正常显示，但是“源片段名”显示错误，如图 5-40 所示。

图 5-40 源片段名错误

21 新建一个空白轨道，在本例中是“视频 3”轨道。禁用其他轨道的“自动轨道选择器”，将复合片段中的片段复制并粘贴到“视频 3”轨道上，然后将它们编辑到正确的状态，如图 5-41 所示。

图 5-41 新建轨道并操作

22 要非常细致地保证每一帧都正确，然后将“视频 3”轨道上的内容覆盖到“视频 1”

轨道上。这样片段的信息就能够正确显示，如图 5-42 所示。

23 对于变速的片段，也要拆掉复合片段。因为套底后变速是施加在复合片段上的，而未真正地施加在片段自身。先将片段从复合片段中复制并粘贴到“视频 3”轨道上，可以看到其长度比复合片段要长很多，如图 5-43 所示。

图 5-42 源片段名正确显示

图 5-43 拆除复合片段

24 右键复制该复合片段的信息，或者使用快捷键【Command C】，然后在“视频 3”轨道上的片段上右击，在弹出的菜单中选择“粘贴属性”命令，或者使用快捷键【Option V】。弹出“粘贴属性”对话框，勾选“变速特效”复选框，然后单击“应用”按钮，如图 5-44 所示。

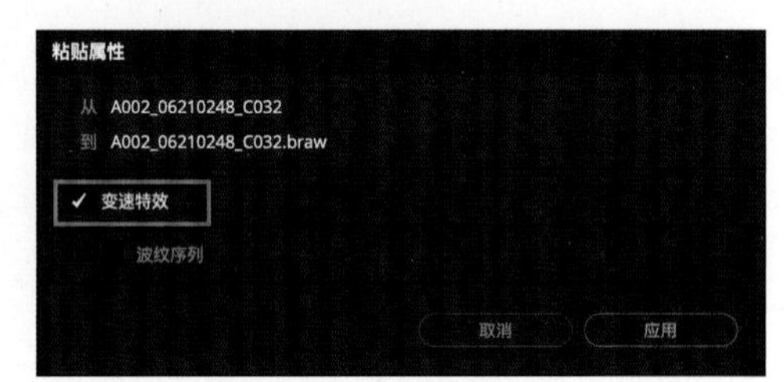

图 5-44 粘贴属性

25 变速效果就出现在片段“A002_06210248_C032”上。变速点的位置也是正确的，但是长度不对，需要对上面这个片段进行修剪，如图 5-45 所示。

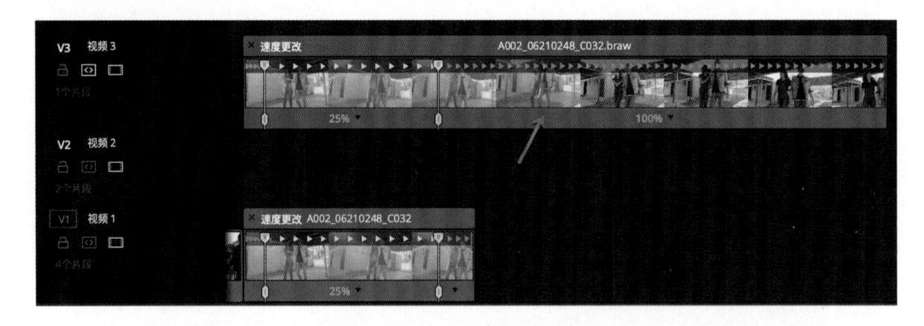

图 5-45 修剪片段

26 修剪后即可完美达成目的，如图 5-46 所示。

27 然后需要进行覆盖操作，也即使用拆出的片段覆盖原有的复合片段，如图 5-47 所示。

图 5-46 完美匹配

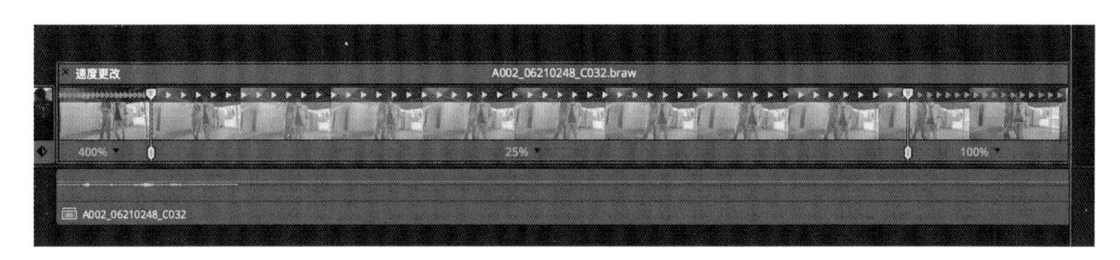

图 5-47 覆盖操作

至此，基本完成了复合片段的处理工作。使用 XML 套底时，片段的叠化和变速经常会出现复合片段的情况，为便于后续的调色工作，建议把复合片段拆开后再调色。除了手动的拆解方法外，目前还没有完全自动化的方案。

28 下面要进行“离线小样”的比对工作。首先在媒体池中新建一个名为“离线小样”的媒体夹，然后把“FCPX 剪辑离线小样 .mov”添加进来，如图 5-48 所示。

29 进入“剪辑”页面，在“源片段检视器”左下角的下拉菜单中选择“离线”选项，如图 5-49 所示。

图 5-48 离线小样

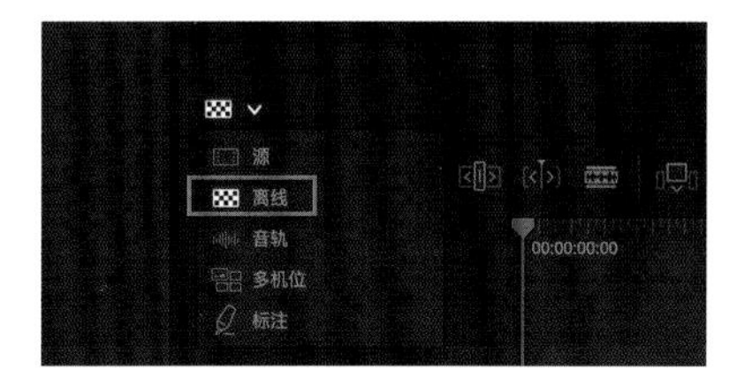

图 5-49 离线图标

30 将媒体池中的“FCPX 剪辑离线小样 .mov”片段拖动到“源片段检视器”中，如图 5-50 所示。

图 5-50 拖动到“源片段检视器”

31 拖动一下播放头，发现“源片段检视器”和“时间线检视器”中的画面同步播放。二者的名称和时间码也是完全匹配的。如果不匹配，则说明套底出现错误。简单来说，左侧视图中的视频是剪辑部门给的小样，用于检查套底是否正确。这个小样已经“离开”了剪辑时间线，可以独立播放，属于离线（Off Line）文件。而右侧视图中播放的是达芬奇剪辑轨道上的视频，因此是“在线（On Line）”的，如图 5-51 所示。

图 5-51　离线比对

32 对于多轨道的视频，检查套底时要注意默认显示的是上层片段的信息，如图 5-52 所示。

图 5-52　画中画处理

33 如果要检查下层片段的信息，可以把上层片段禁用，快捷键是【D】，如图 5-53 所示。

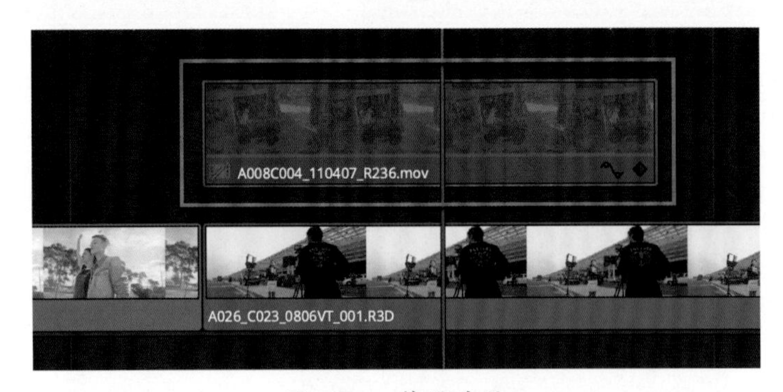

图 5-53　禁用片段

当所有剪辑点和片段信息都检查无误后，即可进入调色环节。可见套底过程并不难，难点在于处理各种套底错误及一些突发事件。还有些 SONY 微单素材在套底时会出现时间码错误，导致套底失败，就需要单独想办法解决了。

5.4 其他软件的套底流程

本节内容通过实例的方式讲解 Avid Media Composer、Adobe Premiere Pro 和达芬奇软件进行套底的流程，并且还讲解了剪辑代理文件并套取原底的工作流程。

★视频教程

达芬奇与 Avid Media Composer 套底流程。

★视频教程

达芬奇与 Adobe Premiere Pro 套底流程。

5.5 场景剪切调色流程

在实际工作中，并不是所有的项目都会使用套底流程。有时候，调色师拿到的就是一条完整的片子，而调色需要针对单个镜头进行独立调整。在这种情况下，需要把镜头剪开后再进行调色。达芬奇的“场景剪切探测”是解决此类问题的强力工具。

5.5.1 在媒体存储中剪切

01 首先学习传统的场景剪切探测流程。进入“媒体”页面，在媒体存储面板中导航到下载内容素材目录“02- 课程素材 / 第 05 章 / 场景剪切探测”，然后在其中的“SceneCUT.mov”影片的缩略图上右击，在弹出的菜单中选择“场景剪切探测”命令，如图 5-54 所示。

图 5-54　场景剪切探测

02 在弹出的“场景探测”面板中单击“自动场景探测”按钮，在运算后“SceneCUT.mov”片段就被切成了零碎的片段，如图 5-55 所示。

图 5-55　查看探测结果

03 通过移动播放头浏览全片，发现在交叉叠化的位置达芬奇没有切开，放置在如图 5-56 所示的位置。

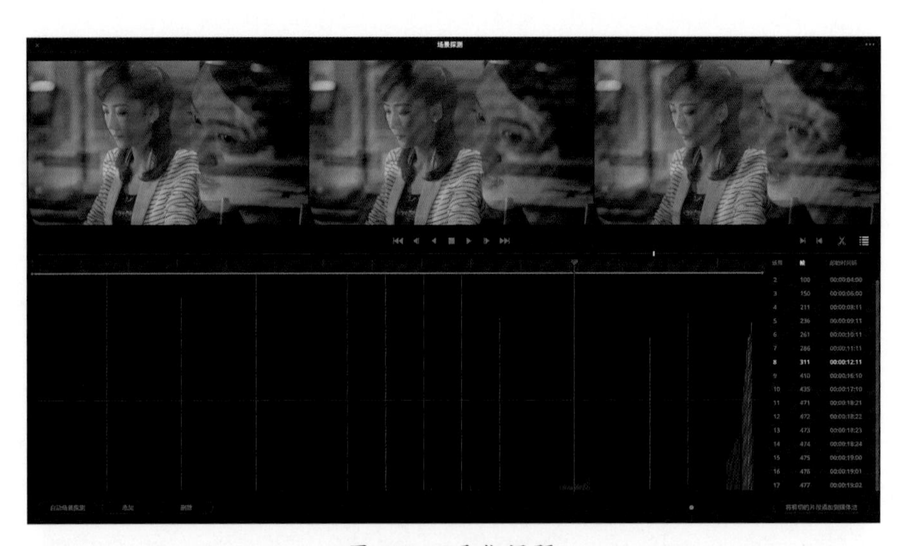

图 5-56　叠化问题

★提示

对于前后镜头亮度和色彩差异不大的情况，场景探测会出错。建议剪辑阶段不添加转场，等调色后再添加转场。或者即使添加了转场，在达芬奇调色时，也可使用关键帧的方法来衔接前后镜头的调色效果。

04 在最后一个镜头上，由于加入了淡出效果，画面逐渐变暗。因为场景探测工具会通过画面的亮度变化差异来判断是否出现了镜头切换，所以，淡出的镜头被错误地判断为每一帧都添加一个切点。这样，达芬奇的场景剪切探测功能不具备 AI（人工智能）能力，不“认识”画面内容，仅靠亮度和色彩的差异来判断，如图 5-57 所示。

图 5-57 淡出问题

05 单击“场景探测”面板右下角的“将剪切的片段添加到媒体池”按钮，然后在媒体池中全选所有片段，右击并在弹出的菜单中选择“使用所选片段新建时间线”命令，如图 5-58 所示。

图 5-58 新建时间线

06 进入“剪辑”页面，可以看到零散的片段已经按照时间码先后顺序排列到时间线上，如图 5-59 所示。

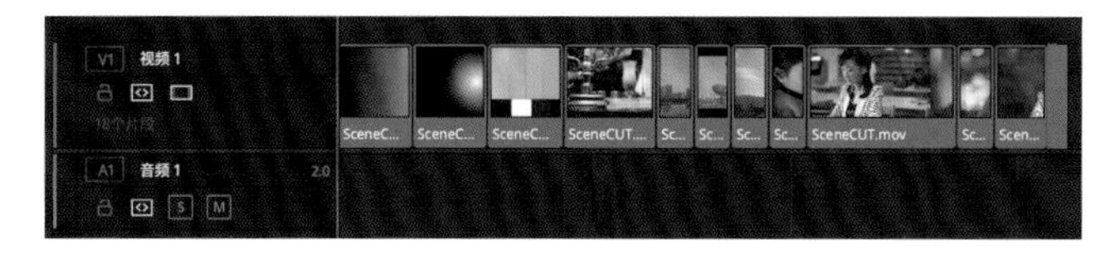

图 5-59 组织好的时间线

07 如果使用“修剪工具”选择，会发现片段之间的剪辑点都是红色的，说明按照这种方法剪切得到的片段是没有余量的。这表示当添加转场时，由于没有余量，需要修剪片段才能添加转场过渡，这会改变影片的长度，如图 5-60 所示。

图 5-60　没有余量

08 对于最后一个镜头，也可以看到错误的切点，这对于调色是不方便的，因为在“调色”页面中如果对该镜头进行跟踪，是没办法跨越多个片段进行跟踪的，如图 5-61 所示。

09 建议将最后一个镜头被切碎的片段重新制作为一个复合片段，以便于后续的调色工作，如图 5-62 所示。

图 5-61　切分错误

图 5-62　复合片段

可以看到，在媒体存储中进行场景剪切探测虽然效率较高，但是这种方法存在不少弊端。随着达芬奇不断更新，在达芬奇 18 中已经可以在时间线上直接进行剪切探测操作。

5.5.2 在时间线上剪切

01 将需要剪切的影片“SceneCUT.mov”放到时间线上，如图 5-63 所示。

02 选中“SceneCUT.mov”，执行菜单“时间线”→“探测场景切点”命令，如图 5-64 所示。

图 5-63　将影片放到时间线上

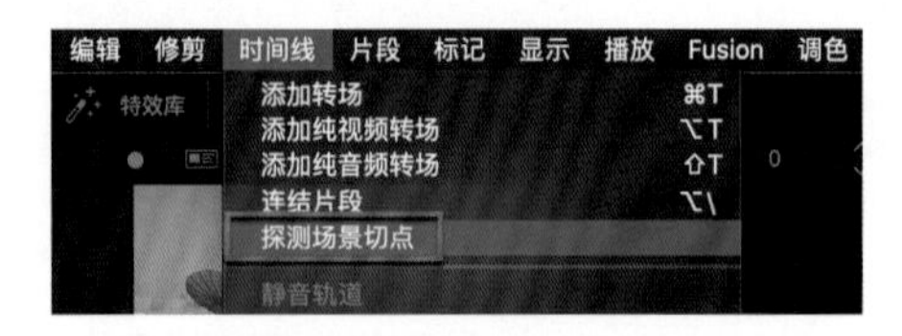

图 5-64　执行菜单命令

03 达芬奇会自动把影片切分为多个片段，注意片段之间的切点是一条虚线。这说明前后片段的时间码是连续的，剪辑点可以被删除，两个片段可以重新连接为一个片段，如图 5-65 所示。

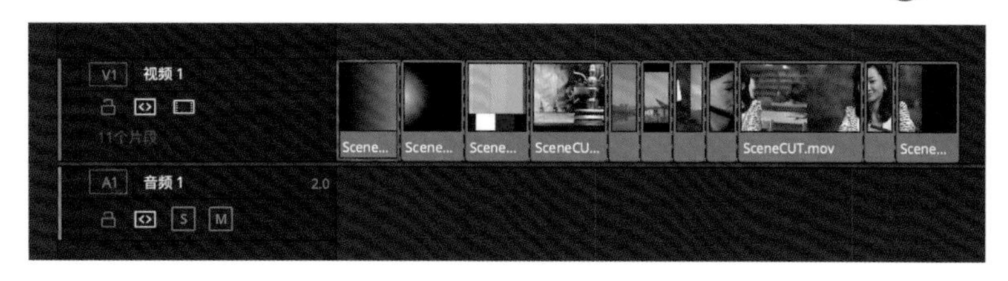

图 5-65 切分后的影片

04 使用“修剪工具”选择所有的剪辑点，发现它们都显示为绿色，表明这些片段都是带有余量的，如图 5-66 所示。

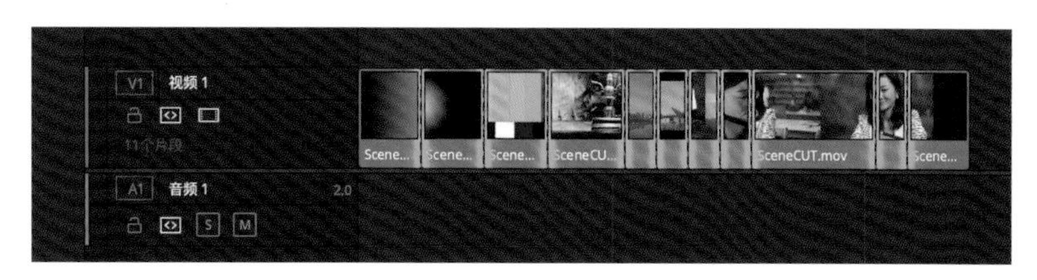

图 5-66 绿色说明有余量

05 带有交叉叠化转场的两个镜头也被识别为一个镜头，未被切开，如图 5-67 所示。

图 5-67 交叉叠化没有切分

06 但是最后一个镜头并没有被切分为多个镜头，这说明在时间线上进行场景剪切探测的算法是改进的，能够排除“淡出”操作的影响，如图 5-68 所示。

在时间线上剪切片段是比较方便的，不仅可以把镜头切开，还可以把镜头重新连接起来。这给用户带来了很大的灵活性。缺点是给任何一个片段添加旗标，会发现所有片段都自动打上了旗标。这是因为每一个片段都是从原始片段引用的，如图 5-69 所示。

图 5-68 淡出镜头正确识别

图 5-69 添加旗标

★视频教程

本节详细内容请观看下载内容视频教程。

5.6 套底常见问题

套底流程中存在太多的变量，因此，在实际工作中会遇到形形色色的问题，有些问题还非常棘手。例如，时间码问题、文件名问题、卷名问题、余量问题、变速问题和调色已经完成而剪辑又修改的问题等。

★视频教程

本节详细内容请观看下载内容视频教程。

5.7 初识调色

调色是一门高级的创意技能。调色师也可通过控制画面色彩使观众产生情感共鸣，成为顶级调色师绝非一朝一夕之功。调色和所有创意工作一样，让人永不厌倦，因为总有新知识要学习，总有新风格要探索。

5.7.1 为什么要调色

调整影片中每个片段的对比度和颜色的过程被称为颜色校正（校色）、颜色调整或简称调色。这些专业术语表面差异似乎不大，但大多数有经验的调色师更喜欢用“调色”，因为“校色”只是在修正错误的颜色，而“调色”使每个片段的颜色提升到更高的艺术标准上。

1.设定视觉影调

荧光灯的浅绿色，以及汞蒸气路灯的橙色，它们都会渲染出不同的场景氛围，如果处理得当，将会增强叙事效果并增加观众的感受度，如图5-70所示。

图 5-70　冷色调 VS 暖色调

当然，不同光源的含义取决于设计的配色版。例如，在这部电影中暖光给人以温馨浪漫之感，但在另一部影片中则能带来沙漠地带的不适之感。光影调性的影响力取决于在故事和画面调色之间建立的联系。这个场景能不能调成下午的感觉？这些颜色能不能压一压？天空是否应该全部展示出来？当通过调色技术对图像进行细微调整时，其实就是在控制观众的感知与情感。

重要的一点是，调色页面提供了多种工具来塑造这些关联以满足创作意图，强化、减弱或完全抵消，从而为每个场景找到正确的影调。

2.主观地描绘世界

叙事电影摄影很少考虑以完全准确、中性的色彩和影调来拍摄客观的灯光效果。而是采

用大量的照明设备和严谨的艺术指导来操控片场的灯光和颜色，让场景看起来更加阴郁、魔幻、恐怖或闷热。这些创作意图延伸到调色中，表明其工作不是描绘世界原本的样子，而是摄影师和导演希望观众看到的样子，如图 5-71 所示。

图 5-71　调色是源于生活而高于生活的

纪实摄影可能经常致力于呈现一种被认为是未经修饰（但表现力很强）的世界观感。然而，即使是这种“写实”的世界观感也是人为构建的，因为所做的每一次调整都是突出主体，增强自然界的光彩，把破旧的档案素材变得更清晰，或者将画面周围的环境巧妙地融入背景中。

无论是在制作恐怖电影、建筑纪录片、营销视频还是汽车广告，都要使用调色工具和技术，以主观的表现形式再现图像。这种表现形式的控制选项越多，需要开发的情感配色版的内容就越丰富。

3.进阶到高端制作

如果想学习并保持竞争力，尤其是如果想制作客户项目而不是自己的项目，最好熟知当前的调色风格和流行趋势。多看电影、电视、MV 和网络短片。注意，当看电视时，不要跳过广告。一旦有机会学习 DaVinci Resolve 提供的调色工具，会发现通过调色可以给影片带来多姿多彩的画面风格。

然后，走出视频领域，走进自然世界，领略其他视觉艺术。翻阅时尚杂志，逛逛美术馆，去林间漫步，去观察，去感悟。用林林总总的图像丰富大脑并分析它们以挖掘灵感。对其他视觉门类的了解越多，为自己的工作带来的创意灵感就越多。

最后要考虑的是价格合理的调色服务对电视行业的影响。在当前大多数电视剧集的制作中，电视的视觉风格已经和电影长片近似。这一品质上的显著变化使得电视节目比以往任何时候都要好。

5.7.2 调色的目标

调色可以理解为这样一个过程：选择原始图像数据的某些部分用于显示，并把这个图像调整到令观众满意的程度。

1.图像的产生

最新一代的数字电影摄影机几乎都能够拍摄原始彩色空间图像数据，或者至少能够用对数编码曝光记录 RGB 图像数据。这样做可以保留最大数量的图像数据，以便在调色过程中进行操作。虽然这对于工作流程的灵活性和进行高质量调整非常重要，但以这种方式捕获的媒体会不得不采用额外的步骤以将其转换为能够看到的图像进行剪辑和精修（这和胶片底片需要显影与印片以产生可视图像的方式非常相似）。

DaVinci Resolve 通过内置 CameraRaw 控制、DaVinci Resolve 色彩管理（RCM）和 LUT 支持简化了这项任务，因此，可以快速将媒体带到一个坚实的起点，然后在此基础上进行后续调色处理，如图 5-72 所示。

图 5-72　精通数字影像色彩管理流程

2.让每个片段呈现最佳观感

摄影师的工作是以艺术化的创作意图来布光和曝光图像，而作为剪辑师和调色师，工作是通过调整每个片段的颜色和对比度来实现这一意图，以便最终结果尽可能地接近导演和摄影师的要求。在这个过程中，必须解决曝光和色彩平衡的不一致性。此外，可以细微地调整温暖度和对比度，以实现在拍摄过程中无法实现，但导演和摄影师会喜欢的某种观感，如图 5-73 所示。

图 5-73　修正欠曝的图像

在某些情况下，可能会发现有必要修复在颜色和曝光方面存在较大问题的媒体。遇到这种情况时，达芬奇的工具可以对图像进行更深入地修改；然而，修改后的品质在很大程度上取决于源媒体的质量和“宽容度”。例如，Blackmagic URSA Mini 摄影机能以 RAW 格式或最小压缩的媒体格式记录大量图像数据，这种素材允许进行消费类摄像机素材无法进行的极端调色处理。无论哪种情况，调色页面都提供了以多种方式处理图像的工具，可以用多种方式调整图像来获得更好的观感。

3.质量控制

需要注意的是，对于 DaVinci Resolve 能够提供的所有创意方案，向客户提供的交付物料必须符合发行渠道所要求的恰当的信号级别。特别是为电影院线、广播电视或流媒体而专

门制作的节目通常具有严格约定的亮度、色度和色域范围，不得超过这些边界，否则将面临因违反质量控制而被退回的风险。

DaVinci Resolve 提供了专门设计的工具，监控图像数据是如何受到影响的，进而对图像进行微调。特别是示波器可以显示出标准的波形图、分量图、矢量图和直方图，便于客观地分析图像数据。通过这些示波器可以观察到可能出问题的边界，并能轻松发现细小问题，并将一个图像的特性与另一个图像的特性进行比较。

4.平衡场景镜头

未经调色的镜头之间很难做到无缝匹配。即使是精心曝光，不同角度的镜头之间也难免会存在微小差异，需要进行均匀化处理。例如，快节奏节目拍摄由于人手有限灯光有限，镜头与镜头之间的灯光和颜色就会存在巨大变化。

5.添加风格化或自定义影调

调色并不只是微调和校正，如在给 MV 和商业广告调色时，将一些激进的视觉风格融入作品通常是合适的。在这方面，DaVinci Resolve 也提供了丰富的功能，用于对图像进行创意化处理。例如，可以使用自定义曲线创建化学交叉冲印的视觉效果，如图 5-74 所示。

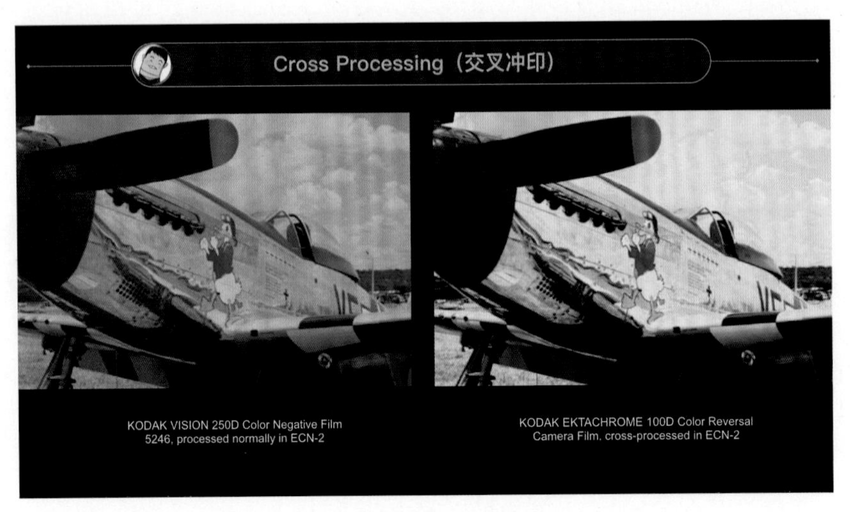

图 5-74　交叉冲印影调

5.8 本章小结

本章讲解了套底回批的概念和操作方法。介绍了电影套底流程的基本规范，并且是以视频教学的方式讲解了 FCPX、Avid Media Composer、Adobe Premiere Pro 和达芬奇软件进行套底的流程，并且还讲解了剪辑代理文件并套取原底的工作流程。值得注意的是，达芬奇的场景剪切功能升级后，在时间线上也可执行镜头的批量切分。

第6章 一级调色

本章导读

本章主要讲解达芬奇一级调色的知识和进行一级调色必须掌握的常用工具。达芬奇的一级调色工具主要包括“暗部/中灰/亮部（Lift/Gamma/Gain）”色轮、HDR调色面板、RGB混合器和Camera RAW面板等。有些调色师能够在一级调色过程中就完成大部分的调色工作，有些调色师则把主要精力放在二级调色上。每个人的习惯不同，但是一级调色基础是必备且不能跳过的。

本章学习要点

◇三基色与调色公式
◇读懂示波器
◇一级校色轮
◇ HDR 色轮
◇色彩匹配
◇ RGB 混合器
◇运动效果
◇ Camera Raw

6.1 三基色与调色公式

本节中将对色彩理论进行概要性的讲解，并且主要介绍那些与调色密切相关的色彩知识。如果读者对色彩理论的学习意犹未尽，则请参阅本书第 8 章“色彩管理”及除本书之外的相关文章或书籍，也推荐读者通过网络学习相关知识。

6.1.1 光与色

一般来说，光是人眼可以看见的一系列电磁波，也称可见光谱。严格来说，科学所定义的光是指所有的电磁波谱。这说明，人眼看得见的光和看不见的光都是存在的。达芬奇调色关注的都是可见光。

可见光的范围没有一个明确的界限，一般人的眼睛能接受的光的波长在 380 ～ 760nm。除此之外的电磁波都属于不可见光。小于 380nm 的电磁波还包括紫外线、X 射线和伽马射线等，大于 760nm 的电磁波包括红外线、微波和广播电波等。光的颜色与波长和频率有关，可见光中紫光频率最大，波长最短，红光则刚好相反。完整的光谱如图 6-1 所示。

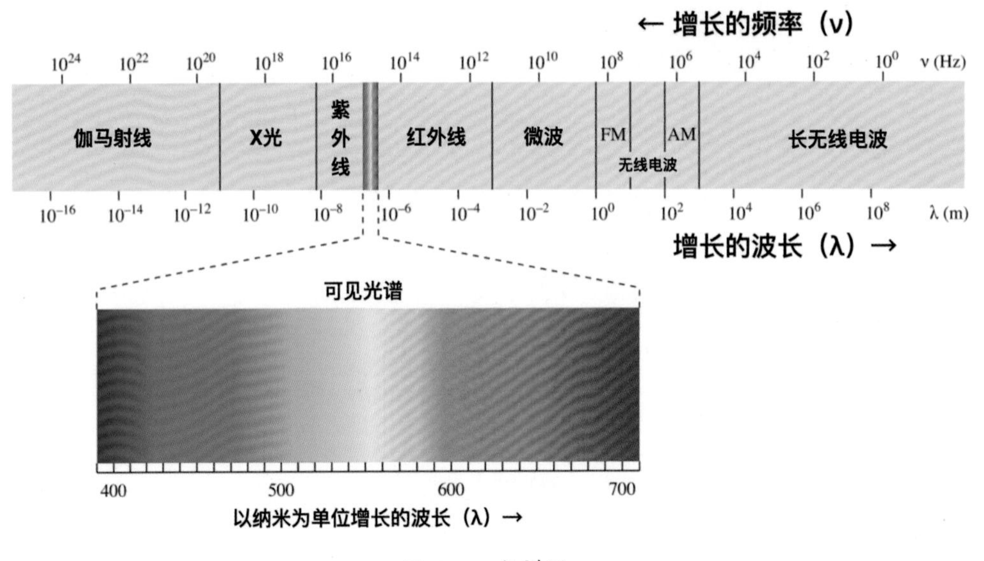

图 6-1　光谱图

光具有波粒二象性：也就是说，从微观来看，由光子组成，具有粒子性；从宏观来看，又表现出波动性。由于光线具有波粒二象性，所以，光在传播过程中会发生反射、折射及衍射等现象。光遇到水面、玻璃及其他许多物体的表面都会发生反射（Reflection）。光线从一种介质斜射入另一种介质时，传播方向会发生偏折，这种现象称为光的折射（Refraction）。

白光是由红、橙、黄、绿、蓝、靛、紫等各种色光组成的，称为复色光。红、橙、黄、绿等色光称为单色光。复色光分解为单色光的现象称为光的色散。牛顿在 1666 年最先利用三棱镜观察到光的色散，把白光分解为彩色光带（光谱）。色散现象说明光在介质中的速度（或折射率

$n=c/v$）随着光的频率而变。光的色散可以用三棱镜、衍射光栅、干涉仪等来实现。

人类能够看到影像必须满足以下条件：

01 光源。光源有两种，自然光源和人造光源。太阳是最常见的自然光源。人造光源有很多种，通常就是灯光。

02 接收器。人类的接收器是眼睛。

03 处理器。也就是我们的大脑。缺少任何一个条件，我们都不能看到影像。

6.1.2 加色模式与减色模式

1.加色模式——色光三基色（RGB）

RGB 色彩模式是工业界的一种颜色标准，该标准几乎包括了人类视力所能感知的所有颜色，是目前运用最广的颜色系统之一。人的眼睛是根据所看见的光的波长来识别颜色的。可见光谱中的大部分颜色由三种基本色光按不同的比例混合而成，这三种基本色光的颜色是红（Red）、绿（Green）、蓝（Blue）三基色光。这三种光以相同的比例混合且达到一定的强度，就呈现白色（白光）；若三种光的强度均为零，就是黑色（无光）。这就是 RGB 加色模式，这种模式被广泛应用于电视机、显示器等主动发光的产品中。

2.减色模式——色料三原色（CMY）

在打印、印刷、油漆、绘画等靠介质表面的反射被动发光的场合，物体呈现的颜色是光源中被颜料吸收后剩余的部分，其成色的原理称为减色法原理。减色法原理被广泛应用于各种被动发光的场合。在减色法原理中的三原色颜料分别是青（Cyan）、品红（Magenta）和黄（Yellow）。这三原色可以混合出多种多样的颜色，不过由于颜料纯度不可能是百分之百，所以，难以调配出纯黑色，只能混合出深灰色。因此，在彩色印刷中，除了使用 CMY 三原色外还要增加一版黑色（K），才能得出更纯正的颜色。因此，在印刷中常常会听到 CMYK 的称呼。另外，用于绘画的颜料三原色是红、黄、蓝，其配色知识在影视美术、化妆和服装方面得到广泛使用。调色师也应该掌握这方面的知识。

6.1.3 调色公式

光线进入眼睛的方式有两种：一种是光线从光源出来后直接照射进眼睛；另一种是光线先照射到物体上，然后反射到眼睛里。这两种不同的方式对应不同的色彩模式。前一种对应颜色的加色模式，后一种对应减色模式。

达芬奇调色及其他后期软件都是基于 RGB 色彩模式的。调色软件中的色轮示意如图 6-2 所示。

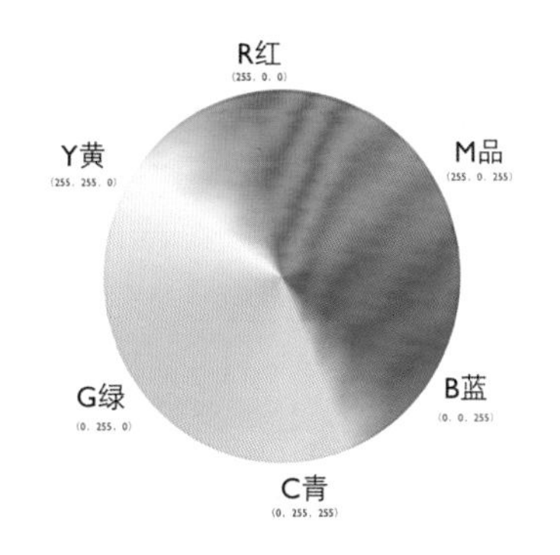

图 6-2 常见的调色色轮示意

R（红）在上，G（绿）在左，B（蓝）在右。注意，如果把色轮看作钟表的表盘，则 R（红）在 11：00—12：00，并非在12：00整的位置。通过色轮可以很容易掌握RGB的加色模式，其公式如下：

R（红）+G（绿）=Y（黄）

R（红）+B（蓝）=M（品红）

B（蓝）+G（绿）=C（青）

★注意

在色轮上看，Y在R和G中间。M和C也有相同的特点。

R（红）的互补色是C（青）

G（绿）的互补色是M（品红）

B（蓝）的互补色是Y（黄）

★注意

在色轮上看，C在R的180°对角线上，M和Y也有相同的特点。

根据以上公式可以推导出调色的基本规则。例如，如果为图像增加红色，则至少有两种方法可以实现。

一种方法是只增加R（红）通道的数值，由于每一个像素的R（红）通道的数值都增加了，整个图像就会偏红，这会同时增加整个图像的亮度。

另一种方法是降低R（红）的反色C（青），但是达芬奇软件不让我们直接操作C（青）颜色通道，但是C（青）=B（蓝）+G（绿），可以同时降低B（蓝）和G（绿）的数值，这就等于降低了C（青），同时也就等于增加了R（红），画面同样会偏红，不过由于B（蓝）和G（绿）的数值降低了，画面的亮度也会降低。

通过上面的介绍，完全可以推导出增加或减少某种颜色的方法，进而根据自己的需要来调整软件所提供的滑块或者旋钮。当然，这是一种理性的调色方法，尤其适合于在“一级校色条”面板中进行操作。

6.2 调色页面简介

达芬奇的调色页面以科学的布局安排了多个面板，如画廊、LUT库、媒体池、检视器、节点编辑器、片段缩略图、时间线、一级调色工具区、二级调色工具区和示波器等，如图6-3所示。

★视频教程

认识达芬奇18调色页面。

图 6-3　达芬奇调色页面布局

6.3 读懂示波器

DaVinci Resolve 提供了五种实时波形显示模式，可以在剪辑和调色的同时，监视项目中片段的色彩统计信息。每种示波器波形都提供了一种清晰的视频信号特性分析，显示信号分量的相对电平和色域范围等，包括亮度、色度、饱和度、色相、色域、白点和红绿蓝通道等，它们最终将影响输出画面的颜色和对比度。

6.3.1 显示示波器

默认设置下，单击“调色页面”的右下角面板上的“示波器”按钮，可随时查看任意一种示波器波形，如图 6-4 所示。

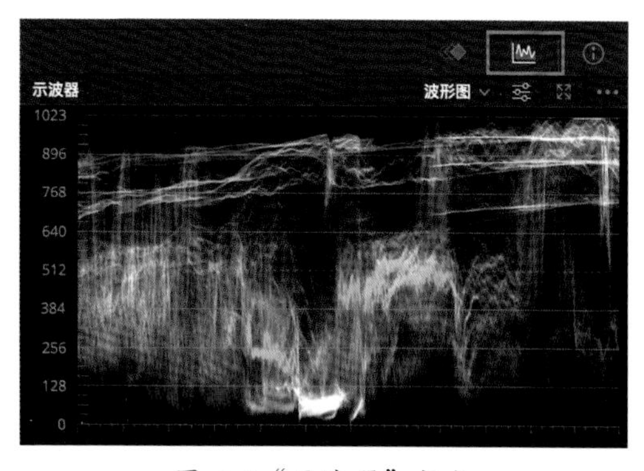

图 6-4“示波器”按钮

单击“示波器”面板右上角的“扩展”按钮，弹出一个悬浮窗口，选择在计算机连接的任何显示器上同时显示最多可达九个窗口，如图 6-5 所示。

另外，也可在 DaVinci Resolve 支持的多种双屏显示布局中开启“示波器”面板，如图 6-6 所示。

示波器也可在“调色页面”之外的页面中显示，如“媒体页面”“快编页面”“剪辑”页面和“交付页面”。当从磁带采集媒体文件，从胶片扫描仪采集或在“交付页面”输出影片时都可能需要用到示波器。若要在“媒体页面”“调色页面”或“交付页面”中打开“示波器”，操作如下：

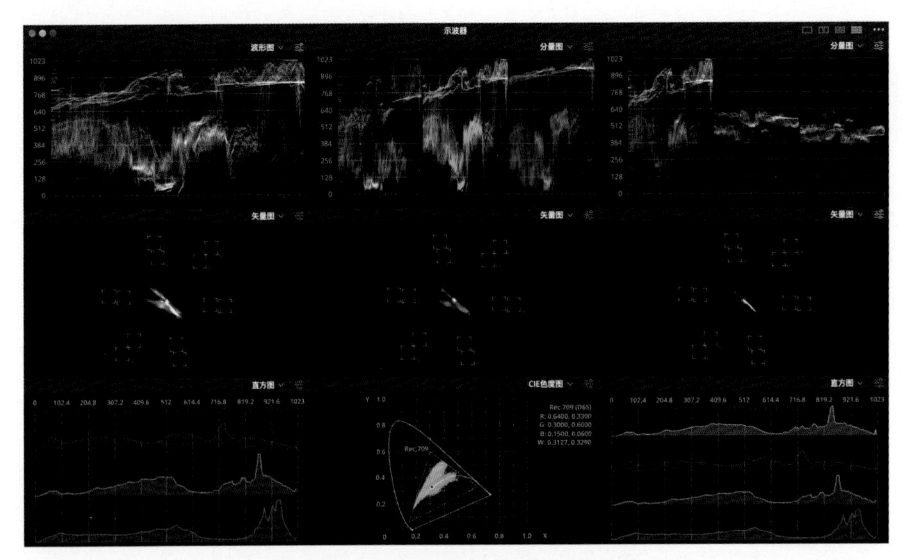

图 6-5　九宫格布局的示波器面板

图 6-6　开启“示波器”面板

执行菜单“工作区”→“视频示波器”→“开启 / 关闭”命令，在悬浮窗中打开“示波器”。快捷键是【Command+Shift+W】。也可执行菜单“工作区”→“双屏”→“开启”命令，在双屏显示界面中打开“示波器”。

达芬奇的“示波器”提供了五种波形显示类型，可以展现出视频信号的不同特性。

6.3.2 波形图

波形图示波器可以形象化地展示信号 Y（亮度）、CbCr（色度分量）或 RGB（红绿蓝分量通道）的数据，方便查看分量信号之间的对齐关系。选择“Y 视图”只显示亮度波形，如图 6-7 所示。

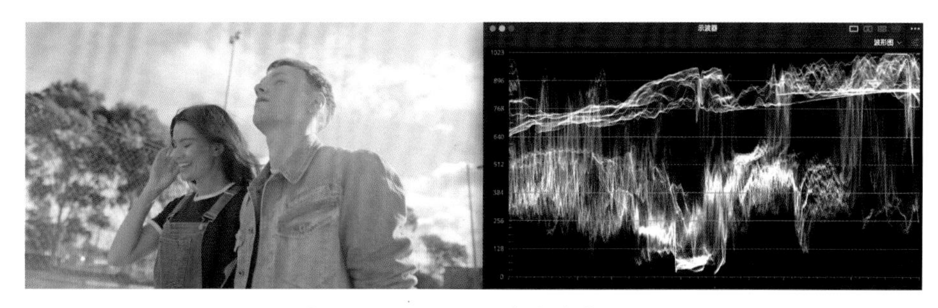

图 6-7　只显示 Y 通道的波形图

单击“设置”按钮，在弹出的面板中勾选“着色”复选框，如图 6-8 所示。

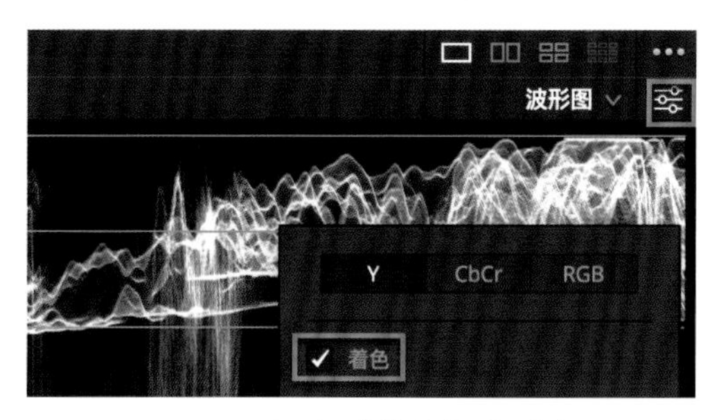

图 6-8　勾选“着色”复选框

原本白色的波形将会根据画面中像素的颜色进行染色，便于用户查看“检视器”中画面色彩在波形中的位置，如图 6-9 所示。

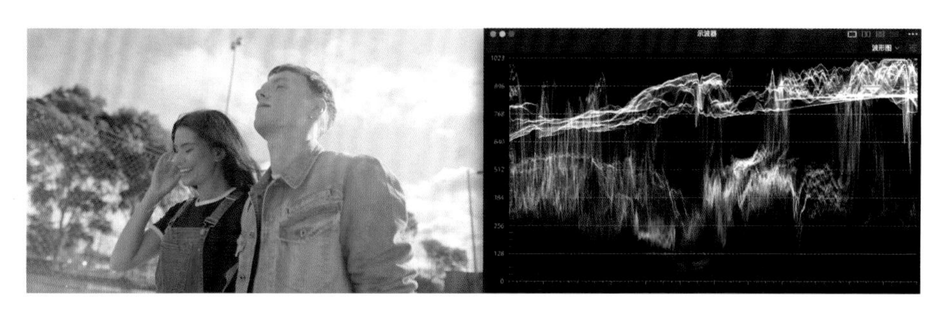

图 6-9　查看“检视器”

RGB 分量的波形像素点显示为它们所代表的画面像素点的色彩分量的颜色。这样就可以方便地查看三个分量波形的对齐关系，因为当波形成为白色时说明红绿蓝完全重合。

6.3.3 分量图

分量图从左至右依次并列显示各个分量的波形，用于分析各个分量的信号电平。分量图可设置为显示 RGB、YRGB 和 Y' CbCr。

使用分量图示波器，可以比较亮度、红分量、绿分量和蓝分量信号的强度，通过查看 RGB 波形在高光部分（波形顶部）、阴影部分（波形底部）和中间调部分（波形中部）的相对高度，可以检查色彩不平衡的情况，查看偏色和每个场景之间的色彩匹配情况，

如图 6-10 所示。

图 6-10　分量图示波器

当同时查看 YRGB 通道的波形时，波形底部对应图像的黑点电平，波形顶部对应白点电平。波形底部和顶部的高度的差别能够反映出当前画面的整体对比度。较高的波形说明对比度高，较矮的波形说明对比度低。

6.3.4 矢量图

矢量图示波器用来测量画面的色相与饱和度。“矢量图”的波形叠加显示在圆形极坐标刻度线上，刻度线类似于十字准星。

画面中饱和度更高的部分对应的矢量波形更靠近坐标系的外边缘，较低饱和度的部分的矢量波形更靠近坐标系的中心（原点），原点表示饱和度为 0 的部分（白色、黑色或灰色）。通过查看“矢量图”在不同方向上的波形，可以了解到素材画面中包含哪些色相及相应的饱和度。另外，通过查看“矢量图”整体在矢量坐标系上的居中情况，可以判断画面的色彩平衡。如果“矢量图”整体偏离中心，说明画面中存在与其波形偏离的方向对应的染色，如图 6-11 所示。

图 6-11　矢量图波形

6.3.5 直方图

直方图示波器显示每种颜色通道的像素数量占每种灰阶的比例的统计分析，横坐标为从 0（黑色）到 100%（白色）的数字比例。通过比较 Y、R、G、B（Y 为可选项）波形的左、中、右部分，可以评价画面的阴影、中间调和高光部分的色彩平衡。

总体来讲，每个图形的左侧对应画面的黑点电平，右侧对应白点电平。图形左侧到右侧的宽度差别能够反映出当前画面的整体对比度。较宽的直方图说明对比度高，较窄的直方图说明对比度低，如图 6-12 所示。

图 6-12　直方图示波器

6.3.6 CIE色度图

DaVinci Resolve 中可以查看 CIE1931xy 和 CIE1976uv 两种色品图，此波形为显示当前画面在色度图中的色彩范围，同时显示当前的白点。波形上会显示当前选定的色域名称，红绿蓝三基色和白点的准确坐标值，马蹄形曲线包围的范围为所有可见光，坐标系为 XY，如图 6-13 所示。

图 6-13　色度图示波器

严格意义上说，CIE1931 色品图是 3D 立体的，但实际显示的色品图是一个 2D 图形，相当于 3D 立体俯视图，因此，只能看到这个 3D 形状最宽部分的轮廓线。完整的 3D 形状的色品图代表图像数据中的每个数值，但这个三角形只是当前色域中最宽部分的“切片”，仅对应着其中间调部分的色域。

也就是说，尽管 CIE1931 图形可以粗略地告诉你，当前画面中包含的色彩值是否位于交付色域标准中，但它并不精确，仅使用它来判断是否存在色域超限并不是万无一失的，因为有些图像数据虽然位于这个三角形中，但整幅画面中仍会有一部分（位于 3D 形状顶部的高光部分，或位于 3D 形状底部的阴影部分）存在问题。但从另一方面来看，如果波形中有越过色域三角形边界的部分，则一定存在色域越限。还可在图形中显示另一种色域的三角形边界，用于比较当前画面色彩在不同色域中的越限情况。

6.4 关于一级调色

调色一般分为两个阶段：一级调色（也称“一级校色”）和二级调色。一级调色调整画面的整体色调、对比度和色彩平衡。二级调色则主要对画面的特定范围进行调色处理。一级调色的第一步通常是平衡画面，在拍摄的过程中由于种种原因会造成拍摄的素材存在或多或少的问题，如画面偏色、曝光不足、对比度不够等。达芬奇中进行一级调色的工具主要是“一级校色轮”和“一级校色条”。当然也可使用“曲线”进行一级调色，不过这样的用户较少。

达芬奇中带有的“自动调色”工具可以快速进行一级调色，对于初学者并不建议这样做。因为自动调色不是对所有的镜头都适用，另外使用自动调色也会对你的学习带来障碍和困扰。最好是在学习掌握了手动一级调色之后再去使用自动调色，因为那时候你已经对一级调色游刃有余了。

6.5 一级校色面板

色轮调色是一种直观的调色方式，在达芬奇中使用率极高。达芬奇的色轮调色工具让那些没有调色台的用户也能轻松地使用鼠标、手写板或触控板来调色。

6.5.1 一级校色轮

色轮调色有两个操作模式：一级校色轮和LOG模式。一级校色轮包含四组色轮，分别是Lift、Gamma、Gain和偏移，如图6-14所示。

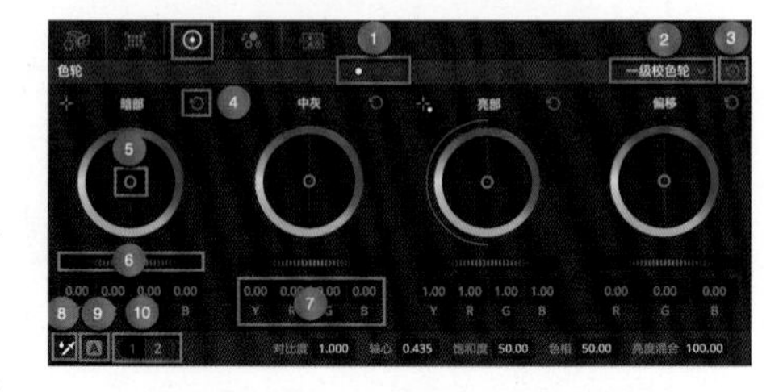

图 6-14　一级校色轮面板

图6-14中注释如下。

①选项卡切换按钮：单击这些圆点可以在选项卡中快速切换。

②选项卡切换菜单：单击向下的箭头图标，可以打开快捷菜单并切换不同的选项卡。

③全部重置按钮：单击该按钮可以将选项卡中调整的所有参数复位。

④重置按钮：该按钮可以将单组色轮的调节参数复位。例如，暗部（Lift）色轮包括色彩平衡和亮度调整，按下该按钮将暗部（Lift）的色彩平衡和亮度的参数全部复位。

⑤色彩平衡指示标志：通过移动该标志来改变图像的色彩平衡。在色轮内部任意位置单击并拖动可以移动色彩平衡指示标志，色轮下方的RGB的参数也会相应变化。按住【Shift】键并在色轮内部任意位置单击，将色彩平衡指示标志放到鼠标单击的位置，会带来更快速更极端的调整。在色轮内部双击可以复位色彩平衡的调节参数。

⑥主旋钮：用来调整亮度，通过拖动主旋钮可以同时修改YRGB通道的数值。向左拖动主旋钮，图像变暗，向右拖动主旋钮，图像变亮。按住【Option】键（Windows用户按【Alt】

键）拖动主旋钮将调整 Y 的数值。

⑦色轮数值显示：该区域只显示了对某一组色轮调整的参数数值，在这里不能手动输入数值。

⑧自动白平衡：使用吸管单击场景中白色的像素即可自动进行白平衡校正。

⑨自动调色：单击该按钮可以让达芬奇对画面进行智能调色处理，主要是进行自动对比度和自动白平衡的处理。

⑩调色群组切换：单击 1，显示“对比度”“轴心”“饱和度”“色相”和“亮度混合”参数。单击 2，显示“亮部”“色彩增强”“暗部”和“中间调细节”参数。

色轮，使用鼠标可以同时调节 RGB 三个颜色通道。初学达芬奇调色，可以简单地认为 Lift、Gamma 和 Gain 表示图像的暗调、中间调和亮调，但是一定要明白它们之间的范围是相互重叠的。也就是说，调整任意一个范围，都会对其他范围产生影响，只不过影响程度不同。色调范围由图像的亮度决定，0 为纯黑，1023 为纯白。图 6-15 所示为 Lift、Gamma 和 Gain 的色调区域。

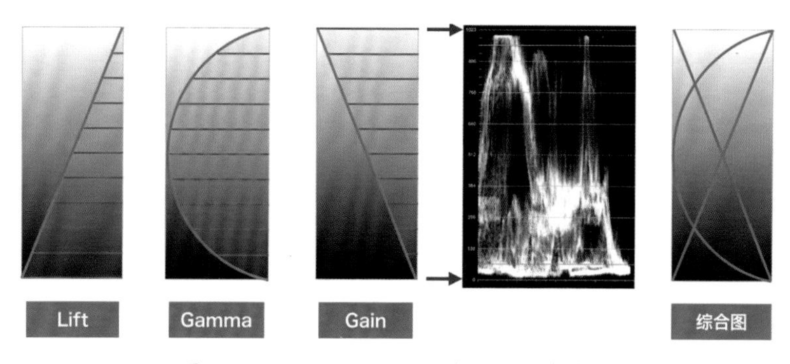

图 6-15　Lift、Gamma 和 Gain 的范围

暗部 Lift：主要影响图像的暗调部分，但是注意看图 6-15 中 Lift 影响力的衰减曲线。从黑到白，Lift 的影响力呈线性递减。向左移动主旋钮，黑点与白点之间的距离增加，中间范围扩大，暗调部分变黑，图像对比度增强。向右移动主旋钮，黑点与白点之间距离减小，中间范围减小，暗调部分变亮，图像对比度减弱。

中灰 Gamma：主要影响图像的中间调部分。注意看图 6-15 中 Gamma 影响力的衰减曲线，不同于 Lift 的线性衰减，Gamma 的衰减曲线是非线性的。可以看到，Gamma 对中间灰（512 亮度）的影响力最大，然后向两侧非线性降低。Gamma 的这种特性是受到视频 Gamma 公式的控制而产生的。向左移动主旋钮，图像变暗，对比度增强。向右移动主旋钮，图像变亮，对比度减弱。Gamma 对黑点和白点的影响较小。同时要注意的是，在增大 Gamma 之后，对 Lift 的亮度影响比对 Gain 的亮度影响稍大一些。

亮部 Gain：主要影响图像的亮调部分。注意看图 6-15 中 Gain 影响力的衰减曲线。从白到黑，Gain 的影响力呈线性递减。这和 Lift 的衰减曲线相反。向左移动主旋钮，白点与黑点之间的距离减小，中间范围减小，亮调部分变暗，图像对比减弱。向右移动主旋钮，白点与黑点之间的距离扩大，中间范围扩大，亮调部分变亮，图像对比增加。

为了理解 Lift、Gamma 和 Gain 的作用，下面做一些极端的调色。导航到条纹上衣女性镜头，在“一级校色轮”模式下进行调色，把 Lift 移动到蓝色，Gamma 移动到品红色，Gain 移动到黄色。可以看到虽然调色比较极端，但是色彩的融合还是比较细腻的，如图 6-16 所示。

图 6-16 “一级校色轮”面板

6.5.2 Log校色轮

Log 色轮包括阴影、中间调、高光和偏移四个色轮。Log 模式的面板布局和一级校色轮面板的布局非常类似，但是它们对图像的影响效果是不同的。Log 模式的“色轮”面板如图 6-17 所示。

Log 校色模式的衰减曲线如图 6-18 所示。可以看到不管是阴影、中间调还是高光，其衰减曲线都是非线性的，并且其各自的影响范围有限。这和 Lift、Gamma、Gain 的衰减曲线有着较大的不同。

Lift、Gamma、Gain 之间的重叠范围很大，可以轻松地实现细微的修改，而 Log 模式的阴影、中间调和高光之间的重叠范围较小，如果做极端调整，则容易出现色调分离的感觉。图 6-19 所示为使用 Log 模式对条纹上衣女性镜头调色的结果，可以看到，阴影区、中间调和高光区之间的范围较为清晰，过渡不够细腻。

Lift、Gamma、Gain 的范围是固定的，不可以调节，而 Log 模式中不同影调的交叉范围是可以调整的。默认情况下，阴影只作用于最暗的部分，大概在示波器波形的 1/3 底部。中间调只影响灰色的中间部分，而高光影响示波器波形上 1/3 的部分。可以使用 Log 色轮面板底部的“暗部”和“亮部”参数来调整各个色调范围，如图 6-20 所示。

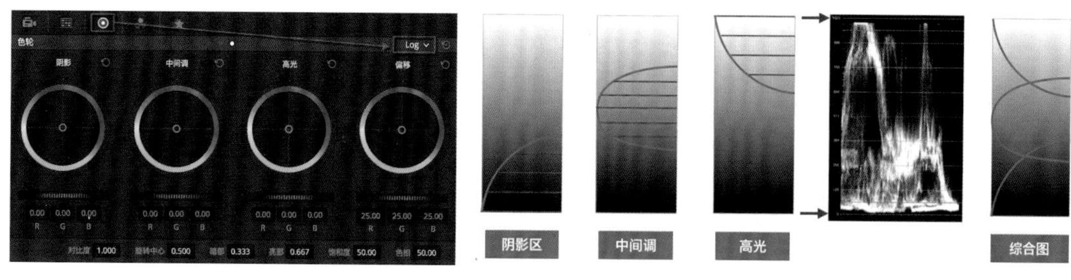

图 6-17　Log 调色面板　　　　图 6-18　阴影、中间调和高光的衰减曲线

图 6-19　LOG 模式调色

使用 Log 校色轮可以限定某些区域进行调色。当然 Log 校色轮是通过亮度限定一定范围的颜色，还不能像抠像工具那样进行随心所欲的色彩限定。在进行大胆的风格化调色时也经常使用 Log 校色轮。

在一级校色轮和 Log 校色轮面板中都有一个“偏移”色轮。偏移中的色彩平衡色轮中可以整体偏移图像的色彩。色轮下方的主旋钮可以修改图像的亮度，如图 6-21 所示。

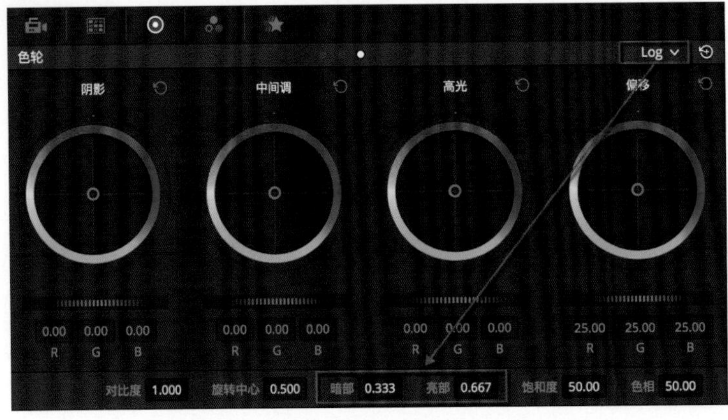

图 6-20 阴影、中间调和高光的范围

图 6-21 “偏移”面板

“偏移”的色彩变化是通过移动 RGB 三通道的波形来实现的。打开示波器中的“分量图”面板，观察在使用“偏移调色”时，波形只是上下移动，并不进行变形。而使用 Lift、Gamma、Gain 调色时，波形本身是会发生变形的。

6.5.3 一级校色条

“一级校色条”是“一级校色轮”的另外一种表达。对任何一个的调整都将被镜像到另外一个。在“一级校色条”面板中，可以对 Y、R、G、B 进行单独地调整。Y 是分离出的亮度通道。在“一级校色条”面板中调色是通过拖动滑块来控制的，如图 6-22 所示。

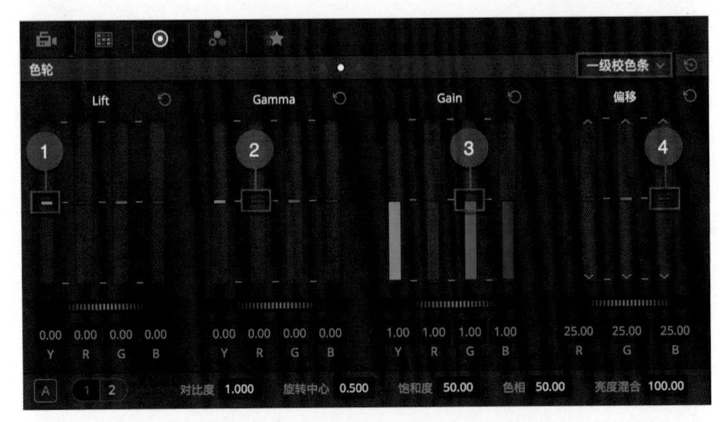

图 6-22 “一级校色条”面板

“一级校色条”面板中滑块的作用如下。

① Y（亮度通道）滑块：调整亮度而不影响色彩平衡的色相。向上拖动增加亮度，向下拖动降低亮度。

② R（红通道）滑块：向上拖动增加红色，向下拖动减少红色（增加青色）。

③ G（绿通道）滑块：向上拖动增加绿色，向下拖动减少绿色（增加品色）。

④ B（蓝通道）滑块：向上拖动增加蓝色，向下拖动减少蓝色（增加黄色）。

结合“分量示波器”使用“一级校色条”工具可以对画面进行非常细致的调整。在这种模式下，控制颜色的工具非常细致，并且调色对波形的影响也能够随时反映到示波器上。

6.6 HDR调色面板

HDR 调色面板是达芬奇最新的一级调色工具。HDR 调色面板也可像“暗部 / 中灰 / 亮部（Lift/Gamma/Gain）”色轮那样为 SDR 素材调色。

基于“分区（Zone）”的特性赋予了 HDR 调色面板基于曲线调整的强大功能和特殊性，使 HDR 调色面板适用于众多创造性和校正任务。此外，HDR 调色面板具有“色彩空间感知”功能，使其特别适合控制 HDR 母版图像的饱和度和高光，如图 6-23 所示。

图 6-23　HDR 调色面板

分区图是 HDR 调色面板使用的关键组成部分。底部的刻度标尺显示 HDR 调色面板的操作范围。在顶部，手柄可以调整定义每个分区操作的色调范围的“可编辑范围边界”，叠加在当前图像的输入直方图上。一条曲线穿过分区图的中间，显示当前调色中 HDR 调色面板所做的色彩和对比度调整，如图 6-24 所示。

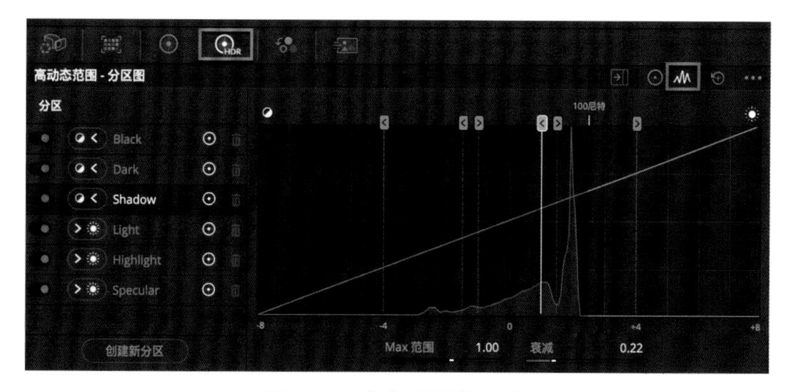

图 6-24　“分区图”面板

★视频教程

HDR 调色面板。

6.7 色彩匹配面板

如果在前期拍摄时在画面中拍摄了色卡（当然是达芬奇指定的某种色卡），那么达芬奇将可以使用“色彩匹配”工具对画面进行自动校色处理。达芬奇会分析画面中色卡上样本的颜色，然后将这些颜色和标准色卡的颜色相比较，通过二者的差值来生成校色文件，这个校色文件被施加到节点上。可以将这个节点抓静帧，并且将这个静帧添加到类似的场景或者镜头上。

“色彩匹配”面板的界面如图 6-25 所示。

图 6-25 “色彩匹配”面板

“色彩匹配”面板中各选项的作用如下。

①下拉菜单：单击下拉菜单的下三角按钮可以选择不同类型的色卡。

②全部重置按钮：单击该按钮可以对“色彩匹配”面板所有的调整进行复位。

③快捷菜单：此处有两个，即“重置匹配配置”和“重置已应用的匹配”。

④色卡颜色样本：当前显示 X-Rite（爱色丽）24 色色卡的颜色样本。当匹配后会发现，源文件颜色和目标文件颜色的差值以百分比的形式显示。

⑤源 Gamma：选择源文件自身的 Gamma 类型。

⑥目标 Gamma：选择目标 Gamma 的类型，即将要匹配到哪种 Gamma。

⑦目标色彩空间：选择目标文件的色彩空间。

⑧色温：设置要匹配到的色彩空间的白点色温是多少。默认情况下为 6500K。

⑨白电平：设置白电平的数值。

⑩匹配按钮：单击该按钮可以按照设置进行色彩匹配操作。

★视频教程

使用色彩匹配工具。

6.8 RGB混合器面板

使用“RGB 混合器”面板可以对图像数据中各个色彩分量通道中的电平进行互相混合，以达到各种创意目的或其他用途。另外，使用“RGB 混合器”除了可以重新混合各个彩色通道外，还可在黑白画面进行分量调配以获得多样的黑白画面风格。

默认状态下，在“RGB 混合器”面板中，可以在任一通道中混入任意量的 RGB 分量数值。每个分量通道都具有各自的 RGB 分量控制滑块，以便进行混合，如图 6-26 所示。

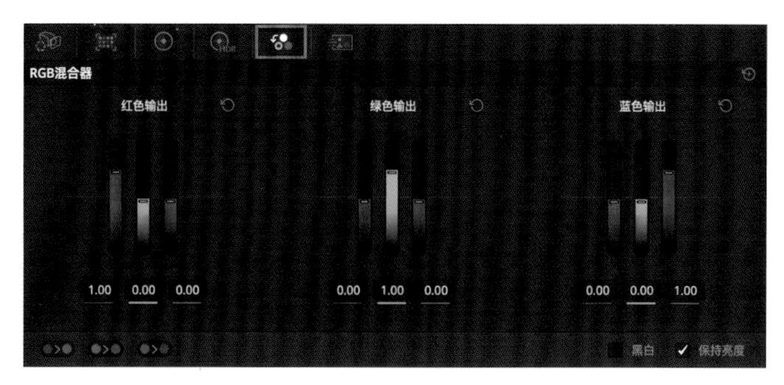

图 6-26 “RGB 混合器”面板

每个滑块的总调整范围为 -2.00 ～ +2.00。这表示还可以从某个色彩通道中以任意的组合量减少 RGB 分量的数值。例如，在“红色输出”组中把“绿色滑块”拉低到 -0.24，表示从“红色输出”分量值中减掉 24% 的绿色分量值（注意只是数值的相减），由于最终影响的是红色通道的输出，因此，画面会增加红色的互补色，即“青色”。

6.8.1 保持亮度

勾选“保持亮度”复选框后，对色彩通道进行的任何调整都不会影响画面的亮度分量，系统会根据当前对某个分量通道进行的调整，自动提高或降低其他两个分量通道的数值，进行亮度补偿。勾选“保持亮度”复选框后，当降低“绿色输出”组中的绿色分量时，同一组中的红色分量和蓝色分量会出现等量的提升。反之，提升某滑块时，其他两个分量的滑块会产生等量的降低，以保持画面整体亮度不变。

6.8.2 重置“RGB混合器”

单击“RGB 混合器”面板右上角的“重置”按钮，将各个滑块重置到默认位置，即“红色输出”组中的红色 =1.00，“绿色输出”组中的绿色 =1.00，“蓝色输出”组中的蓝色 = 1.00，其余滑块均等于 0。

6.8.3 “交换通道”按钮

使用“RGB 混合器”面板左下角的三个按钮地将两个通道的电平值进行交换。使用该功能，方便创建富有创意的画面整体风格，或交换两个意外反向的通道，如图 6-27 所示。

图 6-27　通道交换

“红到绿”：交换红通道和绿通道。

“绿到蓝”：交换绿通道和蓝通道。

“红到蓝”：交换红通道和蓝通道。

6.8.4 使用“RGB混合器”创作黑白风格

勾选“黑白”复选框后，每个输出组中有两个滑块将被禁用。“红色输出 / 绿色输出 / 蓝色输出”组中分别仅有“红色”“绿色”和“蓝色”滑块可用。

每个分量通道中包含的画面细节部分本身都是一个灰阶通道，在“黑白”模式下使用 RGB 滑块可以同时在“红色 / 绿色 / 蓝色”分量通道中添加不同的比例，在某个镜头上创建自定义的灰阶曲线。

为模拟人眼对不同色光的亮度感知，Rec.709 标准设计了以下亮度方程：

Y’（亮度）=0.2126*R（红色分量）+0.7152*G（绿色分量）+0.0722*B（蓝色分量）。

将这些系数值取两位小数精度后，即可得到“RGB 混合器”面板上 RGB 的默认值，0.21R，0.71G 和 0.07B（笔者注：实际上绿色分量应该取值为 0.72，这样三个分量的系数加起来才等于 1）。这是将一个彩色图像转换为黑白图像的标准方式，实际上，其效果等同于将“饱和度”参数设置为 0。

摄影师常常在使用黑白胶片拍摄时使用滤色片，如使用黄绿滤色片来强调浅肤色人物的肤色色调。另一个更古老的例子是使用不同感光度的黑白胶片（古老的 Orthochromatic 胶片对红色不感光，仅对蓝色和绿色进行感光）。

在启用“黑白”模式时使用“RGB 混合器”，可以在三个色彩通道进行自定义混合，以获得所需的创意效果。例如，提升蓝色混色，降低红色和绿色混色，可以产生暗沉、具有金属光泽的肤色，如图 6-28 所示。

（a）默认值　　（b）提升蓝色，降低红色和绿色

图 6-28　使用 RGB 混合器制作黑白画面

★视频教程

RGB 混合器。

6.9 运动效果面板（降噪）

达芬奇可以利用显卡的功能对画面进行实时的空域降噪和时域降噪处理。降噪功能不仅可以去除画面的噪点，还经常用来对人物的皮肤进行“磨皮”处理。另外，达芬奇还拥有基于“光流”技术的动态模糊功能。

6.9.1 降噪设置

“运动特效”面板上提供了 GPU 加速的时域降噪和空域降噪参数组，以抑制视频中的噪点。在具有合适处理能力的工作站上可达到接近实时的效果。可以独立或同时使用这两种降噪方式。另外，每组降噪方式都有多种参数搭配使用，允许针对画面的色度和亮度进行不同程度的降噪处理，如图 6-29 所示。

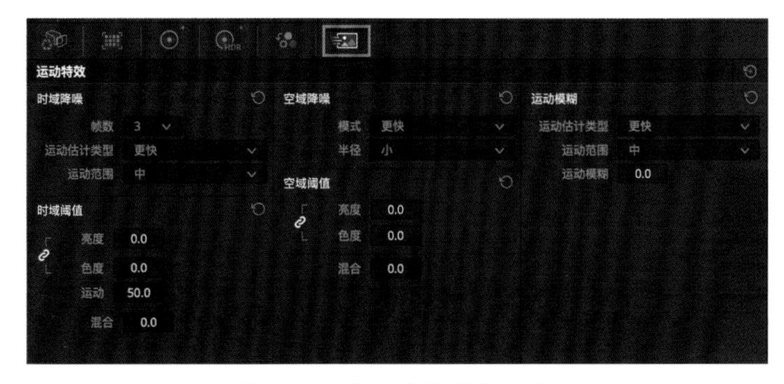

图 6-29　“运动特效”面板

1.时域降噪面板

“时域降噪”算法对多帧画面进行分析，以便分离噪点和画面细节。使用“运动估计类型”设置可以将移动对象排除在降噪处理外，以防止不合意的运动瑕疵，如图 6-30 所示。

图 6-30 “时域降噪”面板

“时域降噪”面板中各选项含义如下。

“帧数”：设定 DaVinci Resolve 要进行均值运算的帧数，以便从正常画面细节中隔离出噪点。可以在 0~5 帧选择整数帧。0 表示不应用任何帧平均计算，数值越大，进行平均计算的帧数越多，消耗的处理器性能也越高。同时，帧数越多，分析计算的效果也更好，但如果帧画面中存在高速运动的物体，可能会产生不合意的处理结果。当画面快速运动时，将帧数设置为“1”，可能效果更好。如果确实需要使用更大的帧数，但发现处理结果的画面中存在瑕疵，也可尝试调整“运动范围”参数来解决这一问题。

“运动估计类型”：选择 DaVinci Resolve 采用的检测画面运动的方法。默认值为“更快”，其消耗处理器性能较少，但精度也较低。选择“更好”可以有效并更精确地排除对象运动，但消耗处理器性能更多。选择“无”完全停用“运动估计”功能，处理方式为对整幅画面进行“时域降噪”。

“运动范围”：其中包含三个选项，“小、中、大”，该参数设置“运动估计”排除的物体的运动速度。设置为“小”，假定降噪对象为具有少量或完全不具有运动模糊的慢速运动的物体，使“时域降噪”算法更多地影响具有某个给定“运动”阈值的画面内容。设置为“大”，假定降噪对象为画面中较大区域内具有运动模糊的快速运动的物体，将具有相同“运动”阈值设置的画面内容排除在“时域降噪”算法的影响范围外。可以反复尝试调整不同的“运动”阈值参数，在降噪和运算引入的运动瑕疵之间折中选择最优的方案。

“亮度”阈值：确定“时域降噪”算法应用到画面亮度分量上的程度。调节范围为 0~100，0 表示完全不应用任何降噪处理，100 为最大处理值。这个数值设置得太大可能会消除画面中的细节。

“色度”阈值：确定“时域降噪”算法应用到画面色度分量上的程度。调节范围为 0~100，0 表示完全不应用任何降噪处理，100 为最大处理值。该数值设置得太大可能会消除画面色度的细节。

“亮度 / 色度阈值绑定”：一般来说，“亮度”阈值和“色度”阈值参数互相绑定，同时调整。当然也可解除它们的绑定，分别对不同分量进行不等量的调整，这完全取决于噪波存在的位置。

“运动”阈值：设定识别运动像素的阈值，高于此阈值的像素被识别为运动像素，低于此阈值的像素被识别为静态像素。使用“运动估计”时，软件不会对高于此阈值的画面部分应用“时域降噪”，以防止未对画面中的运动部分应用帧平均算法带来的运动瑕疵。较低的阈值会考虑更细微的运动，使“时域降噪”功能忽略更多的画面部分。“运动”阈值越大，软件将对画面中更多像素应用“时域降噪”，它只会排除更快的运动。“时域降噪”运动阈值取值范围为0~100，设置为0时，不对任何像素应用时域降噪，设置为100时，对所有像素进行时域降噪。默认值为50，可适用于大多数片段。需要注意的是，如果“运动阈值”设置过大，可能会在画面的运动部分中发现处理瑕疵。

“混合”：对经过以100为参数的“时域降噪”处理过的画面和未经过处理（时域降噪参数为0）的画面进行叠化混合。使用此参数，可以方便地分辨出使用高强度的时域降噪算法后的差异。

2.空域降噪面板

使用“空域降噪”设置对整幅画面中的高频噪声部分进行平滑处理，同时努力保留画面细节，防止画面过度柔化。如果使用“时域降噪”得不到满意的效果，可以考虑使用“空域降噪”，如图6-31所示。

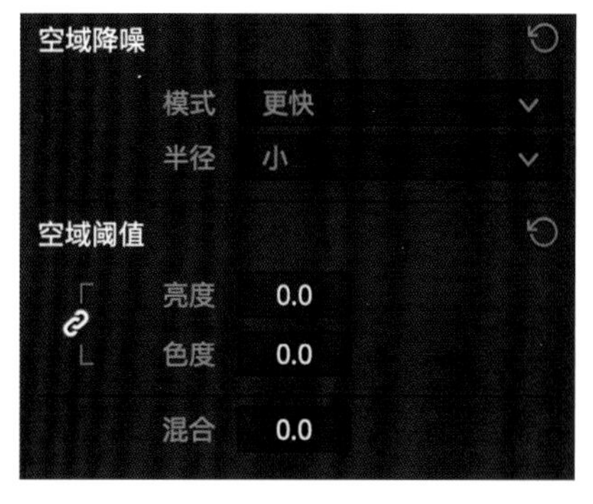

图6-31 “空域降噪”面板

“空域降噪”面板中各选项含义如下。

- “模式”：在下拉菜单中切换“空域降噪”的三种不同算法。它们使用了完全相同的面板控制项，因此，可以在相同的参数设置下切换多种模式，比较获得的效果。三种模式如下。

➤“更快”：使用轻量级的降噪算法，适合于处理较低的噪点水平，但如果相应的参数值更大可能会带来处理瑕疵；

➤“更好”：将“空域降噪”切换到一个更高质量的算法，处理结果明显要优于“较快”选项，但相应会消耗更多的处理器性能来渲染，并且在“更好”选项下，不允许对“亮度”和“色度”阈值参数解绑单独调整；

➤“更强”：当提高“空域阈值”参数来降噪时，可明显优质地保留画面锐度和细节。当把“空域阈值”参数提升得较高时（当然多高是“高”要视具体画面而定），此算法的提升将特别明显。当参数值较低时，与“更好”模式相比画面质量的提升还不明显，“更好”模式的处理器资源消耗比“更强”模式要低。另外，选择“更强”模式后，可以解除“亮度”和“色度”阈值滑块的绑定，根据画面的实际情况，对每个色彩分量施加不等量的降噪处理。

- “半径”：选项包括“大、中、小”。“半径”值较小时，实时处理性能更好，而且在使用较低的“亮度和色度阈值”时也能提供较好的画面质量。然而，使用较低的降噪阈值时，在画面细节区域可能会出现混叠干扰。

持续提高“半径”的尺寸，在画面中具有亮度和高色度阈值的细节丰富区域可获得更高的画面质量，但系统运算速度会降低。在使用适中的“降噪阈值”时，将“空域降噪半径”设置为“中”，对于多数画面均可得到较好的质量。但在许多操作中，需要折中考虑质量和速度。

- “亮度阈值”：确定“时空域降噪”算法应用到画面亮度分量上的程度。调节范围为0~100，0表示完全不应用任何降噪处理，100为最大处理值。该数值设置太大可能会消除画面中的细节。

- “色度阈值”：设定“降噪”处理应用到画面的色度分量上的程度，在对高频噪声区域进行平滑处理的同时努力保留画面中明显的细节边缘的锐度。调节范围为0~100，0表示完全不应用任何降噪处理，100为最大处理值。该数值设置太大可能会消除画面色度的细节，发现提高“色度阈值”产生的画面噪点和修饰痕迹不如提高“亮度阈值”时那么明显。

● “亮度/色度阈值绑定”：一般来说，“亮度阈值”和“色度阈值”参数互相绑定，同时调整。然而，可以解除它们的绑定，分别对不同分量进行不等量的调整。例如，如果某个画面在某个降噪水平下柔化过度，而发现此时的色彩斑点比亮度噪点还多，可以降低“亮度阈值”来保留细节，同时提高“色度阈值”来消除色彩噪点。

● “混合”：对经过以100为参数的“空域降噪”处理过的画面和未经过处理（空域降噪参数为0）的画面进行叠化混合。使用此参数，可以方便地分辨出使用高强度的空域降噪算法后的差异。

6.9.2 降噪技巧

1.先尝试“时域降噪”，后使用“空域降噪”

因为“时域降噪”算法会分析多帧画面进行噪点隔离，其对精确保存被处理画面中运动较少的区域的细节效果较好。如果首先尝试使用“时域降噪”且处理效果不错（即便只是在画面局部效果不错），即可减少“空域降噪”的应用量，这样可以提高最终处理结果的整体质量。

虽然“时域降噪”对画面中静止部分的降噪效果较好，但它在处理运动对象时效果欠佳，“空域降噪”可对画面帧内在其设定阈值下的所有部分进行降噪，甚至是存在运动的部分。最终，两者的共同作用通常会呈现良好的效果。

2.空域降噪的“半径”值

越大的“半径”值应用了更高强度的空域降噪算法，可以显著提升镜头中高细节区域的质量，但不需要每次都使用较大的“半径”值，虽然其处理精度最高。在许多情况下，当评价要应用降噪处理的画面时，可能无法察觉它带来的质量提升，这样有可能把工作站处理时间浪费在不必要的修正计算上。

我们推荐在一个足够大的监视器上对整个画面进行主观评价，在影片所面对的观众的场景下检查画面噪点。在评价降噪效果时，如果对画面进行了过度的放大，会看到在画面真实尺寸下看不到的画面细节部分的细微变化，这可能会诱导其应用更高质量的降噪处理，而这常常是不必要的。

3.分区“降噪”与用降噪平滑画面

与“调色页面”中的其他校正手段类似，也可以使用“HSL限定器”或“窗口”对降噪处理进行限定。这表示可以将降噪处理聚焦于画面中噪点问题最严重的那些区域（如在阴影和背景区域），而在不想触及的区域（如人脸或照明较好的区域）不应用降噪处理。

另外，还可用“空域降噪”处理替代“模糊”处理，进行更加细腻的肤色平滑，使用“HSL限定器”或“窗口”隔离出演员的肤色区域，进行有针对性的降噪。

4.控制“降噪”操作的处理顺序

利用一个专用节点在图像处理流程中的任何一个节点上施加“降噪”操作。如果某些调色操作可能会加重画面中的噪点（如提高欠曝片段的对比度，通常会提升画面中已有的噪点的水平），进行降噪有以下两种方法：

01 在“节点树”开始处应用“降噪”：这种处理效果十分平滑，但发现这样会使画面中的边缘细节变得过于柔化。

02 在“节点树”结尾处应用“降噪”：首先进行所有调色调整，然后使用一个独立节点应用“降噪”处理。发现画面中应用了降噪的部分没有那么平滑，然而，画面中的边缘细节看上去更加锐利。

仅对画面的一个色彩分量通道应用“降噪”：使用“分离器 / 结合器”节点，还可仅对画面的一个色彩分量应用降噪处理。如果正在调色片段的蓝色分量通道上的噪点较多，使用这种方式仅在需要的色彩通道上进行有针对性的降噪。在节点上右击，并在“通道”子菜单中勾选需要处理的一个色彩通道，仅对此通道进行降噪处理。通过在此节点上选择对应所使用的色彩空间（RGB、YUV、LAB 等）的特定的通道编号，可以将降噪处理限定在合适的通道上。

需要注意的是，方案的优劣完全取决于正在处理的画面情况和想要达到的效果（可能想让某些镜头画面更柔和，而另一些需要更锐利）。关键在于，通过 DaVinci Resolve 基于节点的图像处理流程，可以选择最适合自己的处理方案。

★备注

如果在同一个节点上应用降噪和色彩调整操作，软件会先处理降噪，然后再处理色彩调整。

6.9.3 运动模糊

“运动模糊”使用基于“光流”的运动估计算法，对不具有运动模糊效果的片段添加人工运动模糊效果。如果视频使用高快门速度拍摄，则发现得到的画面太过于闪烁，使用这一方法将十分有用。“运动模糊”算法会分析片段中的运动，并基于场景中每个运动元素的运动速度和方向有选择性地对画面应用模糊处理，如图 6-32 所示。

用户可通过以下三个参数设置添加“运动模糊”处理的程度和质量。

“运动估计类型”：设置为“较好”，像素映射更加精确，但消耗更多的处理器性能。设置为“较快”，采用近似的像素映射，但消耗较少的处理器性能。

“运动范围”：确定用来定义需要进行降噪处理画面部分的对象运动速度。

“运动模糊”：提升此参数值对画面添加更多运动模糊，降低则添加较少运动模糊。调整范围为 0~100，设置为 0 时完全不应用运动模糊，设置为 100 时应用最大运动模糊，

如图 6-33 所示。

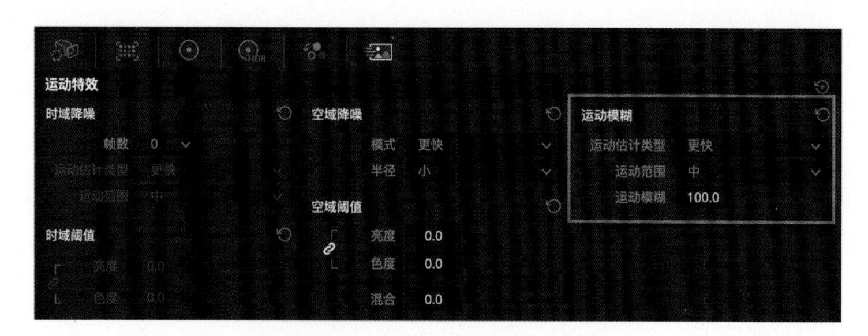

图 6-32 “运动模糊”面板

图 6-33 增加了运动模糊的画面效果

★视频教程

降噪与运动模糊。

6.10 模糊、锐化和雾化面板

“模糊”面板实际上可以拆分成三个子面板——“模糊”“锐化”和“雾化”。尽管“模糊”和“锐化”的功能存在一些重叠，但每种模式实际上都提供了专有的控制项，如图 6-34 所示。

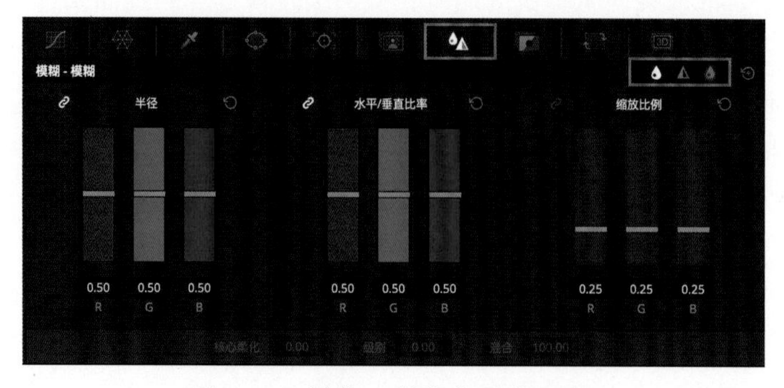

图 6-34 模糊、锐化和雾化面板

用户可以使用“HSL 限定器”“窗口”或导入外部蒙版，对“模糊”面板上的功能进行限定，以便在画面的特定区域应用这些效果。

“模糊”面板上的许多控制项由三个绑定的滑块组成，三个滑块分别用于调节红绿蓝三个色彩分量。

默认状态下，绑定的滑块同时运动，同时影响画面的三个色彩通道。单击每组滑块左上角的白色“链”按钮可以对该组滑块解绑，以便对单独的色彩通道进行调整。

6.10.1 模糊

“模糊”是此面板的默认模式，可以对画面施加极高质量的高斯模糊或同样高质量的锐化效果。此操作模式的控制项最简单。它仅有两组链接的参数，用来调整“模糊”或“锐化”处理的范围和方向。其应用的实际效果取决于“半径”参数的调整方向。

“半径”：这是添加“模糊”或“锐化”操作的主要控制项。在其默认值 0.50 下，不对画面应用任何处理。提高“半径”滑块将提高模糊效果，降低“半径”滑块提高画面锐度，“半径”在最小值为 0.00 时，锐化效果最大。

★提示

如果将“半径”滑块一直向上提升到 1.00，但画面仍旧不够模糊，可以继续提升该数值，最大为 6 左右。或者再添加 1 个节点，并应用一些模糊操作。

“水平 / 垂直比率”：对当前操作添加方向性。默认值为 0.50，此时参数调整对画面的水平方向和垂直方向产生等量的影响。提高“水平 / 垂直比率”数值，使模糊处理效果沿着水平轴的方向性更大，降低此数值，使模糊处理效果沿着垂直轴的方向性更大。

6.10.2 锐化

尽管可以在“模糊”面板上降低（而不是提高）“半径”滑块来应用锐化效果，但使用专门的“锐化”模式提供了专用的锐化处理功能，如图 6-35 所示。

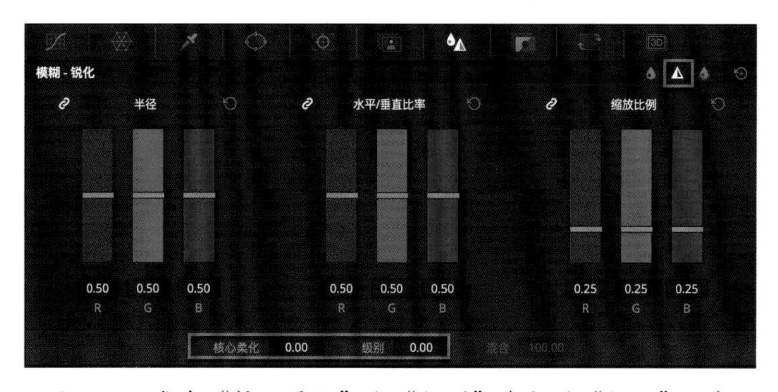

图 6-35 带有“核心柔化”和“级别”参数的“锐化”面板

“锐化”面板中各选项的含义如下。

“半径”：这是添加“模糊”或“锐化”操作的主要控制项。在其默认值 0.50 下，不对画面应用任何处理。提高“半径”滑块提高模糊程度，最大值为 1.00。降低“半径”滑块将提高画面锐度，“半径”在最小值为 0.00 时，锐化效果最大。

“水平 / 垂直比率”：对当前操作添加方向性。默认值为 0.50，此时参数调整对画面的水平方向和垂直方向产生等量的影响。提高“水平 / 垂直比率”数值，使模糊处理效果沿着水平轴的方向性更大，降低此数值，使模糊处理效果沿着垂直轴的方向性更大。

“缩放比例”：对应用于锐化处理的“半径”参数所施加的缩放量进行乘数控制。如果为“模糊”效果设定的“半径”参数为 0.50 或更大，则调整“缩放比例”参数没有任何效果。

“核心柔化”和“级别”参数共同作用，基于由“级别”和“柔化”参数定义的画面细节阈值，将锐化效果限定在画面中细节最丰富的区域，以便使“锐化”效果更佳。

“级别”：应该首先调整此参数。提高此值，设定从锐化处理中忽略画面细节的阈值。默认值为 0，此时阈值足够低，以便对整幅画面进行锐化处理。逐级提高“级别”数值将忽略画面的低区细节区域，将锐化效果限定在良好定义的轮廓线之内。

“核心柔化”：当将“级别”参数设为一个合适值后，提高“核心柔化”数值，将画面中锐化部分和其余未锐化部分之间的边界进行混合。

6.10.3 雾化

在“雾化”模式下，可以合并“模糊”和“锐化”操作的效果，创建类似于“镜头上涂抹了凡士林”或使用“Pro-Mist 光学滤镜”的效果，如图 6-36 所示。

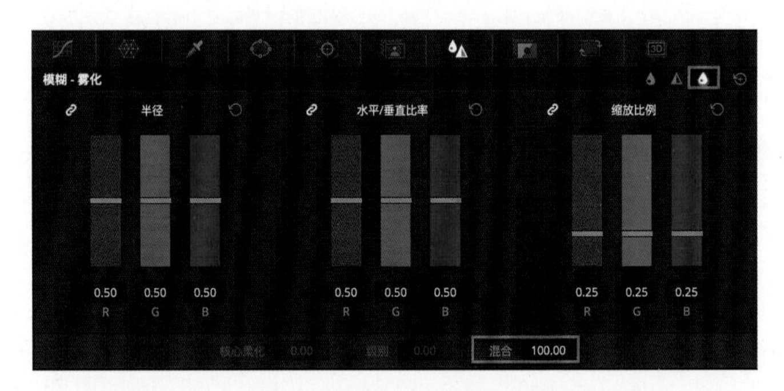

图 6-36 带有“混合”参数的“雾化”面板

“雾化”面板中各选项的含义如下。

在“模糊”或“锐化”模式下调整“半径”滑块可以立即得到想要的效果，而在“雾化”模式下，必须同时降低“半径”和“混合”参数，才能获得想要的效果。通过调整“半径”和“混合”参数，可以创建多种不同的雾化效果。

“半径”：创建一个“雾化”效果后，首先需要降低“半径”参数对画面进行锐化。然后再降低“混合”参数，通过结合细节和模糊效果来获得一种雾化的效果。

“水平 / 垂直比率”：对当前操作添加方向性。默认值为 0.50，此时参数调整对画面的水平方向和垂直方向产生等量的影响。提高“水平 / 垂直比率”数值，使模糊处理效果沿着水平轴的方向性更大，降低此数值，使模糊处理效果沿着垂直轴的方向性更大。

“缩放比例”：对由“半径”参数应用的缩放量进行乘法运算，可以获得更加强烈的雾化效果。如果为“模糊”效果设定的“半径”参数为0.50或更大，则调整“缩放比例”参数没有任何效果。

“混合”：当通过调整“半径”滑块对画面进行锐化后，降低“混合”参数值会在画面上叠加模糊效果，它与画面的高频细节区域混合，创建出“雾化”效果，如图6-37所示。

图6-37　雾化前后对比

★视频教程

模糊、锐化与雾化。

6.11 调整大小面板

“调色页面”的“调整大小”面板有五种模式，分别是“调整编辑大小”“调整输入大小”“调整输出大小”“调整节点大小”和“调整参考静帧大小”。每种模式完成一种不同的任务，如图6-38所示。

“调整编辑大小”：这些按钮的外观与“剪辑页面”→“检查器”面板中的同功能按钮类似，如图6-39所示。

“调整输入大小”：对多个单独片段进行整体几何形状调整大小（“平移”“竖移”“缩放”和“旋转”）。使用这些控制项，可对逐个片段进行平移和竖移调整，如图6-40所示。

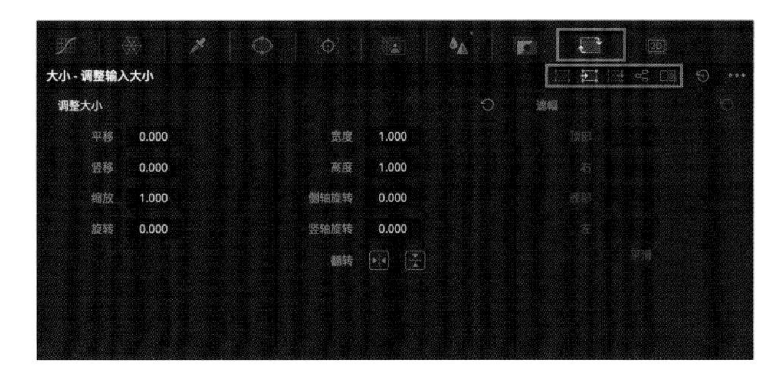

图6-38　“调整输入大小”面板

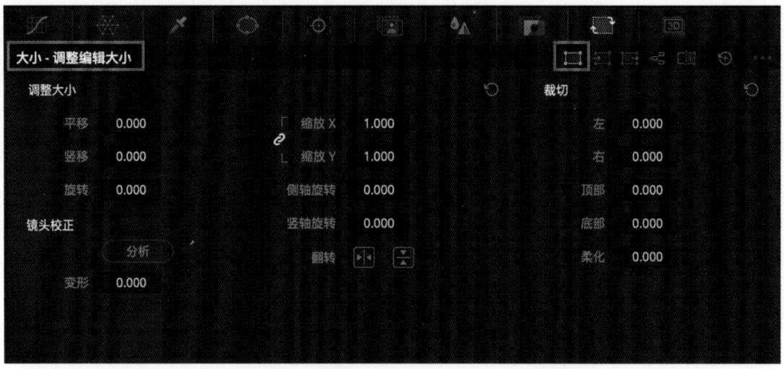

图 6-39 “调整编辑大小”面板

图 6-40 “调整输入大小”面板

“调整输出大小”：该面板上的控制项与上述面板几乎完全一致，不同的是，此处的控制项会同时影响整条“时间线”上的每个片段。使用“调整输出大小”功能，可以对整条“时间线”进行格式调整。例如，通过简单地调整裁切参数和平移参数，将“HD 时间线”更改为“SD 时间线”格式，如图 6-41 所示。

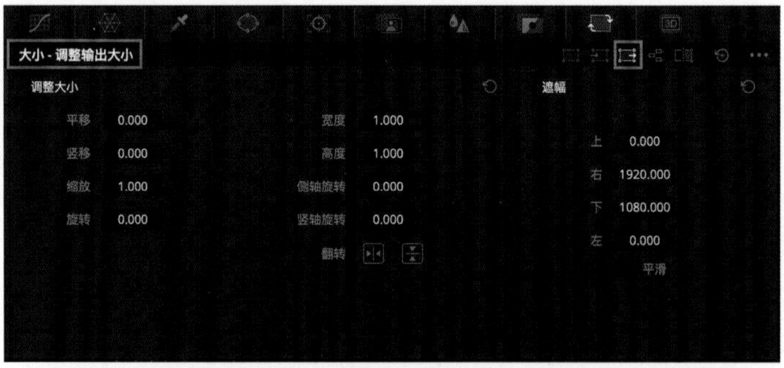

图 6-41 “调整输出大小”面板

“调整节点大小”：用于在“节点树”的任何一个节点上有针对性地添加调整大小。类似于“调整输入大小”,“调整节点大小”也是针对特定片段的。与“调整输入大小”不同的是，“调整节点大小”受到色彩通道分离操作（如“分离器 / 结合器”节点）和图像限定操作（如“限定器”和“窗口”)的影响。可以根据需要,在片段调色中添加任意数量的“调整节点大小”操作。另外，“调整节点大小”面板中的“键锁定”功能可以实现“仿制图章”效果，如图 6-42 所示。

图 6-42 “调整节点大小”面板

“调整参考静帧大小”：使用一组调整大小控制项，在进行“划像对比”时调整静帧的位置。使用这些控制项，可以移动静帧画面，以便能更好地与“划像对比”的片段画面进行对比。当启用任意一种“划像”时，面板上的“调整参考静帧大小”控制项才可用，如图 6-43 所示。

图 6-43 “调整参考静帧大小”面板

★提示

“调整输入大小”功能应用在节点图中所有其他图像处理步骤之前，包括“调整节点大小”，而所有的“调整输出大小”功能应用在节点图中图像处理后。

★视频教程

"调整大小"面板。

6.12 信息面板

"信息"面板默认为隐藏状态。单击工具栏最右侧的"信息"按钮，中面板的右侧将显示"信息"面板。"信息"面板在两个区域中显示不同的信息。"信息"面板上的内容仅供用户查看，不支持编辑，如图 6-44 所示。

图 6-44 "信息"面板

6.12.1 片段信息

左侧区域显示"时间线"中当前选中片段的信息。"片段信息"仅供查看，不支持编辑，它包括：

"文件名"：硬盘上保存的媒体文件的文件名。如果当前片段是多机位片段，则只显示当前选定角度对应的媒体文件的名称。

"卷名"：显示正常读取到的片段的卷名。

"起始时间码"：片段首帧的源时间码。

"结束时间码"：片段尾帧的源时间码。

"时长"：片段总时长，以时间码计算。

"帧数"：当前片段中所包含的帧数。

"版本"：片段所使用的远程或本地调色版本的名称。

"帧率"：片段的帧率。

"源分辨率"：源片段的原生分辨率。

"编解码器"：源片段所使用的编解码器或格式。

6.12.2 系统信息

面板右侧显示 DaVinci Resolve 系统当前的运行状态。此处显示的状态包括 DaVinci Resolve 中可启用、停用或循环切换的不同功能选项。“系统信息”包括：

“片段”：“时间线”中的片段数量。

“代理”：“代理模式”的状态（开或关）。

“片段缓存”：“片段缓存”模式的状态（关、所有、叠化、用户、用户和叠化）。

“参考变换”：参考静帧重新定位的状态。

“参考模式”：参考模式的状态（“画廊”“时间线”和“离线”）。

“划像类型”：当前为分屏划像选定的“划像类型”（水平划像、垂直划像、混合划像和 Alpha 划像等）。

“会聚”：当前的会聚设置（“链接缩放”“相反”）。

“立体调色”：当前显示的眼和绑定模式（左眼或右眼绑定，或单眼）。

“立体显示”：当前的“立体显示”模式（单眼或双眼）。

6.13 Camera Raw

Camera Raw 记录了直接来自数字电影摄影机的感光器件所采集的原始色彩空间数据。人眼无法直接识别 Raw 图像数据，必须通过“解拜耳”或“解马赛克”处理将其转换为原始图像数据，这样才能交给 DaVinci Resolve 进行下一步图像处理。作为影视后期的调色巨匠，达芬奇对 Raw 格式提供了完善的处理流程，给调色师提供了最大限度的调整余地和发挥空间。

在“调色页面”进行任何操作前，甚至在“节点编辑器”中创建源节点之前，都需要首先进行 Raw 解码操作。基于此，为了将 Raw 图像数据转换为最适于 DaVinci Resolve 处理的数据，转换过程必须最大限度地保留原始图像数据，以便进行高质量的后续图像处理。为了原本本地保留 Raw 数据中所携带的大量原始图像细节，DaVinci Resolve 使用 32-bit 浮点精度的图像处理流程，正确地设置“Camera Raw”面板中的各项初始调整参数是下一步进行高质量调色工作的重要基础。

在“Camera Raw”面板中为 DaVinci Resolve 所支持的每种 Camera Raw 格式的媒体设置相关参数。在“Camera Raw”面板中所设置的这些参数将覆盖在摄影机端录制原始素材时所写入的元数据，可以在此面板中对项目中使用的所有 Raw 格式媒体数据进行调整。

选择不同的摄影机 Raw 记录格式，面板上会显示针对此格式的不同参数调整项，也可在“调色页面”的“Camera Raw”面板中找到完全一致的调整项，如果在上述面板中将“解码方式”选项设置为“片段”，即可对时间线上每个片段的“Camera Raw”参数进行单独调整，如图 6-45 所示。

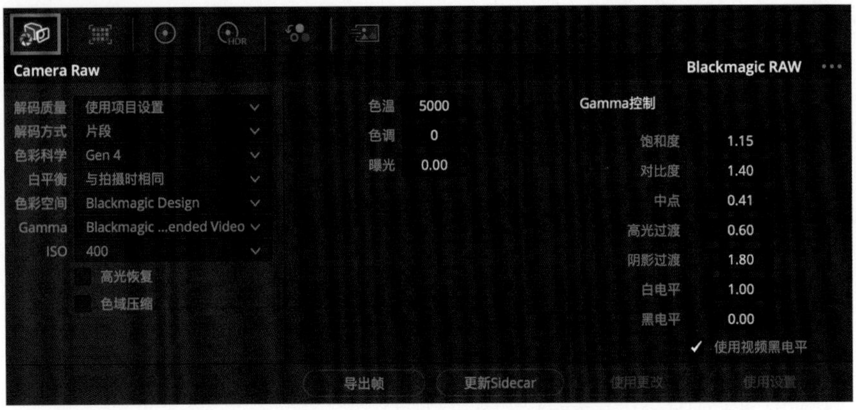

图 6-45 “Camera Raw”面板

在“Raw 配置文件”下拉菜单中选择并在面板上设置每种“Camera Raw”格式的配置。在此处对 DaVinci Resolve 支持的每种 Camera Raw 媒体格式进行详细设置，如图 6-46 所示。

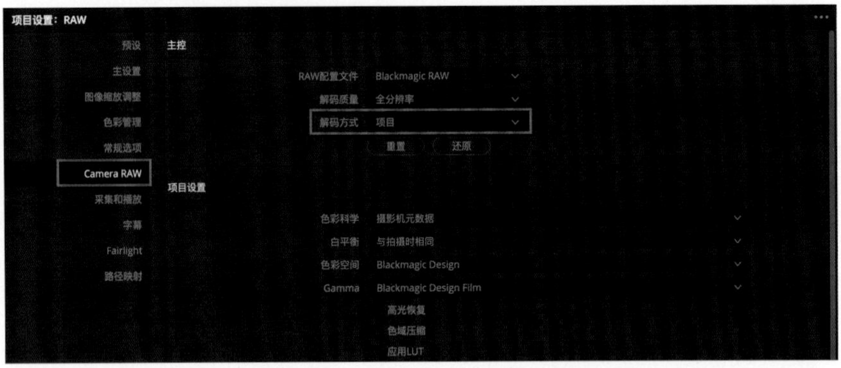

图 6-46 “Camera Raw”选项卡

★视频教程

本节内容请看配套视频教程。

6.14 本章小结

本章介绍了一级调色的基本概念和理论知识。色轮是进行一级调色的首选工具。在学习中可能因为没有调色台而使用鼠标进行调色练习，在使用调色台调色时，色轮是对应到调色台上的轨迹球的，主旋钮也会对应到调色台上的主旋钮。需要注意的是，平衡画面是调色的基础，非常重要的知识点，需要多加练习，并且锻炼眼力，力求在最短的时间内完成平衡画面的工作。另外，在工具方面讲解了示波器的参数和用法，以及 HDR 色轮、色彩匹配、RGB 混合器、运动特效、模糊、锐化、雾化、调整大小、信息面板和 Camera Raw 的相关知识。

第7章 二级调色

本章导读

要想掌握达芬奇二级调色技术需要了解很多合成方面的知识，如遮罩、选区、Alpha 通道、抠像、跟踪和稳定等。这些名词在达芬奇中可能会有不同的称呼，但是其原理是相通的。随着技术发展，达芬奇增加了“色彩扭曲器”和“神奇遮罩”等先进的二级调色工具，极大地提高了工作效率。

本章学习要点

◇二级调色的概念
◇曲线调色
◇色彩扭曲器
◇窗口
◇跟踪与稳定
◇神奇遮罩
◇节点编辑器
◇关键帧

7.1 关于二级调色

一级调色调整的是整个画面，即整体调色。二级调色调整的是画面的选定区域，即局部调色。在达芬奇中，制作二级调色的选区有多种方式，如使用“窗口”工具绘制选区，或者通过“限定器”进行抠像，或者从外部输入蒙版。现在，随着技术的提升，一级调色和二级调色之间的区别越来越模糊，但是二者始终不能互相取代。从某个角度来说，“Log校色轮”和“HDR 色轮”也可实现二级调色，因为每一组色轮只对画面的特定区域有效果。

很多调色教程中都会设置给衣服（或汽车漆等）换颜色的案例，实际上这种可能性很低，在前期拍摄中导演很少会把颜色弄错。一般而言，用二级调色的目的主要是将画面处理得更加自然，如调整蓝天、绿树、碧水及肤色等。当进行一级调色时，会带来画面中某些颜色的改变。例如，平衡了天空的偏色，可能会带来草地颜色的变化，这时草地的颜色就和我们的记忆色不相符，那么，就需要使用二级调色工具把草地隔离出来，单独调整草地的颜色。

二级调色还经常用于突出画面中的某个物体，以便于吸引观众的注意力，通常会使用达芬奇的窗口工具来实现，通过该工具制作想要的选区，然后把选区外面的部分调暗。一般称为暗角（Vignette）效果。

7.2 曲线调色

Photoshop 的曲线工具基本上等同于达芬奇中的“自定义曲线”。其实曲线调色的原理相同，既可调整亮度曲线，也可分别调整红、绿、蓝三个通道的曲线。如果在曲线上增加控制点，则可以对图像中的暗调、中间调或亮调部分单独进行调色处理。达芬奇所有的调色曲线都能使用鼠标或调色台进行调整。曲线可以影响整个图像，也可以只影响图像的一部分。如果要调整图像的一部分，可以通过抠像、窗口或输入蒙版等技术来获得图像的选区。

曲线调色中提供了七个选项卡，下面介绍自定义曲线面板。

7.2.1 自定义曲线

在“曲线 - 自定义”面板中，默认情况下，YRGB 四条曲线都是从界面左下角到右上角的一条直线，它们完全重合。横轴表示原始图像的输入信息，最左侧为黑点，最右侧为白点。竖轴表示调色后的输出信息，最下方为黑点，最上方为白点。当曲线的形状发生改变时，表示图像的色彩信息经过重新映射，如图 7-1 所示。

“曲线 - 自定义”面板各选项的含义如下。

①选项卡按钮：切换不同曲线模式的选项卡。

②扩展按钮：将当前面板弹出，成为可以自由调整大小的浮动面板，以获得更大的操作空间。

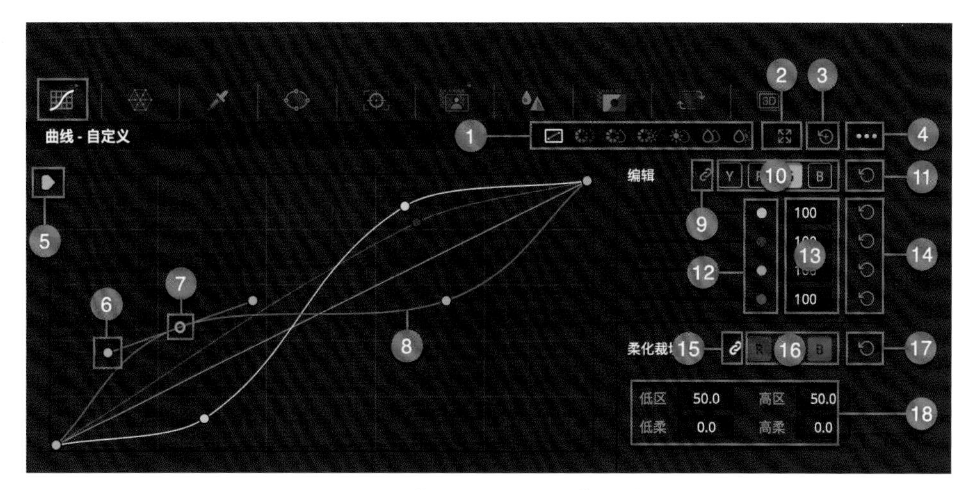

图 7-1 “曲线 - 自定义”面板

③全部重置按钮：单击该按钮可以将曲线面板中的所有调整全部重置。

④选项菜单：在该菜单中可以找到修改曲线的一些命令。

⑤ YSFX 滑块：可以对每一个颜色通道进行缩放与反转。

⑥控制手柄：当曲线变成“可编辑样条线”时，曲线的形状可以使用手柄进行调整。

⑦控制点：移动控制点可以修改曲线的形状。左键在曲线上单击可以增加控制点，右击控制点可以将其删除。按住【Shift】键单击可以在不改变曲线形状的前提下添加控制点。

⑧ G 通道曲线：曲线形状表示输入亮度和输出亮度的对应关系。在图 7-1 中可以看到 G 通道经过缩放后的黑点被拉高，白点被拉低。另外，曲线上的控制点位置说明其暗调变亮，亮调变暗。

⑨绑定按钮：当绑定按钮图标激活时，YRGB 四个通道将一起变化。当绑定按钮图标关闭时，YRGB 四个通道可以单独调整。在绑定状态下，这种调色类似于色轮调色中的旋钮操作。当增加对比度时，饱和度也会同时增加，反之亦然。在解锁状态下，调整 Y 的对比会带来饱和度下降。

⑩ YRGB 通道按钮：单击相应的通道按钮即可激活该通道的曲线。

⑪ YRGB 全部参数重置按钮：单击该按钮可以将与其对应的参数重置。

⑫ YRGB 强度滑块：可以调整每一个通道的强度信息。

⑬ YRGB 强度参数：双击或拖动这些参数可以调整通道的强度值，也可双击参数然后手动输入数值。

⑭ YRGB 重置按钮：单击该按钮可以将相应参数重置。

⑮ RGB 绑定：该按钮处于开启状态时，RGB 的柔化裁切操作是绑定的。关闭该按钮可以对 RGB 通道的柔化裁切进行单独调整。

⑯ RGB 通道：针对哪个通道做柔化裁切就激活哪个通道。

⑰柔化裁切重置按钮：单击该按钮重置柔化裁切的所有参数。

⑱柔化裁切参数组：“低”：调整该数值可以裁切暗部的波形。“高”：调整该数值可以裁切亮部的波形。“暗部柔化”：调整该参数可以柔化暗部裁切的波形。“亮部柔化”：调整

该参数可以柔化亮部裁切的波形。图像的像素点过亮或过暗时，在亮度波形上就会被裁切掉。如果在 8 bit 的调色环境中，这些像素被设置为纯白色或纯黑色。如果一堆这样的点都被设置为纯白色或纯黑色，那么亮部或暗部的细节就找不回来了。但是在 32 bit 调色环境下，这些信息虽然显示为已经被裁切，但是仍然可通过工具找回，那就是达芬奇的“柔化裁切”工具。

★提示

和之前的版本不同，达芬奇 12 将 YRGB 曲线面板进行合并，这样就不用开启“放大面板”模式。

7.2.2 HSL曲线

映射曲线是一组方便快捷的二级调色工具，包括“色相对色相”“色相对饱和度”“色相对亮度”“亮度对饱和度”“饱和度对饱和度”和“饱和度对亮度”六个工具。

1.色相对色相

“色相对色相”工具通过色相来做选区，然后调整该选区的色相。例如，画面中有红色的花朵，也有绿色的草。可通过红色相来选择花朵，然后调整其色相，使之成为紫色。“曲线 - 色相对色相”面板如图 7-2 所示。

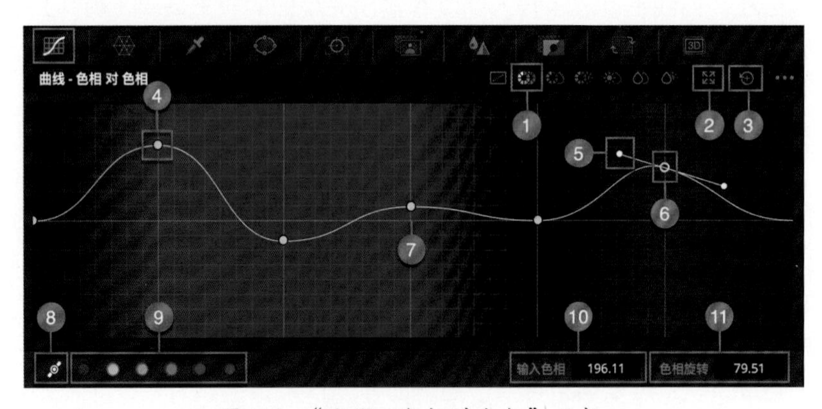

图 7-2 “曲线 - 色相对色相”面板

“曲线 - 色相对色相”面板各选项的含义如下。

①选项卡按钮：切换不同曲线模式的选项卡。

②扩展按钮：将当前面板弹出，成为可以自由调整大小的浮动面板，以获得更大的操作空间。

③全部重置按钮：单击该按钮可以把曲线面板的所有调整全部重置。

④常规控制点：移动控制点可以修改曲线的形状。左键在曲线上单击可以增加控制点，右击控制点可以将其删除。控制点的横坐标表示“输入色相”，纵坐标表示“色相旋转”。

⑤控制手柄：单击⑦所示的按钮，可以把曲线变成可编辑样条线，在此模式下，曲线的

形状可以使用手柄进行调整。

⑥样条线控制点：本控制点的功能与③所示的常规控制点相同。

⑦基准线：当曲线与基准线完全重合时，表示“色相对色相”曲线不起作用，也可据此判断不同色相的色相偏移情况。

⑧贝塞尔手柄开关：单击该按钮把常规控制点切换为样条线控制点。

⑨六矢量颜色样本：系统预设的六种颜色选区，单击对应色块就可在曲线上添加该选区。

⑩输入色相：输入色相表示控制点在色相环上的位置。例如，红色的输入色相为256°，青色的输入色相为76°，二者刚好相差180°。

⑪色相旋转：色相在色相轮上的偏移数值，取值为–180°～180°。

★视频教程

HSL 曲线二级调色。

7.3 色彩扭曲器（Color Warper）

“色彩扭曲器”既可对画幅中的特定事物进行高度具体的调整，也可进行广泛的一般调整，以创建独特的色调外观（Looks）。“色彩扭曲器”的两种模式都可以轻松地同时修改两种不同的颜色属性——饱和度与色相，或者亮度与色相，如图7-3所示。“色彩扭曲器”比曲线更有优势，因为曲线一次只能调整一种颜色属性。

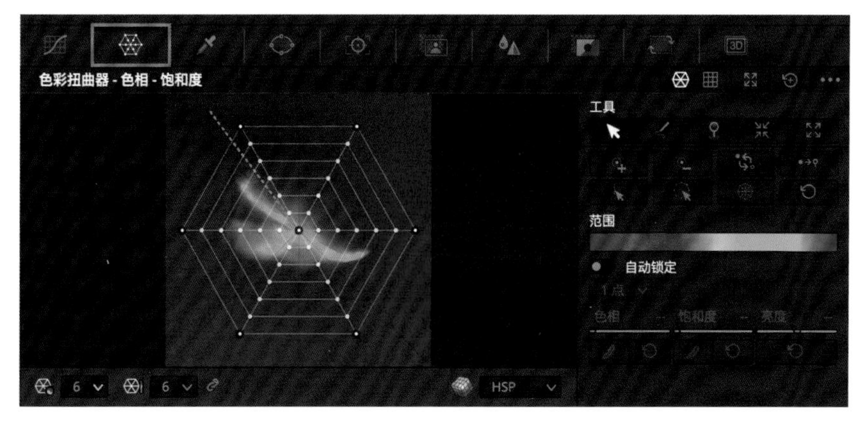

图7-3 色彩扭曲器面板

7.3.1 “色彩扭曲器”的用途

“色彩扭曲器”调色面板是一种基于网格的色彩扭曲工具，它不会扭曲像素的空间位置，而是将一组色彩扭曲为另一组色彩。与HSL曲线不同，“色彩扭曲器”允许在“色彩选区”内同时调整颜色的两个属性——“色相”和“饱和度”。当拖动控制点时，相关控制点会跟着移动，但是移动距离会有一定衰减。色彩的改变也相应地跟随控制点的变化而变化。

有两种方式可以使用“色彩扭曲器”：一是拖动网格中的控制点来调整图像。更直观的是，直接单击图像进行采样，这会选择影响该颜色最近的网格点。二是在检视器画面上拖动以使用该控制点进行调整。默认显示“色相 - 饱和度”网格，在该网格中将同时调整画面的色相与饱和度属性，如图 7-4 所示。

图 7-4　直接在画面上拖动执行调色

使用“色彩扭曲器”对图像中的颜色进行非常具体的调整，类似于先使用限定器再调色或者使用 HSL 曲线对局部进行调色，如图 7-5 所示。

图 7-5　没有抠像，但已经调整了天空的色相与饱和度

“色彩扭曲器”工具还有“色度 - 亮度”网格，其中又分为“网格 1”和“网格 2”。它们的相同点是上下调整控制点会产生亮度变化。不同的是，左右调整“网格 1”会产生蓝黄变化。左右调整“网格 2”会产生绿品变化，如图 7-6 所示。

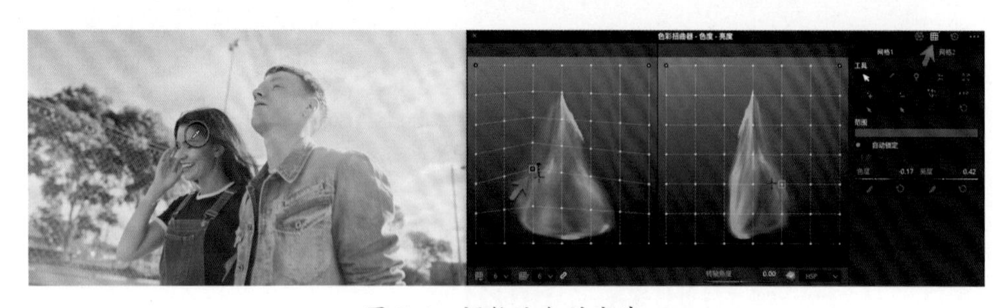

图 7-6　调整肤色的亮度

“色彩扭曲器”还是创建画面风格的利器。例如，想要创建 Techinicolor 2-Strip 风格，就可保持红色和青色的控制点不动，然后把品红色和黄色控制点都拉向红色，把蓝色和绿色控

制点都拉向青色，如图 7-7 所示。

图 7-7　创建 Techinicolor 2-Strip 风格

7.3.2　“色彩扭曲器”工具与参数

用户可以在“色相 - 饱和度”或“色度 - 亮度”模式下更改网格的分辨率，色相和饱和度控制点的默认分辨率均为 6，而且有个链接符号将它们链接在一起。当然，也可分开进行修改，如图 7-8 所示。

低分辨率变形网格可以轻松创建广泛的颜色调整，影响大范围的类似颜色，并获得平滑的结果。比较适合具有 4 ： 2 ： 0 色度二次采样或高度压缩的 8 bit 低质量媒体。更高分辨率的网格可以对更小的颜色范围进行更细致的调整。但是，这对素材的要求也更高，推荐 10 bit 或 12 bit、4 ： 2 ： 2 或 4 ： 4 ： 4 色度二次采样和最小压缩的媒体。

在“色彩扭曲器”的选项菜单中设置默认的网格分辨率，选择默认色调分辨率或默认饱和度分辨率，然后在下拉菜单中选择分辨率，如图 7-9 所示。

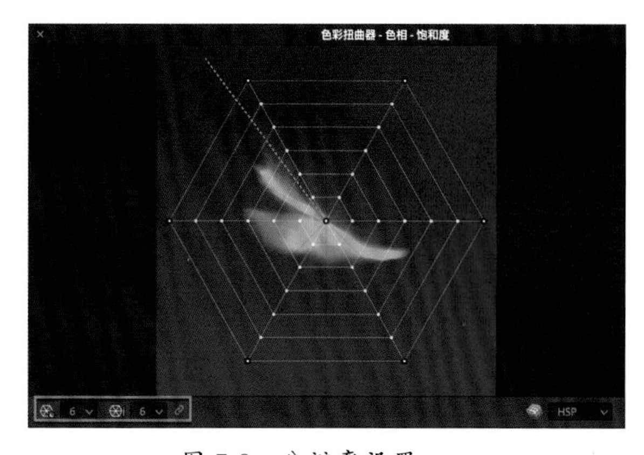

图 7-8　分辨率设置

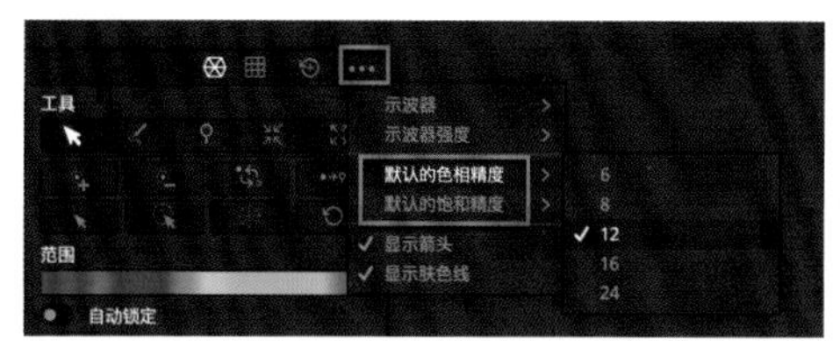

图 7-9　设置默认的网格精度

“色彩扭曲器”右下角的下拉菜单可让选择用于处理图像颜色的颜色空间。不同的色彩空间以不同的方式将图像的颜色投射到二维网格中，有些色彩空间可以扩大色彩的投射范围，让调整更方便，如图 7-10 所示。

下面介绍色彩扭曲器的工具面板。第一组工具允许在单击时以不同的方式操纵网格上的控制点，如图 7-11 所示。

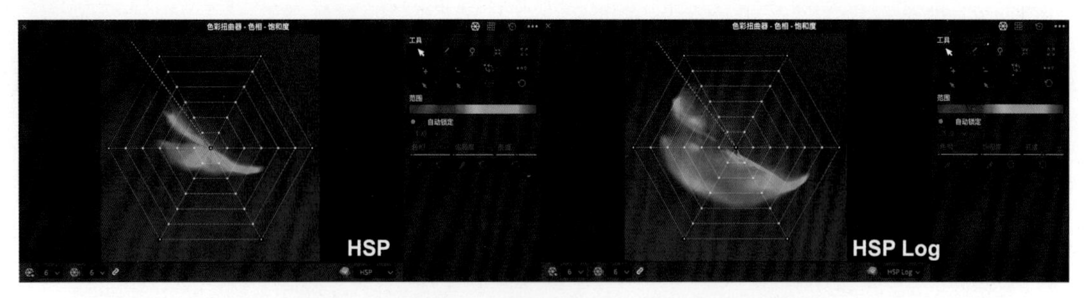

图 7-10　HSP Log 或得到更大的色彩投射面积

图 7-11　第一组工具

01 选择工具：默认工具模式。选择该工具可让单独选择控制点（通过单击单个点或按住【Command】键单击多个点）或通过在多个点上拖动边界框以共同选择它们。可以右击控制点以取消选择、解锁和重置它们。还可以使用该工具按住【Shift】键单击以将点锁定到当前位置。这是通过在“检视器”中单击并拖动以同时对颜色进行采样和调整来调整图像时使用的最有用的工具。

02 绘制选择：可通过单击并拖动以绘制所有要选择的点来选择控制点。这有利于进行大量而细致的点选择。

03 固定 / 解除固定：可以固定控制点或者解除对控制点的固定，单击多个控制点或单击并拖动以选择多个控制点。

04 拉近控制点：可通过单击网格上的任意位置（甚至在点之间）进行调整，以将所有相邻控制点拉向单击的位置。这可用于降低特定颜色范围内的颜色差异。

05 推远控制点：选择该工具可让通过单击网格上的任意位置（甚至在点之间）进行调整，以将特定邻近范围内的所有相邻控制点推离单击的位置。这可用于增加特定颜色范围内的颜色差异。

第二组被官方称为“修改器”。每个修改器按钮都允许在单击每个按钮后立即以不同的方式操纵网格上的选定控制点，如图 7-12 所示。

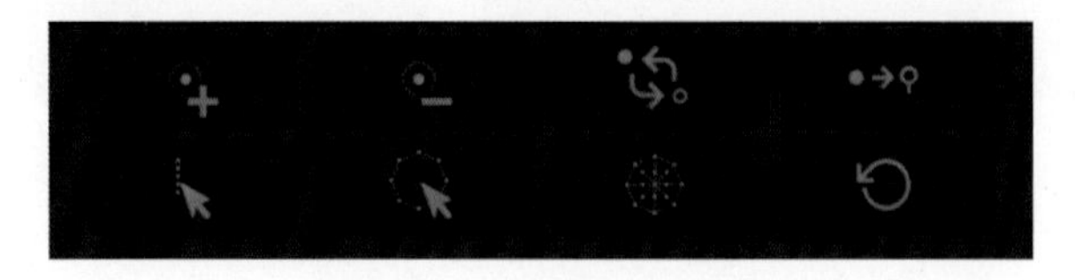

图 7-12　修改器工具集

01 增加衰减 / 柔化选择：如果选择一个或多个控制点，单击该按钮可扩展选择以包括选择周围的所有相邻控制点。

02 减少衰减 / 柔化选择：如果选择一组控制点，单击该按钮可通过取消选择最外圈的选定控制点来缩小选择范围，使内部控制点保持选中状态。

03 反选：单击该按钮将选择所有未选择的控制点，并取消选择所有已选择的控制点。

04 将所选转换为固定：单击该按钮固定所有当前选定的控制点。

05 选择列 / 固定列：如果选择一个或多个控制点，单击该按钮将选择相关的列。

06 选择环 / 固定环：如果选择一个或多个控制点，单击该按钮将选择相关的环。

07 选择所有 / 固定所有或取消选择所有 / 取消固定所有：单击该按钮可打开或关闭整个网格的选定状态。

08 重置选择 / 重置固定：如果选择一个或多个控制点，单击该按钮会将其位置重置为网格中的原始默认位置，而不会取消选择它们。

范围控件是一种快速选择与特定颜色范围相对应的多个控制点的方法，如图 7-13 所示。

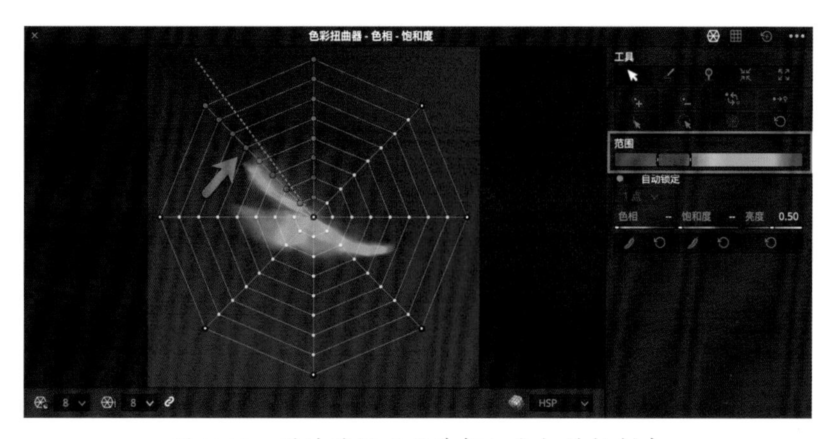

图 7-13　通过范围工具选择红色相关控制点

范围：渐变显示当前在网格中呈现的色相范围。拖动范围控制选择框的左右手柄可以自动选择与选择框中出现的色相所对应的所有控制点。这是一种选择颜色范围内的所有点以进行统一操作的快速方法。

“自动锁定”控件使“色彩扭曲器”能够自动锁定选择和调整的任何控制点周围的控制点边界，从而使高度特定的颜色调整更容易完成，如图 7-14 所示。

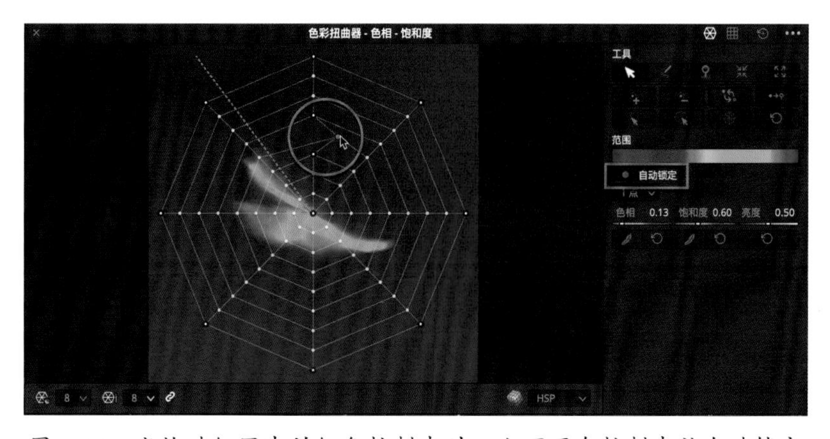

图 7-14　当拖动红圈中的红色控制点时，上下两个控制点被自动锁定

01 自动锁定：启用和禁用此行为。

02 X 点边界：设置距正在调整的锁定控制点边界的控制点有多少个。最终的面积有多大取决于选择的点数及网格的分辨率。在较高的网格分辨率下，相同的点距离会隔离较小的颜色区域，如图 7-15 所示。

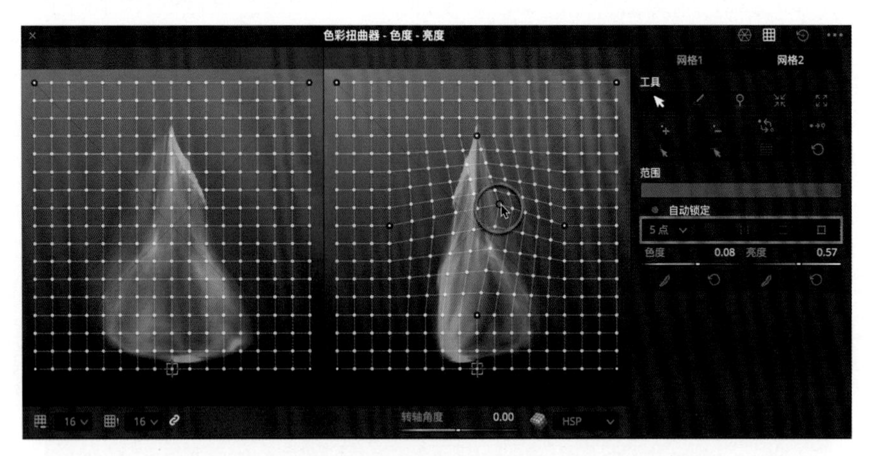

图 7-15　上下左右距离五个点的控制点被锁定

用户可以直接拖动网格上的控制点调整所选颜色的色相、饱和度和亮度属性。每个控制点的调整数值都会实时显示在工具面板上。当然，直接调整该面板上的色相、饱和度和亮度参数也可以。下方是和色相、饱和度和亮度对应的柔化控件，如图 7-16 所示。

图 7-16　色相、饱和度和亮度参数

柔化控件通过逐渐将一个或多个选定控制点移向其在网格中的原始位置来“缓和”之前所做的调整。

01 柔化色相：每次单击该按钮都会将选定控制点的角度围绕圆形网格的圆周向其原始位置旋转，使调整后的颜色的色相越来越接近图像的原始色相。饱和度不受影响。

02 重置色相：将所有选定控制点的角度重置为这些控制点的原始色相。饱和度调整不受影响。

03 柔化饱和度：每次单击该按钮都会将控制点的位置移动到更接近其相对于圆形网格中心的原始位置，从而使该点的饱和度更接近节点输入的原始图像饱和度。色相不受影响。

04 重置饱和度：重置从所有选定控制点的中心到这些控制点处原始图像饱和度的距离。

05 重置亮度：重置原始图像的亮度值。

★视频教程

色彩扭曲器。

7.4 限定器

“限定器”就是达芬奇中的抠像工具。达芬奇 15 中提供了四种限定器工具，分别是 HSL、RGB、亮度和 3D。可以使用限定器工具隔离画面中想获得的区域。由于抠像是依赖于色相、饱和度及亮度信息的，所以，使用限定器工具获得的选区无须跟踪或者是打关键帧。整体而言，限定器工具的效率较高。

7.4.1 HSL限定器

“限定器”界面简单直观，其默认的限定器模式是“HSL”，如图 7-17 所示。在很多情况下，使用 HSL 限定器抠像并不能马上获得精确的效果。但是 HSL 限定器面板上有很多可调控参数，可通过调整这些参数来获得比较精确的选区。另外，也可关闭 HSL 限定器中的某些组件，如只使用色相、饱和度或者亮度进行抠像。

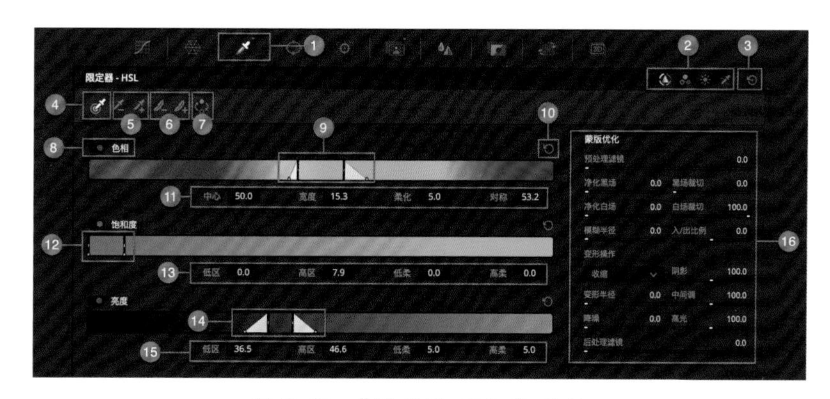

图 7-17 “限定器 -HSL”面板

“限定器 -HSL”面板中各选项的含义如下。

①限定器图标：单击该图标可以进入限定器面板。

②选项卡切换：单击相应图标可以在不同限定器选项卡中切换。

③全部重置按钮：单击该按钮可以把限定器的参数全部重置。

④采样吸管：单击该吸管进入采样模式，然后在检视器中也可看到吸管图标，在想要抠取的颜色上点按或者拖动即可获得初步的“键”。

⑤减去 / 添加颜色：激活“减去颜色”吸管，在检视器中使用吸管工具单击或划取不需要的颜色将其从选区中删除。激活“添加颜色”吸管，在检视器中使用吸管工具单击或划取想要添加的颜色将其加入选区。

⑥减去 / 添加柔化：激活“减去柔化”按钮，在检视器中使用吸管工具单击或划取选区边缘减去柔化。激活“添加柔化”按钮，在检视器中使用吸管工具单击或划取选区边缘添加柔化。

⑦反向：单击该按钮可以让选区反向。

⑧色相开关：启用或禁用色相参数。

⑨色相范围指示器：该指示器指出了抠像区域的色相分布情况。

⑩色相重置按钮：单击该按钮可以重置“色相”组件的全部参数。

⑪色相参数：“中心”，设定色相范围的中心点；“宽度”，设置色相范围的宽度；“柔化”，与相邻色相进行柔化过渡；“对称”，色相范围两侧的柔和度可以不同。

⑫饱和度范围指示器：该指示器显示了抠像区域的饱和度分布情况。

⑬饱和度参数：“低”，选区包含的最低饱和度数值；“高”，选区包含的最高饱和度数值；“低区柔化”，低饱和度边缘的柔化值；“高区柔化”，高饱和度边缘的柔化值。

⑭亮度范围指示器：该指示器显示了抠像区域的亮度分布情况。

⑮亮度参数：“低”，选区包含的最低亮度数值；“高”，选区包含的最高亮度数值；“暗部柔化”，低亮度边缘的柔化值；“亮部柔化”，高亮度边缘的柔化值。

⑯蒙版优化参数组：

- 预处理滤镜：对画面进行预处理以获得更加优质的“键”（黑白蒙版）。
- 净化黑场：可以对“键”中的阴影区进行降噪处理。
- 净化白场：可以对“键”中的高光区进行降噪处理。
- 黑场裁切：默认值为0.0，代表纯黑，如果增加此数值到20，则“键”中亮度为20的颜色变为纯黑。
- 白场裁切：默认值为100.0，代表纯白，如果降低此数值到80，则“键”中亮度为80的颜色变为纯白。
- 模糊半径：对“键”进行模糊处理，让其边缘更柔和。
- 入/出比例：对“键”进行收边或者扩边操作。
- 变形操作：对“键”（黑白蒙版）进行多种操作，使之扩展、收缩、开放或者封闭。
- 变形半径：变形半径越大，变形操作的作用力越大。
- 阴影：调整“键”（黑白蒙版）的阴影亮度。
- 中间调：调整“键”（黑白蒙版）的中间调亮度。
- 高光：调整“键”（黑白蒙版）的高光亮度。
- 降噪：对“键”（黑白蒙版）进行降噪处理。
- 后处理滤镜：对画面进行后处理以获得更加优质的“键”（黑白蒙版）。

★视频教程

HSL限定器抠像。

7.4.2 RGB限定器

在RGB限定器模式下，通过指定图像的RGB通道范围来隔离颜色。RGB限定器并不是一种直观的抠像模式，它提供了一种和 HSL 抠像模式差异很大的抠像方法。RGB 限定器在对连续成块儿的颜色进行抠像时速度较快。“限定器 -RGB”面板如图 7-18 所示。

图 7-18 “限定器 -RGB”面板

★视频教程

RGB 限定器抠像。

7.4.3 亮度限定器

亮度限定器通过亮度通道的信息来提取“键”。亮度限定器相当于把 HSL 限定器中的色相和饱和度组件关闭。亮度限定器可以很方便地提取画面中的高光区、中间调和阴影区。需要注意的是，在使用亮度限定器对压缩视频（如 4 ∶ 2 ∶ 2 或者 4 ∶ 2 ∶ 0 压缩的视频）进行抠像时可能会带来更多的锯齿，因此，需要适当地增加柔化参数。亮度限定器面板如图 7-19 所示。

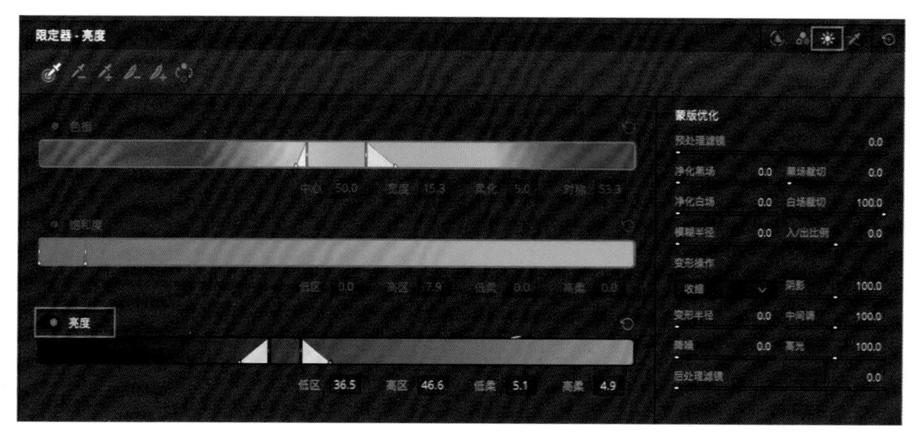

图 7-19 “限定器 - 亮度”面板

★视频教程

亮度限定器抠像。

7.4.4 3D限定器

3D 限定器是从达芬奇 12 版本开始新增的一种全新类型的抠像工具，其抠像原理和其他三种限定器的抠像原理不同。3D 限定器基于由 RGB 三种颜色构成的色域立体图进行抠像处理。使用 3D 限定器抠像时，只需在画面上想要抠出的颜色上绘制蓝色线条即可，也可通过绘制红色线条把不想要的区域去掉。3D 限定器面板如图 7-20 所示。

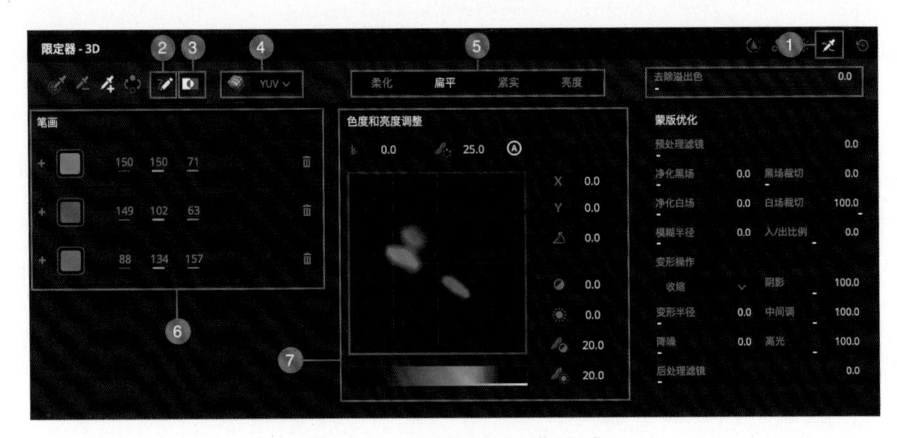

图 7-20 “限定器 -3D”面板

下面对“限定器 -3D”面板中的参数进行讲解。

①下拉菜单：其中共有 HSL、RGB、亮度和 3D 四个菜单，通过选择不同的菜单命令可以进入不同的限定器模式。

②显示途径：在检视器中显示或关闭抠像时绘制的路径。

③色彩空间：选择使用 YUV 颜色空间还是 HSL 颜色空间。

④柔化：设置抠像结果的柔化值，参数越大越柔和，默认值为 50.0。

⑤去除溢出：当抠取带有蓝背景或者绿背景的画面时，背景颜色有可能会溢出到画面主体上（如人的面部或头发边缘），使用该工具可以直接去除溢出的颜色。

⑥颜色样本：颜色样本显示了抠取的是哪种颜色，以 RGB 数值显示。

⑦加 / 减号标记：加号标记代表这种颜色是想保留的，减号标记代表这种颜色是想去除的。

★视频教程

3D 限定器抠像。

7.5 窗口（Power Windows）

窗口可通过绘制矩形、椭圆形、多边形、曲线和渐变窗口并且调整其形状和羽化来获得非常精确的选区。如果需要隔离画面中具有几何形状特征的区域进行调色，那么使用窗口工具非常方便。例如，使用椭圆形工具对人物的面部进行调色，或者使用曲线工具对形状不规则的天空进行调色处理。窗口工具的缺点是，如果窗口覆盖区域的特征区域是运动，那么窗口必须随之移动。

7.5.1 窗口面板

窗口面板的绝大部分范围被窗口列表覆盖。窗口面板右侧是窗口的变形参数和柔化参数，窗口也支持创建和读取预设，如图 7-21 所示。

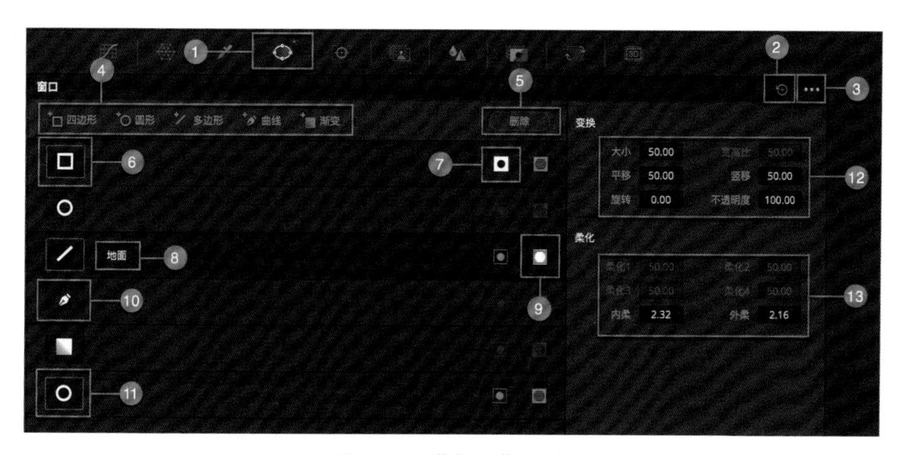

图 7-21 “窗口”面板

下面对“窗口”面板中的参数进行讲解。

①窗口图标：单击该图标进入窗口面板。

②全部重置按钮：单击该按钮可以重置窗口面板的所有参数。

③选项菜单：在选项菜单中可以找到常用的命令。

④增加新窗口按钮区：可以为一个节点添加更多的窗口。默认情况下一个节点只有五个窗口。

⑤删除按钮：该按钮可以把不需要的窗口预设删除。

⑥预设创建按钮：单击该按钮以创建新的窗口预设。

⑦预设下拉按钮：在该下拉菜单中可以选择窗口预设。

⑧激活的窗口：激活的窗口图标边缘会显示橘红色的圆角矩形框。

⑨反向按钮：单击该按钮可以把窗口选区反向。

⑩遮罩按钮：单击该按钮可以把窗口设置为遮罩。在进行窗口之间的布尔运算时非常有用。

⑪未开启的窗口：未被开启的窗口其边缘没有橘红色的圆角矩形框。

⑫变形参数组：可以调整窗口的 PTZR 和不透明度等信息。注意，针对不同的窗口类型，此处的参数也会变化。

⑬柔化参数组：可以调整窗口的边缘柔化。注意，针对不同的窗口类型，此处的参数也会变化。

7.5.2 窗口的布尔运算

当对一个节点同时添加多个窗口时，可以对这些窗口进行复合操作以制作复杂的选区。可以开启或关闭窗口的“遮罩”模式来改变窗口的模式，对多个窗口进行布尔运算，即交集、并集和补集操作。

7.6 跟踪与稳定

达芬奇具有强大的跟踪功能，可以让各种窗口跟随画面中的移动物体进行移动、缩放、旋转甚至是透视变形。这省去了手动制作关键帧的麻烦。跟踪器面板有两种模式，在“窗口”模式下，可以对窗口进行跟踪处理。在“稳定器”模式下，可以对整体画面进行稳定处理。

7.6.1 跟踪

达芬奇可以跟踪对象的多种运动和变化，主要有平移、竖移、缩放、旋转和透视五种。其中平移（Pan）、竖移（Tilt）、缩放（Zoom）、旋转（Rotate）简称为 PTZR。达芬奇的跟踪面板主要被 PTZR 曲线图占据，其他功能按钮分布在其四周。在面板的右上角有三个选项卡切换按钮，用来切换“窗口”“稳定器”和“特效 FX”三个选项卡。其中“窗口”选项卡的布局如图 7-22 所示。

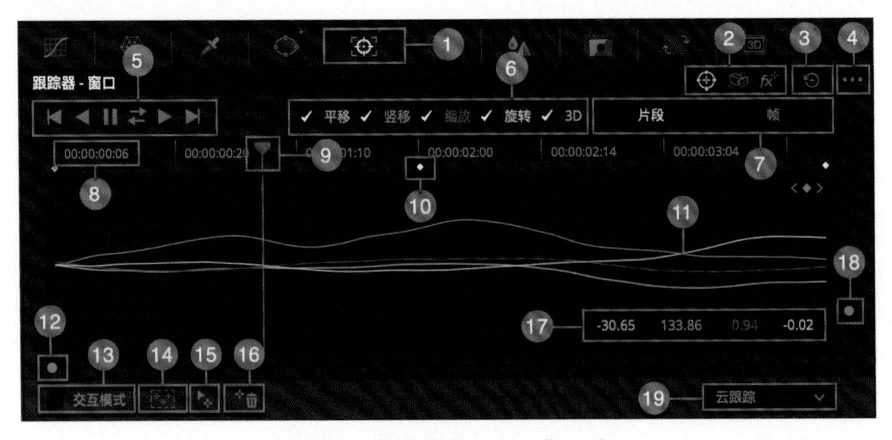

图 7-22 “跟踪器 - 窗口”面板

“窗口”跟踪器面板中，选项的含义如下。

①跟踪器面板图标：单击该图标进入跟踪器面板。

②标签页切换按钮：用来切换“窗口”“稳定器”和“特效 FX”三个标签页。

③全部重置：单击该按钮可以重置跟踪器面板的所有参数。

④选项菜单：在选项菜单中可以找到针对跟踪器面板的命令。

⑤跟踪解算按钮区：该区域的图标和播放控制按钮非常相似，但二者的功能不同。从左至右依次是“反向跟踪一帧”“反向跟踪”“停止跟踪”“双向跟踪”“正向跟踪”和“正向跟踪一帧”。

⑥跟踪类型：达芬奇可以跟踪对象的多种运动和变化，主要有平移、竖移、缩放、旋转和透视五种。

⑦片段 / 帧：在“片段”模式下，便于对窗口进行整体移动。在“帧”模式下，可以对窗口的位置和控制点进行关键帧制作，便于进行 ROTO 操作。

⑧时间码：时间标尺上的时间码便于用户查看播放头的位置。

⑨播放头：此处的播放头和控制影片播放的播放头起到的作用是一样的。

⑩关键帧：在特定位置设置关键帧以记录窗口在此刻的位置和形状。

⑪ PTZR 曲线：完成跟踪的时间段上会出现 PTZR 曲线，代表不同的数据变化。

⑫横向缩放滑块：拖动该滑块可以缩放时间标尺。

⑬交互模式开关：开启交互模式后，可以人工干预画面中的“跟踪特征点”集合。

⑭插入跟踪点：单击该按钮可以在选定区域内添加跟踪特征点。

⑮设置跟踪点：使用该按钮可以添加单个跟踪特征点。注意，本功能需要官方调色台支持。

⑯删除跟踪点：单击该按钮可以删除选定区域内的跟踪特征点。

⑰ PTZR 参数指示：此处显示播放头位置的 PTZR 参数。

⑱竖向缩放滑块：拖动该滑块可以纵向缩放 PTZR 曲线。

⑲云跟踪和点跟踪菜单：切换云跟踪和点跟踪模式。云跟踪的特征点默认由软件自动计算产生，点跟踪的特征点需要用户手动添加。

7.6.2 特效FX跟踪

除“窗口”跟踪外，达芬奇还对 OpenFX 插件进行跟踪处理。这需要切换到“特效 FX”选项卡，手动设置跟踪点，然后单击相应的跟踪解算按钮即可，如图 7-23 所示。

★视频教程

跟踪窗口与特效。

图 7-23 “跟踪器 - 特效 FX”面板

7.6.3 稳定

在“稳定器”选项卡中，单击“稳定”按钮，即可自动完成对画面的稳定处理。默认的解算模式是“透视解算模式”，还可选择“相似度解算模式”和“平移解算模式”，如图 7-24 所示。

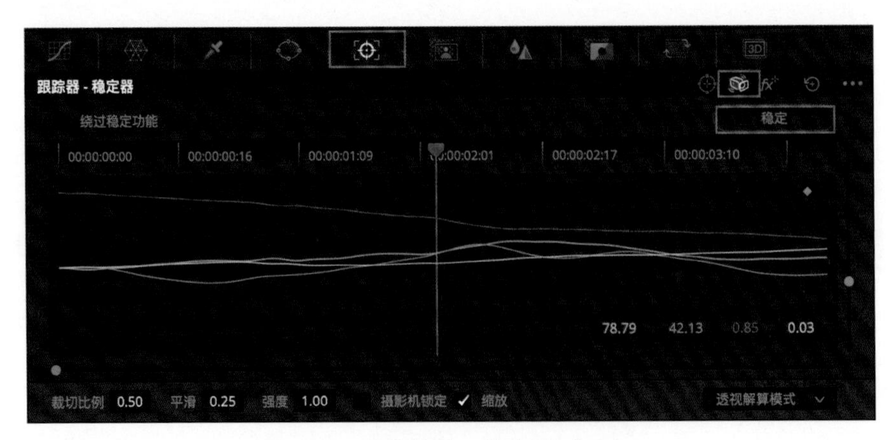

图 7-24 “跟踪器 - 稳定器“面板

★视频教程

稳定画面。

7.7 神奇遮罩（MagicMask）

“神奇遮罩”工具使用达芬奇的神经网络引擎，基于用户绘制的笔画自动创建物体或人体蒙版，用于隔离想要进行二级调色的物体或人体相关的脸部、头发、躯干和四肢等，如图 7-25 所示。

图 7-25　使用神奇遮罩隔离人体

“物体遮罩”可以识别汽车、飞机和房屋等物体。“物体遮罩”也能用来识别人体，而且有时候计算速度比“人体遮罩”的计算速度更快，如图 7-26 所示。

图 7-26　使用物体遮罩识别飞机

★视频教程

神奇遮罩的物体遮罩和人体遮罩。

7.8 键（Key）

我们知道图像或视频可以携带含有颜色信息的 RGB 通道，也可携带 Alpha 通道。如果直接查看，Alpha 通道通常是黑白图（或黑白视频）。一般情况下，Alpha 通道中白色部分代表完全不透明区域，黑色代表完全透明区域，灰色代表半透明区域。在达芬奇中，Alpha 通道有一个专有名词，那就是“键（Key）”。对任何一个节点调色时都应该注意它的“键”是什么样子的。在节点上绘制窗口或者抠像都可以制作“键”，甚至在节点上还可输入其他节点的“键”或者“外部键”。“键”还经常被作为节点的透明度工具来调整。“键”面板的布局如图 7-27 所示。

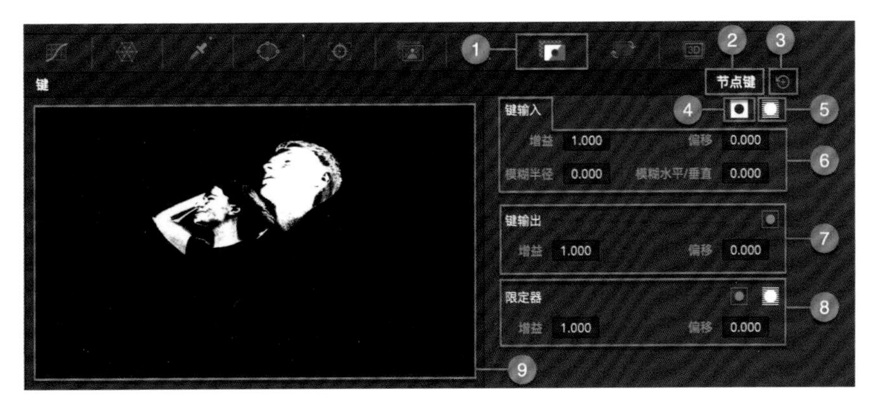

图 7-27 “键”面板

“键”面板中各选项的含义如下。

①键面板图标：单击该图标可以进入“键”面板。

②键类型：根据选择的不同节点类型，此处的键类型也将发生改变。

③全部重置：单击该按钮可以重置键面板的所有参数。

④反向：反向模式可以将键反向。

⑤遮罩：遮罩模式让键成为遮罩（减法操作）。

⑥键输入:“增益”，提高“增益”的数值将会让键的白点更白，降低“增益”值则相反。“增益”不会影响“键”的纯黑区域;“偏移”，偏移值可以改变键的整体亮度，可以将“键”的纯黑区域的亮度提高；模糊半径，提高本数值可以让键变模糊；模糊水平 / 垂直，控制模糊的方向，但是只能让模糊在横竖方向上变化。

⑦键输出:“增益”，提高“增益”的数值将会让键的白点更白，降低“增益”值则相反。“增益”不会影响“键”的纯黑区域;“偏移”，偏移值可以改变键的整体亮度，可以将“键”的纯黑区域的亮度提高。

⑧限定器:“增益”，提高“增益”的数值将会让键的白点更白，降低“增益”值则相反。“增益”不会影响“键”的纯黑区域;“偏移”，偏移值可以改变键的整体亮度，可以将“键”的纯黑区域的亮度提高。

⑨键图示：可以直观地看到代表“键”的黑白图像。

7.9 节点编辑器

达芬奇提供了校正器、并行混合器、层混合器、键混合器、分离器以及结合器六种节点类型。在“调色”页面的节点编辑器中可以综合使用这些节点进行复杂的调色工作，也可在达芬奇中实现一定的合成功能，这些功能在以前可能需要 AE 或 Nuke 等合成软件才能实现。图 7-28 所示为一个中等复杂的节点网。

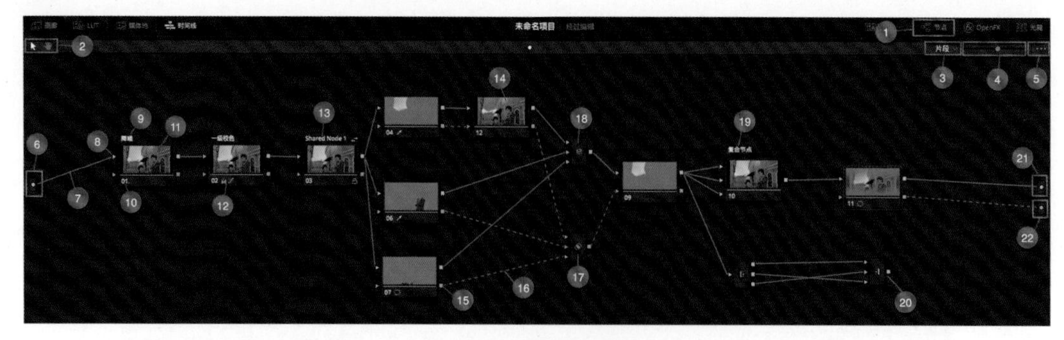

图 7-28　节点编辑器

“节点编辑器”中各选项的含义如下。

①节点编辑器显示与隐藏图标：通过该图标可以显示和隐藏节点编辑器面板。

②选择工具与平移工具：箭头工具可以选择节点编辑器上的节点。抓手工具可以平移节点编辑器视图。

③节点模式下拉菜单：该菜单包括“片段”和“时间线”两种模式，“片段”是针对当前素材片段的，也就是说，对该节点调色影响的是单独片段。“时间线”模式下，对节点的调色将会影响到时间线上的所有素材片段。另外，当片段进行编组后，此处还会出现“片段前群组”和“片段后群组”两种和群组相关的模式。

④缩放滑块：拖动滑块可以放大或缩小节点缩略图的大小。另外，按住【Alt】键配合鼠标滚轮也可缩放。

⑤选项菜单：该菜单中包括节点编辑的一些快捷命令。

⑥源图标：源图标是一个绿色的色块标记，代表素材片段的源头，节点从“源”获得片段的 RGB 信息。

⑦ RGB 信息连线：这种连线把 RGB 信息从上游节点传递到下游节点上。

⑧ RGB 输入（输出）图标：RGB 输入图标显示为绿色的三角形，位于节点图标左侧，代表 RGB 输入。在节点图标右侧的是一个绿色方块，代表 RGB 的输出。

⑨节点标签：右击节点，在弹出的菜单中选择节点标签命令，可以为节点添加标签信息，便于用户识别节点的用途。

⑩节点编号：根据节点添加的先后顺序，达芬奇为每一个节点进行编号，编号并不是固定的，当添加或删除某些节点时，节点编号可能会变动。

⑪校正器节点图标：校正器节点是达芬奇中最基本，使用频率最高的节点。

⑫调色提示图标：对画面进行的一级调色和二级调色处理几乎都发生在校正器身上，这些操作也反映在校正器图标下方的小图标上。例如，用限定器抠像后，校正器图标下方会出现吸管图标，绘制窗口后，会出现圆形选区图标。

⑬共享节点：达芬奇 15 新增了共享节点，共享节点的调色信息可以被不同的片段共享。调整 A 片段的共享节点信息也会影响 B 片段的调色。

⑭外部节点：外部节点在获得前一个节点的 RGB 信息的同时还获得前一个节点的反向蒙版。

⑮键输入输出图标：键输入输出图标显示为蓝色的三角形。在节点左侧代表键输入，在右侧代表键输出。键输入输出传递的是 Alpha 信息。

⑯ Alpha 信息连线：Alpha 信息连线传递的是 Alpha 通道的信息，也就是“键”的信息。这是一条虚线，传递 RGB 信息的是一条实线。

⑰键混合器节点：键混合器是混合 Alpha 信息的，如一个节点抠取了红色，另一个节点抠取了绿色，键混合器就可以把红绿两个选区合并为一个选区。

⑱并行混合器（或图层混合器）节点：并行混合器和层混合器是并行混合器组装的必备节点。达芬奇不允许两个或多个节点同时连接到 RGB 输出图标上，必须先对并行节点进行组装，然后再输出。并行混合器采用加色模式组装颜色，层混合器的混色模式类似于 Photoshop 的叠加模式。

⑲复合节点图标：从达芬奇 12 版本开始新增了复合节点功能，可以选择多个节点然后将它们复合，这样这几个节点只占据一个节点的空间。

⑳没输出的节点：在达芬奇 15 版本中允许存在孤立节点或者有输入没输出的节点，这给节点创作带来了很大的灵活性。

㉑ RGB 输出图标：RGB 输出图标有一个绿色的色块作为标记，代表 RGB 信息的最终输出。

㉒ Alpha 输出图标：Alpha 输出图标有一个蓝色的色块作为标记，表示 Alpha 信息的输出，当一个片段输出 Alpha 后，说明在轨道上拥有了 Alpha 信息。

7.10 节点的类型

达芬奇调色提供了校正器、并行混合器、图层混合器、键混合器、分离器和结合器六种节点，其中使用频率最高的是校正器节点。并行混合器和图层混合器用来组装并联结构的节点。键混合器用来合并蒙版信息。分离器用于拆分 RGB 颜色通道，结合器则负责把分离的 RGB 颜色通道结合在一起，如图 7-29 所示。

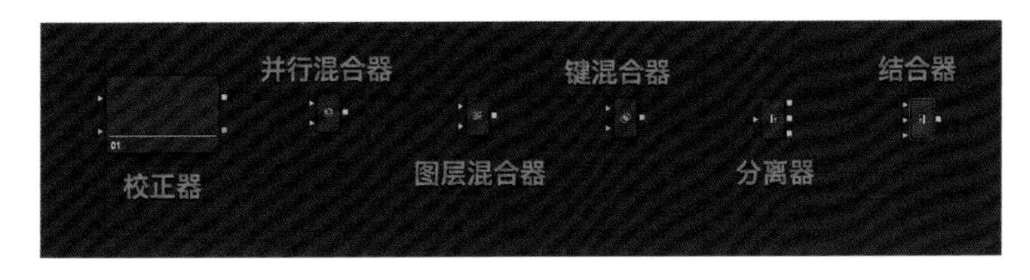

图 7-29　节点的六种类型

7.10.1 校正器节点

校正器节点用来对画面进行颜色校正，节点图标的缩略图上显示当前节点的调色结果及蒙版状态。校正器节点图标左侧有两个三角形箭头，绿三角表示 RGB 颜色通道输入，蓝三角表示 Alpha 通道输入。Alpha 输入可以从其他节点获得，也可从外部蒙版获得。校正器节点图标右侧有两个方块图标。绿方块表示 RGB 颜色通道输出，蓝方块表示 Alpha 通道输出，如图 7-30 所示。

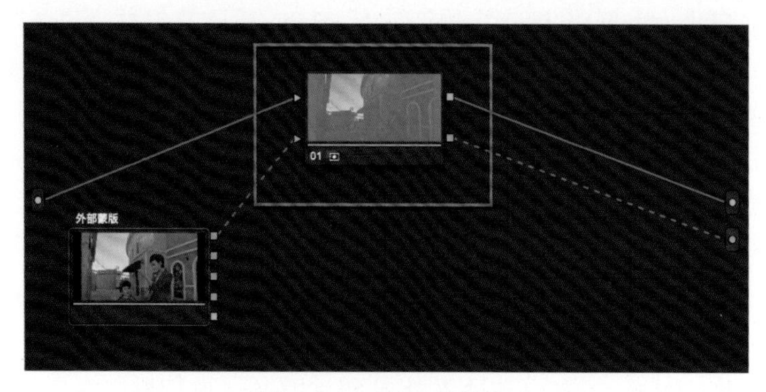

图 7-30 校正器节点

7.10.2 并行混合器节点

并行混合器节点负责把不同节点输入的颜色校正信息汇总后整体输出。例如，节点 01 加了 20 的红，节点 02 加了 50 的绿，节点 03 减了 60 的蓝，那么，并行混合器节点所输出结果就是（+20，+50，–60），反映到调色结果上就是画面将会增加黄绿色，如图 7-31 所示。

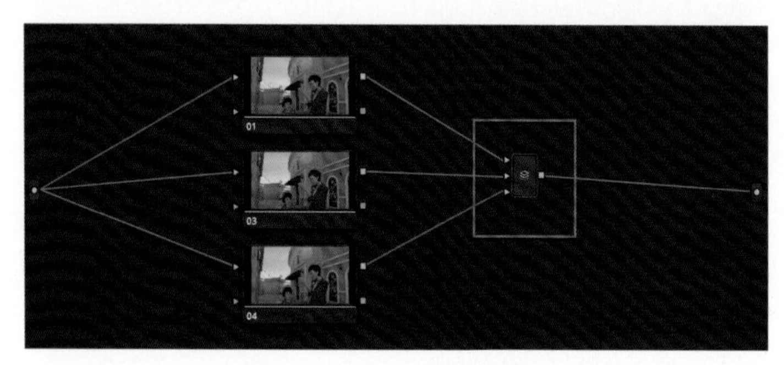

图 7-31 并行混合器节点

7.10.3 图层混合器节点

图层混合器负责把不同节点输入的图像按照上下顺序分配到相应的图层中，并且按照指定的图层合成模式进行混合后再整体输出颜色信息。需要注意的是，图层的逻辑顺序和图层混合器节点左侧绿三角的顺序是相反的，也就是说，节点 02 在节点 01 之上，如图 7-32 所示。

图 7-32 图层混合器

右击图层混合器节点，在弹出的菜单中有多种图层合成模式，如图 7-33 所示。

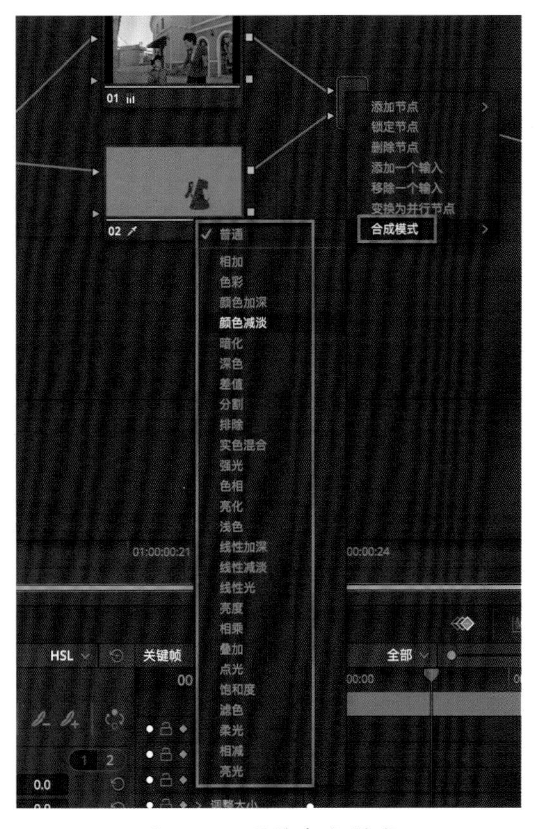

图 7-33　图层合成模式

7.10.4 键混合器节点

键混合器节点用于合并从其他节点或者外部蒙版中输入的“键”（蒙版）。默认情况下键混合器会把输入的蒙版相加，当然也可通过“键面板”修改蒙版的加减模式。键混合器对于制作复杂的蒙版非常有用，如图 7-34 所示。节点 01 制作了蓝色衣服的蒙版，节点 02 制作了红色衣服的蒙版，键混合器将这两个蒙版相加，然后把结果输出给节点 05，节点 05 获得了反向的蒙版信息，把节点 05 调整为黑白即可得到衣服之外的区域消色的效果。

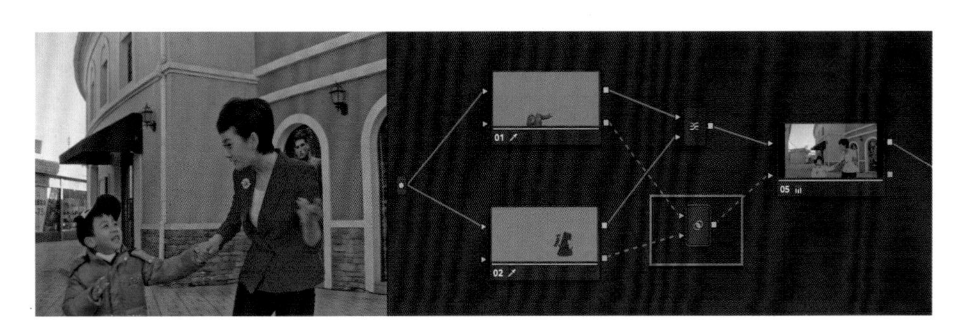

图 7-34　键混合器

7.10.5 分离器与接合器节点

分离器节点把合并在一起的 RGB 颜色通道拆分为独立的 RGB 颜色通道，而结合器则反之。分离器和结合器节点通常会成对使用。如果对分离出的单个通道进行缩放即可得到图 7-35 所示的效果。图中对节点 05 进行了缩放，使用“调整节点大小”面板中的缩放参数。

图 7-35　分离器与结合器节点

7.10.6 外部节点

使用外部节点可以快速对其前一个节点的反向区域进行调色，如图 7-36 所示。节点 02 的绿三角获得节点 01 的 RGB 信息，蓝三角获得节点 01 的蒙版信息。

图 7-36　外部节点

在创建外部节点的过程中，输入蒙版自动开启反向，“键面板”中“键输入”的反向图标被自动激活了，如图 7-37 所示。

图 7-37　键输入的反向图标被自动激活

★提示

推荐使用快捷键【Option+O】快速创建外部节点。也可先添加串行节点，然后手动连接两个节点的Alpha输出与Alpha输入。

7.11 串行节点与并行混合器

串行和并行的含义及串行节点和并行节点的关系如下：

01 在“媒体”页面中，把“children”片段从“媒体存储”面板添加到“媒体池”。在“媒体池”中的“children”片段上右击，并选择“使用所选片段新建时间线”命令，将时间线命名为“串行与并行”。

02 在“调色”页面中，执行菜单“调色”→“节点”→“添加串行节点”命令，快捷键为【Option+S】。这样会在编号为01的节点后面添加一个新节点，自动产生的编号为02，如图7-38所示。

图7-38 添加串行节点

03 进入“限定器”面板，使用吸管工具吸取画面中的红色衣服，如图7-39所示。

04 在“色轮”面板中，将“色相”参数调整为83.40，此时红色被调整为蓝色，如图7-40所示。

05 保证节点02被选中，按下快捷键【Option+S】添加一个新的串行节点，节点编号为03。在节点03上对衣服再次进行抠像，发现抠取出的颜色是蓝色的，如图7-41所示。这是因为串行节点是上下游关系，上游节点的调色结果会传递到下游节点上。

06 单击“节点02”图标，执行菜单“调色→节点→添加并行节点”命令，添加一个与“节点02”平行的节点，系统编号为05。“节点02”和“节点05”是并行关系。进入“限定器”面板，使用吸管工具吸取画面中蓝色的衣服，发现在限定器面板上选出的是红色，如图7-42所示。

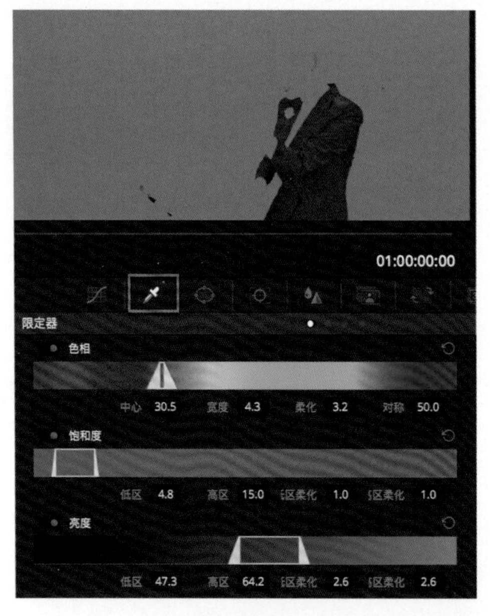

图 7-39　抠取红色

图 7-40　调整色相

图 7-41　抠取出的是蓝色

为什么眼睛看到的是蓝色，而抠出的却是红色呢？这就需要理解并行节点的特点。素材片段的颜色信息从“源”输出后，向下游逐步传递，经过一个或多个节点的调整，最后输出到显示设备上。在串行模式下，下游节点受到上游节点的影响，“节点 02”把红色的变成了蓝色，“节点 03”是串联在“节点 02”之后的，所以，接收的信息就是蓝色的。而“节点 05”和“节点 02”是并行关系，它们的信息都取自“节点 01”，因此，“节点 05”中衣服的颜色是红色的，之所以看上去是绿色的是因为在整个节点树中，只有节点 02 进行过调色处理，其他节点都未调过色。

图 7-42　色相显示抠取的为红色

工作中，有的调色师喜欢“一串到底”，也就是所有的工作都使用串行节点完成。有的调色师喜欢“串并结合”，逻辑相对清楚一些。例如，使用三个并行节点来调整“天空”“草地”和“皮肤”。串联节点最大的问题是下游节点的抠像信息会受到上游节点的影响，如果上游节点改动过大，很可能导致下游节点的抠像前功尽弃。通常情况下，很难评价哪一种方式是最佳的，也不能以节点数量论高低。优秀的调色师三五个节点就能调得很不错，而某些调色师一个镜头做了 30 个节点还搞不定。

7.12 并行混合器与图层混合器

前面介绍过，并行混合器和图层混合器节点是并行节点组装的必备节点。达芬奇不允许两个或多个节点同时连接到 RGB 输出图标上，必须先对并行节点进行组装，然后再输出。那么，使用并行混合器组装和使用图层混合器组装有什么区别呢？下面通过实例进行介绍。

01 在“媒体”页面中，把“Gradient”素材从“媒体存储”面板添加到“媒体池”，在“媒体池”中的“Gradient”素材上右击，选择“使用所选片段新建时间线”命令，并将时间线命名为“并行混合器与图层混合器”。

02 进入“调色”页面，执行菜单“调色”→“节点”→“添加带有圆形窗口的串行节点”命令，快捷键是【Option+C】，在节点 01 之后添加一个新的节点，同时检视器画面上会出现一个圆形窗口，如图 7-43 所示。

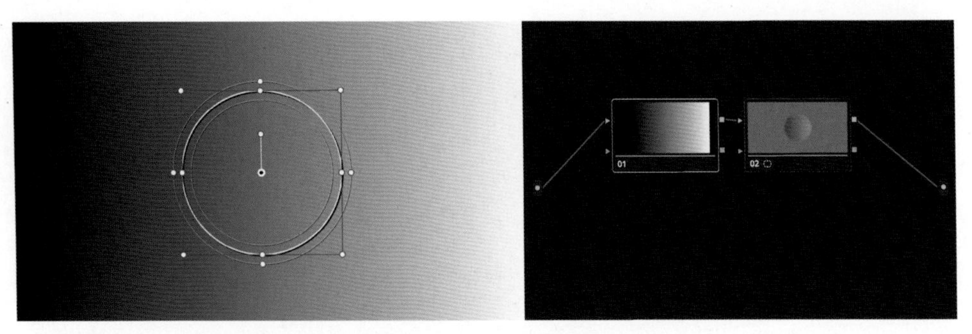

图 7-43　添加节点

03 保持节点 02 的选中状态，执行菜单“调色”→“节点”→“添加并行节点”命令增加一个新的节点，编号为 04。然后按快捷键【Option+P】添加一个新的并行节点，编号为 05，如图 7-44 所示。

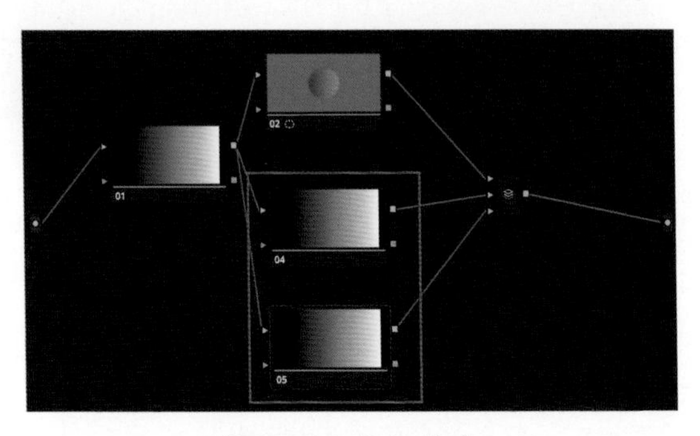

图 7-44　添加节点

04 为“节点 04”和“节点 05”都增加一个圆形窗口，如图 7-45 所示。

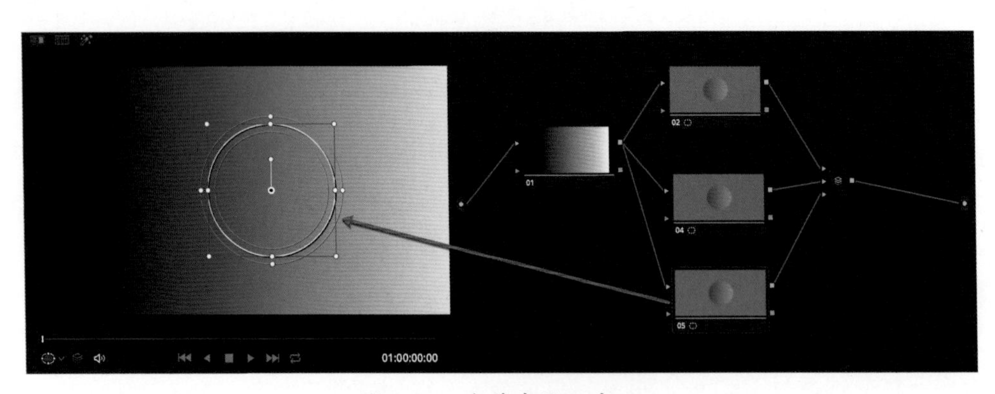

图 7-45　为节点添加窗口

05 选中“节点 02”，将这个选区调整为红色。进入“色轮”面板的“一级校色条”面板，在“偏移”群组中向上拖动红色分量，达到其最大值 200.00，如图 7-46 所示。

06 使用类似的方法把“节点 04”的圆形窗口调整为绿色。把“节点 05”的圆形窗口调整为蓝色。调整后的效果如图 7-47 所示，重合区域显示为白色。

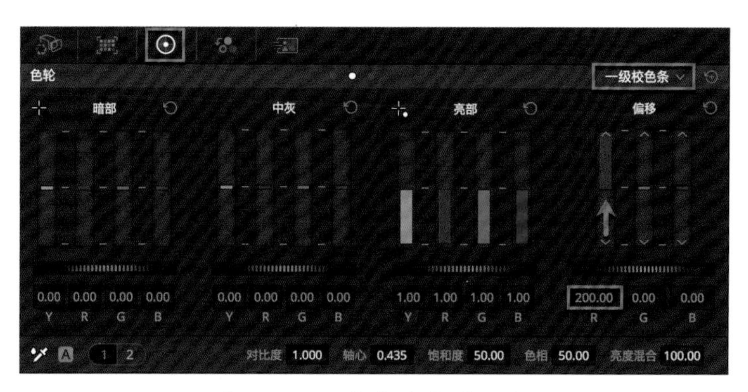

图 7-46　一级校色调色面板

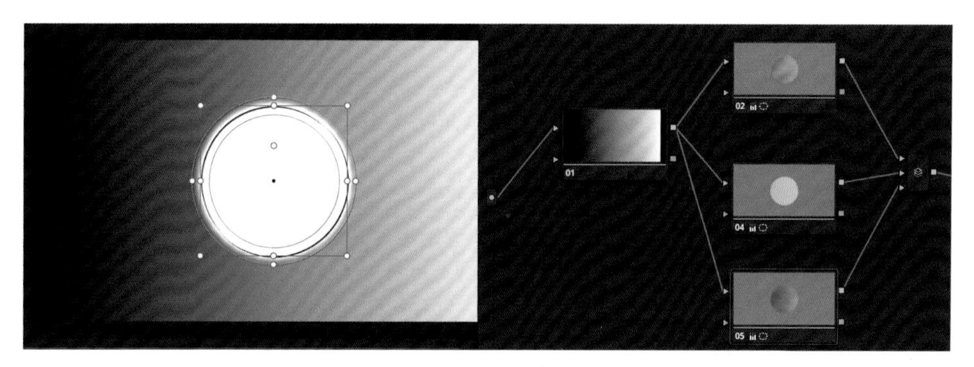

图 7-47　RGB 混合为白色

07 把三个节点中的圆形窗口移动到互相交叉的位置，如图 7-48 所示。可以看到，红色和绿色的交叉区域显示为黄色，绿色和蓝色的交叉区域为青色，红色和蓝色的交叉区域为品红色，这符合 RGB 三原色的加法原理。这说明并行混合器节点的作用是把并行结构的节点之间的调色结果进行加法混合的。

图 7-48　调整窗口位置看到 RGB 相加的结果

08 右击并行混合器节点，在弹出的菜单中选择“变换为图层混合器节点”命令，如图 7-49 所示。

09 此时，会看到红绿蓝三个圆形区域呈现互相遮盖的效果，如图 7-50 所示。注意节点编号的变化，会发现由于“层”节点不计算编号，所以，当前节点编号到 04 为止。红色在最底部，这是因为“图层混合器”节点的功能与 Photoshop 中的图层叠加模式（混合模式）类似，默认的混合模式为“普通”，还可选择其他的混合模式。由于节点 02 输出到“图层混合器”节点左侧最上面的绿色三角上，这表示这一层在最底部。节点 03 输出到中间三角上，表示第二层，节点 04 输出到最下方的三角上，表示第三层，也就是最上面一层。通过调整输入数据线的高低位置即可修改图层节点的顺序。

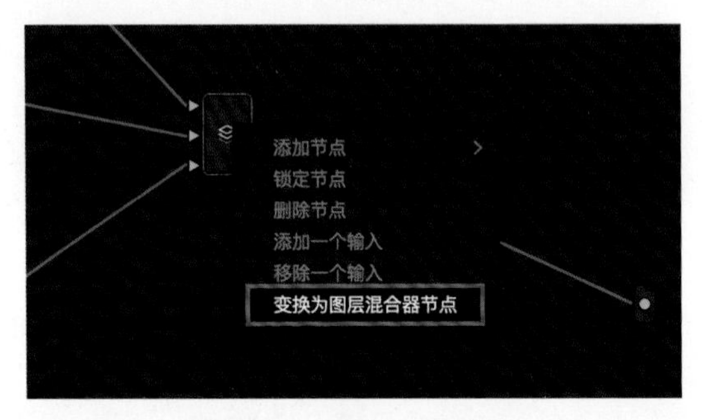

图 7-49　变换节点类型

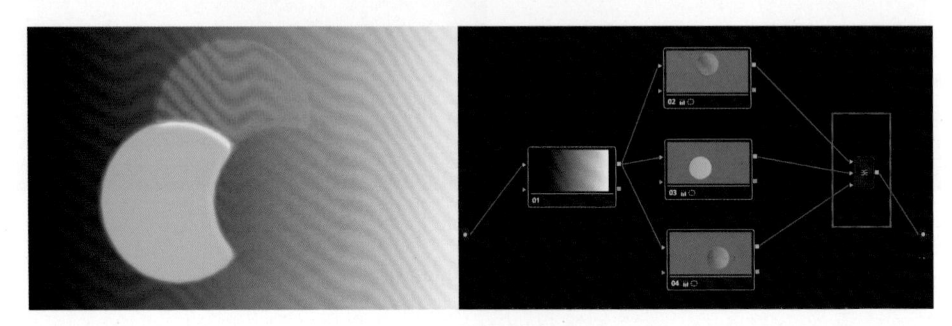

图 7-50　调整节点顺序

10 右击“图层混合器”节点，在弹出的菜单中选择“合成模式”→“滤色”命令，会看到图层之间进行新的合成，色块变成了光斑效果，如图 7-51 所示。

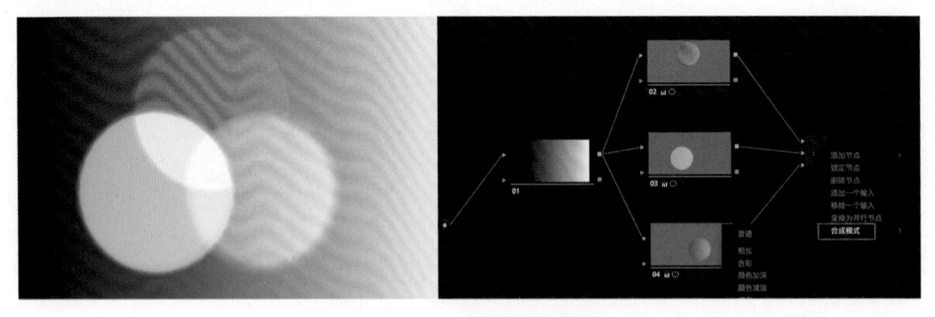

图 7-51　切换合成模式

7.13 使用“添加源”命令处理HDRx素材

HDRx 是 RED 摄影机的一种双重曝光技术，简单来说就是奇数帧拍摄曝光过度的画面，偶数帧拍摄曝光不足的画面，二者融合以获得宽容度更高的最终画面。在达芬奇中可以使用添加源的方式来处理 HDRx 素材。

★视频教程

使用“添加源”命令处理 HDRx 素材。

7.14 使用“外部蒙版”进行分层调色

分层调色的目的是更加细腻地对画面进行处理。常规的分层方法是使用抠像和 Roto，这些方法制作的蒙版在达芬奇内部完成。其实达芬奇还可导入外部蒙版——用其他软件制作的蒙版。

★视频教程

使用“外部蒙版”进行分层调色。

7.15 关键帧面板

“关键帧”面板用于在每一帧画面中创建更改调色的关键帧动画。达芬奇“调色”页面的关键帧制作，和在“剪辑”页面中制作关键帧有所不同。在调色页面中制作关键帧是简单而快速的，很多调色信息（如色温、色调、对比度与饱和度等）都记录在同一个关键帧上。

关键帧有两种类型，静态关键帧和动态关键帧。静态关键帧可以制作出突变效果，动态关键帧制作的是渐变效果，如图 7-52 所示。

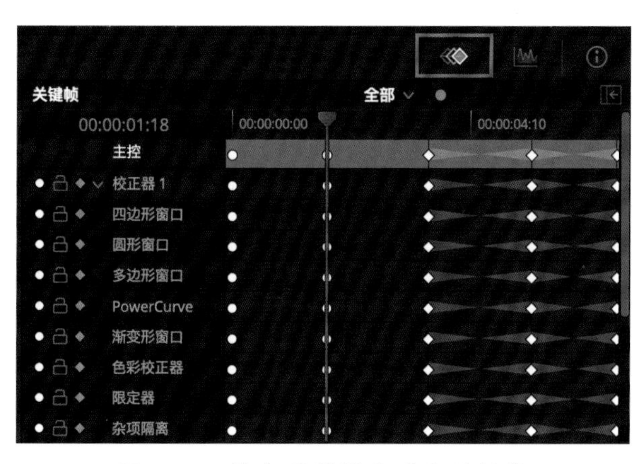

图 7-52 静态关键帧和动态关键帧

★视频教程

使用关键帧。

7.16 本章小结

本章讲解了二级调色的基本概念及二级调色的实际案例。自定义曲线工具和映射曲线工具为调色工作提供了无限可能和极大方便。二级调色中抠像扮演了非常重要的角色，达芬奇中的抠像叫作“限定器”，也就是对颜色范围进行一定的选择。限定器还有个特点，选择什么颜色就是要保留什么颜色。而在合成软件中，抠像通常是去除选定的颜色。如果需要在达芬奇中去除选择的颜色，可以让选区反向，也可以使用调色台进行抠像处理，为获得最佳的抠像效果，很有必要使用调色台进行大量的抠像训练。随着科技发展，新版的达芬奇增加了色彩扭曲器和神奇遮罩工具，把机器学习和人工智能引入二级调色工具集中，让繁杂的工作变得越来越简单。

第8章 色彩管理

本章导读

调色工作是艺术和技术的结合，所以，很有必要掌握一些色彩科学的相关知识。通过本章的学习，将会学习到色彩空间及视频技术的基础知识。懂得 RAW、LOG 和 709 素材的相互关系，并且掌握色彩管理（YRGB、RCM 和 ACES）的用法及技巧。

本章学习要点

◇色彩科学基础
◇ LUT 基础知识
◇ RAW、LOG 和 709
◇色彩管理
◇在合成软件中使用 ACES

8.1 色彩科学基础

色彩科学是研究色彩产生、接受及其应用规律的科学，以光学为基础，并涉及心理物理学、生理学、心理学、美学与艺术理论等学科。色彩科学的研究在19世纪才开始，以光学发展为基础，牛顿的棱镜折射实验和开普勒奠定的近代实验光学为色彩科学提供了科学依据，而心理物理学解决了视觉机制对光的反应问题。

8.1.1 色彩模型（Color model）

色彩模型是一种抽象的数学模型，描述了色彩可以表示为数字“元组（Tuples of numbers）”的方式，通常表示为三四个值或色彩分量。当色彩模型与如何解释组件（查看条件等）的精确描述相关联时，再考虑视觉感知，由此产生的一组色彩称为“色彩空间（Color Space）”。

1.RGB色彩模型

RGB色彩模型是一种“加色”模型，其中光的红色、绿色和蓝色基色以各种方式相加，以再现广泛的色彩，如图8-1所示。

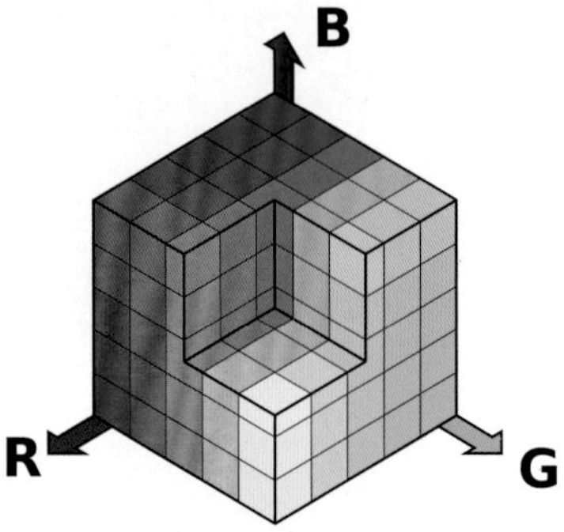

RGB色彩模型的主要目的是在电子系统（如电视和计算机）中感知、表示和显示图像，尽管它也用于传统摄影。在电子时代之前，基于人类对色彩的感知，RGB色彩模型已经有了坚实的理论。

图8-1　RGB色彩模型

RGB是一种依赖于设备的色彩模型：不同的设备以不同的方式识别或再现给定的RGB值，因为色彩元素（如荧光粉或染料）及其对单个红色、绿色和蓝色级别的响应因制造商而异，随着时间的推移在同一设备中颜色也会偏移。因此，如果没有某种色彩管理，RGB值不会跨越设备定义相同的色彩。

典型的RGB输入设备是彩色电视和摄像机、图像扫描仪和数码相机。典型的RGB输出设备是基于各种技术（CRT、LCD、等离子、OLED、量子点等）的电视机、计算机和手机屏幕、视频投影仪、多色LED显示器和Jumbotron等大屏幕。注意，彩色打印机不是RGB设备，它通常是使用CMYK色彩模型的“减色”设备。

2.CMY色彩模型

CMY色彩模型是一种“减色”模型，其中以各种方式将Cyan（青色）、Magenta（品红色）和Yellow（黄色）颜料或染料添加到一起，以再现各种色彩，如图8-2所示。

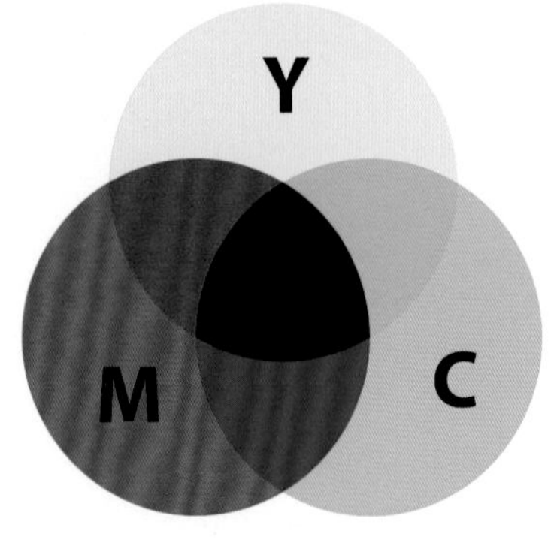

图8-2　CMY色彩模型（减色）

当所有组件的强度相同时，结果是灰色的。更亮还是更暗，则具体取决于强度。当强度不同时，结果是彩色的，高饱和还是低饱和，取决于所用原色的最强和最弱强度的差异。

当其中一个组件具有最强的强度时，色彩是接近该原色的色调（青色、品红色或黄色），当两个组件具有相同的最强强度时，色彩就是二次色（红色、绿色或蓝色）。二次色由两种强度相等的原色之和形成：红色 = 品红色 + 黄色，绿色 = 黄色 + 青色，蓝色 = 青色 + 品红色。混合二次色将产生它们常见原色的深色版本：绿色 + 蓝色是深青色或蓝绿色，蓝色 + 红色是深品红色或紫色，红色 + 绿色是深黄色或橄榄色。每种二次色都是一种原色的补色：红色与青色互补，绿色与品红色互补，蓝色与黄色互补。当一个原色和它的补色加在一起时，得到的色彩将是混合原色的非常暗的版本：青色 + 红色产生非常深的青色或深蓝绿色，品红色 + 绿色产生非常深的品红色或深紫色，黄色 + 蓝色会变成非常深的黄色或深橄榄色。当所有原色以相等的强度混合时，结果是黑色。

3.CMYK色彩模型

CMYK 色彩模型是一种“减色”模型，基于 CMY 色彩模型，用于彩色打印，也用于描述打印过程本身，用于打印机的分层技术，在白纸上创建不同的色彩。CMYK 是指在某些彩色印刷中使用的四种油墨：青色、品红色、黄色和 K。K 表示黑色墨水。因为 C、M 和 Y 墨水是半透明的，不能混合出纯正的黑色，如图 8-3 所示。

图 8-3 CMYK 色彩模型

4.圆柱坐标颜色模型（Cylindrical-coordinate color models）

色彩世界中还存在许多圆柱坐标的色彩模型，如圆锥形、圆柱形或球形。中性色沿中心轴从黑色到白色排列，色相对应于圆周的角度。这种类型的排列可以追溯到 18 世纪，并在最现代和最科学的模型中继续发展。不同的色彩理论家各自设计了独特的“色立体（Color Solid）”。许多是球形的，而另一些则是扭曲的 3D 椭圆形图形——这些变化旨在更清楚地表达色彩关系的某些方面。

5.HSL和HSV色彩模型

HSL 和 HSV 色彩模型都是圆柱几何形状，具有色相，它们的角度从 0° 的红色原色开始，在 120° 处穿过绿色原色，在 240° 处穿过蓝色原色，然后在 360° 处折回红色。在每个几何图形中，中心垂直轴包括中性色或灰色，范围从底部的亮度为 0 或值为 0 的黑色到顶部的亮度为 1 或值为 1 的白色。

HSL 和 HSV 色彩模型如图 8-4 所示。

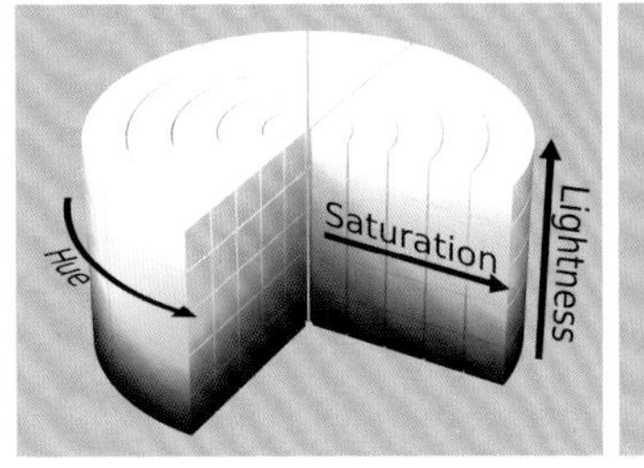

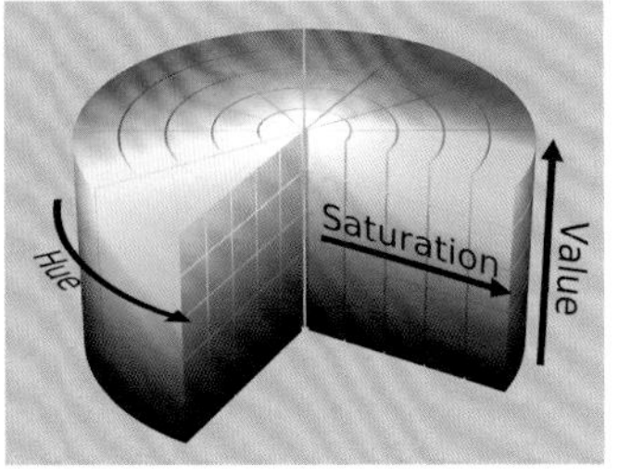

图 8-4 HSL 和 HSV

8.1.2 色彩空间（Color Space）

“色彩空间”用于了解特定设备或数字文件的色彩功能。当尝试在另一台设备上再现色彩时，色彩空间可以显示是否可以保留阴影、高光细节和色彩饱和度，以及两者会受到多大影响。

“色彩模型”是一种抽象的数学模型，描述了色彩可以表示为数字“元组”的方式（如RGB中的三元组或CMYK中的四元组）。在“色彩模型”和“参考色彩空间”之间添加特定的映射函数会在参考色彩空间内建立一个明确的“足迹（footprint）”，称为“色域（Gamut）”。对于给定的色彩模型，这定义了一个色彩空间。例如，AdobeRGB和sRGB是两个不同的绝对色彩空间，都基于RGB色彩模型。在定义色彩空间时，通常的参考标准是CIELAB或CIEXYZ色彩空间，它们专门设计用于涵盖普通人可以看到的所有色彩。

对于初学者来说，在谈论色彩空间时，有一些参数必须格外留意。这些参数是基色、白点、光亮度和传递函数。

1.基色（Primary color）

色彩空间的基色源自标准色度实验，代表国际照明委员会（CIE）标准采用的观察者的标准化模型（一组颜色匹配函数）。

自然界中的颜色光均可由三种基本色光（称三基色光，亦称三原色光）按照一定比例混合而成。三基色光（简称三基色）是相互独立的，其中任一色光均不能由另外两种色光混合生成。所有其他颜色光都可以由三基色按不同的比例混合生成。

为标准化起见，CIE RGB系统做了统一规定，红色（R）为700nm，绿色（G）为546.1nm，蓝色（B）为435.8nm。由所选的三个基色进行配色实验，该实验用比色计进行，如图8-5所示。

比色计中有反射率极高的白色反射屏。中间的黑挡板将视场分为两等份。在下半视场的反射板上投射待配的颜色光，在上半视场上投射红、绿、蓝三基色光。调节三基色光的比例，直至两边的颜色在观察者看起来完全一样为止，再读出红、绿、蓝三基色光量的比例。

达芬奇调色中遇到的绝大多数的色彩空间都拥有三个基色，分别是R（红）、G（绿）、B（蓝）。以Rec.709色彩空间的红色基色为例，其在CIE色度图中的x坐标为0.64，y坐标为0.33。

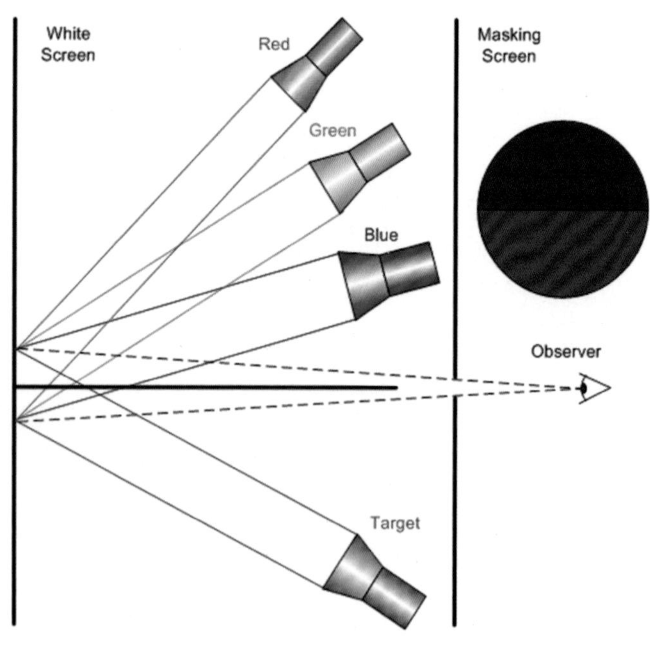

图8-5 使用比色计进行配色试验

2.白点（White Point）

白点（在技术文档中通常称为参考白或目标白）是一组三色值或色度坐标，用于定义图像捕获、编码或再现中的“白色”。在谈论色彩空间的时候，一定要了解该空间所规定的白点，一般表示为D55、D65或D93。

3.光亮度（Luminance）

光亮度是光源在垂直其光传输方向的平面上的正投影单位表面积单位立体角内发出的光通量。

4.传递函数（Transfer Function）

传递函数有时也称为传递特性，或者称为伽马（Gamma），对于摄像机来说对应的叫OETF（光电转换函数），对于显示设备来说，对应的是EOTF（电光转换函数）。从拍摄端到显示端的系统Gamma叫作OOTF（光光转换函数）。

在研究视频技术、摄影技术以及计算机图形图像技术的过程中，传递函数（Transfer Function）/伽马（Gamma）是一个非常重要的内容。我们将通过视频教程的方式学习这一内容。

★视频教学

传递函数与Gamma曲线。

5.sRGB

sRGB是HP（惠普）和Microsoft（微软）于1996年合作创建的标准RGB（红、绿、蓝）色彩空间，用于显示器、打印机和万维网。它随后被国际电工委员会（IEC）标准化为IEC 61966-2-1:1999。sRGB是当前为Web（网络）定义的标准色彩空间，它通常是既没有色彩空间标记，也没有嵌入颜色配置文件的图像的假定色彩空间。

sRGB本质上是对当时使用的计算机显示器的显示规格进行编码，这极大地帮助了它的接受度。sRGB使用与HDTV的ITU-R BT.709标准相同的基色和白点，与同时代CRT显示器兼容的传递函数，以及旨在匹配典型家庭和办公室观看条件的观看环境。

sRGB的基色来自HDTV（ITU-R BT.709），这与旧彩色电视系统（ITU-R BT.601）的基色有些不同。选择这些值是反映消费端CRT荧光粉在其设计时的近似颜色。由于当时的平板显示器通常是为模仿CRT特性而设计的，因此，这些值也反映了其他显示设备的普遍做法。sRGB的基色坐标见表8-1。

表8-1　sRGB的基色坐标

色度坐标	红　色	绿　色	蓝　色	白　点
x	0.6400	0.3000	0.1500	0.3127
y	0.3300	0.6000	0.0600	0.3290
Y	0.2126	0.7152	0.0722	1.0000

IEC 规范为参考显示器指定的 Gamma 值为 2.2，旨在类似于 CRT 显示器的 Gamma 响应。该标准进一步定义了非线性电光传递函数（EOTF），它准确地定义了基色的输出强度与存储的图像数据之间的关系。这条曲线是对纯 Gamma2.2 函数的轻微调整。线性部分接近于零，以避免 Gamma 曲线具有无限或零斜率，如图 8-6 所示。

图 8-6 中红色曲线表示 sRGB 的传递函数曲线，蓝色曲线表示该函数在对数空间中的斜率，即瞬时 Gamma。对于低于 0.04045 的压缩值或 0.0031 的线性强度，曲线是线性的，因此，Gamma 值为 1。红色曲线后面的黑色虚线显示了精确的 Gamma=2.2 的幂律曲线。

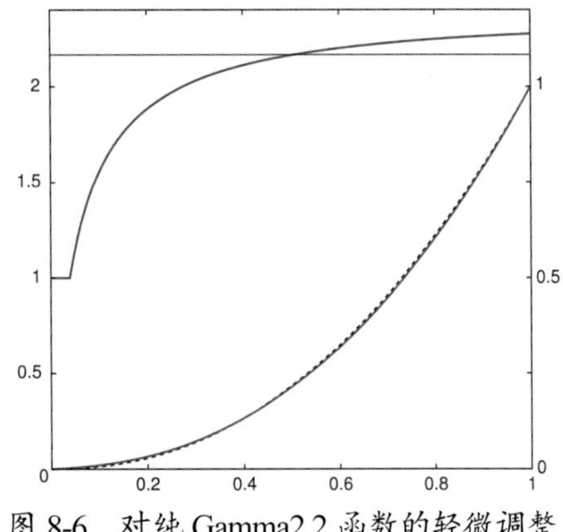

图 8-6　对纯 Gamma2.2 函数的轻微调整

6.Rec.709

Rec.709，也称为 BT.709 或 ITU709，是 ITU-R（国际电信联盟无线电通信部门）针对高清电视的图像编码和信号特性制定的标准。最新版本是 2015 年发布的 BT.708-6。BT.708-6 将图像特征定义为具有 16 ∶ 9 的（宽屏）纵横比、每张图像 1080 个行、每行有 1920 个像素，像素长宽比是正方形。

Rec.709 色彩空间的参数见表 8-2。

表 8-2　Rec.709 色彩空间的参数

色彩空间	白点		基色					
	*x*W	*y*W	*x*R	*y*R	*x*G	*y*G	*x*B	*y*B
ITU-R BT.709	0.3127	0.329	0.64	0.33	0.3	0.6	0.15	0.06

Rec.709 规定了一种非线性 OETF（光电传递函数），称为“摄像机 Gamma”，它描述了 HDTV 摄像机如何将线性场景光编码为非线性电信号值。Rec.709 没有指定显示器的 EOTF（电光传递函数），它描述了 HDTV 显示器应如何将非线性电信号转换为线性显示光，和 Rec.709 相关的 EOTF 是在 BT.1886 标准中规定的。Rec.709 的 OETF 如下：

$$V=\begin{cases} 4.500L & L < 0.018 \\ 1.099L^{0.45}-0.099 & L \geqslant 0.018 \end{cases}$$

式中：V 为非线性电信号值，在范围 [0，1] 内取值；

L 为线性场景的亮度，在范围 [0，1] 内取值；1.099 被称为 α；0.018 被称为 β；0.099 是 $\alpha-1$。

这些值来自平滑连接两条曲线段所需的一些联立方程组计算如下：

$$\begin{cases} 4.5\beta=\alpha^{0.45}-\alpha+1 \\ 4.5=0.45\alpha\beta^{-0.55} \end{cases}$$

Rec.709 的 OETF 在底部是线性的，然后在其余范围内是一个具有 gamma 值为 0.45（约 1/2.2）的幂函数。整个 OETF 近似于纯幂函数，Gamma 值为 0.50 ～ 0.53（1/2.0 ～ 1/1.8）。使用任何“纯伽马（Pure Gamma）”作为 OETF 是不可能的，因为会造成暗部信号的失真。因此，Rec.709 的 OETF 曲线在暗部有一小段是线性的，剩余线段采用 Gamma 值为 0.45 的纯幂律曲线。旧 CRT 的 EOTF 为 2.35 纯 Gamma，因此，为获得 EOTF 线性图像，如果假设 OOTF（端到端 Gamma）为 1.2，那么对应 Rec.709 的 OETF 的相应校正为 1.2/2.35=0.51=1/1.9608 的单纯 Gamma。苹果公司一直以这种方式使用它，直到 DisplayP3 设备问世。

在达芬奇中出现的 Rec.709-A 对应的是约 1.96 的 Gamma 值。A 为 Apple，如图 8-7 所示。

图 8-7 达芬奇色彩管理中的 Rec.709-A

在典型的生产实践中，图像源的编码功能（OETF）会进行调整，以使最终图片具有所需的美学外观，如在昏暗的观看环境中（亮度为 10 勒克斯），参考监视器的 Gamma 值为 2.4（ITU-R BT.1886）。

Rec.709 的 OETF 的逆运算描述了将非线性电信号值转换为线性场景亮度，计算公式如下。

$$L=\begin{cases} \dfrac{V}{4.5} & V < 0.018 \\ \left(\dfrac{V+0.099}{1.099}\right)^{\frac{1}{0.45}} & V \geqslant 0.018 \end{cases}$$

HDTV 的显示 EOTF（有时称为“显示 Gamma”）不是摄像机 OETF 的倒数。并且 EOTF 也没有在 Rec.709 建议书中指定。实际上 Rec.709 的 EOTF 在 EBU Tech 3320 中进行讨论，并在 ITU-RBT.1886 中指定为 2.4 的等效伽马，并且考虑纯黑色数值的浮动变化。这是一个比 Rec.709 约为 Gamma 2.0 的数值更高的 Gamma 值。由此产生的高清电视系统的端到端系统伽马（OOTF）约为 1.2，并且经过精心设计以补偿昏暗的环境效果。

Rec.709 和 sRGB 共享相同的基色色度值和白点色度值。但是，sRGB 是显示输出（EOTF），其等效 Gamma 值为 2.2（实际函数也是分段的，以避免出现接近黑场所带来的问题）。DisplayP3 使用 sRGB 的 EOTF 及其线性段，从 Rec.709 获得的曲线段必须使用 ICC v4 的参数曲线编码或使用斜率限制进行修改。

Rec.709 定义了 R’G’B’ 编码和 Y’CbCr 编码，每个颜色通道中的每个样本都有 8 位或 10 位。在 8 位编码中，R’、B’、G’ 和 Y’ 通道的标称范围为 [16..235]，Cb 和 Cr 通道的标称范围为 [16..240]，128 作为中性值。因此，在有限范围内，R’G’B’ 参考黑色为（16，16，16），参考白色为（235，235，235），在 Y’CbCr 中，参考黑色为（16，128，128），参考白色和（235，128，128）。允许超出标称范围的值，但通常它们会被限制用于广播或显示（Superwhite 和 xvYCC 除外）。值 0 和 255 保留作为时序参考（SAV 和 EAV），并且可能不包含颜色数据（对于 8 位），对于 10 位，保留更多值。Rec.709 的 10 位编码使用的标称值是 8 位编码的 4 倍，标称范围是 [64 - 940]。

7.DCI-P3和Display P3

P3 是一个 RGB 色彩空间。DCI-P3 被 DCI（数字影院倡导组织）设计用于数字影院的电影发行母版（DCDM）。Display P3 则是 Apple Inc. 开发的变体，用于广色域显示器。

2005 年，DCI 发布了数字电影系统规范 1.0 版，它定义了后来被称为 DCI-P3 的色彩空间。其蓝色基色与 Rec.709、sRGB 和 AdobeRGB 相同，主波长为 464.2nm。红色基色是比 sRGB 和 AdobeRGB 稍深的红色，主波长为 614.9nm。最显著的区别是绿色基色，它比 sRGB 或 AdobeRGB 更接近光谱轨迹线。DCI-P3 的绿色基色的主波长为 544.2nm。AdobeRGB 的绿色基色更偏蓝，主波长为 534.7nm。sRGB 的绿色基色更偏黄，在 549.1nm 处。

DCI-P3 覆盖了 CIE 1931 色度图的 45.5%，该图描述了 19 世纪 20 年代通过实验确定的日光人类视觉（明视觉）的色域。在该研究中，参与者在视觉上将红色、绿色和蓝色“基色光”的混合体与特定的纯单色光进行匹配。这定义了光谱轨迹（图表的外缘）及人类色觉的最大范围。

虽然 DCI-P3 是由 DCI 开发的，但许多相关技术标准是由电影和电视工程师协会（SMPTE）发布的，如 SMPTEEG432-1 和 SMPTERP431-2。2010 年 11 月 10 日，SMPTE 发布了 SMPTEEG432-1:2010，其中包括使用 D65 白点（约 6503.51K）而不是 DCI-P3 的约 6300K 白点的色彩空间变体。2011 年 4 月 6 日，SMPTE 发布了 SMPTERP431-2:2011，其中定义了参考观看环境。

DCI-P3 色彩空间专为在完全黑暗的影院环境中观看而设计。投影系统使用单纯的 2.6 伽马曲线，标称白色亮度为 48cd/m^2，白点定义为 6300K 的相关色温。将其称为“D63”是不正确的，因为该白点不是 CIE 标准光源，也不在普朗克轨迹线上。DCI 白点略微偏绿，这是通过电影院常用的氙弧灯投影设备优化最佳光输出的结果。

Display P3 是 Apple 公司创建的色彩空间，它使用 DCI-P3 的基色，但不是 6300K 白点，Display P3 使用 CIE 标准光源 D65 作为白点，这是自发光显示器和设备（sRGB 和 AdobeRGB）最常见的标准白点 D65。此外，与 2.6 的 DCI-P3 投影伽马不同，Display P3 使用 sRGB 传输曲线，其伽马值约为 2.2。

DCI-P3、Display P3（P3-D65）和 P3-D60 色彩空间的相关参数见表 8-3。

表 8-3　多种 P3 色彩空间的参数

色彩空间	白　点		CCT	基　色					
	*x*W	*y*W	K	*x*R	*y*R	*x*G	*y*G	*x*B	*y*B
P3-D65（Display）	0.3127	0.329	6504	0.68	0.32	0.265	0.69	0.15	0.06
P3-DCI（Theater）	0.314	0.351	6300	0.68	0.32	0.265	0.69	0.15	0.06
P3-D60（ACES Cinema）	0.32168	0.33767	6000	0.68	0.32	0.265	0.69	0.15	0.06

8.BT.2020

ITU-R BT.2020 建议书，简称为 Rec.2020 或 BT.2020，定义了具有标准动态范围（SDR）和宽色域（WCG）的超高清电视（UHDTV）的各个方面，包括图像分辨率、逐行扫描帧速率、位深度、基色、RGB 和“亮度（Luma）- 色度（Chroma）”的颜色表示、色度子采样和光电传递函数。Rec.2020 第一版于 2012 年 8 月 23 日发布在国际电信联盟（ITU）网站上，此后又发布了两个版本。Rec.2020 被 Rec.2100 扩展为高动态范围（HDR），Rec.2100 使用与 Rec.2020 相同的基色见表 8-4。

表 8-4　BT.2020 色彩空间的参数

色彩空间	白点		基色					
	*x*W	*y*W	*x*R	*y*R	*x*G	*y*G	*x*B	*y*B
ITU-R BT.2100	0.3127	0.329	0.708	0.292	0.17	0.797	0.131	0.046

Rec.2020（UHDTV/UHD-1/UHD-2）色彩空间可以再现 Rec.709（HDTV）色彩空间无法显示的色彩。Rec.2020 使用的 RGB 基色等效于 CIE1931 光谱轨迹上的单色光源。Rec.2020 基色的波长为：红基色为 630nm，绿基色为 532nm，蓝基色为 467nm，如图 8-8 所示。

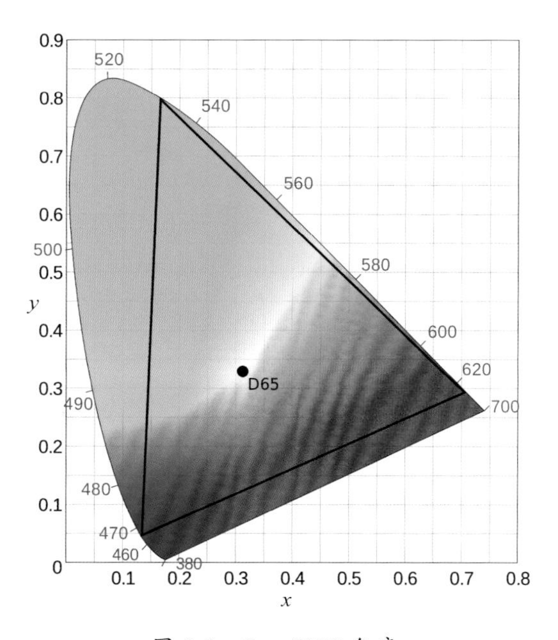

图 8-8　Rec.2020 色度

在 CIE1931 色彩空间的覆盖率中，Rec.2020 色彩空间占 75.8%，DCI-P3 数字电影色彩空间占 53.6%，AdobeRGB 色彩空间占 52.1%，Rec.709 色彩空间占 35.9%，如图 8-9 所示。

Rec.2020 定义了一个用于伽马校正的非线性传递函数，它与 Rec.709 使用的非线性传递函数相同。不同的是精度更高。Rec.2020 定义了每个样本 10 位或每个样本 12 位的位深度。每个样本 10 位的 Rec.2020 使用视频电平，其中黑色电平定义为代码 64，标称峰值定义为代码 940。代码 0 ～ 3 和 1020 ～ 1023 用于时序参考。代码 4 ～ 63 提供低于黑色电平的视频数据，而代码 941 ～ 1019 提供高于标称峰值的视频数据。

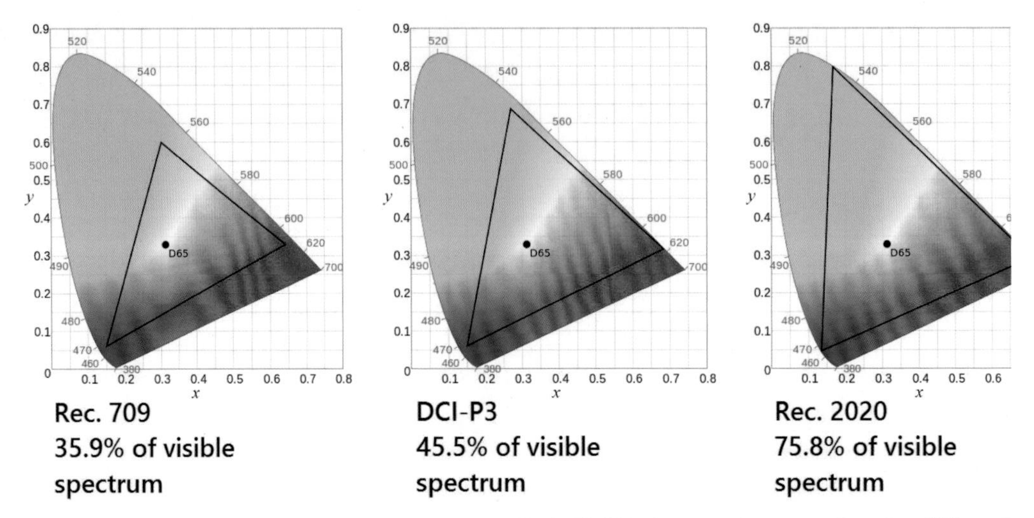

图 8-9　不同色彩空间在 CIE1931 色彩空间中的覆盖率

每个样本 12 位的 Rec.2020 使用视频电平，其中黑色电平定义为代码 256，标称峰值定义为代码 3760。代码 0 ～ 15 和 4080 ～ 4095 用于时序参考。代码 16 ～ 255 提供低于黑色电平的视频数据，而代码 3761 ～ 4079 提供高于标称峰值的视频数据。

9.BT.2100

BT.2100 通过推荐使用“感知量化（PQ）”或“混合对数伽马（HLG）”传递函数而不是以前用于 SDR 的传统“伽马”来引入高动态范围电视（HDR-TV）。

它定义了 HDR-TV 的各个方面，如显示分辨率（HDTV 和 UHDTV）、帧速率、色度二次采样、位深度、色彩空间、基色、白点和传递函数。它于 2016 年 7 月 4 日发布在国际电信联盟（ITU）网站上。Rec.2100 使用与 Rec.2020 相同的广色域（WCG）。

Rec.2100 定义了两组 HDR 传递函数，它们是感知量化（PQ）和混合对数伽马（HLG）。Rec.2100 支持 HLG，标称峰值亮度为 1000cd/m^2，系统伽马值可根据背景亮度进行调整。对于参考观看环境而言，显示器的峰值亮度应为 1000cd/m^2 或更高（区域很小的高光），黑电平应为 0.005cd/m^2（尼特）或更低。环境光亮度为 5cd/m^2，在标准光源 D65 下的中性灰，避免环境光线落在屏幕上。

8.1.3 不同色彩空间的色度图对比

如图 8-10 所示为 CIE1931 色度图，上面覆盖了 sRGB、DCI-P3、Rec.2020、AdobeRGB 和 ProPhoto 的色域轮廓。sRGB 色域以亮色显示，色度图的其余部分颜色变暗，表示它们无法在标准显示器上显示。

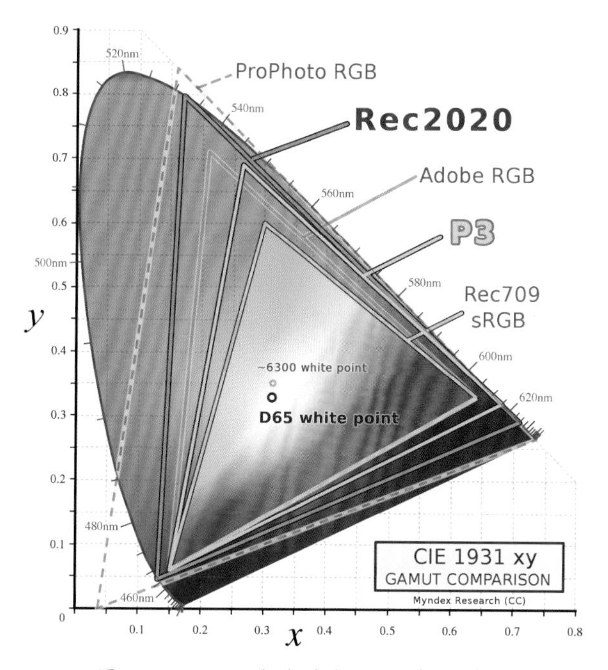

图 8-10 不同色彩空间的色度图对比

8.2 色彩空间转换插件

“色彩空间转换”插件执行类似于LUT所执行的那种色彩空间转换，但并不使用LUT，此插件使用与达芬奇色彩管理（RCM）使用相同的算法，以便进行极其干净的色彩转换，且不会产生限幅，如图8-11所示。

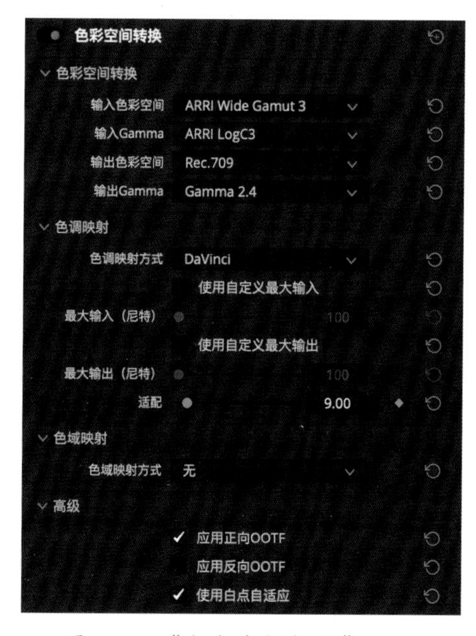

图 8-11 “色彩空间转换”界面

8.2.1 色彩空间转换

“色彩空间转换”面板包括四个下拉菜单选项，分别用于设定“输入色彩空间”“输入 Gamma”“输出色彩空间”和“输出 Gamma”，以便仅在一个调色中，在输入设置到输出设置之间进行可控的转换。使用此插件不一定要启用“RCM（DaVinci Resolve Color Management）”。

8.2.2 色调映射（ToneMapping）

“色彩空间转换”插件提供了“色调映射”控制项，以便在工作流程中将一个色彩空间转换到另一个具有比前一个大得多或小得多的色域的色彩空间。该面板上的控制项类似于“项目设置 - 色彩管理”面板上的控制项。

“色调映射方式”下拉菜单、如图 8-12 所示。

“色调映射方式”下拉菜单中各选项的含义如下。

无：选择该选项，不进行任何色调映射。

裁切：选择该选项，将对所有越限像素值进行硬裁切。

简易：选择该选项，使用一条简单曲线进行变换，压缩或扩展时间线动态范围的高光和 / 或阴影部分，以便更好地适配输出动态范围。注意，“简易”映射方式的范围约在 5500 尼特和 100 尼特之间，如果将一个具有超过 5500 尼特亮度的 HDR 素材映射到一个 SDR 目标时，对于 5500 尼特以上的亮度部分仍然会产生限幅。

“亮度映射”：功能与“DaVinci”方式相同，但当所有媒体的输入色彩空间都在某个单一标准色彩空间（如 Rec.709 和 Rec.2020）时的结果更精确。

“DaVinci”：该选项在色调映射变换时，在阴影和高光处具有平滑的亮度柔和过渡（Roll Off），并在图像的最亮和最暗部分控制去饱和度（Desaturation）。此设置对于广色域摄影机媒体特别有用，并且在混合来自不同摄影机的媒体时是一个很好的设置。其菜单如图 8-13 所示。

图 8-12　色调映射方式

图 8-13　DaVinci 色调映射方式

“最大输入（尼特）”复选框和滑块设置用来重新映射由“最大输出（尼特）”复选框和滑块设定的亮度值的最大参考亮度值（尼特），“最大输出（尼特）”值决定了“输出色彩空间”的最大亮度级别（尼特）。同时使用这两个滑块，可以设定“输入 Gamma”到“输出 Gamma”之间的数值映射关系。

“适配”滑块：补偿观看者在 HDR 显示器上观看高亮度画面和在 SDR 显示器上观看同一画面时视觉适应状态的巨大感知差异。对大多数普通画面来说，将“适配”参数设为 0 ~ 10 即可。然而，当在转换非常亮的画面时（如正午的雪景），使用较高数值可以在高光部分保留更多图像细节。

“饱和度保持”：该选项在阴影和高光中具有平滑的亮度过渡，但不会降低特黑阴影和明亮高光的饱和度。由于图像高光处的过度饱和可能看起来不自然，因此提供了两个参数以供用户手动调节饱和度，如图 8-14 所示。

饱和度过渡开始（尼特）：设置一个阈值，以尼特（cd/m^2）为单位，饱和度将随着高光的亮度值的升高而逐渐下降。这里是“柔和衰减”（Roll Off）的开始处。

饱和度过渡限制（尼特）：设置一个阈值，以尼特（cd/m^2）为单位，在该阈值时图像将完全失去饱和度。这里是“柔和衰减”（Roll Off）的结束处。

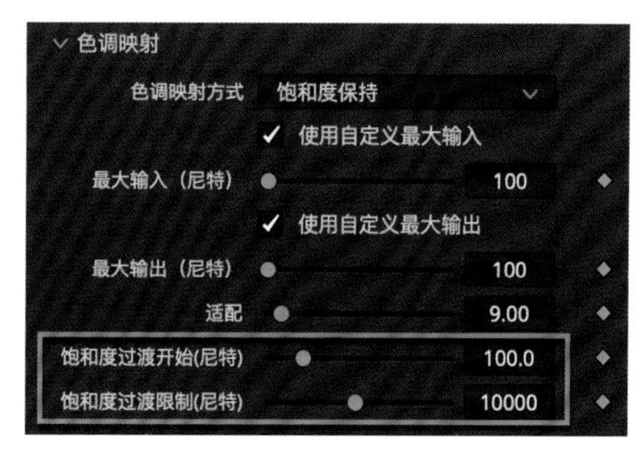

图 8-14 饱和度保持

8.2.3 色域映射

“色域映射”通过自动调整图像饱和度的扩展或收缩以提供令人愉悦、自然并且没有裁切的结果，从而适应工作流程，如图 8-15 所示。

选择“无”选项，不进行任何“色域映射”。

选择“饱和度压缩”选项，以适配从输入色彩空间和 Gamma 到输出色彩空间和 Gamma 的饱和度值范围。它会启用两个参数，一个是饱和度拐点，另一个是饱和度最大值，如图 8-16 所示。

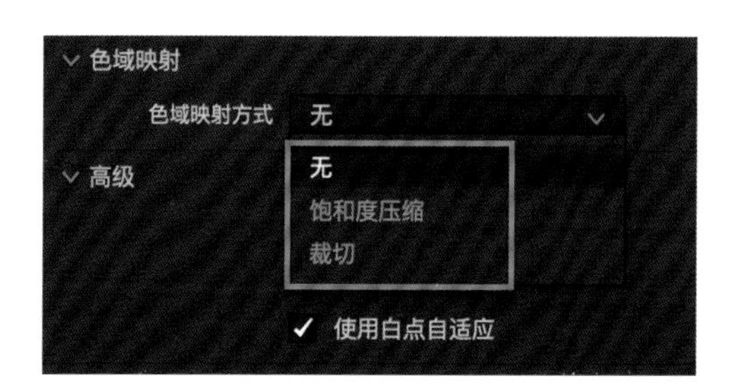

图 8-15 “色域映射方式”下拉菜单

图 8-16 饱和度压缩

使用“饱和度拐点”滑块设定饱和度映射开始处的图像电平。低于此电平，不应用重新映射。高于此电平的任何饱和度值，系统会根据“饱和度最大值”滑块所设定的值进行重新映射。1.0 为当前选中的“输出色彩空间”中的最大饱和度。

使用“饱和度最大值”滑块设置新的“饱和度最大值”级别，可以升高或降低饱和度拐点以上的所有饱和度值。1.0 为当前选中的“输出色彩空间”中的最大饱和度。

在“色域映射方式”下拉菜单中选择“裁切”选项，将对所有越限像素值进行硬裁切。

★提示

虽然色彩空间转换插件包含 ACES 设置，并且也会在色度学意义上转换到 ACES 色彩空间，但这并不真正符合 ACES 工作流程的要求。因为真正的 ACES 工作流程使用“ACES 转换插件”，它使用 ACES 学会指定的转换方式。

8.3 LUT（查找表）基础知识

近年来，影片需要调色已成为很多影视制作人的共识。调色软件和调色教程接触多了之后，会不可避免地接触到 LUT。一个原本灰暗无光的画面通过加载 LUT 后立即焕发光彩。一个个 LUT 就像一个个滤镜一样，可以快速得到多种调色风格。

8.3.1 LUT

LUT（Look-Up Table，查找表）被广泛应用于图像处理软件，如 DaVinci Resolve、Final Cut Pro X、Adobe Photoshop、Adobe After Effects、Adobe Premiere、Avid Media Composer、SpeedGrade、Motion、Nuke 和 Fusion 等。

进入达芬奇的“项目设置”面板，在“色彩管理”选项卡的“查找表”面板中，单击“打开 LUT 文件夹”按钮，如图 8-17 所示。

进入 Film Looks 文件夹，可以看到其中有 12 个文件，6 个以 DCI-P3 开头，另外 6 个以 Rec709 开头。Fujifilm 表示富士胶片，Kodak 表示柯达胶片，如图 8-18 所示。

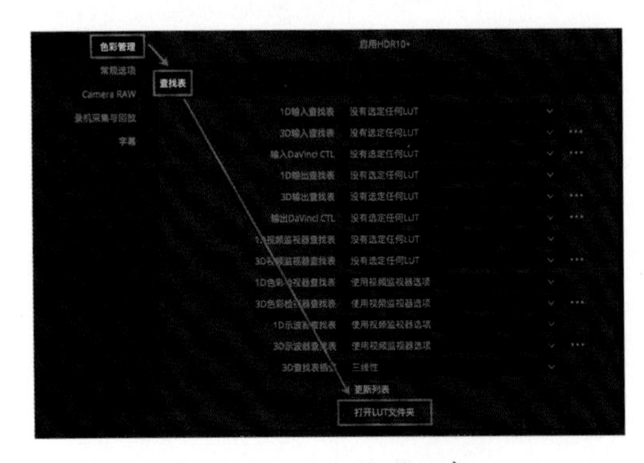

图 8-17　项目设置面板

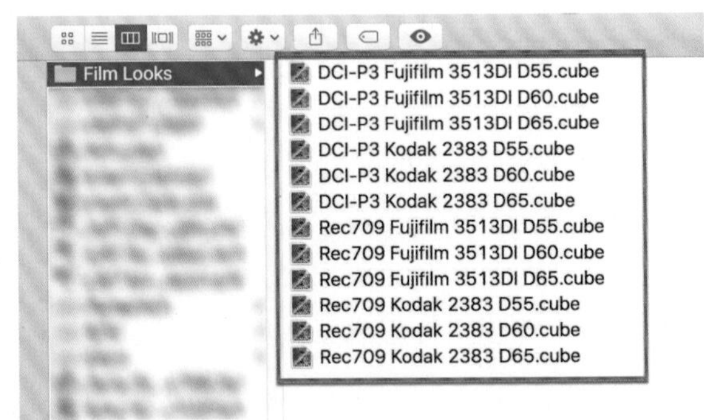

图 8-18　打开 Film Looks 文件夹

选择“Rec709 Kodak 2383 D65.cube”文件，将其以缩略图形式显示，可以看到它的扩展名为 .cube，这个文件格式不是每一个程序都可以打开的，如图 8-19 所示。

使用文本编辑工具将其打开，打开后，可以看到这个文件一开始是一堆注解，下方是一大串数据。数据呈现为三列 N 行，三列表示红绿蓝三个通道的信息，如图 8-20 所示。

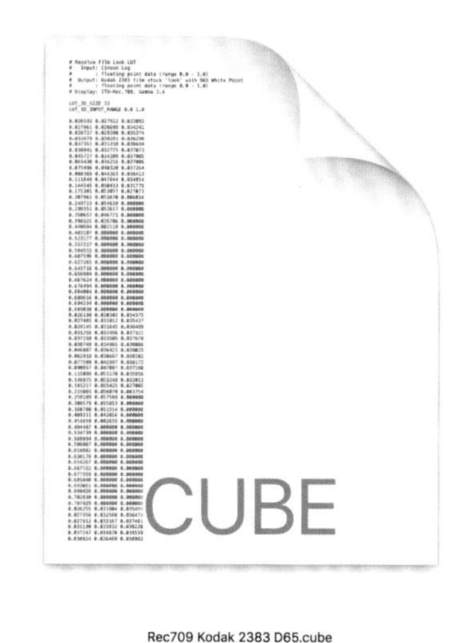

图 8-19 “Rec709 Kodak 2383 D65.cube”文件缩略图

```
# Resolve Film Look LUT
#   Input: Cineon Log
#        : floating point data (range 0.0 - 1.0)
#  Output: Kodak 2383 film stock 'look' with D65 White Point
#        : floating point data (range 0.0 - 1.0)
# Display: ITU-Rec.709, Gamma 2.4

LUT_3D_SIZE 33
LUT_3D_INPUT_RANGE 0.0 1.0

).026593 0.027922 0.033092
).027961 0.028699 0.034241
).028727 0.029390 0.035374
).031679 0.030281 0.036298
).037351 0.031358 0.036684
).038841 0.032775 0.037073
).045727 0.034209 0.037005
).061430 0.036216 0.037006
).075496 0.040320 0.037264
).088369 0.044361 0.036423
).111849 0.047844 0.034954
).144545 0.050433 0.031779
0.175381 0.053057 0.027073
```

图 8-20 以文本方式打开 LUT

8.3.2 1D LUT和3D LUT的区别

LUT 从结构上可分为两种类型，一种是 1D LUT，另一种是 3D LUT，即俗称的一维查找表和三维查找表。二者在结构上有着本质的区别，应用的领域也不同，如图 8-21 所示。

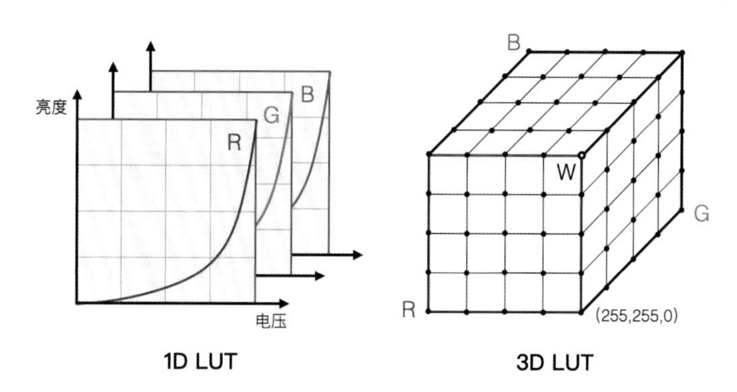

图 8-21 1D LUT 与 3D LUT 示意

1D LUT 的输入与输出关系如以下公式所示：

Rout=LUT（Rin）

Gout=LUT（Gin）

Bout=LUT（Bin）

该 LUT 输出的三个色彩分量仅与自身分量的输入有关，而与另外两个分量的输入无关，这种分量之间一一对应的关系就是 1D LUT。对于 10 比特系统来说，一个 1D LUT 包含 1024×3 个 10 比特数据，总的数据量为 1024×3×10=30kbit，可见一个 1D LUT 的文件量是相当小的。1D LUT 具有数据量小、查找速度快的特点。

3D LUT 输入与输出关系如以下公式所示：

Rout=LUT（Rin，Gin，Bin）

Gout=LUT（Rin，Gin，Bin）

Bout=LUT（Rin，Gin，Bin）

以上公式表示3D LUT的对应关系，可以看到，转换后色彩空间的每一种色彩与转换前的RGB三色均相关，这也是3D LUT区别于1D LUT最本质的特点。对于10比特系统，显示器的色彩空间有$1024^3\approx 1G$种色彩，转换成胶片后也有约1G种，要精确地列举它们之间的这种对应关系，需要1G×3×10bit=30Gbit的数据量，对于如此大的一个LUT，不论存储还是计算都是不现实的，所以，必须找到更加简单的手段。3D LUT在实际应用中使用节点的概念，由于不可能将不同的色彩空间中的每一种色彩都一一对应地列举出来，那么可以采取某种简化手段，每间隔一定的距离做一次列举，而两次列举之间的色彩值采用插值的方式计算，列举出的对应值叫作节点，节点的数目是衡量3D LUT精度的重要标志。通常所说的17个节点的3D LUT是指在每个色彩通道上等间距地取17个点，而该3D LUT具有$17^3=4913$个节点，其数据量为4913×3×10 bit=147.39 kbit，显然比不做简化处理的30Gbit小得多。3D LUT的节点数目一般是2^n+1，如17、33、65、129、257等，目前市面上的色彩管理系统可支持最高的单色彩通道节点数目为257。

3D LUT主要用于校正数字配光所用的显示器画面与最终胶片影像之间的差距。理论上讲，如果最终影像仍然在普通显示器上播放，如DVD和广播影像，1D LUT完全可以胜任。如果最终影像在数字影院播放，要看使用什么类型的数字放映机，如果放映机使用DCI标准，理论上讲应使用3D LUT进行校正，因为DCI标准采用CIE XYZ色彩空间，并不是RGB色彩空间，但是在实际工作中使用ID LUT也能使DCI模式的数字放映达到不错的效果；如果不是DCI标准的数字放映机，1D LUT就足够了。

1D LUT与3D LUT的本质区别是转换后的色彩空间的RGB三通道是否与转换前的RGB三通道单独关联，如果单独关联，1D LUT即可适用；如果不单独关联，则需要使用3D LUT。在实际应用中3D LUT被广泛应用。理论上讲，3D LUT可以代替1D LUT，反之，1D LUT不能代替3D LUT。

8.4 LUT的功能分类

LUT从功能上可分为三类：第一类是色彩管理LUT，确保影像在各个不同系统中保持视觉上的一致；第二类是技术转换LUT，多用于不同色彩空间不同特性曲线下的转换，如从Log映射到Rec709的LUT就属于技术LUT；第三类是影像风格LUT，用于制作特殊的影调风格。

8.4.1 色彩管理

在电影技术数字化的今天，影像在拍摄、后期处理及最终放映的过程中会由不同的系统处理，会以不同的形式出现，电影的色彩管理就是要确保影像在各个不同系统中保持视觉上的一致。而 LUT（查找表）在色彩管理的过程中起到非常重要的作用，它是统一不同系统、不同设备的色彩空间的重要工具。

从影像的获取到最终放映，影像会经历不同的系统，如用数字摄影机拍摄下来的画面，需要经过调色系统来调色，然后需要通过胶片记录仪将影像记录到胶片上，最后通过放映系统投射到银幕上。每一个系统都有其独特的色彩空间，也就是说，同样的影像在不同系统中的表现是不同的，色彩管理的任务是了解这些系统色彩空间的特点，使不同系统的色彩空间统一。简单地说就是需要保证制作过程中监看画面与最终的银幕效果的一致性。

我们可以将色彩管理的过程看作是色彩在不同色彩空间之间转换的过程，如果不做校正，同一画面在不同色彩空间下的表现完全不同，在监视器上的画面与胶片拷贝投到银幕上的画面会有很大差别；不同的监视器之间及不同的投影环境都会出现视觉上明显的差别。从绝对意义上讲，世界上没有两个色彩空间体系是完全相同的。

LUT 在色彩管理系统中的应用有很多种，比较常见的有以下几种：校正监视器、校正监视器与胶片之间的差距、白平衡处理以及调色。LUT 的特点之一是，它可以在不改变原始文件的情况下对不同的显示设备进行色彩校正，这样做的好处是不对原始影像处理，也不会带来任何损失，而且不改变原始影像，意味着节省了大量的渲染时间。

监视器的校正可以使用 1D LUT，在一个工作组中，不同系统、不同组员使用不同的监视器，必须将这些监视器的效果调整到尽可能统一。统一就是为这些监视器设定一个目标，将各个监视器调整到尽量与这个目标接近。一般情况下，可以找一个工作组中性能最弱的监视器，如它的色域最小，亮度最低，其他的监视器都以这个监视器为基准来调整，这样可以保证所有监视器都能达到该基准性能。但是选取最弱的监视器为基准，也是某种程度上的浪费，那些性能优秀的监视器将发挥不出其优势，所以，在基准监视器的选择上要依据项目的具体情况而定。

一般来讲，监视器的色温、最高亮度和最低亮度及 GAMMA 都有规定。按照一定的标准对监视器进行校正即可获得相应的 LUT。如何将得到的 LUT 作用于该监视器上，有两种不同的方法：一是调色软件或其他的应用程序可以识别该 LUT，如达芬奇软件就可以读取 1DLUT 和 3DLUT。二是有一些调色或应用软件并不能读取 LUT，或者不支持特定的 LUT 的格式。这种情况下就需要使用色彩空间转换器。

8.4.2 技术转换

理论上，符合 Rec.709 标准的视频信号只能在同样标准的显示器上正常还原，我们工作和生活中接触到的计算机显示器、电视机及手机、平板电脑等的颜色标准与 Rec.709 很接近。某些设备的颜色还可以校准成 Rec.709。所以，我们把这些设备笼统地称为 Rec.709 设备。

几年前，大多数的摄影机和照相机所拍摄的影像是 Rec.709 标准，所以，在 Rec.709 设备上观看，看到的就是正常的影像。而如今，大量摄影机或单反都可以拍摄对数（Log）影像了。如果将对数（Log）影像送给 Rec.709 标准显示器查看，效果如图 8-22 所示。

图 8-22　对数曝光（LogC）的图像在 709 显示器上的效果

由图 8-22 可以看到，此时的影调不能得到正常还原。对数影像在 Rec.709 视频监视器上显示，其影调具有如下特征：影调和色调还原失真，色彩未能正常还原。画面反差大幅降低，饱和度低，观感偏灰。

对数（Log）影像在标准 Rec.709 显示器上不能够正常还原，其根本原因在于二者的 Gamma 差异很大。理论上，对数（Log）影像必须在具有电影 Gamma 的显示系统中才能正常还原。但是没有任何一种显示器的自身 Gamma 是电影 Gamma，所以，要人为地将其校正为电影 Gamma。最常见的改变显示系统 Gamma 的方法是使用 LUT。经过 LUT 转换后，就能在 Rec.709 显示器上看到正常效果，如图 8-23 所示。

图 8-23　添加 LUT 后的对数图像在 709 显示器上的效果

既然使用 LUT 能够把 Log 转换为 709，那么能否把 709 转换为 Log 呢？答案是肯定的。

需要注意的是，709素材在拍摄时就没有记录到足够的宽容度，即使将其转换为Log也不会增加宽容度。但是这种转换还是有意义的，如施加一些电影感的LUT，需要先把709素材转换为Log素材，然后再添加相应的LUT。

8.4.3 影像风格

LUT的另一类用途就是对影像进行创造性和艺术化的处理，这类LUT也称为艺术LUT或风格化LUT。达芬奇软件自带“Film Looks”（胶片风格）系列LUT，其作用就是将符合对数色彩空间的素材转换成富士胶片或柯达胶片的效果。其中的D55、D60和D65表示白点的色温。D55偏暖，D65是中性的，D60介于二者之间，如图8-24所示。

图8-24 Film Looks胶片影调风格

★提示

风格化LUT被很多用户喜欢，因为很容易“出效果”。但是作为职业调色师不可因为一时之利而忘记基本功的训练和职业素养的修炼。

8.5 第三方品牌LUT

除了达芬奇自带的LUT外，用户还可以给达芬奇安装第三方的LUT文件。安装LUT文件的方法与给操作系统安装字体文件的方法差不多，用户只需将LUT文件（连同文件夹）粘贴到达芬奇的LUT文件夹中并刷新列表或者重启达芬奇软件即可。下面介绍几种第三方品牌LUT。

8.5.1 OSIRIS胶片模拟LUT

OSIRIS LUT包含九款高品质的胶片模拟LUT，这些LUT可以将普通视频转化为具有强烈胶片感的画面。本套LUT适合电影制作人、摄影师和调色师选用。OSIRIS LUT是基于对胶片的扫描而创建的，具有工业级的颜色精准度，如图8-25所示。

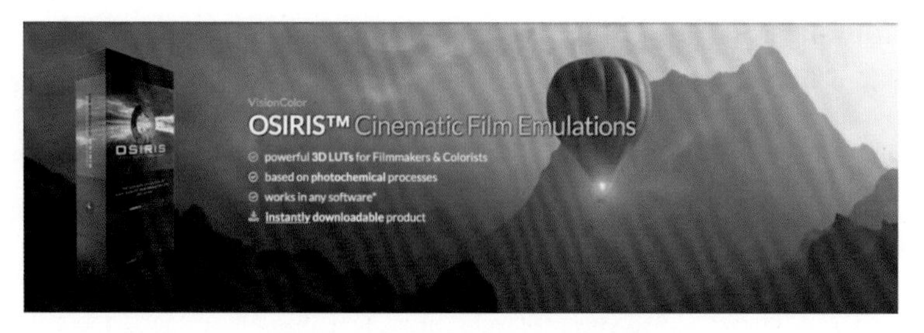

图 8-25　OSIRIS LUT 宣传图

OSIRIS LUT 所包含的 LUT 列表如下：

Delta（Rec.709 & LOG）

Vision 4（Rec.709 & LOG）

Vision 6（Rec.709 & LOG）

Prismo（Rec.709 & LOG）

KDX（Rec.709 & LOG）

Jugo（Rec.709 & LOG）

DK79（Rec.709 & LOG）

M31（Rec.709 & LOG）

Vision X（Rec.709 & LOG）

OSIRIS LUT 效果图如图 8-26 所示。

图 8-26　OSIRIS LUT 效果图

8.5.2 ImpulZ

ImpulZ 是一套按照胶片洗印流程设计的数字视频模拟胶片色彩的 LUT 解决方案。ImpulZ 提供的负片 LUT 用于将数字视频模拟成胶片负片，然后再应用印片 LUT 模拟柯达或富士的印片色彩，如图 8-27 所示。

图 8-27 ImpulZ LUTs

其中负片模拟称为 NFE（Negtive Film Emulation），正片模拟称为 PFE（Print Film Emulation），如图 8-28 所示。

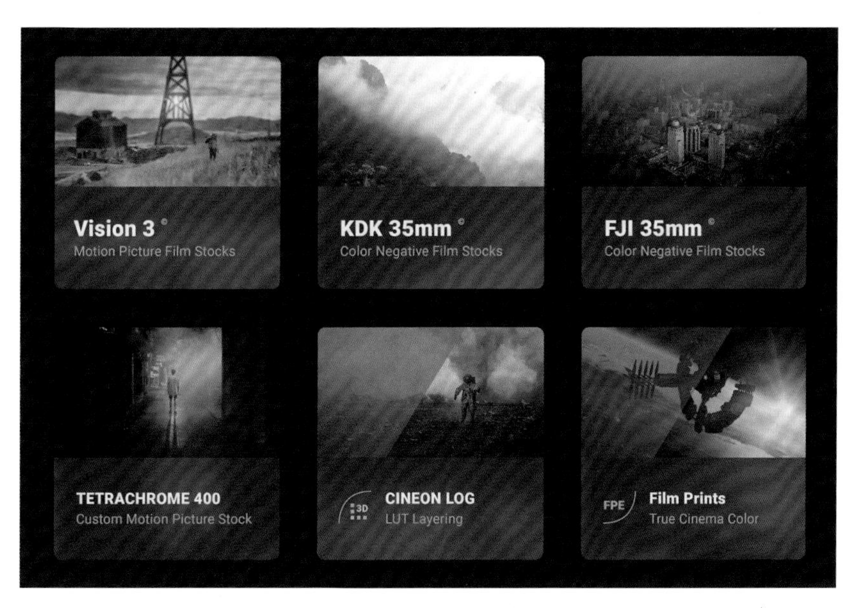

图 8-28 NFE 和 PFE

★提示

LUT 模拟胶片色彩的局限性如下：用 LUT 来模拟胶片的效果就好比用水彩颜料来画油画，虽然也能获得“油画效果”，但水彩画永远也不能成为油画，甚至连以假乱真都很难。我们只能得到“看上去像”的效果，不可能得到绝对一致的效果。

8.5.3 Koji LUT

Koji LUT 来自对电影胶片的精确模拟，由配光师 Dale Grahn 开发。

Koji LUT 包括柯达胶片印片的主要型号，应用了 Koji LUT 的效果如图 8-29 所示。

图 8-29 Koji LUT 模拟不同的胶片风格

8.5.4 FilmConvert

FilmConvert 是把数字视频模拟成胶片色彩的工具，其内核就是 LUT 文件。FilmConvert 可作为独立的软件运行，也可作为插件安装到其他软件中。对于达芬奇来说，要选择 OFX 插件类型的插件，如图 8-30 所示。

图 8-30 FilmConvert 插件

8.6 应用LUT

在达芬奇中使用 LUT 既可为整个时间线上的所有片段应用 LUT，也可为单个片段应用 LUT，还可在达芬奇中把自己制作的调色风格导出为 LUT 文件。

8.6.1 为项目应用LUT

在“色彩管理”选项卡的“查找表”面板，其中的输入 LUT 和输出 LUT 都是作用于整个项目中所有素材片段的。输入 LUT 的作用顺序靠前，输出 LUT 的作用顺序靠后，如果同时使用输入和输出 LUT，那么两个 LUT 的作用会叠加在一起，如图 8-31 所示。

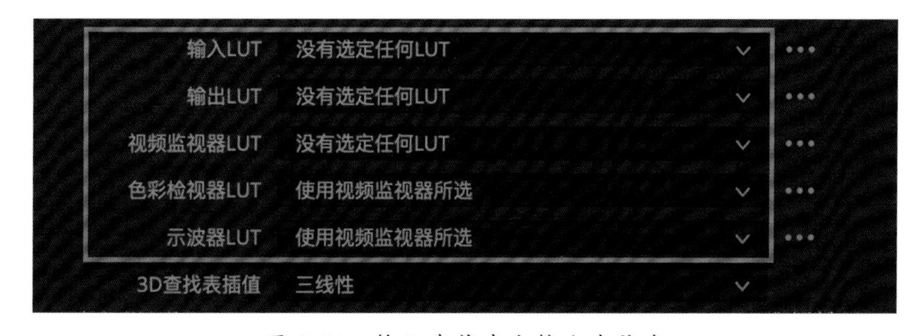

图 8-31 输入查找表和输出查找表

8.6.2 为监视器应用LUT

可以为监视器应用风格化 LUT 或校准 LUT。如果是校准 LUT，首先使用专业的软硬件校准监视器，会生成一个 LUT 文件，按照前面介绍的方法安装到达芬奇中。然后在“视频监视器 LUT”的下拉菜单中选择合适的校准 LUT 即可。风格化 LUT 的使用方法相同，如图 8-32 所示。

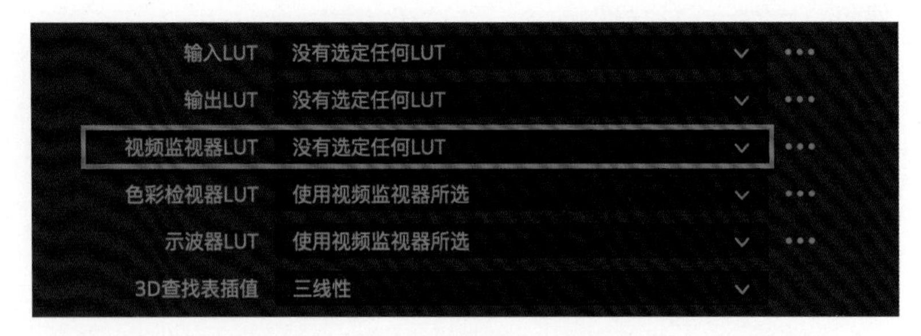

图 8-32 为监视器应用 LUT

8.6.3 为检视器应用LUT

在达芬奇中也可为检视器应用 LUT，这种 LUT 会影响显示器上达芬奇检视器窗口的颜色。在“色彩检视器 LUT”下拉菜单中选择合适的 LUT 文件即可，如图 8-33 所示。

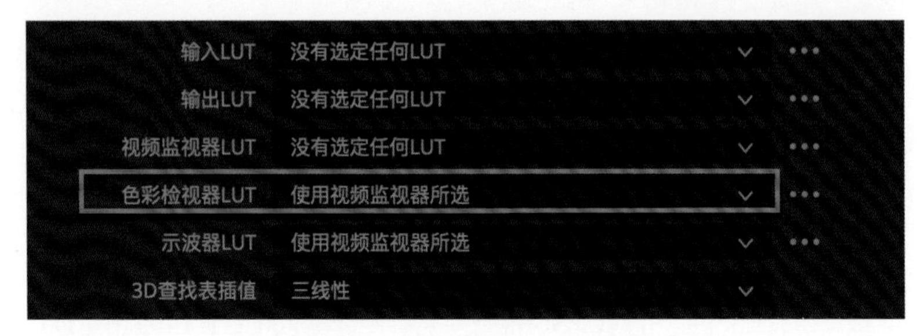

图 8-33 为检视器应用 LUT

8.6.4 为示波器应用LUT

在达芬奇中还可为示波器应用 LUT，在“示波器 LUT”下拉菜单中选择相应的 LUT 即可，如图 8-34 所示。

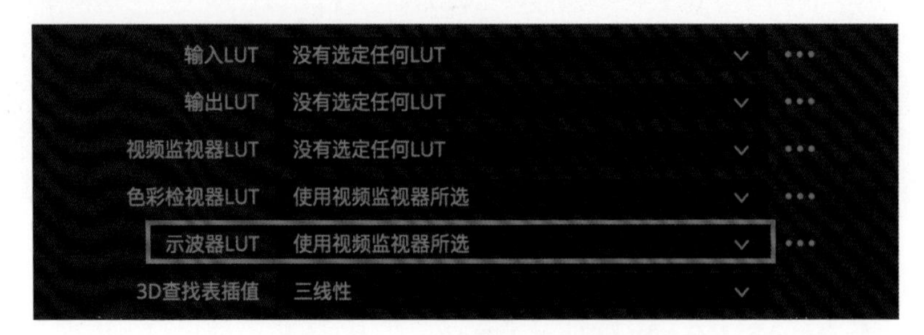

图 8-34 为示波器应用 LUT

8.6.5 为片段应用LUT

为每个片段单独应用 LUT 有两种方法：一是选中片段后在“节点编辑器”面板中选择

相应的节点，保证节点处于“片段”模式，然后在其上右击，在弹出的菜单中选择 1D LUT 或 3D LUT 文件，如图 8-35 所示。一个节点只能添加一个 LUT，要想添加多个 LUT 需要创建额外的节点。

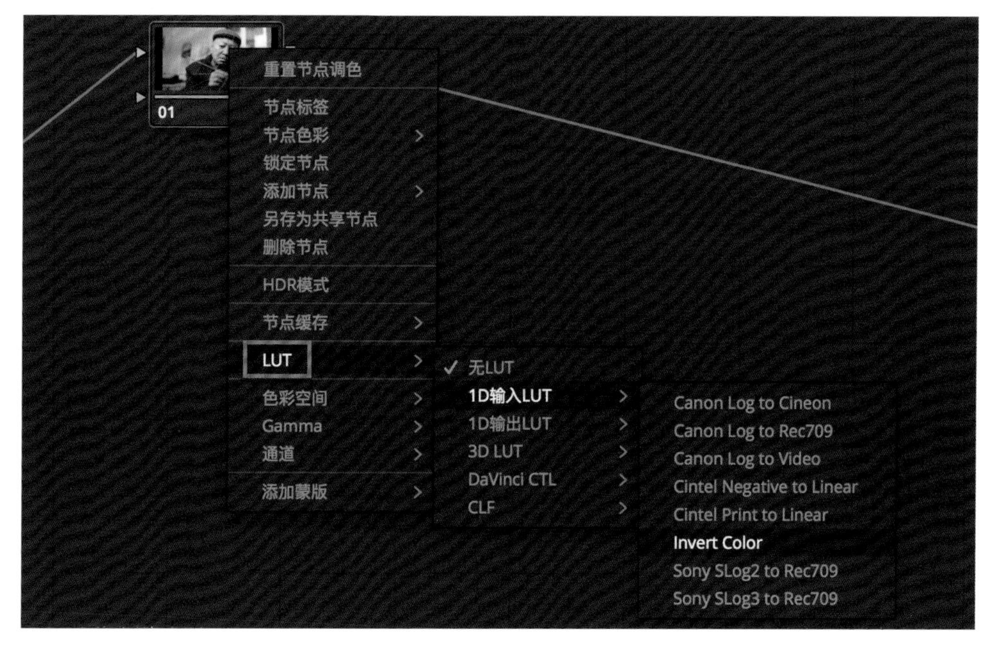

图 8-35 为节点添加 LUT

二是在片段缩略图上右击，然后在弹出的菜单中选择需要的 LUT 文件，如图 8-36 所示。这种情况下添加的 LUT 不会出现在节点上。

图 8-36 直接给片段添加 LUT

8.6.6 为时间线应用LUT

要给时间线上的所有片段应用 LUT，可以在“节点编辑器”面板中将“片段”模式切换为“时间线”模式，然后创建新的节点并添加 LUT，如图 8-37 所示。

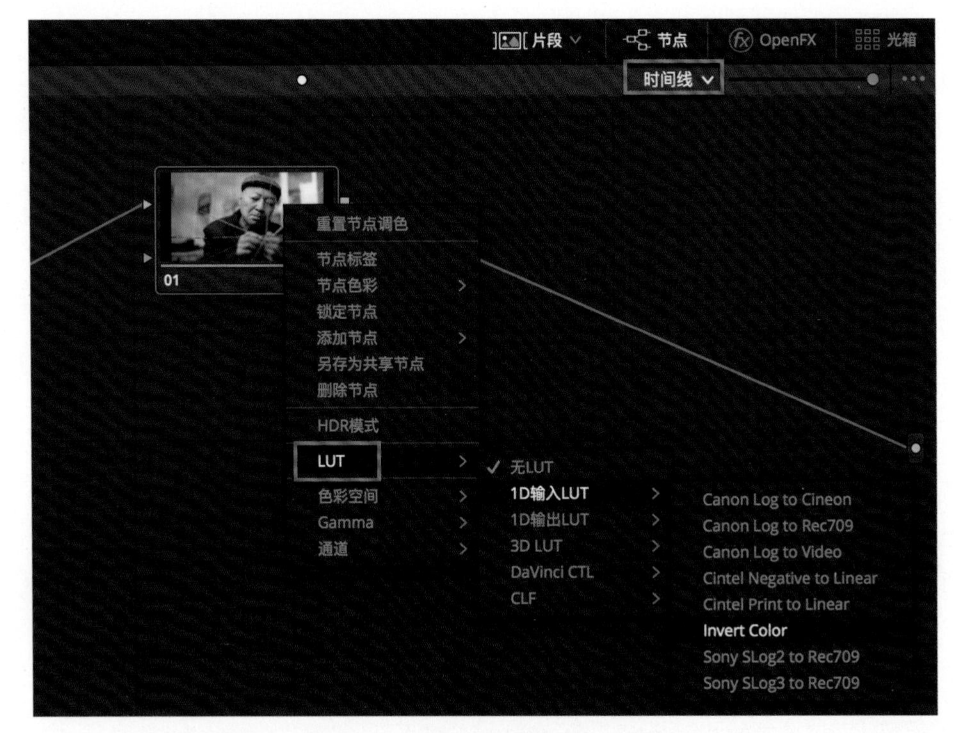

图 8-37　为整个时间线添加 LUT

8.7 LUT库

达芬奇 15 版本中新增了“LUT 库”面板，在达芬奇中应用 LUT 非常便捷。

在“调色”页面单击 LUT 库按钮，即可打开 LUT 库。LUT 库面板的左侧边栏中显示 LUT 文件夹中分类的 LUT 文件。当前打开的是 Film Looks 目录，以缩略图的形式显示了胶片风格的 LUT 文件，当然也可切换为列表显示，如图 8-38 所示。

图 8-38　LUT 库面板

如果仔细查看 LUT 缩略图，发现缩略图显示了当前 LUT 加载到样本图像上的样子，左侧色块显示常见的颜色，右侧色块显示灰阶图，便于用户评估该 LUT 的影调及色彩，如图 8-39 所示。

图 8-39 LUT 缩略图

在“实时预览”模式开启的情况下，把鼠标指针放到 LUT 缩略图上就可在检视器中预览到图像加载 LUT 后的效果，但是此时 LUT 还未应用给片段。注意在 LUT 库中，LUT 的缩略图暂时变成了检视器中的图像，如图 8-40 所示。

图 8-40 预览 LUT

LUT 缩略图右上角还出现了一个五角星图标，单击五角星图标将该 LUT 添加到收藏夹。在收藏夹中可以查看收藏的 LUT，如图 8-41 所示。

图 8-41 LUT 收藏夹

预览 LUT 时可以一次预览多个 LUT，首先在 LUT 库中单击一个 LUT 文件夹，然后在检视器中开启“分屏”，并将分屏模式修改为“所选静帧集”，如图 8-42 所示。

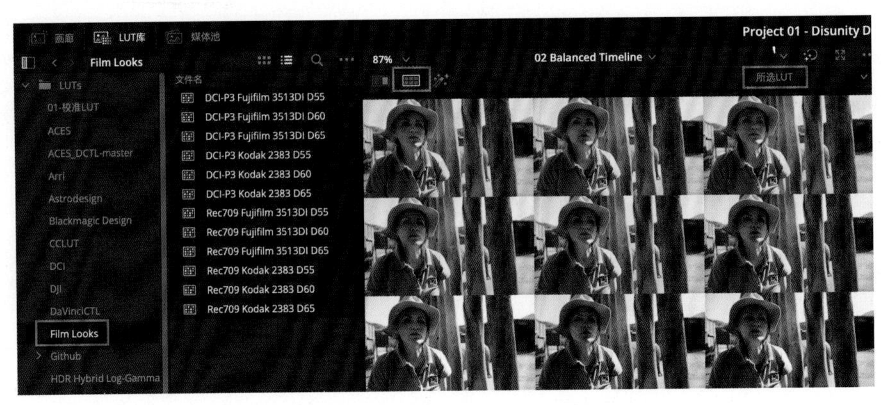

图 8-42　以分屏模式预览 LUT 文件夹

想要把 LUT 应用给片段，可以直接把 LUT 缩略图拖动给检视器画面或者节点编辑器中的节点，如图 8-43 所示。

图 8-43　通过拖动应用 LUT

在 LUT 缩略图上还有多个右键菜单命令可供选择，“在当前节点上应用 LUT”可以把 LUT 文件应用给激活的节点。“从收藏夹移除”可以把收藏的 LUT 移出收藏夹。“将缩略图更新为时间线上的帧”可以用时间线片段的截图替换默认的样本图像。“重置缩略图”会把 LUT 缩略图还原为默认的样本图像。如果安装新的 LUT，可以直接单击“刷新”而不必重启达芬奇软件。“在 Finder 中显示”可以在 Mac 计算机的 Finder 中查看所选的 LUT 文件，如图 8-44 所示。

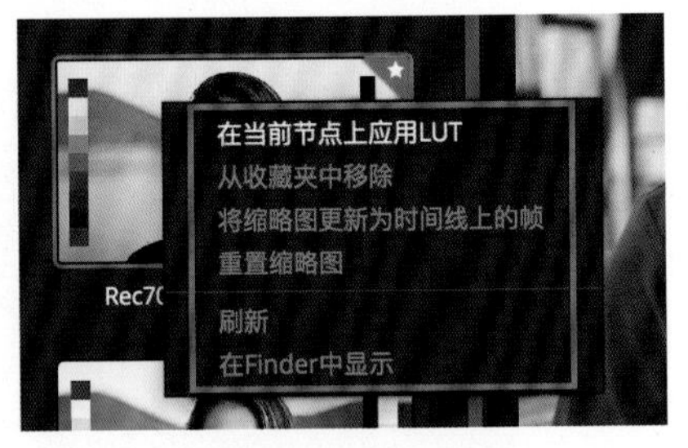

图 8-44　LUT 缩略图上的右键菜单

8.8 RAW、LOG和709

一般来说，数字摄影机的传感器可以记录非常宽的亮度宽容度和色域。但是常用的显示器和监视器所能表现的色彩是有限制的，显示器无法表现它自身色彩空间以外的颜色。为进行更加精确的色彩管理，调色师需要学习 RAW、LOG 和 709 这三类常见素材的区别。

8.8.1 RAW

RAW 的含义是“原始的，未经加工的”。Camera RAW 的含义是“摄影机记录的原始数据”。RAW 文件就是 CMOS 或者 CCD 图像感应器将捕捉到的光源信号转化为数字信号的原始数据。RAW 文件同时还记录了由摄影机拍摄所产生的一些元数据（MetaData），如 ISO、曝光值和白平衡等在后期软件中均可调整，因此，人们也形象地把 RAW 称为“数字底片”。

8.8.2 Log

Log 是一种对数信号，有宽广的色彩空间，能给后期调色提供非常大的余地。它在图像中最大限度地保留了色彩信息。但是 Log 是一种中间的色彩格式，而且并不适合现行的显示标准。在普通的显示器上，用 Log 模式记录的图像看起来发灰且饱和度太低。当处理 Log 图像时，通常用 LUT 来匹配显示设备，当使用 RCM 和 ACES 流程时则无须 LUT。

8.8.3 709

Rec.709 是高清电视影像的国际标准。为提高前期所拍摄素材的动态范围，应尽可能多地保留亮度和颜色信息，在前期拍摄时采用 RAW 或者 Log 模式，进入后期流程再映射到 Rec.709 模式，如图 8-45 所示。

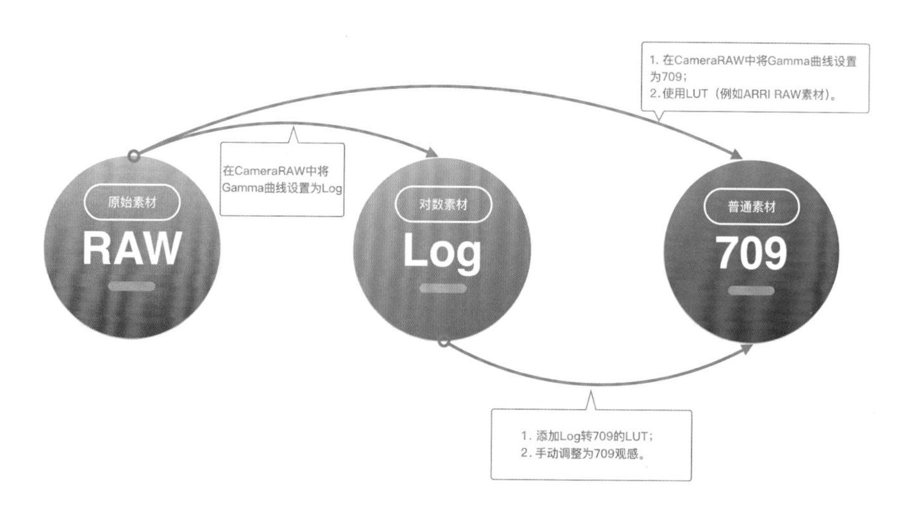

图 8-45 RAW、LOG 和 709 的关系

8.9 色彩管理

电影制作是一门技术，要应对繁多的摄影机型号和它们各种各样的文件格式。所有摄影机厂商都想尽可能为用户提供最佳画质，虽然这可能意味着直接从摄影机的高清监视屏上查看时画面并不是很美观。要想处理复杂的素材，需要掌握色彩管理的相关知识。在达芬奇的“项目设置”面板中单击“色彩管理”选项卡，在“色彩科学”下拉菜单中可以看到四个色彩管理选项，分别是DaVinci YRGB、DaVinci YRGB Color Management、ACEScc和ACEScct，如图8-46所示。

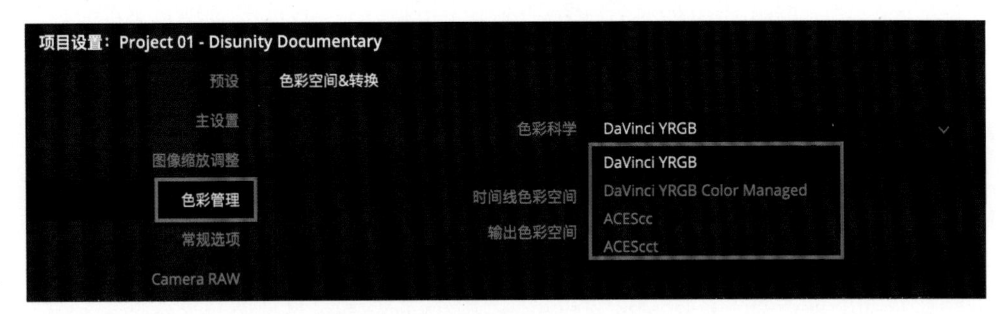

图8-46 “色彩科学”下拉菜单

8.10 YRGB

DaVinci YRGB色彩科学是默认的选项。在该模式下用户主要使用LUT和CST（Color Space Transform色彩空间转换）工具来管理色彩。例如，通过LUT为素材更改色彩空间和Gamma，或者通过LUT获得某种胶片型号所对应的色彩。CST主要用于更改素材的色彩空间和Gamma，不能用来模拟胶片，但是可以在某些情况下为模拟胶片提供辅助。

在YRGB的默认设置下，“显示参考（Display referred）”的素材，如Rec.709素材画面将会在显示设备上正常还原。“场景参考（Scene referred）”的素材，如果Log素材直接显示在709显示器上，不能正常还原，会发灰。需要使用LUT或CST转换到709色彩空间才能正常显示。RAW素材的还原方式很多，可以在CameraRAW面板中设置参数，也可结合LUT或CST来还原。

8.11 RCM

从达芬奇16版本开始，出现了一个新的色彩管理方案（DaVinci YRGB Color Managed，RCM）。RCM是“场景参考”的色彩管理方案，选择将已经导入项目的各种类型的媒体与某个颜色配置文件匹配，该文件将“告诉”达芬奇如何把每个片段的原生色彩空间中的每个特定颜色表达到当前正在剪辑、调色和完片的时间线的共用工作色彩空间中。

例如，有两台摄影机拍摄了相同的场景。一台艾丽莎，一台索尼。艾丽莎素材的色彩空间是 ARRI 宽色域，Gamma 是 Log C。索尼素材的色彩空间是 Sony SGamut3，Gamma 是 Slog3。在 RCM 中，这两种素材的色彩空间都被转换到 DaVinci 宽色域，Gamma 都转换到 DaVinci Intermediate。这样就从技术上保证了色彩的一致性，即使素材是由不同品牌的摄影机所拍摄的。

在更传统的“显示参考”的工作流程中，可以手动完成上述工作，为每种类型的记录媒体指定 LUT，将每个片段从源色彩空间转换到需要的目标色彩空间。但是，RCM 使用数学转换而不是 LUT，能够更方便地从所支持的每种型号的摄影机的记录格式中提取高精度、高宽容度的图像数据，以便在采集、剪辑、调色直到输出工序中都能保证高质量的图像数据。RCM 使用方便，不像使用 LUT 时，需要寻找和保管大量的 LUT 以适应不同的工作流程。

超出 LUT 定义的数值范围的图像细节将被限幅，因此，调色师必须在应用 LUT 之前对图像进行调整，将需要保留的高光细节“拉回”。使用 RCM 后无须进行这些处理，因为用于转换源媒体输入色彩空间的算法保留了所有高宽容度的图像数据，无须其他步骤即可方便地找回高光数据。

在实际工作中需要在“项目设置”面板中激活“色彩管理”面板，将“色彩科学”设置为 Davinci Resolve Color Management。然后按照具体项目的需求来设置“输入色彩空间”“时间线色彩空间”和“输出色彩空间”，将通过视频教学的方式讲解 RCM 色彩管理的具体应用。

★案例实操

RCM 色彩管理。

8.12 ACES

ACES（Academy Color Encoding System，学院色彩编码系统），是由 AMPAS 制定的色彩管理标准，其目的是通过在视频制作工作流程中，采用一个标准化色彩空间来简化复杂的色彩管理工作流程并提高效率。ACES 的设计初衷是在高端数字电影制作流程中实现“场景参考”的色彩管理方案。使用 ACES，可以更方便地从摄影机拍摄的 RAW 媒体中提取高精度、高宽容度的图像数据，从采集到调色流程中一直保持极高的图像质量，最后输出用于电视播出、胶片洗印或数字影院编码的高质量视频数据。

在 ACES 工作流程中，为每台摄影机和采集设备都生成一个 IDT（输入设备转换）文件，说明如何将由该采集设备生成的媒体数据转换到 ACES 色彩空间中。ACES 的色域足以涵盖所有可见光，并具有超过 25 挡曝光的宽容度。

8.12.1 ACES色彩空间

学习 ACES，首先应该了解它所规定的几个色彩空间和 Gamma 曲线。ACES 定义了一个核心的存档空间（ACES2065-1），然后定义了四个额外的工作色彩空间（ACEScc、ACEScct、ACEScg 和 ACESproxy）及额外的文件协议。ACES 系统旨在满足电影和电视制作的需求，涉及电影和静止图像数据的捕获、生成、传输、交换、调色、处理及短期和长期存储。ACES 色彩空间简表见表 8-5。

表 8-5　ACES 色彩空间简表

	ACES2065-1	ACEScc	ACEScct	ACEScg	ACESproxy
用途	用于母版	用于调色	用于调色	用于 VFX	用于 DIT
色彩空间	AP0	AP1	AP1	AP1	AP1
Gamma 曲线	Linear（线性）	Log（对数）	Log（对数），带趾部	Linear（线性）	Log（对数），与 ACEScc 相同
数据计算方式	浮点	浮点	浮点	浮点	整数
注意事项	—	不能用于文件交互和母版存储	不能用于文件交互和母版存储	—	不能用于文件交互和母版存储

ACES 的色彩空间是基于 RGB 色彩模型设计的。AP0 被定义为包含整个 CIE1931 标准观察者光谱轨迹的最小基色集合，因此，理论上包括并超过了普通人眼可以看到的所有颜色。使用不可实现的或虚构的基色的概念并不新鲜，并且通常用于希望渲染大部分可见光谱轨迹的颜色系统。ProPhotoRGB（由 Kodak 开发）和 ARRIWideGamut（由 Arri 开发）就是两个这样的色彩空间。保持光谱轨迹之外的值是假设它们稍后将通过调色操作其他方式拉回到人眼色域内部。避免一些“颜色数值”在后期制作中被“裁切”或“压平”。AP1 色域小于 AP0 色域，比 BT.2020 稍大一点，也包含极少的“人眼不可见颜色数值”，但仍被视为“广色域”，如图 8-47 所示。

由图 8-47 可以看到，红线包围的是 AP0 色域，紫色线包围的是 AP1 色域。黑色线包围的是人眼可见色域。橙色线包围的是 Rec.2020 色域，绿线包围的是 DCI-P3 色域，蓝色线包围的是 Rec.709 色域。

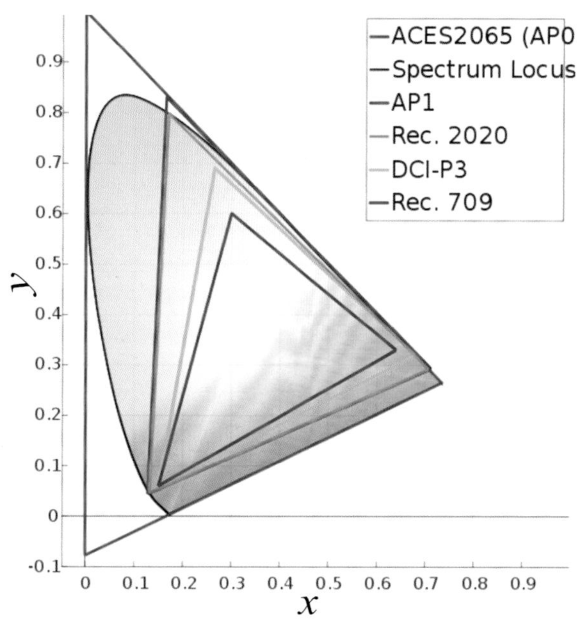

图 8-47　不同色彩空间的比较

8.12.2 IDT、ODT与RRT

1.IDT

IDT（Input Device Transform）是指输入设备转换。由于要进行调色的素材来源比较复杂，有些素材是数字摄影机所拍摄的，有些素材是通过胶片扫描得到的，还有一些是从录放机中直接采集得到的。这些素材都要通过 IDT 转换到 ACES 色彩空间。例如，Alexa 只能用自己的 IDT 转换为 ACES 色彩空间，转换完成后便于进行调色。每一种数字摄影机都有自己的 IDT，目前 DaVinci Resolve 支持 RED、Alexa、Canon、Sony、Rec.709、ADX 及 CinemaDNG 等素材的 ACES 的色彩空间转换。

01 ACEScc/ACEScct/ACEScg：针对这些 ACES 格式的标准化转换。

02 ADX（10 或 16）：10-bit 或 16-bit 整数胶片密度编码转换，用于开始在 ACES 工作流程中编码的胶片扫描文件格式。此种转换旨在保持不同种类胶片的不同画面整体风格。

03 ALEXA：对于所有 ARRIALEXA 摄影机的色彩管理设置。

04 BMDFilm/4K/4.6K：对于 BlackmagicDesign 摄影机的色彩管理设置。

05 Canon1D/5D/7D/C200/C300/C300MkII/C500：对于所有 Canon 摄影机的色彩管理设置。

06 DCDM（摄影机）：一种早已退役的 DCDM 的 IDT，仅用于向后兼容。

07 DCDM：该 IDT 以 2.6 的 gamma 值转换 X’Y’Z’编码的媒体。

08 DRAGONcolor/2、REDgamma3/4/REDlogFilm 和 REDcolor/2/3/4 组合格式：用于 RED 工作流程的 REDcolor、DRAGONcolor、REDgamma 和 REDlogFilm 的多种组合格式。

09 P3 D60：使用 D65 基准白来转换 RGB 编码的图像数据，用于在兼容 P3 标准的监视器上监看。

10 P3-D60（摄影机）：一种早已退役的 P3D60 的 IDT，仅用于向后兼容。

11 P3-D60 ST2084（1000/2000/4000nits）：使用 SMPTE 标准 PQ（ST.2084）曲线转换兼容 P3 色域的图像，用于高动态范围（HDR）后期制作。针对三种不同峰值亮度范围提供了三种设置；根据调色中所用监视器的不同峰值电平选择相应设置。当前标准 HDR 显示器的峰值电平有 1000cd/m^2、2000cd/m^2 和 4000cd/m^2。

12 P3 D65：使用 D65 基准白来转换 RGB 编码的图像数据，用于在兼容 P3 标准的监视器上监看（使用 D65 基准白）。

13 P3-D65 ST2084（1000/2000/4000 尼特）：使用 SMPTE 标准 PQ（ST.2084）曲线转换兼容 P3 色域的图像，用于高动态范围（HDR）后期制作。针对三种不同峰值亮度范围提供了三种设置；根据调色中所用监视器的不同峰值电平选择相应设置。当前标准 HDR 显示器的峰值电平有 1000cd/m^2、2000cd/m^2 和 4000cd/m^2。

14 P3-DCI（摄影机）：一种早已退役的 P3DCI 的 IDT，仅用于向后兼容。

15 Panasonic V35：对于所列摄影机的色彩管理设置。

16 Rec.2020（摄影机）：一种早已退役的使用 Rec.2020 的 IDT，仅用于向后兼容。

17 Rec.2020：该 IDT 转换以用于消费级和电视播出的广色域标准拍摄的媒体素材。

18 Rec.2020 ST2084（1000cd/m^2）：该 IDT 转换以用于消费级和电视播出的广色域标准拍摄的媒体，并使用 SMPTE 标准的 PQ（ST.2084）曲线进行 HDR 后期制作。HDR 峰值亮度只有一种，1000cd/m^2。

19 Rec.2020 ST2084（1000cd/m^2，P3 色域片段）：该 IDT 转换以用于消费级和电视播出的广色域标准拍摄的媒体，但在用于电视的 P3 色域的边沿处进行硬性限幅，将色域限制为较小的、用于数字电影的 P3 色域；它也使用 SMPTE 标准的 PQ（ST.2084）曲线进行 HDR 后期制作。HDR 峰值亮度只有一种，1000cd/m^2。

20 Rec.709（摄影机）：一种早已退役的使用 Rec.709 的 IDT，仅用于向后兼容。根据 Rec.709 标准将源数据转换为线性，并将结果再转换到 ACES，尽管该转换在技术上完全正确，但经匹配的 ODT 转换后，得到的图像质量并不令人满意。鉴于此，ITU 将该标准更新为 Rec.709 IDT，正好是 Rec.709 ODT 的逆转换。

21 Rec.709：将 Rec.709 色彩空间的媒体转换到 ACES 色彩空间的标准转换。用于其他类型文件的导入，如来自 FinalCutPro 的 ProRes 文件、来自 Media Composer 的 DNxHD 文件和各种从磁带采集的媒体文件。

22 Rec.709（D60Sim）：将 Rec.709 色彩空间的媒体以 D60 白为基点，转换到 ACES 色彩空间的标准转换。

23 Sony RAW/slog2/slog3：列出的每种摄影机都有针对其成像器件的转换方式。有些转换方式（特别是针对 CanonC300 和 C500 的转换）还有多项照明环境选择（日光和钨光）和不同色域和 Gamma 的组合选项。

24 sRGB：用于消费级计算机显示器的标准媒体格式转换。

25 sRGB（D60Sim.）：用于消费级计算机显示器的标准媒体格式转换。

2.ODT

ODT（Output Device Transform）是指输出设备转换。ODT 可以准确地将 ACES 素材转换成任何色彩空间，便于输出最终作品。不同的 ODT 设置对应不同标准的监看和输出环境。例如，在高清电视机上使用 Rec.709，在计算机显示器上使用 sRGB，在数字投影机上使用 P3-DCI 等。目前 DaVinci Resolve 支持 Rec.709、DCDM、P3 D60、ADX、sRGB 和 P3-DCI 等。

01 ACEScc/ACEScct/ACEScg：针对这些 ACES 格式的标准化的转换。

02 ADX（10 和 16）：用于胶片输出媒体的标准化的 ODT。有 10-bit 和 16-bit 两种输出设置。该 ODT 不用于监看。

03 DCDM：该 ODT 输出带有 2.6gamma 的 X’Y’Z’ 编码的媒体，以交付到其他应用程序，对这些数据进行重新编码，生成用于数字电影发行的 DCP（数字电影文件包）。可通过支持 XYZ 色域的投影机进行显示。

04 DCDM（P3 D60 Limited）：使用 D60 白的 P3 色域。

05 P3 D60：使用 D60 基准白来转换 RGB 编码的图像数据，用于在兼容 P3 标准的监视器上监看。

06 P3-D60 ST2084（1000/2000/4000 尼特）：输出兼容 P3 色域的图像，使用 SMPTE 标准 PQ（ST.2084）曲线进行高动态范围（HDR）后期制作。针对三种不同峰值亮度范围提供了三种设置；根据调色中所用监视器的不同峰值电平选择相应设置。当前标准 HDR 显示器的峰值电平有 1000cd/m^2、2000cd/m^2 和 4000cd/m^2。

07 P3 DCI：使用内生的 P3 基准白来转换 RGB 编码的 P3 图像数据，用于在兼容 P3 标准的监视器上监看（使用内生基准白）。

08 P3 D65：使用 D65 基准白来转换 RGB 编码的图像数据，用于在兼容 P3 标准的监视器上监看（使用 D65 基准白）。

09 P3-D65 ST2084（1000/2000/4000cd/m^2）：使用 SMPTE 标准 PQ（ST.2084）曲线转换兼容 P3 色域的图像，用于高动态范围（HDR）后期制作。针对三种不同峰值亮度范围提供了三种设置；根据调色中所用监视器的不同峰值电平选择相应设置。当前标准 HDR 显示器的峰值电平有 1000cd/m^2、2000cd/m^2 和 4000cd/m^2。

10 P3 DCI：输出为使用 D61 白的 RGB 编码图像数据，用于将媒体输出到 DCI 母版制作流程。

11 Rec.2020 色彩空间：该 ODT 以用于兼容消费级和电视播出的广色域标准拍摄的媒体素材。

12 Rec.2020 ST2084（1000cd/m^2）：该 ODT 用来转换用于消费级和电视播出的广色域标准拍摄的媒体，并使用 SMPTE 标准的 PQ（ST.2084）曲线进行 HDR 后期制作。HDR 峰值亮度只有一种，1000 尼特。

13 Rec.2020 ST2084（1000cd/m^2，P3 色域片段）：该 ODT 转换以用于消费级和电视播出的广色域标准拍摄的媒体，但在用于电视的 P3 色域的边沿处进行硬性限幅，将色域限制为较小的、用于数字电影的 P3 色域；它也使用 SMPTE 标准的 PQ（ST.2084）曲线进行 HDR 后期制作。HDR 峰值亮度只有一种，1000cd/m^2。

14 Rec.709 色彩空间：该 ODT 用于电视播出的标准监视和交付。

15 Rec.709（D60Sim）：将 Rec.709 色彩空间的媒体以 D60 白为基点，转换到 ACES 色彩空间的标准转换。

16 sRGB：用于消费级计算机显示器的标准媒体格式转换。

17 sRGB（D60Sim.）：用于消费级计算机显示器的标准 ODT 转换，适合于当调色成片用于互联网发布时的监看。

3.RRT

RRT（Reference Rendering Transform）是指参考渲染变换。因为默认的 ACES 色彩空间只是一种数学描述，并不能够直接被我们观看。将每种图像格式的 IDT 所提供的数据转换为标准化、高精度、高宽容度的图像数据，同样通过一个 ODT（输出设备转换）进行处理。不同的 ODT 设置对应不同的监看和输出格式，描述如何在“ACES 色彩空间”中精确地将数据转换到显示色域中，以便于在每种情况下都以最高的精度表达图像。RRT 和 ODT 永远是成对工作的。RRT 是官方希望弱化和隐藏的概念，以便于调色师简化色彩管理流程。

常规情况下，当设置好 IDT 和 ODT 后，可通过达芬奇进行调色处理。一般情况下无须单独设置 RRT。在 ACES 色彩空间中进行调色，会发现调色手感和之前不同。通过示波器变化可以感觉到在 ACES 模式下调色对高光和暗部的调整会更加细腻，不容易发生色阶断裂。

8.12.3 ACES色彩空间流转图

在达芬奇的 ACES 流程中，摄影机素材的色彩空间通过 IDT 转换到 ACES2065-1 空间中，色域为 AP0，Gamma 为 Linear。但是这个空间不适合达芬奇进行调色处理，因此，要调色还需转换到 ACEScc 或 ACEScct 空间中进行，因为 Gamma 要由 Linear 变为 Log（对数），色域则缩小到 AP1。ACEScc 和 ACEScct 的区别在于这个 t（toe 趾部曲线），ACEScct 表示它的 Gamma 曲线还拥有类似胶片特性的“趾部曲线”，因此，推荐使用 ACEScct 进行调色处理。但是如果直接将 ACEScct 空间传递给 Rec.709、Gamma2.4 的监视器，那么色彩将不能正确还原。

因此，ACEScct 空间还要再转换回 ACES2065-1 空间，此时是可以输出 ACES 母版的，其色域为 AP0，Gamma 为 Linear。如果要输出到不同的播放平台，则还需从 ACES2065-1 空间转换到 RRT 空间，然后再经过 ODT 转换到不同的播放空间，如 Rec.709、Gamma2.4，Rec.2020、HLG/PQ 或 P3-DCI、Gamma2.6 色彩空间。ACES 后期处理的整个色彩流程，如图 8-48 所示。

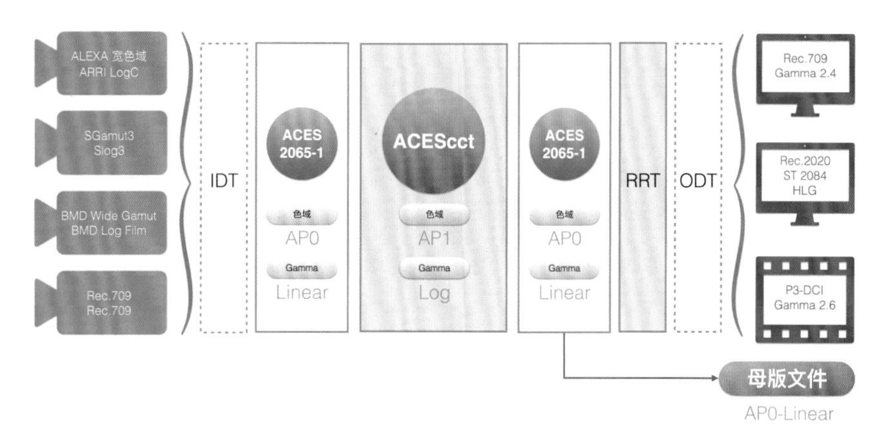

图 8-48 ACES 色彩空间流转图

★案例实操

ACES 色彩管理。

8.12.4 在合成软件中使用ACES

ACES 色彩管理流程在影视制作中越来越普遍，不仅达芬奇可以使用 ACES，其他软件如 NUKE、Fusion 及 AE（After Effects）都可以使用 ACES 色彩管理流程。它们使用的不是内建的 ACES，而是通过 OCIO 调用的 ACES。在 After Effects 2023 版本中，终于原生支持了 ACES 色彩管理。这意味着达芬奇和 AE 之间的色彩传递会更加精准，也让 AE 能够更容易地接入高端色彩管理流程中，如图 8-49 所示。

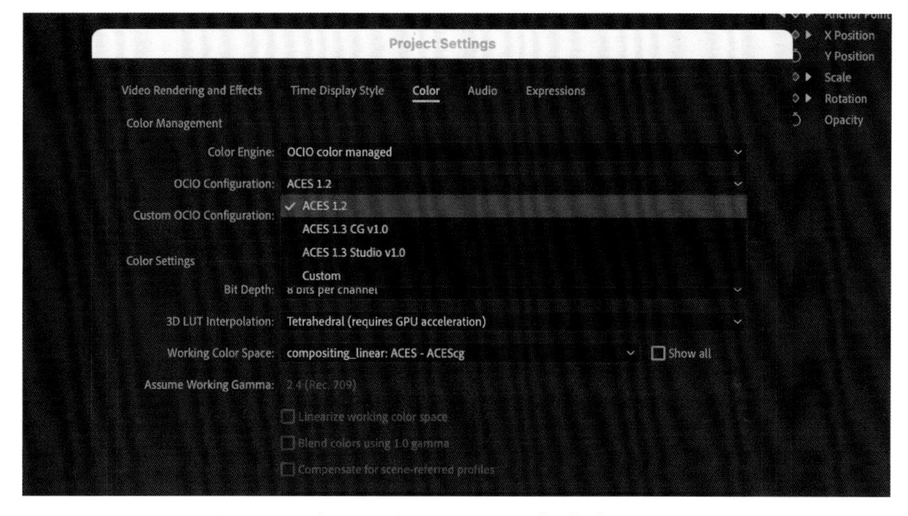

图 8-49 在 AE 的项目设置面板中启用 ACES

8.13 本章小结

本章讲解了色彩科学的基础知识，理解多种色彩空间。另外，由于当代调色师要处理的素材类型非常庞杂，所以，很有必要学习视频技术的基础知识，理解素材的色彩空间和Gamma 曲线以及量化采样等概念。

另外，对于色彩管理的知识也进行了基础性讲解和案例展示。在这里还是要再次强调，色彩管理不止一种方案，能够坚持看完的读者想必也对色彩科学和色彩管理充满兴趣和疑问，也欢迎和笔者多多交流，共同成长。

第9章 小清新风格调色

本章导读

在摄影领域，"小清新"通常是指构图简单、略微过曝、清新唯美的影调。在视频创作中，带有小情节、小情绪和生活气息、温情柔和的"小清新"风格影片也非常流行。本章将讲解如何使用达芬奇调色来呈现小清新风格。

本章学习要点

◇小清新风格的概念认知
◇小清新风格的代表作品
◇小清新风格的特征分析
◇小清新风格的案例制作

9.1 小清新风格的概念认知

“小清新”最初是指一种清新唯美、创意见长的音乐风格类型，即人们常说的“Indie Pop（独立流行）”。之后“小清新”风格逐渐扩散到文学、摄影、电影及生活方式、穿衣风格等领域。偏爱清新、唯美的文艺作品，生活方式深受清新风格影响的一批年轻人，也可称为“小清新”。

在视觉上，小清新讲究的是简洁与清爽，以自然淳朴、淡雅脱俗为审美标准。这是一种透着恬淡气息的画面风格。影像中潜藏着一种神经质般的敏感，好像青春期的小情绪，令人心驰神往。“小清新”通常不会描绘宏大叙事和史诗场景。着眼于“小”字，小清新主要关注“小情节”“小情绪”和“小事件”。

9.2 小清新风格的代表作品

小清新风格的电影作品有不少，如“是枝裕和”执导的《海街日记》，“行定勋”执导的《在世界中心呼唤爱》，“岩井俊二”执导的《花与爱丽丝》，“森淳一”执导的《小森林》等。电影剧照如图 9-1 所示。

图 9-1　小清新风格电影剧照

岩井俊二导演具有代表性的电影是《关于莉莉周的一切》。影片的开头男主人公戴着耳机正在听着莉莉周的音乐，大片的草场和纯白的衬衫表示主人公青春期的象征。莉莉周的音乐对于当时的青少年来说是纯洁的象征，广袤无垠的绿色草场和纯白的衬衫表示男主人公平和的状态，这种小清新风格也暗示着男主人公沉浸在自己纯洁无瑕的世界中。而影片后半部分，影片的基调变得灰色而深沉，这时主人公脾性也变得暴躁。利用小清新风格的画面以及灰色深沉画面的对比营造出主人公前后性格的变化，进而升华了主题。剧照如图 9-2 所示。

图 9-2 《关于莉莉周的一切》的剧照

《初恋这件小事》是泰国小清新影片的代表作品，主要讲述长相平凡的初中生小水，因喜欢上帅气的学长阿亮，因爱情而萌发导致两个人共同改变，最终在一起的故事。电影中人物身穿白衬衫，象征着校园环境的同时也是小清新风格人物衣着的典型代表。

画面中光线明亮，某些场景中色调略偏青色。导演运用小清新风格的画面营造出青春校园恋爱的青涩之感。整部影片在展示校园环境时大多采用小清新的风格画面，而展示家庭环境时则多采用暖色调表达温馨感受，展示出人物在不同环境下的不同状态。剧照如图 9-3 所示。

图 9-3 《初恋这件小事》剧照

9.3 小清新风格特征

近几年来，小清新风格的舒适安静、清新淡雅、自然随意的特点越来越受到大家的喜爱。由于小清新风格比较贴近我们的日常生活，所以也可成为一个拍摄题材。

小清新风格表达的是安静、舒适、平缓、清爽、干净的意境，人物状态一般处在冥想或沉浸在自己的世界中，表现一种青春的情绪、故事或者生活气息。所以，在拍摄时，服装、道具、光线、色彩的运用及人物的动作和状态都需要进行预先考虑。

有冷调的小清新，也有暖调的小清新。对于冷调的小清新，一般会偏青色或者是偏蓝色的，对于暖调的小清新，则会偏黄色或橙色。不管是冷调还是暖调，小清新风格中基本上没有重色调或者是高饱和度的色彩。低饱和度更符合小清新风格的意境和特点。

小清新风格通常会给人一种非常明亮的感觉，所以，调色时会在正常的曝光基础上再增加曝光补偿，让画面更明亮，同时降低色彩的饱和度和对比度，这样调色后的画面看起来会更淡雅更干净，如图 9-4 所示。

图 9-4　小清新风格调色作品

9.3.1 前期拍摄

小清新风格具有低饱和度和低反差的特点，给人一种淡雅舒适的感觉。小清新风格可以直接拍摄出来，未必一定要通过后期调色制作小清新风格。在拍摄阶段，要注意提前做好规划，选景、美术、服装、摄影以及演员的选择都非常讲究。

适合小清新拍摄的场景有很多，如草地、树林、大海、甜品店和学校操场等。这些场景都是生活中常见且典型的场景。小清新风格很多是偏蓝色或偏青色的。偏蓝色，会让我们想到天空和大海，绿色会让我们想到草地和树林。这些场景的色彩都是比较单一的、没有杂乱的物体。在这些场景下拍摄容易得到干净、简洁、明快的画面，如图 9-5 所示。

图 9-5　小清新风格场景

为增强小清新风格的表现力，根据场景的固有色调，在拍摄时可借助一些道具和摆件，如相机、泡泡机、鲜花和书本等，如图 9-6 所示。

小清新风格的服装能够突出人物轻松自在、唯美飘逸的感觉，也更能突出小清新的特点和画面的意境。一般都具有舒适、宽松、飘逸、简洁等特征，如校服、浅色连衣裙、白衬衫等。服装的色彩搭配上也要符合小清新的特点，颜色淡雅，没有视觉上撞色的刺激。色彩饱和度高的颜色、强烈的色相对比不符合小清新的特点。在服装的选择上还需根据模特的身材和体型进行有效的搭配，如图 9-7 所示。

图 9-6　小清新风格的道具

图 9-7　小清新人物妆造及环境案例

9.3.2　音乐选择

音乐曲调需要与影片风格匹配，合适的音乐能更加烘托出电影想表达的主题。电影《那些年，我们一起追的女孩》中胡夏演唱的主题曲《那些年》勾起了多少人年少时的回忆，唱出了多少人年少时的悸动。同样在制作小清新风格的影片时，后期剪辑的音乐选择上也可使用偏清爽和轻快的曲风。陈绮贞、自然卷乐团、苏打绿、猫头鹰之城乐队（Owl City）的部分歌曲都是小清新风格的音乐。

9.3.3　后期调色

小清新风格的评价标准多为观众的主观看法，所以，很难给它下一个明确而简洁的定义，

其调色方案也不固定，最终效果取决于调色师个人对“明亮通透”“色调清新”这两个概念的理解。小清新调色遵循“简洁、明亮、色彩统一”的原则。蓝色、青色、绿色是容易让人感到清新的色彩，而大面积的黄色和红色则容易产生燥热不安的感觉（当然这不代表没有暖调的小清新风格）。小清新人像主题一般比较简单、素雅，很少有小清新人像中带有强烈的情绪，更适合带入轻松愉悦的情绪。因此，每个人都可以根据自己的喜好调出属于自己的小清新色调。

9.4 小清新风格案例

下面通过实例介绍小清新风格的调色思路与操作步骤。首先分析素材，该素材的主体是一位穿着校服身处花丛中的女生。在前期拍摄阶段的人物造型以及场景的选择都有预先设计。

01 打开达芬奇软件，进入“媒体”页面，把名为“小清新”的素材从“媒体存储”面板添加到“媒体池”中。然后在“小清新”素材上右击，在弹出的菜单中选择“使用所选片段新建时间线”命令，将时间线命名为“小清新风格调色练习”。

02 进入“调色”页面，使用快捷键【Command+F】进行全屏放大，查看画面发现有噪点，在“节点 01”上进行降噪处理。该画面在人物头发阴影处有少许噪点，使用“时域降噪”及“空域降噪”进行降噪处理，参数如图 9-8 所示。

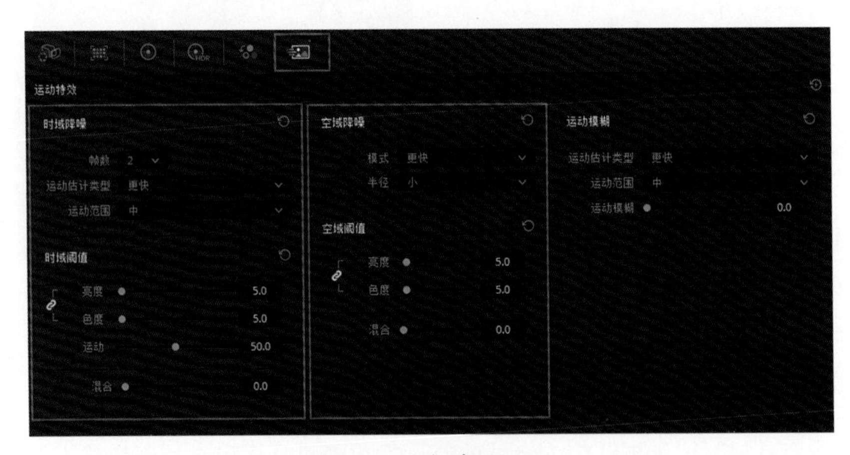

图 9-8　进行降噪处理

03 人物偏学生装和校园感，环境为花丛，颜色倾向于黄绿色调，基于此素材制作小清新风格调色应该是合适的。使用快捷键【Option+S】新建“串行节点”,其编号为 02。参照“波形示波器”发现画面亮度集中于中灰部分，单击“节点 02”，然后在“一级 - 校色轮”面板中调整画面亮部和暗部的亮度，让整体画面偏亮，如图 9-9 所示。

04 由于原片是 Log 素材并且采用“手动还原”的方法，除调整明暗反差外，还需还原画面饱和度。使用快捷键【Option+S】新建“串行节点”03，参照“矢量示波器”对画面进行饱和度的调整，“饱和度”由 50 增加到 61，如图 9-10 所示。

图 9-9　调整画面亮度

图 9-10　调整饱和度

05 使用快捷键【Option+S】添加04节点，考虑小清新的整体色调偏冷，在04节点上适当调整画面的“色温”参数，数值为-300.0。若整体色调明显偏向黄绿色，还可调节一级校色轮面板的“中灰”参数，蓝色数值为0.02，其他为0.00，如图9-11所示。

图 9-11　调整冷调

06 使用快捷键【Option+S】添加“串行节点”05，在05节点进行局部处理。把画面中黄绿色调处理成青绿色调，在“曲线 - 色相对色相”面板中，利用限定器工具吸取植物的颜色产生控制点，如图9-12所示。

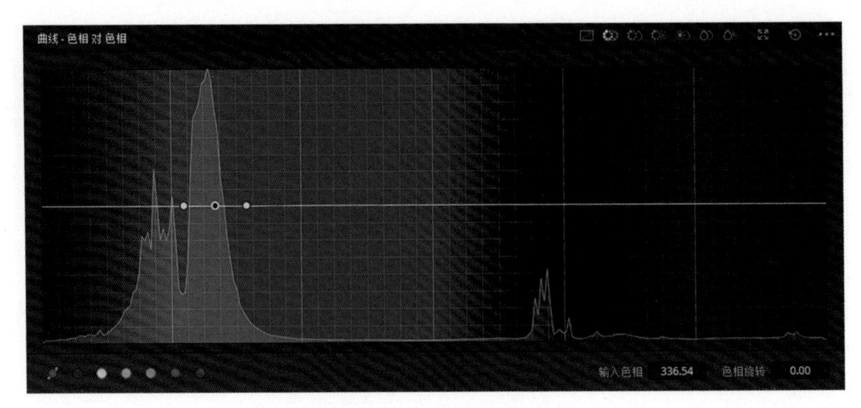

图 9-12　添加控制点

07 调整两侧控制点，扩大一点范围。调整中间的控制点，向下拉并关注画面颜色显示。如图 9-13 所示。

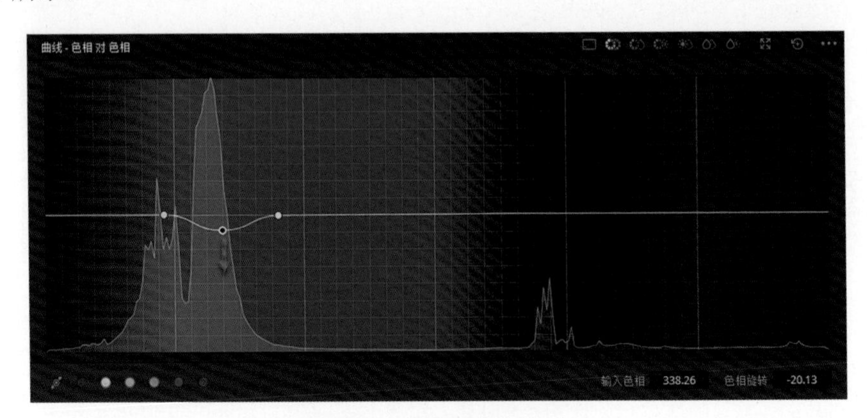

图 9-13　色相对色相调整

08 在“曲线 - 色相对饱和度”面板中，增加植物的饱和度。观察画面发现背景中有一些黄色、红色花朵非常扎眼，会吸引观众的视线，为统一画面，突出主体，将黄色、红色色彩的饱和度曲线下拉，如图 9-14 所示。

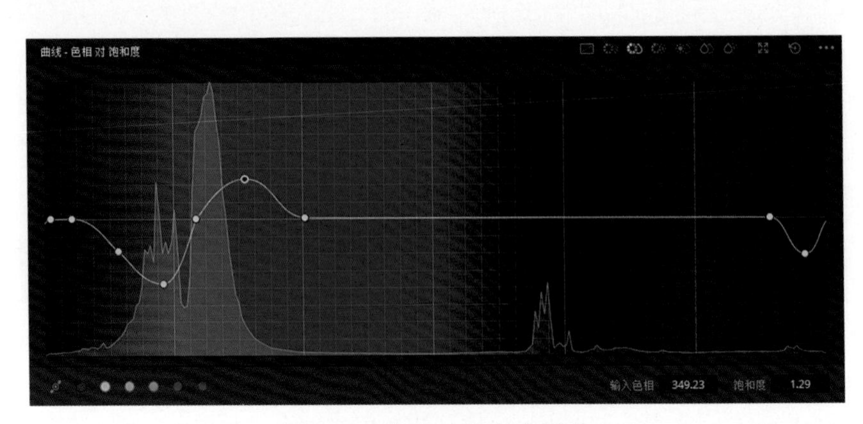

图 9-14　色相对饱和度调整

09 调整“色相对亮度”曲线，降低植物亮度（注意不要产生色阶断裂），增加画面层次感，如图 9-15 所示。

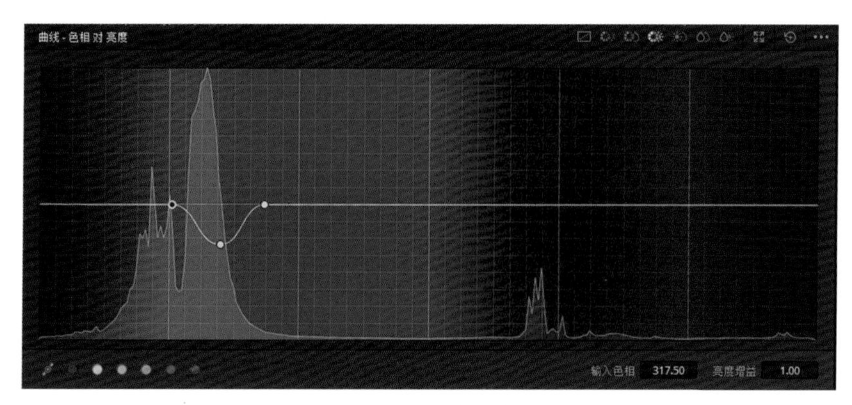

图 9-15　色相对亮度调整

10 小清新风格中具有柔光效果以突出人物的青春感，使用快捷键【Option+S】添加“串行节点”06。在“特效库”面板中选择“发光”插件，将其拖放给节点 06，如图 9-16 所示。

11 保证“节点 06”处于选中状态，在“设置”面板中调节“发光”插件的参数。注意对比调节前后的变化。设置闪亮阈值为 0.863，散布为 1.688，增益为 0.789，Gamma 为 1.921，饱和度为 1.926，如图 9-17 所示。

图 9-16　发光插件

图 9-17　发光参数

调整后，画面显得更加朦胧梦幻，女孩也显得更加突出了，如图 9-18 所示。

图 9-18　发光效果对比

12 使用快捷键【Option+S】添加“串行节点”07，然后将“面部修饰”插件拖动给 07 节点，如图 9-19 所示。

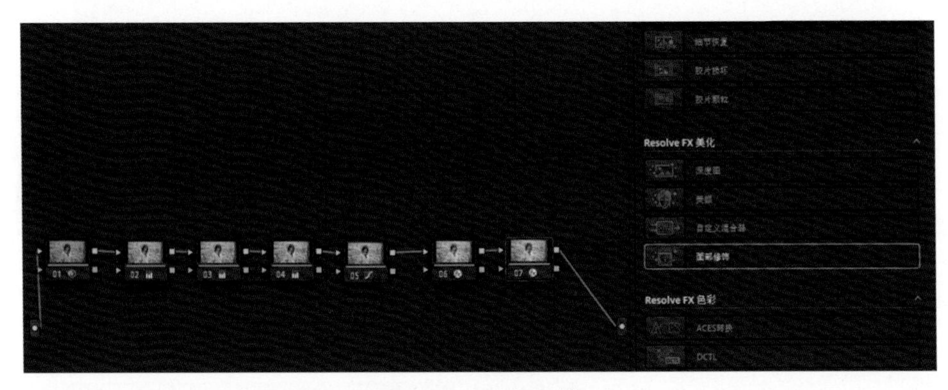

图 9-19　面部修饰

13 单击“面部修饰”面板中的“分析”按钮，该插件将自动识别人物面部并生成“皮肤遮罩”，如图 9-20 所示。

图 9-20　分析画面

14 分析结束后展开“皮肤遮罩”群组，勾选“显示遮罩”复选框，确认皮肤遮罩范围是否正确，如图 9-21 所示。

15 根据识别到的面部遮罩进行修改。勾选“使用面部遮罩”复选框，将“阴影级别”设置为 0.023，“色调范围”为 0.124，“色温范围”为 0.032，“面部遮罩大小”为 0.431，“面部遮罩柔化”为 0.358，“遮罩降噪”为 0.073，“改善遮罩”为 1.000，这样使得遮罩更加精确，如图 9-22 所示。

16 调整面部修饰的“纹理”参数，对皮肤进行磨皮处理。设置“操作模式”为“高级美化”，“阈值平滑处理”为 0.009，“漫射光照明”为 0.568，“纹理阈值”为 0.495，“添加纹理”为 0.138，“恢复程度”为 0.101，如图 9-23 所示。

17 处理人物的美妆效果。在“调色”选项组中，设置“对比度”为 0.211，“中间调”为 0.064。在“眼部调整”选项组中，设置“锐化”为 0.055，“亮眼”为 0.128，“去黑眼圈”为 0.161，“去眼袋”为 0.119。在“唇部修整”选项组中，设置“色相”为 0.156，“饱和度”

为0.596。在“腮红修整”选项组中，设置“饱和度”为0.174，如图9-24所示。

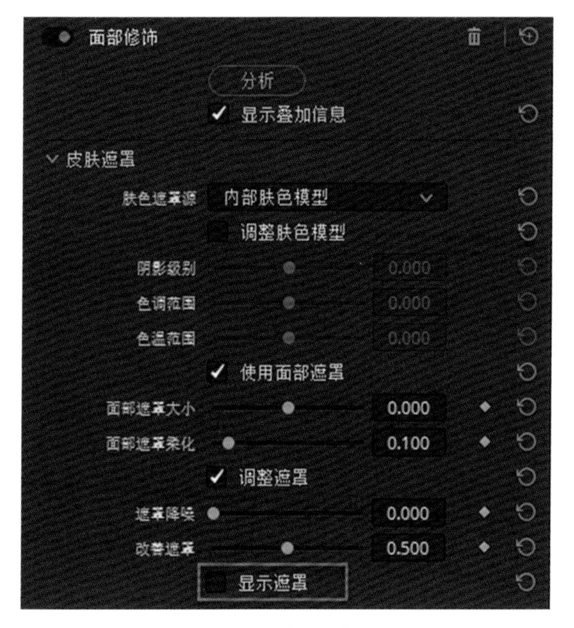

图9-21　皮肤遮罩

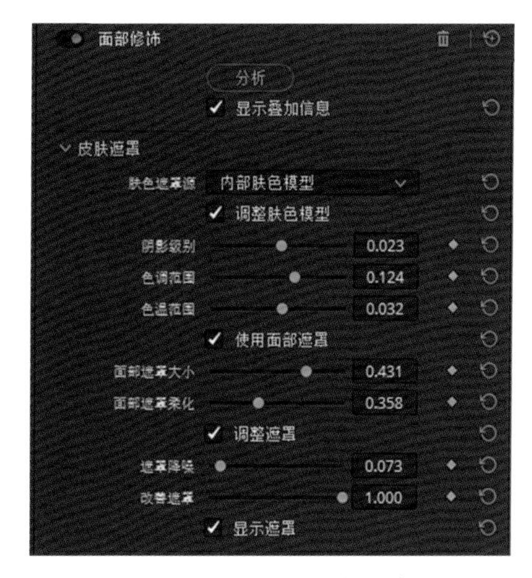

图9-22　调整皮肤遮罩参数

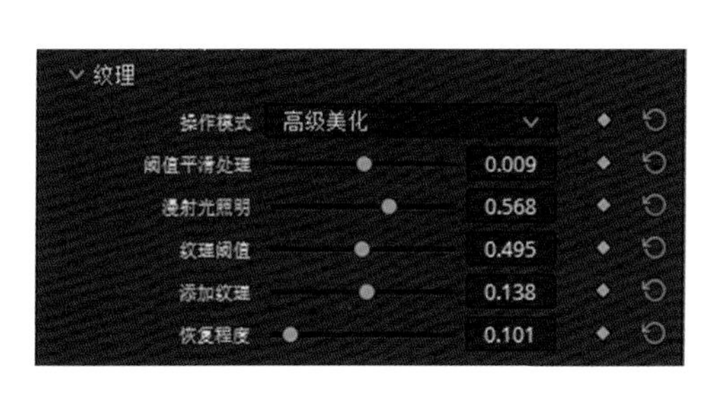

图9-23　调整纹理

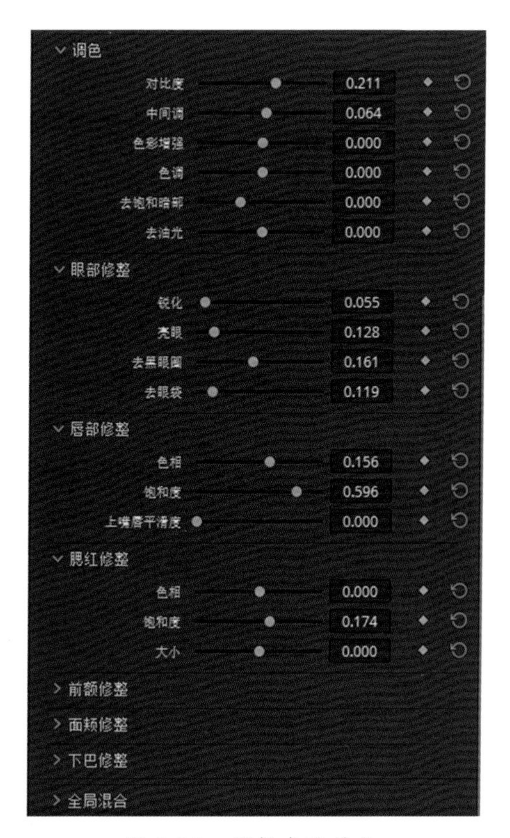

图9-24　调整皮肤美妆

18 皮肤处理完毕后，画面调整就结束了。调整前是带有黄绿色调的 Log（对数）素材，调整后为一个小清新风格的调色画面，如图 9-25 所示。

图 9-25　小清新风格调色前后对比

★提示

在调小清新风格时，不要使某一个颜色显得特别突兀。

9.5 本章小结

“小清新”可分为两个方面：一个是小，另一个是“清新”。“小”可以是“小趣味”“小情绪”“小情节”“小世界”，比较自我，比较敏感。“清新”表示淡雅、自然、朴实、超脱、静谧、温馨、恬淡和有趣的审美方向和生活态度。要注意小清新风格的影片，既有偏冷调的，也有偏暖调的，还有冷暖对比的。在工作中，一定要和导演提前进行沟通再定调。

第10章 数字美颜

本章导读

本章讲解了使用达芬奇软件进行数字美颜的技术。对于调色师而言，需要掌握不同年龄、不同职业、不同性别的人的肤色、质感及美妆的处理。从广告、MV、电视剧到网络大电影，对人物进行美颜的需求越来越大。本章除了讲解达芬奇的美颜工具之外，还讲解了其他软件的美颜功能。

本章学习要点

◇肤色校正
◇美颜磨皮
◇瘦脸瘦身
◇其他软件美颜

10.1 人物肤色

富有光泽和具有弹性的皮肤是最美的，人物肤色效果在画面中的呈现成为不可或缺的部分。在处理人物调色时，需要重视肤色处理。

10.1.1 肤色概述

人物的面部通常是吸引观众注意力的重要特征。调色师在调色时，需要协调画面的整体风格和人物肤色之间的关系。观察肤色时，色相和饱和度、亮度是影响的因素。肤色的饱和度一般在矢量示波器的 20% ～ 50%。如何判定人物肤色是否正确，可以参照达芬奇矢量示波器的肤色指示线，其作用是基于正常照明下显示肤色的正常值。

当调不同国家不同的肤色时，色相和饱和度存在更大的差异，但参照肤色指示线后发现呈现出来都在指示线附近，也就是说，肤色指示线对所有肤色都可以起到参考作用，如图 10-1 所示。

图 10-1　电影《敢死七镖客》中的人物肤色及其对应的肤色指示线

肤色也会受到来自灯光的影响，特别是一些特殊风格化影片，这时肤色指示线没有太多参考意义，如图 10-2 所示。

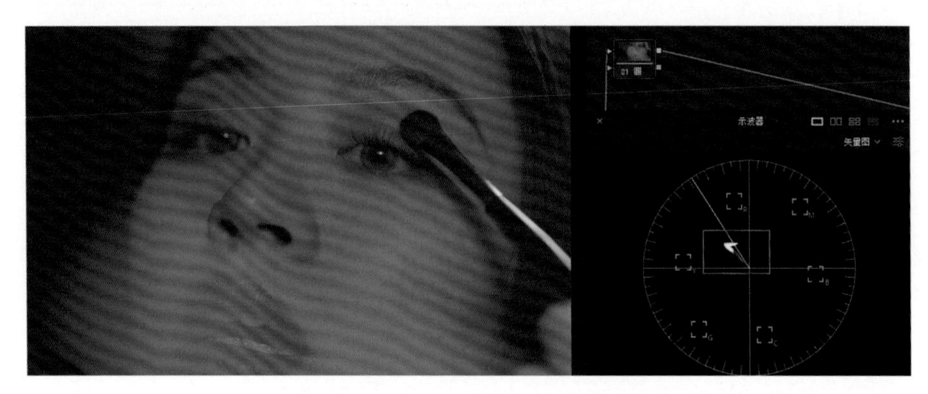

图 10-2　风格化影片下的肤色

10.1.2 肤色处理

正常照明拍摄人物时，可以利用限定器工具限定人物肤色部分，使用矢量示波器的肤色指示线来参考人物肤色是否需要调整。

01 在达芬奇“媒体”工作区的“媒体存储”界面选择需要处理的素材，进入“媒体池”，新建时间线，进入“调色”工作区，如图 10-3 所示。

图 10-3 肤色处理素材

02 在处理肤色前，使用快捷键【Command+F】全屏观察素材情况，看到该画面暗部有噪点，在 01 节点进行降噪处理，如图 10-4 所示。

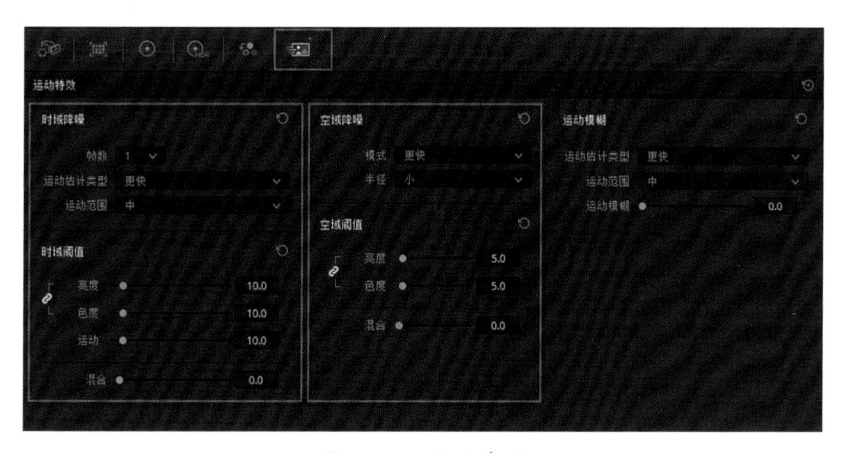

图 10-4 画面降噪

★提示

降噪的参数以画面情况而定，不可照搬参数设置。

03 添加“串行节点”，使用快捷键【Option+S】，观察“波形示波器”处理整体画面的明暗反差，如图 10-5 所示。

04 使用快捷键【Option+S】添加“串行节点”，使用“限定器 -HSL”工具来限定女生面部皮肤区域，使用快捷键【Shift+H】突出显示黑 / 白，更好确认选区，如图 10-6 所示。

图 10-5　整体画面明暗处理

图 10-6　突出显示黑 / 白显示皮肤选取

05 观察画面发现除了人物皮肤区域被选中外，人物的部分衣服区域也被选中，选用“窗口”工具来排除衣服部分，如图 10-7 所示。

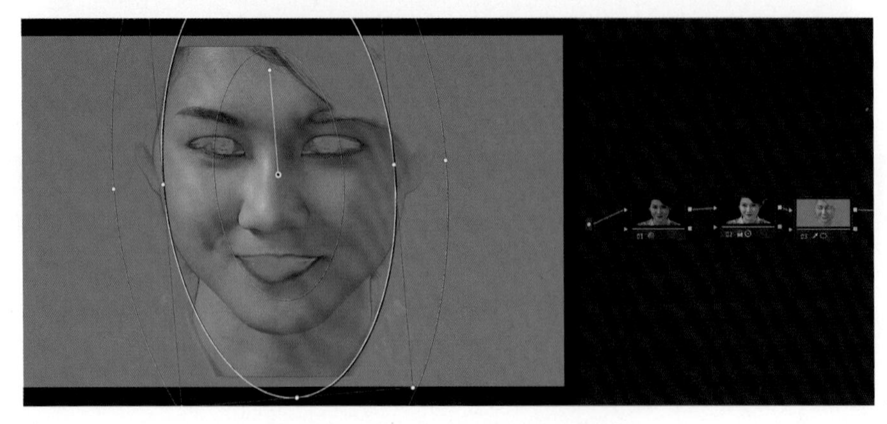

图 10-7　窗口工具限定皮肤区域

06 观察“矢量示波器”的“肤色指示线”，发现画面信息在指示线右侧，偏红色、品红色色相，如图 10-8 所示。

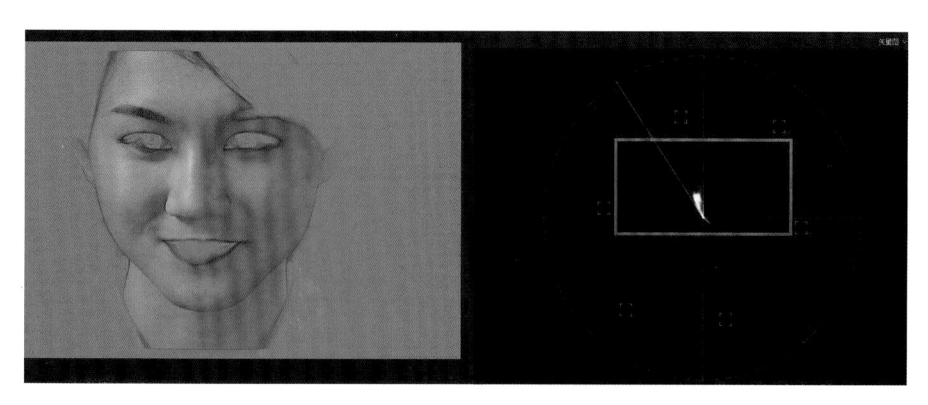

图 10-8 人物肤色偏红

根据“肤色指示线”的提示，打开“一级校色轮”工具调整肤色明暗及色相，并让它往黄色方向走，发现画面的信息慢慢往黄色偏移，并且越来越接近肤色指示线，如图 10-9 所示。

★提示

处理肤色的明暗、色相常使用一级校色轮中灰来调整。

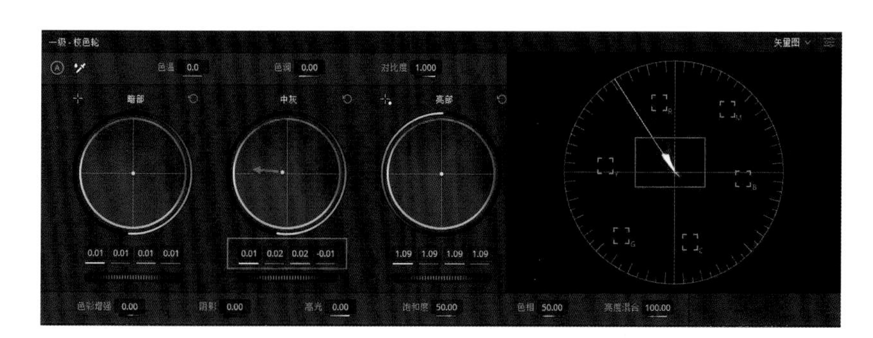

图 10-9 贴近肤色指示线

07 关闭“突出显示”，使用快捷键【Shift+H】，对比前后效果，如图 10-10 所示。

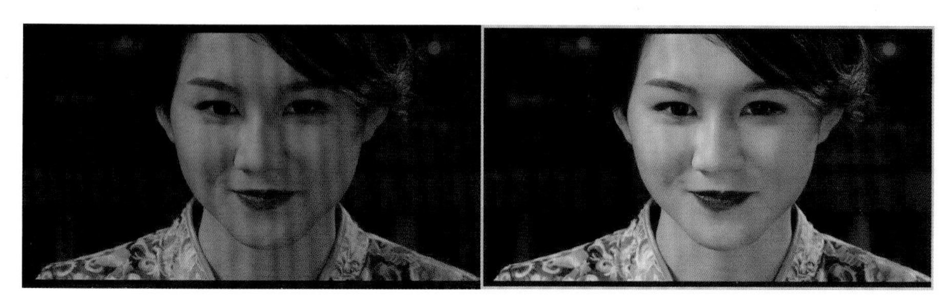

图 10-10 人物肤色处理 前后对比

10.1.3 肤色匹配

有时候一场戏会使用多个设备进行拍摄，在场地、光线一致的情况下，人物及环境色相、饱和度、亮度等信息会因为设备不一致出现差别。图 10-11 所示为不同设备拍摄的画面，可以明显看到两幅画面的色彩差异。

（a）Canon R5 拍摄 C-log

（b）Sony A7S3 拍摄 Slog3

图 10-11　不同设备拍摄的画面

★提示

在进行肤色匹配前，第一步先进行画面整体匹配。匹配思路是先对其中一个素材进行调色，另一个素材与之进行颜色匹配，可利用静帧划像达到前后一致。

01 在“媒体存储”界面选择这两个素材导入“媒体池”，新建时间线，进入调色功能区，如图 10-12 所示。

图 10-12　时间线上的两个素材

02 先对第一个素材进行调色处理。选择时间线第一个素材，查看画面的“波形示波器”，在 01 节点调整画面的明暗反差，拉大反差后发现画面暗部有噪点，使用快捷键【Shift+S】在 01 节点前新建串行节点进行降噪处理，如图 10-13 所示。

图 10-13　整体画面处理

03 新建串行节点 03，为了和第二个素材更好地匹配，进行一级整体偏色，亮度色轮往黄色偏移，暗部往青色调整，如图 10-14 所示。

图 10-14　整体画面偏色

04 新建串行节点 04，开始处理人物肤色，使用“限定器 -HSL”工具来限定人物皮肤区域，同时选中人物衣服，使用窗口工具排除衣服部分，如图 10-15 所示。

图 10-15　限定人物面部

05 查看“矢量示波器”，使得人物肤色信息贴近“肤色指示线”上，使用“一级 - 校色轮”中灰色轮处理肤色亮度及色相，如图 10-16 所示。

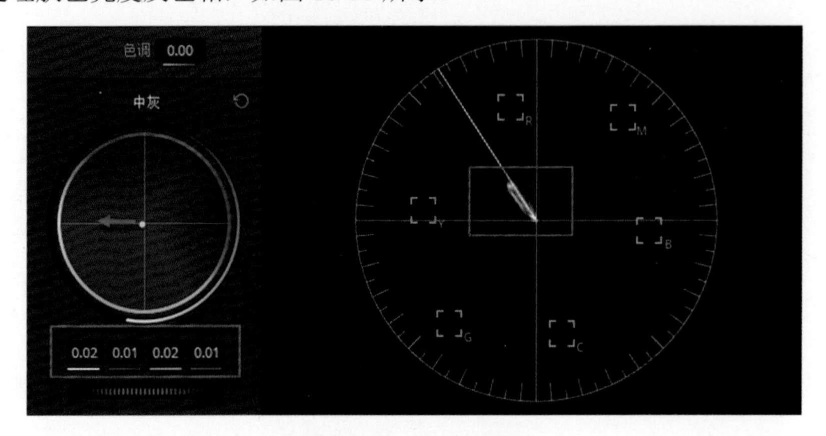

图 10-16 肤色处理

06 第一个素材处理完成后作为第二个素材的匹配参照标准。在“检视器”中使用鼠标右键抓取第一个素材的“静帧”，“静帧”在“画廊”中，如图 10-17 所示。

图 10-17 抓取第一个素材的静帧

07 选择第二个素材，选择 01 节点，使用快捷键【Command+F】放大全屏观看画面，发现画面暗部有噪点，01 节点先进行降噪，如图 10-18 所示。

08 使用快捷键【Option+S】在 01 节点后新建“串行节点”02，使用“波形图”和“一级 - 校色轮”调整画面的明暗反差，如图 10-19 所示。

09 单击检视器上方划像工具对第一、二个素材画面进行对比，发现整体画面偏色有很大差别。使用快捷键【Option+S】新建“串行节点”03，使用“一级 - 校色轮”在 03 节点进行画面偏色匹配，画面亮部向暖黄色偏移，暗部向青色偏移，如图 10-20 所示。

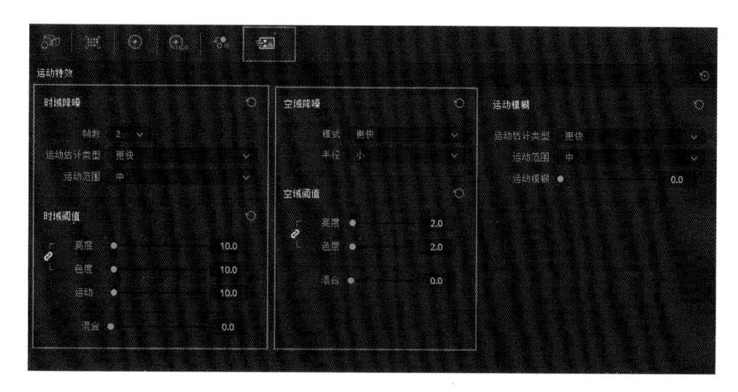

图 10-18 画面降噪

图 10-19 整体画面明暗处理

图 10-20 画面整体偏色处理

10 新建“串行节点”04，开始处理人物肤色，使用“限定器 HSL”工具来限定人物皮肤区域，同时选中人物衣服，使用窗口工具排除两个人物以外的部分。查看“矢量示波器”，使用“一级 - 校色轮”工具，对比第一个素材人物的肤色，进行肤色的调整，如图 10-21 所示。

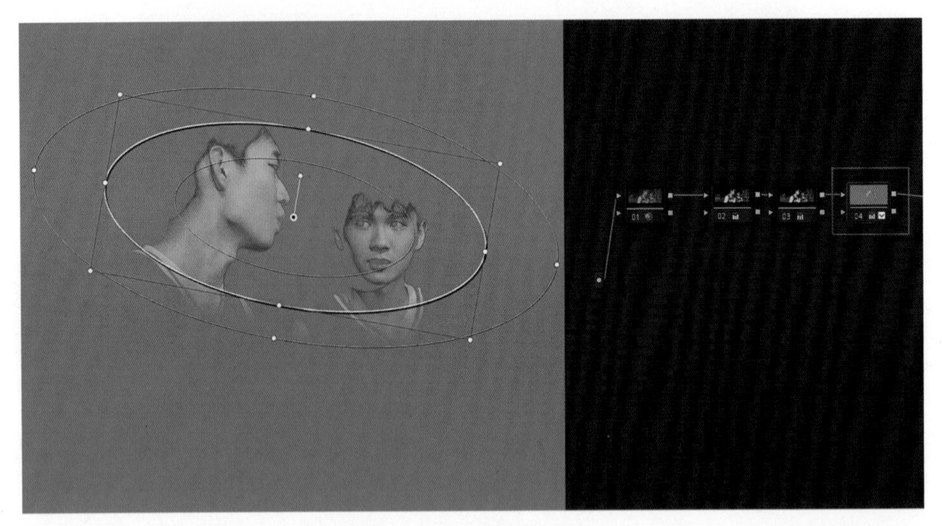

图 10-21　肤色处理

11 再次使用“划像”工具比对第一个素材，发现人物衣服色相、亮度不一致。使用快捷键【Option+P】新建“并行节点”，使用“限定器 -HSL”工具来限定人物衣服区域，“窗口”工具排除衣服以外的部分。使用“一级校色轮”处理衣服部分的明暗，如图 10-22 所示。

图 10-22　衣服处理

12 新建“并行节点”06、07，使用“限定器 -HSL”工具来限定人物衣服衣领橙色与紫色的区域，使用“一级 - 校色轮”工具调整衣服衣领的色相、饱和度与第一个素材一致，如图 10-23 所示。

13 使用快捷键【Option+S】新建“串行节点”，使用“一级 Log 色轮”进行画面最后风格化的精细调整，如图 10-24 所示。

图 10-23　衣服衣领处理

图 10-24　风格化调色

14 查看第二个素材调色前后的效果，如图 10-25 所示。

图 10-25　第二个素材前后调色对比

15 再看第一个和第二个素材的匹配对比，如图 10-26 所示。

图 10-26　匹配对比

10.2 美颜磨皮

女生追求美的脚步总是永无止境，在微信、微博等线上社交流行的当下，单有粉底、腮红这些真实的化妆品还不够，一款好用的虚拟化妆品也必不可少，美颜技术在影视中普遍运用。

10.2.1 磨皮功能概述

达芬奇磨皮有多种可用工具：模糊、雾化、降噪、中间调细节、Open FX 特效、插件等。这几种工具均可达到不同程度的磨皮效果，正确地配合遮罩 / 抠像使用，能达到理想的效果。

01 模糊：适合体积较大的痣、痘、斑等局部瑕疵。

02 雾化：效果与模糊类似，是一种光学模糊。同样应配合遮罩小范围使用。

03 降噪：Studio 版达芬奇才能使用该功能，有“更快”和“更好”两种模式。更快模式类似油画效果，适合处理细小瑕疵。一般配合抠像大面积使用。

04 中间调细节：一级校色轮面板上的工具。数值为负值时对中小瑕疵、明暗瑕疵有较好的效果，配合遮罩或抠像使用都行。

05 特效库插件：磨皮主要使用美颜和面部修饰功能，同样是需要在 Studio 版达芬奇才能使用的功能。

06 第三方插件：Beauty box 插件可以轻松去除视频上人物皮肤的各种瑕疵，并且让肤色均匀，人物变得更加好看、精致，达到专业的磨皮美容效果。

10.2.2 常用磨皮工具的类型

使用达芬奇调色软件进行磨皮操作，常用中间调细节、Open FX 的美颜与面部修饰三种方式。其中使用中间调细节进行一级整体、简单的磨皮处理。Open FX 的美颜与面部修饰则可达到深度磨皮、美妆的效果。

1.中间调细节

中间调细节是一级色轮中的工具。进入“色轮”面板，可选择右上角“中间调”的 0 数值往左走并查看效果。在“色轮”面板中，把“中间调细节”参数调整为 -100，此时画面会虚化，产生柔光效果。“中间调细节”参数调整为 100，画面细节变得更加突出，人物脸上的皱纹、斑点也变得更加突出。所以，中间调细节在磨皮时需要向负方向调整，才能够达到一定的磨皮效果，如图 10-27 所示。

图 10-27 中间调细节数值为负呈现磨皮效果

★提示

中间调细节处理人物皮肤磨皮，建议参数控制在 -40 以内，当超过 -40 时，人物皮肤容易失真。

2.特效库——“美颜”插件

在“特效库”界面的“美颜”中，“高级选项”中有自动模式、Advanced 及超级美颜模式。自动模式下能快速处理人物的皮肤磨皮效果。“Advanced”模式，具有磨皮、纹理恢复、特征恢复、全局混合等功能进行综合性美颜。利用“磨皮”和“纹理恢复”来达到既有磨皮效果又能找回人物面部的特征细节。“超级美颜”模式中具有磨皮、细节恢复、纹理恢复、颗粒、全局混合等功能。具体使用哪种模式，还需看素材及磨皮要求来决定。美颜左侧红色按钮即为开关对比键，这部分的参数可以基于查看后再进行微调，如图 10-28 所示。

3.特效库——“面部修饰”插件

“面部修饰”也是特效库中的插件，其优势在于不需要使用二级限定工具去限定面部区域。使用分析工具可让人物面部有一圈绿色的路径，能识别人物的眉毛、眼睛、鼻子、嘴巴。面部修饰包括皮肤遮罩、纹理、调色以及局部美妆等功能。皮肤遮罩主要针对勾选显示遮罩后识别到的遮罩进行修改，如调整面部遮罩的大小。改善遮罩后完成磨皮、美妆的操作，如图 10-29 所示。

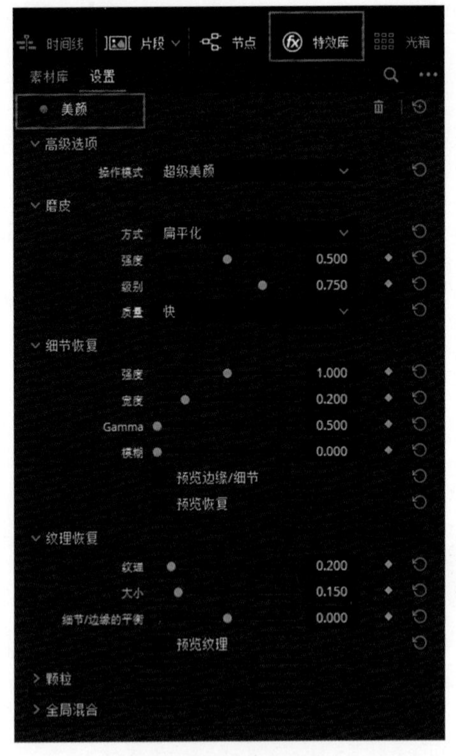

图 10-28　FX 美颜

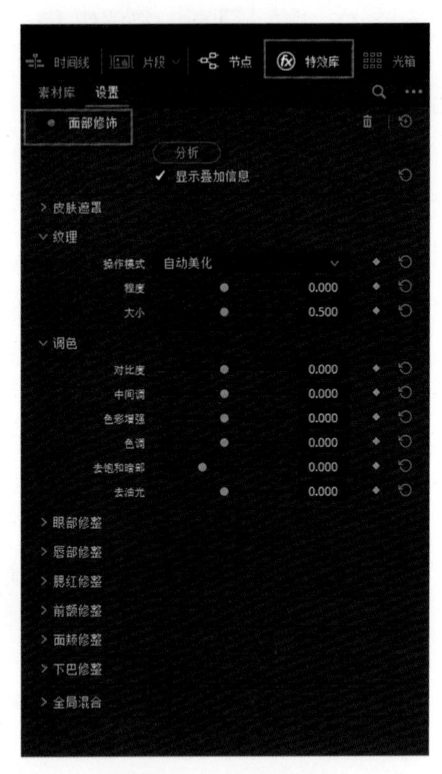

图 10-29　面部修饰

10.2.3 中间调细节和模糊磨皮案例

轻微瑕疵常用的磨皮工具有模糊、中间调细节、降噪。其中模糊的平滑效果非常明显，用于去痣、痘痘等明显的瑕疵，缺点是容易使得皮肤失真，所以，不能进行大面积磨皮。中间调细节和降噪都是大面积磨皮的，磨皮效果比较自然。本案例用中间调细节工具搭配模糊来完成磨皮。

01 在“媒体”功能区中，把素材从“媒体存储”面板添加到“媒体池”。在“媒体池”中选中所用的素材右击，在弹出的菜单中选择“使用所选片段新建时间线”命令，将时间线命名为“磨皮”。

02 进入“调色”功能区，在片段上看到这两个素材都是 RED 摄像机拍摄，则可以使用 Camera Raw 功能来调整，如图 10-30 所示。

图 10-30　RED 拍摄的 Raw 素材可以使用 Camera Raw 工具

03 在 Camera Raw 面板，将解码方式从默认的“项目”改成“片段”激活界面。查看示波器，调整参数，如图 10-31 所示。

图 10-31 Camera Raw 工具调整画面

04 新建“串行节点”，快捷键为【Option+S】。选择“串行节点”02，使用“限定器-HSL”工具限定人物皮肤，再用“窗口”工具排除面部以外的部分，如图 10-32 所示。

图 10-32 使用 HSL、窗口来限定人物皮肤区域

05 选择“一级-校色轮”的“中间调细节”工具调整为负值，进行皮肤磨皮，再使用“模糊”搭配使用完成最终磨皮效果，如图 10-33 所示。

06 查看“中间调细节”与“模糊”搭配磨皮效果对比，如图 10-34 所示。

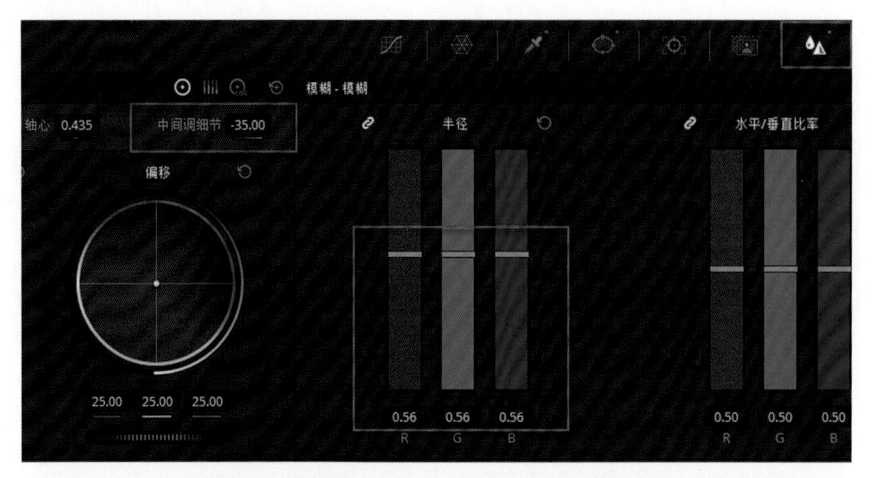

图 10-33　使用中间调细节、模糊磨皮

图 10-34　中间调细节和模糊磨皮效果对比

10.2.4 “美颜”插件

利用“限定器 HSL”“窗口”工具来限定人物皮肤的范围，并使用“美颜”效果完成磨皮。下面通过实例进行讲解。

01 选择时间线上第二个素材，使用快捷键【Command+F】全屏查看画面有噪点，使用“时域降噪”配合“空域降噪”进行处理，设置“时域降噪”的“帧数”为 1，“亮度”与“色度”为 5.0，“空域降噪”的“亮度”与“色度”为 10.0，如图 10-35 所示。

02 执行菜单“调色→节点→添加串行节点”命令，快捷键为【Option+S】，在编号为 01 的节点后面添加一个新节点，自动产生的编号为 02。

03 根据“波形示波器”，对“串行节点”02 完成一级校色调整画面整体明暗反差。使用快捷键【Option+S】新建 03 节点，调整画面饱和度及画面偏色，如图 10-36 所示。

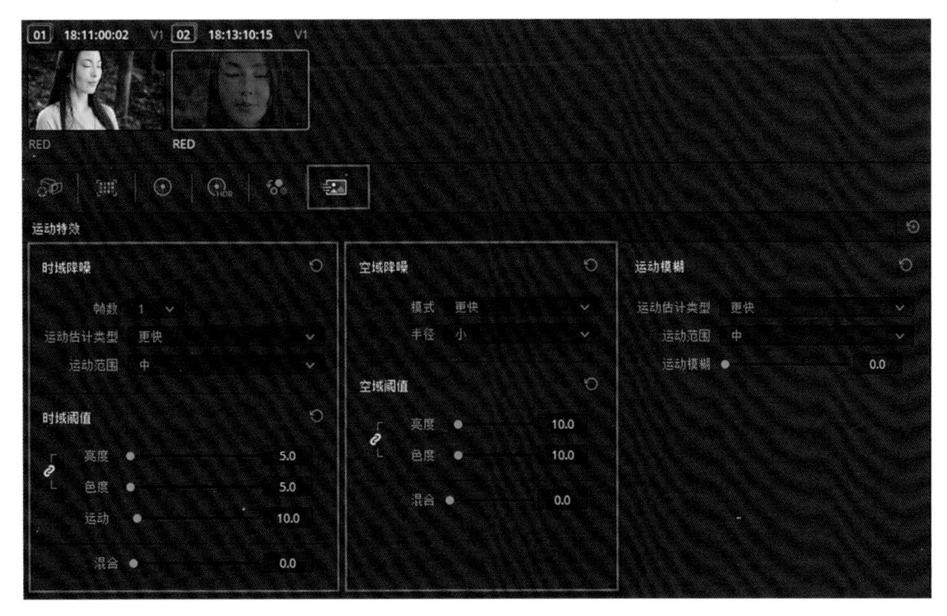

图 10-35　画面降噪

图 10-36　处理画面一级校色

04 使用快捷键【Option+S】添加“串行节点”，使用“限定器 -HSL”和“窗口”工具限定人物皮肤范围，在“特效库”中选择“美颜”并拖动给 04 节点，如图 10-37 所示。

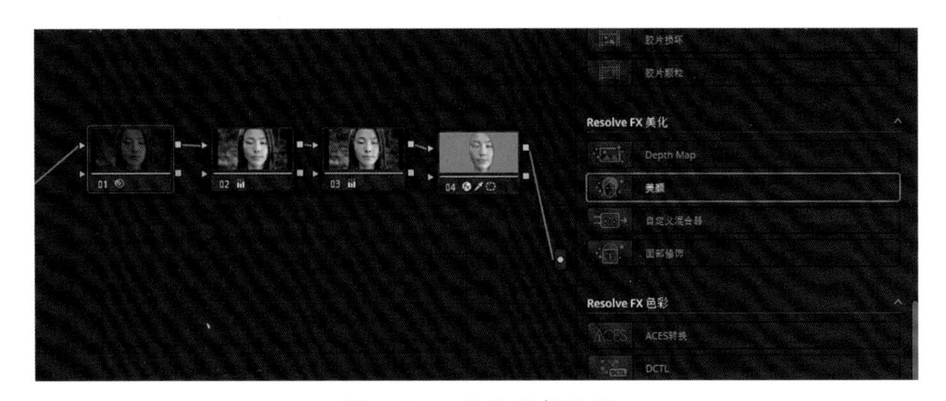

图 10-37　使用美颜效果

05 单击 04 节点，在美颜的效果设置中将“自动”改为“超级美颜”模式，如图 10-38 所示。

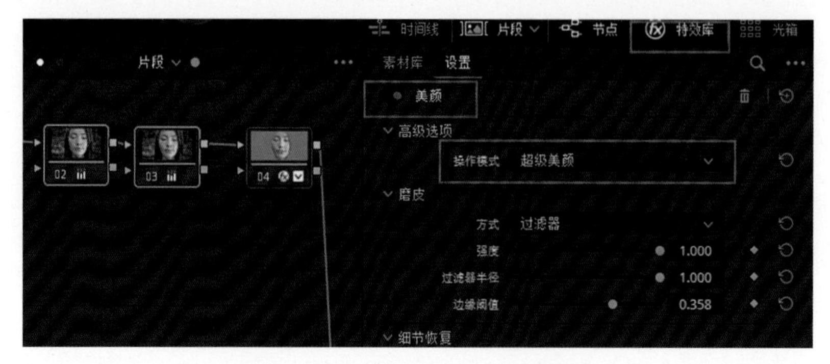

图 10-38　使用超级美颜效果

06 在“超级美颜”模式下，磨皮有两种模式：一种是扁平化，可以调整强度、级别、质量的参数；另一种是过滤器模式，可以调整强度、过滤器半径、边缘阈值的参数。根据素材情况选择使用“过滤器”模式，设置强度参数为 0.886，过滤器半径为 0.457，边缘阈值为 0.057，达到较好的磨皮效果。

07 为避免经过磨皮后人物失真，美颜插件中还有“细节恢复”功能，可以调整强度、宽度、Gamma（中灰）、模糊的参数来找回人物细节。设置强度为 1.156，宽度为 0.200，Gamma（中灰）为 1.000，模糊为 0.669，如图 10-39 所示。

08 美颜插件中还有“纹理恢复”，可以调整纹理、大小、细节与边缘平衡的参数。利用纹理恢复来找回人物面部的特征，设置纹理为 0.183，大小为 0.110，细节 / 边缘的平衡为 1.000。

09 然后调整“颗粒”，可以调整强度、大小、柔和度、饱和度参数。还可调整全局混合参数，设置强度为 0.036，大小为 0.080，柔和度为 0.100，饱和度为 0.150，如图 10-40 所示。

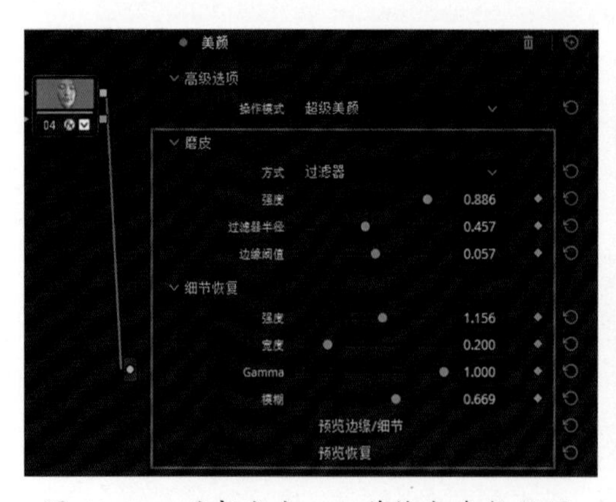

图 10-39　美颜磨皮、细节恢复参数设置

纹理恢复
纹理 0.183
大小 0.110
细节/边缘的平衡 1.000
预览纹理
颗粒
强度 0.036
大小 0.080
柔和度 0.100
饱和度 0.150
全局混合

图 10-40　美颜纹理恢复、颗粒、全局混合参数设置

10 原始画面与美颜的效果对比如图 10-41 所示。

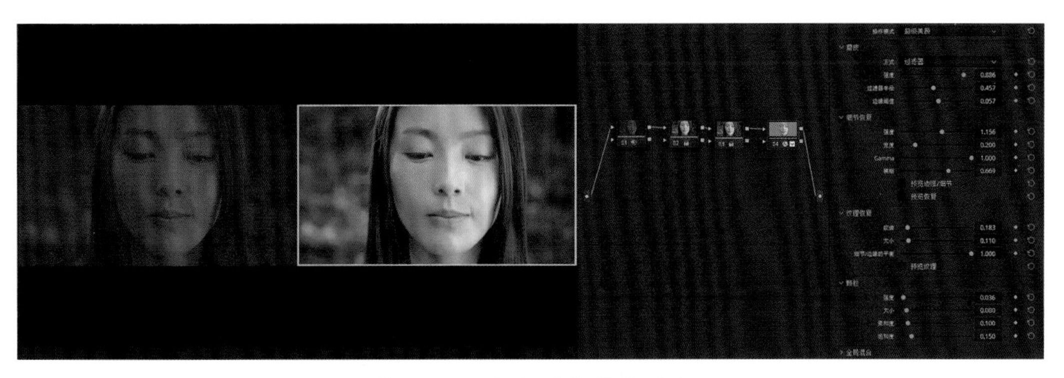

图 10-41 超级美颜效果对比

10.2.5 “面部修饰”插件

“面部修饰”是 Studio 版本中的一项特色解决方案，“面部修饰”通过调节色相和饱和度参数来影响皮肤的颜色，以及调整人物的眼睛明暗、消除眼袋、腮红美妆，几乎可以完成对人物面部局部的所有优化。

01 选择时间线上第二个素材，使用快捷键【Command+F】全屏查看画面有噪点，使用降噪工具进行降噪处理，如图 10-42 所示。

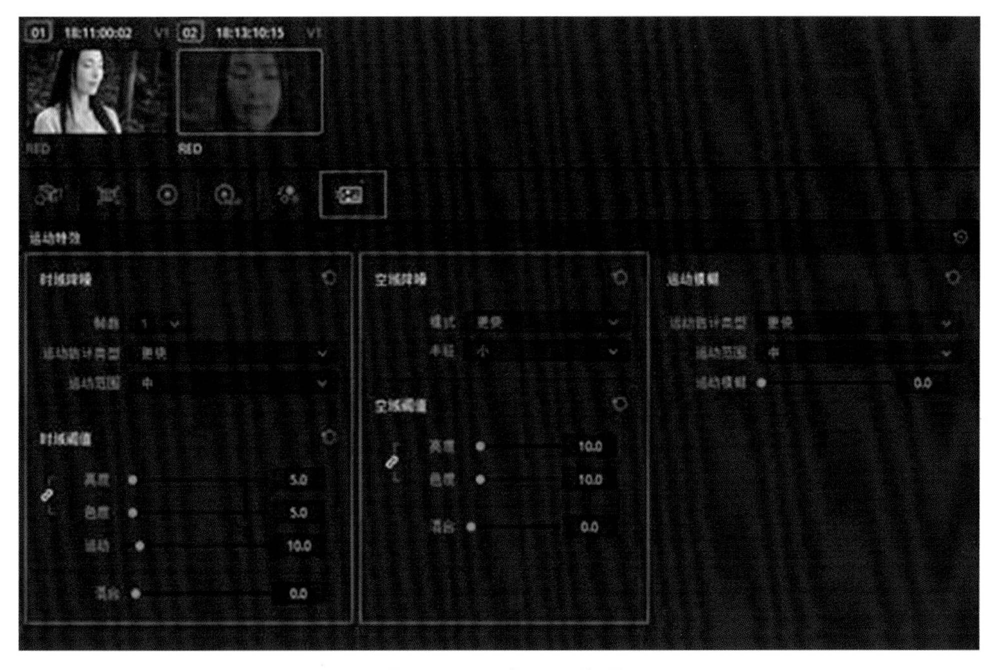

图 10-42 对画面降噪

02 执行菜单“调色→节点→添加串行节点”命令，快捷键为【Option+S】。在编号为 01 的节点后面添加一个新节点，自动产生的编号为 02。

03 根据“波形示波器”，对02节点完成一级校色调整画面整体明暗反差。使用快捷键【Option+S】新建03节点，调整画面饱和度及画面偏色。

04 使用快捷键【Option+S】添加串行节点，在04节点上添加“面部修饰”效果，如图10-43所示。

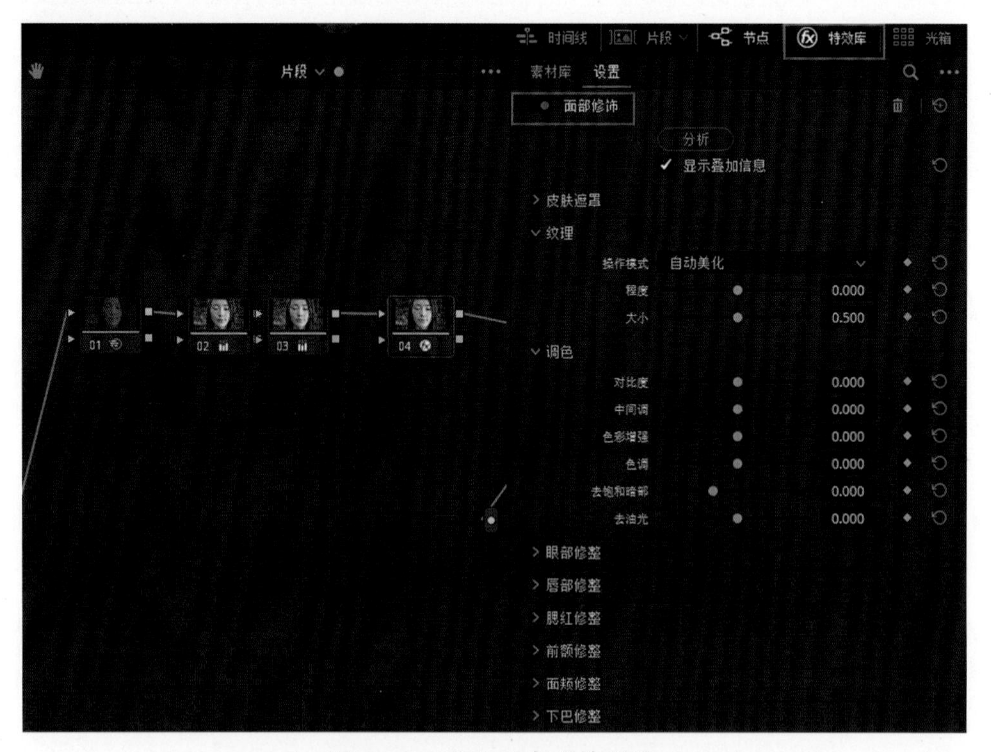

图10-43　添加面部修饰效果

05 在“设置”面板中单击“分析”按钮，对脸部进行分析。此时，人物面部生成绿色的路径并能识别五官，如图10-44所示。

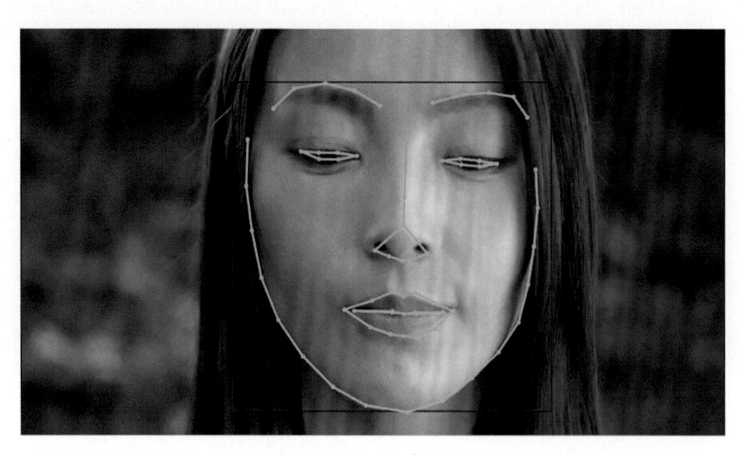

图10-44　面部分析

06 分析面部后，展开“面部修饰”皮肤遮罩设置，勾选“显示遮罩”复选框，查看遮罩，肤色遮罩源为“内部肤色模型”，勾选“调整肤色模型”复选框，利用肤色参数调整面部遮罩的大小，还可使用面部遮罩大小以及柔化对遮罩大小、效果进行完善，如图 10-45 所示。

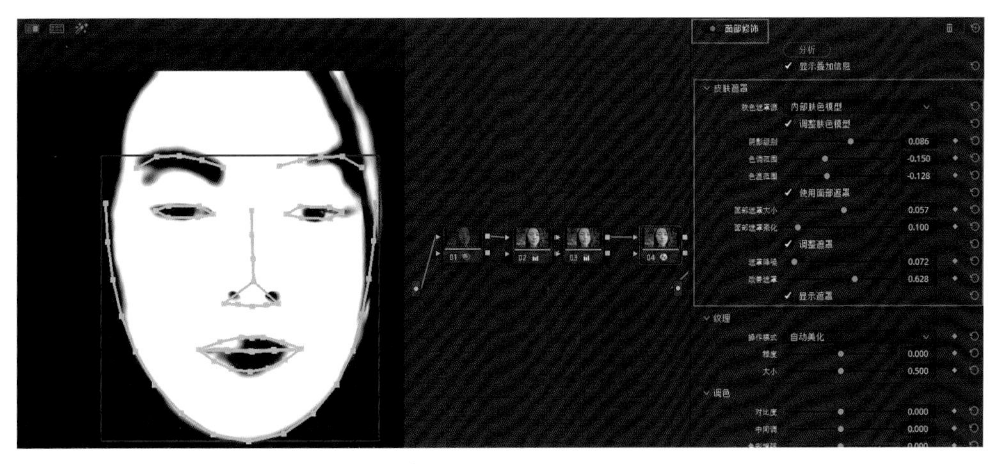

图 10-45　皮肤遮罩修正

07“纹理”模式有自动美化、磨皮、高级美化三个模式，选择“高级美化”选项，阈值平滑处理可以理解为需要保留的场景细节，漫射光照明理解为中间调细节磨皮，这两个功能主要用于进行磨皮处理。纹理阈值、添加纹理、恢复程度是基于磨皮后人物特征细节找回，不使人物失真，如图 10-46 所示。

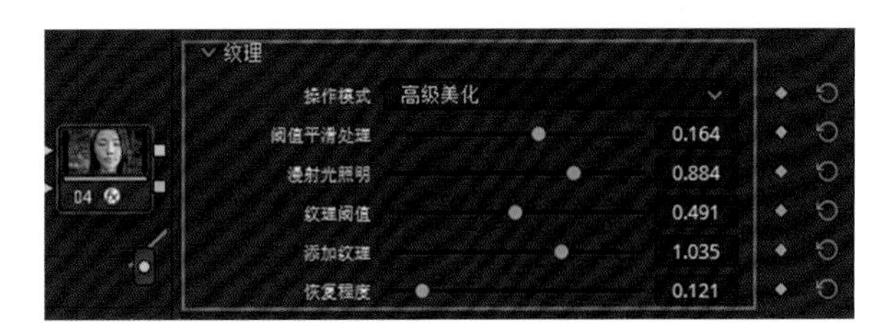

图 10-46　皮肤磨皮与纹理恢复

08 进行人物面部的“调色”，有调整对比度、中间调、色彩增强等功能，根据素材风格、影片色调参考矢量示波器进行调整。如图 10-47 所示，将色调整为品红色，使人物皮肤红润。

图 10-47　皮肤调色

09 进入局部调整，首先是眼部修整。发现眼部有些发灰，可尝试使用锐化。除此之外，还可调整亮眼、去黑眼圈、去眼袋，但这些工具的范围有些过大，适当调整即可，如图 10-48 所示。

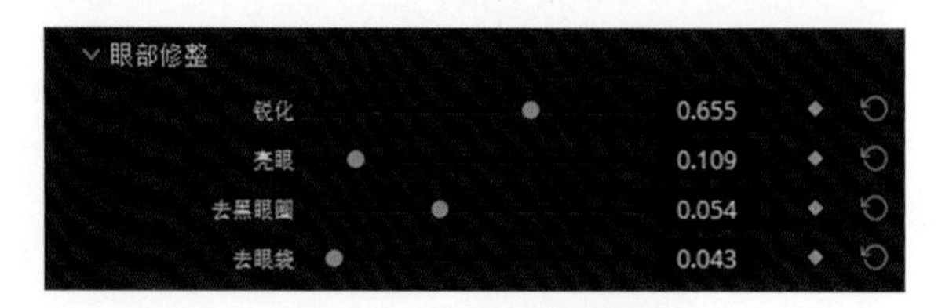

图 10-48　眼部修整

10 唇部修整可以改变唇部的色相，根据人物原本的唇色进行一些轻微的调整，可增加唇部颜色的饱和度，上嘴唇平滑度。如图 10-49 所示，调整色相偏粉红色调，增加饱和度。

图 10-49　唇部修整

11 腮红修整，腮红部分饱和度参数调大后可看到双频区域，在双颊腮红区域可以缩小及放大，正常情况下选择降低饱和度以及给到偏粉红色的色相，因为嘴唇是粉红色系，一般将腮红和嘴唇调整成相同色系，如图 10-50 所示。前额修整、面颊修整、下巴修整这三个部位的工具使用范围不是特别广，很少使用。

图 10-50　唇部、腮红修整

12 原始画面与美颜、面部修饰的效果对比，如图 10-51 所示。

图 10-51　原素材、美颜、面部修饰效果对比

10.3 瘦脸瘦身

现代生活中，瘦脸针成为瘦脸的主要方式之一，很多爱美的朋友希望通过打瘦脸针实现 V 字脸达到修饰轮廓的作用，此方法存在一定的风险性。在影视中，可以使用后期制作软件来达到瘦脸的效果。

10.3.1 瘦脸瘦身概述

在达芬奇调色软件中使用“特效库”中的“变形器”或者 Fusion 中的“网格变形”工具进行瘦脸操作，如图 10-52 所示。

图 10-52　变形器

变形器操作是在人物面部或者身体外部轮廓打上白点，单击白点可以进行上下左右移动，往外拖动达到放大、拉大的效果，往里推压达到缩小、挤压的效果。而瘦脸瘦身就需要点往里推压。在推压的过程中需要适度，否则容易引起人物面部或者躯体等部位的扭曲变形，也会影响画布容易造成穿帮。

★提示

在拍摄阶段就要设想该素材中的人物是否需要瘦脸、瘦身，在拍摄时构图尽可能把人物放置在画面中间，避免使用变形器瘦脸时拉扯画布穿帮。对于不需要移动的地方可以使用 Shift+鼠标左键打红色控制点钉住画面，可以保护画面不扭曲。

10.3.2 瘦脸步骤

在进行瘦脸瘦身前，可以做一个简单的降噪、调色，再进行后续人像的瘦身瘦脸步骤。具体流程如图 10-53 所示。

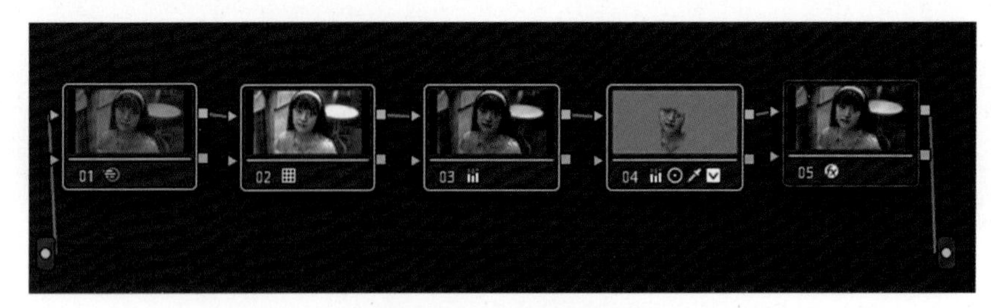

图 10-53　具体流程

01 选中需要进行瘦脸的素材，使用快捷键【Command+F】键放大画面，查看画面是有明显的噪点，在 01 节点进行降噪处理，如图 10-54 所示。

图 10-54　降噪

02 使用快捷键【Option+S】新建 02“串行节点”，添加“Sony Slog2 to Rec709”技术 LUT 来还原画面，如图 10-55 所示。

图 10-55 使用 LUT 还原画面

03 通过观察“波形示波器”发现，添加了 LUT 后画面中人物的发圈和背景桌子部分过曝，新建 03 串行节点来调整整体画面明暗反差及整体偏色，如图 10-56 所示。

图 10-56 一级校色

04 然后观察到人物的皮肤和衣服、背景墙的颜色色相都有点儿相似，所以，使用“限定器 HSL”工具。新建“串行节点”04，使用 HSL 的色相、饱和度、亮度来吸取人物的皮肤进入二级调色。提取脸部，参考“矢量示波器的肤色指示线”，使用“一级 - 校色轮”的“中灰”使得人物肤色能够得到更好的调整，如图 10-57 所示。

05 以上步骤是瘦脸瘦身之前的肤色处理步骤，再创建“串行节点”05，打开“FX 特效库”选择“变形器”工具，开始进一步的瘦脸瘦身操作。将“变形器”效果拖至 05 节点，此时鼠标进入检视器画面中鼠标会发生变化，将画面放大围绕人物脸部需要瘦脸的轮廓进行打白点来控制变形范围，但是在变形的过程中发现人物的脖子乃至背景墙都会受到影响，所以，要按住【Shift】键对限制移动的范围打出红点固定画面，使得不需要变动的部分不受到影响，如图 10-58 所示。

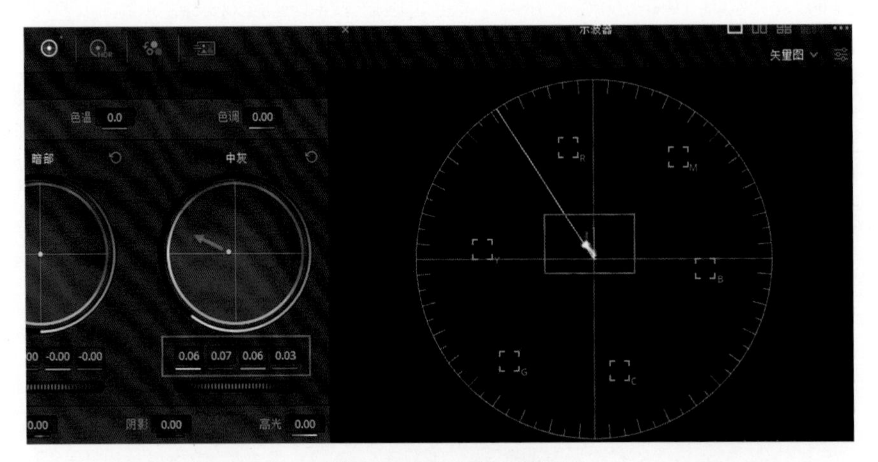

图 10-57　肤色调整

图 10-58　使用变形器打点

06 推压白点进行瘦脸操作，力度稍轻柔些，达到瘦脸效果，如图 10-59 所示。

图 10-59　推压控制点

07 步骤 06 与 Photoshop 软件中的液化瘦脸操作很相似。单击“播放”按钮时，可以明显发现脸部与打点的位置不对应，需要下一步进行跟踪使得瘦脸效果能够跟踪在脸上。单击二级面板中的“跟踪器”，把“窗口”切换为“特效 FX”。

08 为画面添加跟踪点，单击“添加跟踪点”按钮，将位于图像中心的十字架移动到人物面部较有特征的位置，如眼角、嘴角等，确认跟踪点后进行跟踪运算。跟踪完成后关闭 FX 的显示，在 05 节点开关节点效果，检查跟踪是否完成、是否有明显的瘦脸效果，如图 10-60 所示。

图 10-60　特效 FX 跟踪

09 继续对脸部轮廓与五官比例进行调整，达到整体协调。瘦脸前后的效果对比如图 10-60 所示。

图 10-61　瘦脸效果对比

10.4 其他软件美颜

除达芬奇调色软件以外，常见的非线性编辑软件 Premiere、剪映都可以完成美颜操作，这些软件丰富了影视后期美颜制作的多样性。

10.4.1 Premiere软件美颜

非线性编辑软件 Premiere 是一款受众很广的视频剪辑软件，很多人在没有学习系统、学习调色前都会用 Premiere 在剪辑后使用 Lumetri Color 进行视频画面的简单调色处理。而 Lumetri Color 没有美颜功能，只能借助美颜插件，要介绍到的是 Beauty Box 插件在 Premiere 软件中磨皮的应用。

★视频教程

使用 Premiere 进行美颜。

10.4.2 剪映美颜美体

现在进一步学习通过剪映来完成动态视频的人物瘦脸。为更加自由地进行人物瘦脸操作。在进行人物瘦脸前，尽量选择人物面部便于识别的画面进行操作。

★视频教程

使用剪映进行美颜与美体。

10.5 本章小结

本章讲解了基础肤色校正、磨皮和瘦脸瘦身效果及其他非编软件磨皮、瘦脸功能。达芬奇对于人物的肤色处理采用二级工具来限定肤色，参照肤色指示线，通过改变肤色的色相和控制中灰部分的明暗，使得人物肤色更加自然通透红润。美颜与面部修饰需要使用达芬奇的 Studio 版本才能使用到这两个特效，通过达芬奇磨皮的操作既可达到磨皮的效果，又可保留画面中人物的面部细节。达芬奇瘦身瘦脸采用变形器工具，不仅可以进行人物瘦脸处理，还可对想要变形的物体进行调整。其他软件讲解了 Premiere、After Effects、剪映人物瘦脸的基本操作及操作步骤。剪映的人像瘦脸和美颜功能操作比较灵活方便，通过对参数进行调整即可达到瘦脸效果。

第11章 OFX特效

本章导读

达芬奇既含有内置特效插件又支持第三方特效插件。本章将详细介绍内置的几十款插件的用途和使用技巧。有了插件的帮助，达芬奇调色师可谓是如虎添翼，以往难以实现的效果如今都可以通过使用插件获得。

本章学习要点

◇ Resolve FX 与 OpenFX
◇内置 Resolve FX 插件介绍
◇第三方 OpenFX 插件介绍

11.1 特效插件的基础知识

达芬奇调色面板的工具用来调色自然是得心应手，但是面对不断变化的市场需求，原有的调色工具就可能难以应对。例如，客户可能要求调色师对人物进行磨皮、瘦脸和祛痘处理，如果不借助插件就难以完成。

11.1.1 Resolve FX与OpenFX

达芬奇支持的特效插件分为两大类：一类是内置的特效插件——ResolveFX，另一类是第三方的外部插件——OpenFX。OpenFX（简称 OFX）是一种便捷的跨平台、跨软件的视觉特效插件开发标准。内置的 ResolveFX 插件也是基于 OpenFX 标准的，之所以叫 ResolveFX 是为了区别于外置插件。

本章将讲解达芬奇 18 内置的 80 多个插件。这些插件大多数都进行过性能优化以得到较好的实时性能，但是如果处理的是高分辨率的 RAW 文件或者一次添加了多个高消耗的特效插件，那么达芬奇的实时性能就会降低，这时就需要进行渲染缓存或者降级显示。

11.1.2 特效插件操作基础

ResolveFX 插件和 OpenFX 插件的基础操作方法类似。下面介绍在达芬奇软件中如何使用这些插件。

1.添加、修改和移除插件

在“调色”页面中想要添加插件可以打开 OpenFX 面板，然后在“素材库”中找到想要的插件，将插件（如高斯模糊）拖动给节点，如图 11-1 所示。

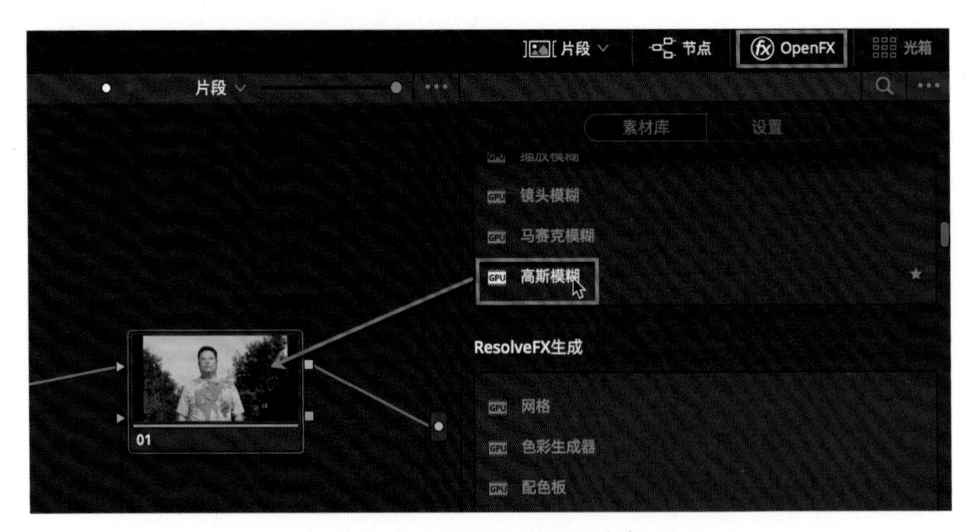

图 11-1　把插件拖动给节点

释放鼠标后，在检视器中即可看到模糊效果，被添加插件的节点上也出现一个“fx”字样的小图标，OpenFX 面板中也会自动跳到“设置”子面板上。在该面板上即可对插件进行参数调整，如图 11-2 所示。

图 11-2　节点上出现 fx 图标

想要删除插件，可以在节点上右击，在弹出的菜单中选择“移除 OFX 插件”命令，如图 11-3 所示。

图 11-3　移除 OFX 插件

也可将插件直接拖动给节点连线，当鼠标附近出现一个绿色加号时释放鼠标，插件就会变成一个独立的节点，如图 11-4 所示。

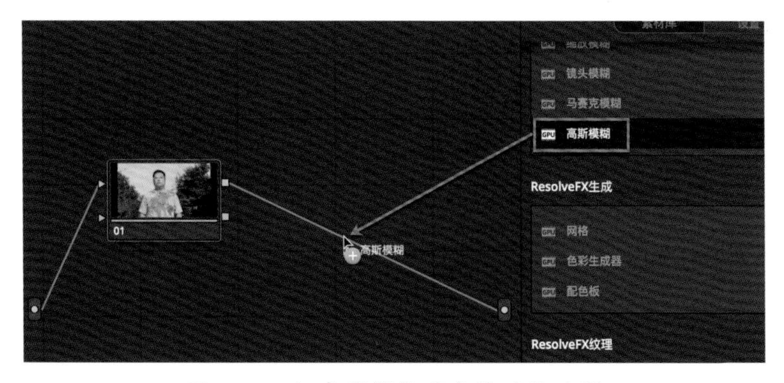

图 11-4　把高斯模糊节点拖动给连线

插件节点的标签就是该插件的名字，节点左侧有四个三角图标，两绿两蓝，针对不同的插件类型，这些图标的用途也会有所不同，如图 11-5 所示。

图 11-5　独立的插件节点

在“剪辑”页面也可使用特效插件，打开“特效库”面板，在 OpenFX 面板中找到想要的插件，并将其拖动给时间线上的片段，如图 11-6 所示。

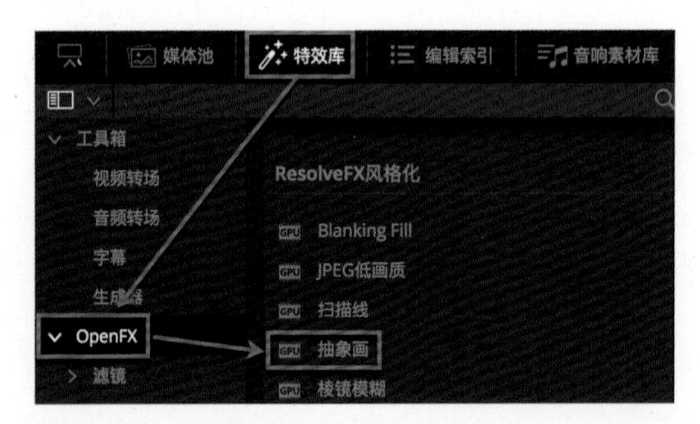

图 11-6　在“剪辑”页面中添加 OpenFX 插件

添加了插件的片段上会出现一个标记为“fx”字样的图标，如图 11-7 所示。

图 11-7　片段左下角出现 fx 图标

在“检查器”面板中，进入“OpenFX”子面板即可修改插件的参数，如图 11-8 所示。

有些插件的参数还可通过界面控制器进行修改，如通过拖动图 11-9 中的白色圆圈即可调整镜头光斑的大小。不是每一个插件都拥有界面控制器。如果某个插件有界面控制器，但是在检视器中不显示，就需要检查检视器面板左下角的工具是否切换到了“fx”。

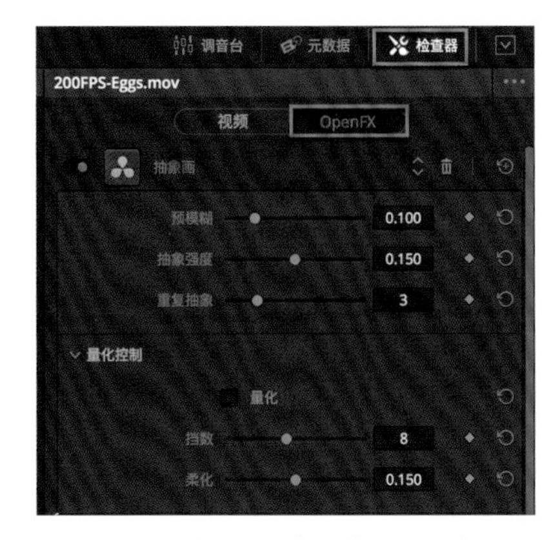

图 11-8 在“检查器”面板中修改 OpenFX 参数

图 11-9 界面控制器

2.插件的跟踪

有些特效插件需要进行跟踪，如镜头光斑和变形器等。对插件进行跟踪也需要进入“跟踪器”面板，并且将跟踪器的类型修改为 FX，然后单击“跟踪器”面板左下角的“添加跟踪点”图标，如图 11-10 所示。

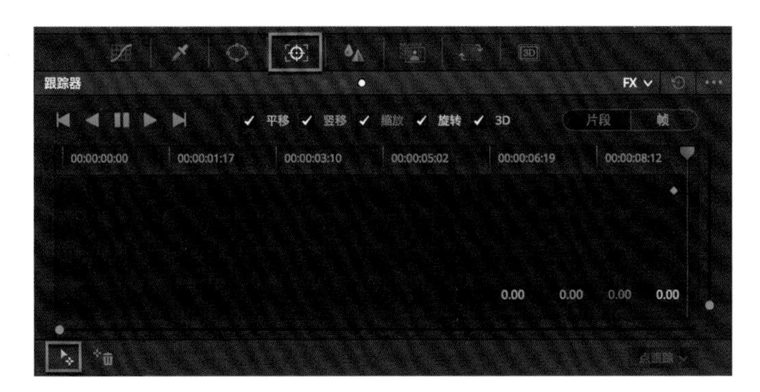

图 11-10 “跟踪器”面板

在检视器中会看到一个蓝色的加号，移动这个蓝色的加号到想要跟踪的特征区域上，如图 11-11 所示。

图 11-11 移动跟踪点

在移动的瞬间，蓝色加号会变成红色加号。要跟踪的特征区域也要进行选择，尽量选择在时间段内始终处于画面内部，变化不大并且特征明确的区域，如图 11-12 所示。

图 11-12　跟踪点变为红色

单击“跟踪器”面板上的“跟踪”按钮即可完成跟踪，如图 11-13 所示。跟踪完成后还需要对插件进行参数修改以获得满意的效果。

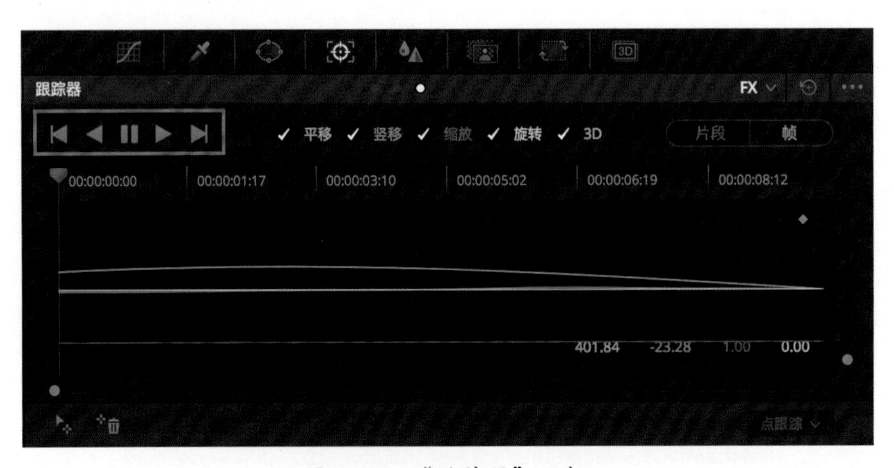

图 11-13　“跟踪器”面板

★提示

特效跟踪使用的是点跟踪，点跟踪有很多局限性，最大的问题是不含有透视属性。例如，在使用变形器瘦脸的过程中，当人物扭脸时就会造成错误的结果。

11.2 内置ResolveFX特效介绍

下面将简明扼要地介绍达芬奇自带的 ResolveFX 特效的相关知识。ResolveFX 共分为 11 个类型，可以对画面进行修复、优化、变形、变换、模糊、锐化及风格化等操作。熟练掌握这些插件的用法将在某些情况下起到事半功倍的作用。

11.2.1 ResolveFX 修复

素材在采集和加工过程中可能会造成一些瑕疵，如画面闪烁、色阶断裂或者含有灰尘和污渍等。为保证影片的品质，需要对这些画面进行修复。

1.去色带（Deband）

压缩比高的图像可能会出现色阶断裂的情况，原本连续的渐变色可能会出现绷带一样的效果。使用“去色带（Deband）”插件可以去除这种色带。如果只是局部图像出现了色带，那么可以使用二级调色技术隔离该区域，然后再为该区域去除色带，如图 11-14 所示。

图 11-14　右侧为去除色带后的效果

2.去闪烁（Deflicker）

使用延时拍摄或者升格拍摄的视频可能会出现光线忽明忽暗的情况，也就是光线闪烁。“去闪烁”插件可以解决这种问题。在“去闪烁设置”中选择“延时”来去除延时摄影的闪烁问题，选择“荧光灯”来去除升格拍摄的闪烁问题。另外，还可使用“高级控制”进行自定义调整，如图 11-15 所示。

图 11-15　“去闪烁”面板

3.坏点修复（Dead Pixel Fixer）

如果使用有坏点的传感器拍摄影片，那么所拍摄的影像中就会在固定位置出现黑点、白点或者彩色点，统称为坏点。“坏点修复”插件可以修复这些坏点，如图 11-16 所示。

图 11-16　坏点修复

4.局部替换（Patch Replacer）

有些情况下需要在画面中复制或者删除部分画面元素，如去除穿帮的道具或者人物面部的痘痕。图 11-17 所示的画面中去除了画面中的路灯。

图 11-17　右侧画面显示了路灯被去除后的效果

添加“局部替换”插件后画面中会出现界面控制器。带有方框的椭圆是目标区域，另一个椭圆是源区域。该插件从源区域复制图像到目标区域，复制过来的像素会和周围像素进行融合处理，如图 11-18 所示。

图 11-18　局部替换

★提示

局部替换插件的区域形状可以是椭圆形、矩形或 Alpha 通道。用户可以根据具体需求进行设置。局部替换插件可以进行跟踪操作。

5.帧替换器（Frame Replacer）

“帧替换器”可以重复使用相邻帧或将相邻帧混合在一起，以帮助删除仅在单个帧的持续时间内出现的任何损坏帧。主要用于修复损坏的胶片帧或具有像素化瑕疵的视频帧，如图 11-19 所示。

图 11-19 “帧替换器”界面

6.彩边消除（Chromatic Aberration）

“彩边消除”插件可让用户手动校正由镜头色差导致的彩边，如常见的“紫边”，如图 11-20 所示。

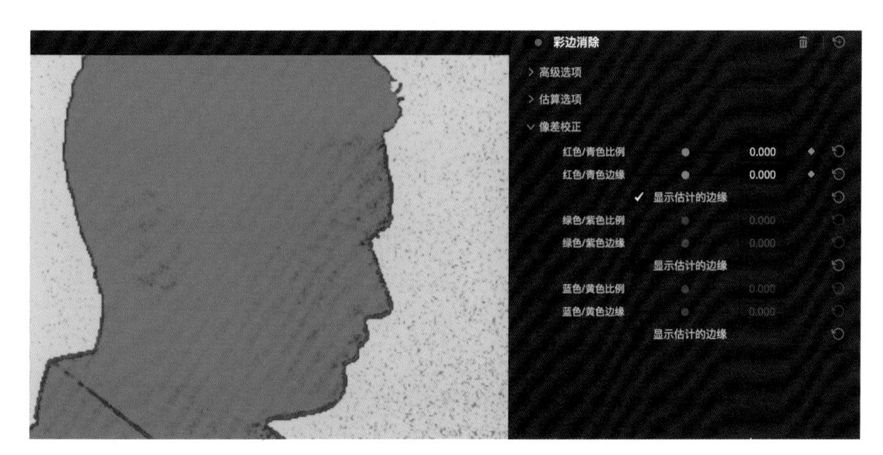

图 11-20 “彩边消除”插件

7.物体移除（Object Removal）

“物体移除”插件最适合在“调色”页面使用，它使用“达芬奇神经网络引擎”尝试尽可能自动地移除帧中的对象。比较适合移除机位固定的场景中的运动物体，或者移除运动场景中摄影机镜头上的污垢。

★视频教程

物体移除。

8.自动除尘（Automatic Dirt Removal）

“自动除尘”插件使用光流技术来去除持续一两帧长度后突然消失的灰尘、发丝、磁头痕迹或者其他不需要的瑕疵，如图 11-21 所示。

图 11-21 自动除尘

★提示

对于持续时间较长的竖向的刮痕或者镜头上固定位置的灰尘，自动除尘插件的效果较差或者无效。

9.除尘（Dust Buster）

如果“自动除尘”难以获得满意的效果，则可使用“除尘”插件。用户只需使用鼠标框选灰尘或瑕疵所在区域，剩下的工作交给插件完成，如图 11-22 所示。

图 11-22 除尘后的画面

10.降噪（Noise Reduction）

“降噪”插件和“调色”页面中的“降噪”工具基本相同。当其作为独立插件使用时即可获得更大的灵活性，在“剪辑”和“Fusion”页面中都可以使用这个插件。详情请参阅 6.9 节的相关内容。

11.2.2 ResolveFX光线

ResolveFX 光线群组中提供了多种光学效果和光线效果插件。这些插件可以弥补前期拍摄的不足甚至可以让一些素材脱胎换骨。

1.光圈衍射（Aperture Diffraction）

光线通过较小的光圈时会产生光圈衍射现象，这种现象会产生一种“星芒”效果，“光圈衍射”插件可以模拟这种效果，如图 11-23 所示。

图 11-23 光圈衍射效果

2.发光（Glow）

“发光”是一款功能丰富可以自定义的辉光插件，如图 11-24 所示。

图 11-24 “发光”效果

3.射光（Light Rays）

“射光”制作的是带有方向性的体积光效果，用来模拟“太阳之光”或者其他方向性很强的光线效果，如图 11-25 所示。

图 11-25 “射光”制作的穿透树叶的体积光

4.胶片光晕（Halation）

“胶片光晕”插件用来模仿光线通过电影胶片的染料层时发生的反射和散射效果，通常表现为在高对比度明亮区域（如灯光）周围的红色或橙色光晕。胶片光晕实际上是胶片成像的一种缺陷，数字摄影机成像没有这种缺陷。当想把数字图像外观模拟为胶片图像外观时，就需要模仿这种缺陷，如图 11-26 所示。

图 11-26　箭头所指为胶片光晕效果

5.镜头光斑（Lens Flare）

“镜头光斑”是光线在镜头内部多次反射而造成的一种光斑效果。该插件可以模拟出多种多样的光斑效果，如图 11-27 所示。

图 11-27　模拟穿透树叶的镜头光斑效果

“镜头光斑”有多种预设可供选择，用户也可对光斑元素进行自定义设计。图 11-28 所示为“现代科幻片”光斑效果。

图 11-28　现代科幻片光斑效果

6.镜头反射（Lens Reflections）

“镜头反射”可以模拟场景中高光区域反射在镜头前的效果。该插件有多种预设可供选择，也支持用户自定义，如图 11-29 所示。

图 11-29　镜头反射效果

11.2.3 ResolveFX变换

“变换”是指对图像进行平移、竖移、缩放和旋转等操作的统称。ResolveFX 变换插件提供了一种不同于“剪辑”页面的检查器变换和“调色”页面调整大小面板的变换效果。

1.变换（Transform）

在“剪辑”页面的“检查器”中，以及在“调色”页面的“调整大小”面板中，都可对画面进行变换处理，但是它们的功能有限。因此，达芬奇提供了一个独立的“变换”插件，除了常规的平移、竖移、缩放和旋转控件外，还添加了四角固定方式、运动模糊和边缘控制等参数，如图 11-30 所示。

图 11-30　“变换”插件

2.摄影机晃动（Camera Shake）

“摄影机晃动”插件可以模拟摄影机晃动的多种效果，如图 11-31 所示。

3.表面跟踪器（Surface Tracker）

“表面跟踪器”插件可以在 T 恤、旗帜，以及人物侧脸等容易发生扭曲变形或者角度变化的物体表面添加图文。表面跟踪器的自定义网格可以跟随纹理表面的动态。使用表面跟踪器可以合成文身或者遮挡不需要的标志。

01 在视频下载中找到“课程素材 > 第 11 章”文件夹中的“表面跟踪”视频和“DaVinci Logo”图片，然后将它们导入达芬奇软件的媒体池中。

02 将“表面跟踪”视频放置到时间线上，进入“调色”页面。在 OpenFX 面板中选择“表面跟踪器”插件并将其拖动到“节点 01”后的连接线上，如图 11-32 所示。

图 11-31　“摄影机晃动”参数面板

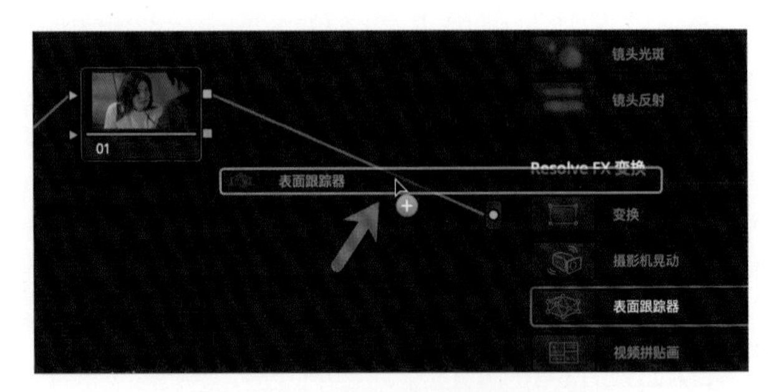

图 11-32　拖动表面跟踪器节点

03 表面跟踪器节点左侧有两个绿色的三角图标，上方代表背景图像的输入，下方代表前景图像的输入。还有两个蓝色的三角图标，上方代表背景图像的蒙版输入，下方代表前景图像的蒙版输入，如图 11-33 所示。

04 在“表面跟踪器”面板中，如果“边界”按钮未启用，则单击该按钮，如图 11-34 所示。

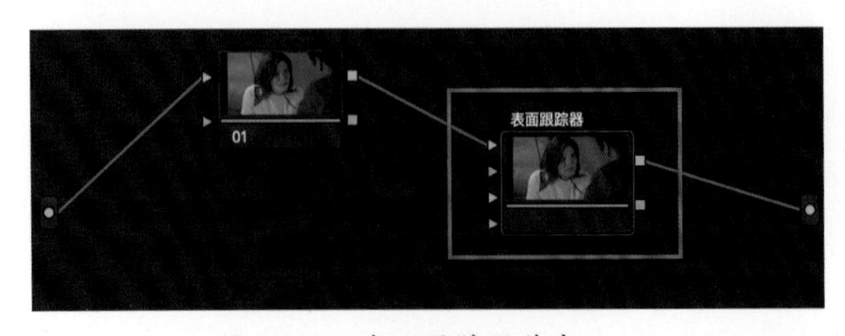

图 11-33　表面跟踪器节点

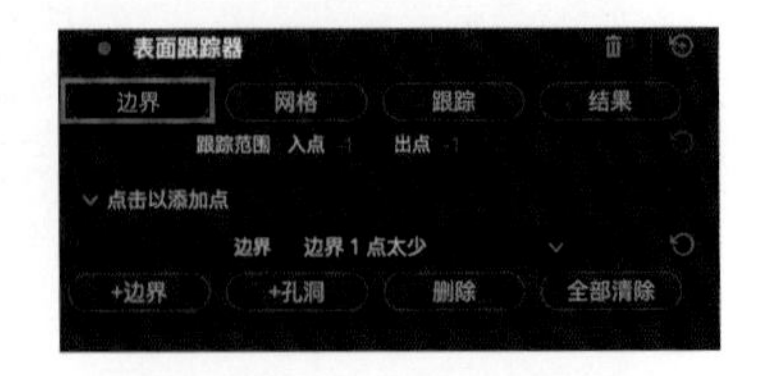

图 11-34　启用“边界”按钮

05 在“检视器”中，将播放头移动到中间位置，时间码为 01:00:02:00，这是便于绘制网格轮廓线，这一帧被称为“参考帧”，如图 11-35 所示。

06 单击鼠标绘制网格轮廓线，此时还看不到网格。在不同位置依次单击鼠标即可绘制轮廓线，最后单击最初绘制的点将轮廓线闭合，如图 11-36 所示。

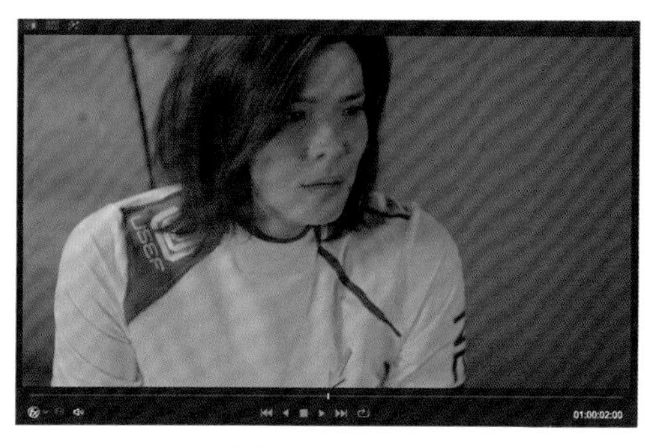

图 11-35 将播放头移动到中间位置

图 11-36 绘制网格轮廓线

07 在“表面跟踪器”面板中，单击“网格”按钮，然后将“点的位置”修改为“均匀网格”，并将“水平间距”和“垂直间距”均设置为 20，如图 11-37 所示。

生成的网格如图 11-38 所示。由于角色的衣服存在褶皱，所以使用了比较密的网格。这样后面贴上来的图片就可按照衣服的褶皱形态进行扭曲。网格越密，扭曲越细腻，但是所需的计算量就更大。

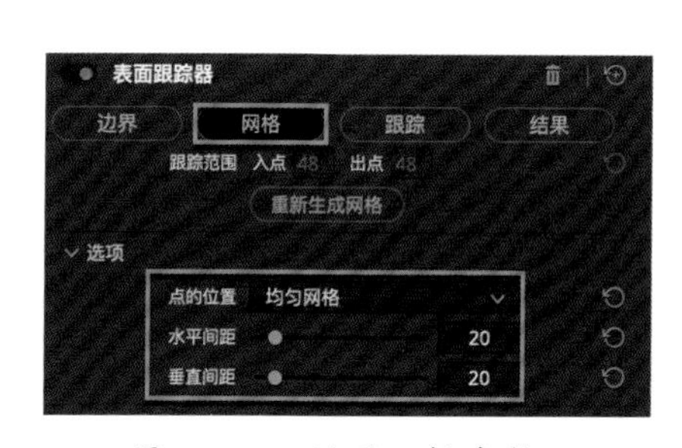

图 11-37 设置网格参数

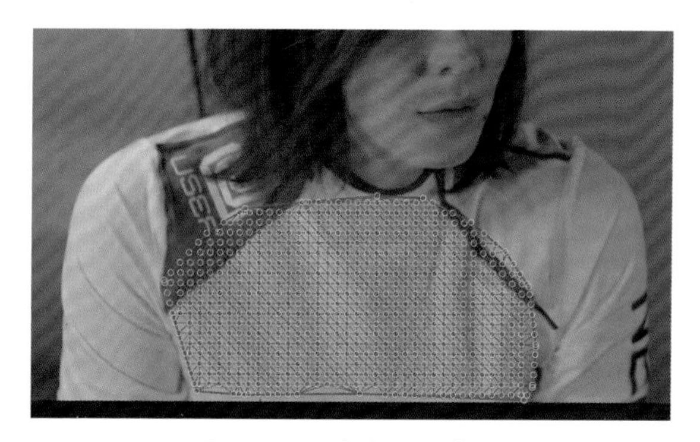
图 11-38 生成的网格

08 在“表面跟踪器”面板中，单击“跟踪”按钮，然后单击“双向跟踪”按钮，如图 11-39 所示。经过一段时间后，跟踪完成，网格上的点也会跟随衣服的运动而运动。

图 11-39 “双向跟踪”按钮

09 下面为衣服叠加图像或文字。在本例中添加的是一个带有透明通道的 Logo。在“媒体池”中选择“DaVinci Logo”图片，然后将其拖动到“节点编辑器”中。释放鼠标后可以看到图片显示为一个节点，名为“外部蒙版”，如图 11-40 所示。

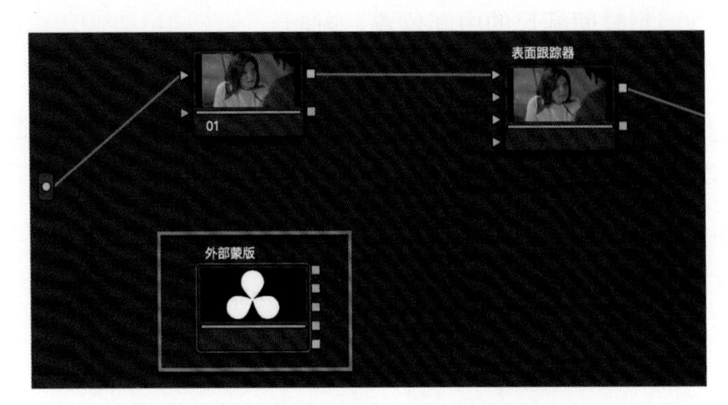

图 11-40　把图片拖动到节点编辑器面板中

10 为获得彩色图片，保证这个“外部蒙版”节点处于被选中的状态，然后按快捷键【Option+S】添加一个串行节点，本例中其编号为04，可以看到节点04的缩略图已经是彩色图片，如图11-41所示。可以看到节点04的信号源来自外部蒙版的绿色输出（RGB通道）。

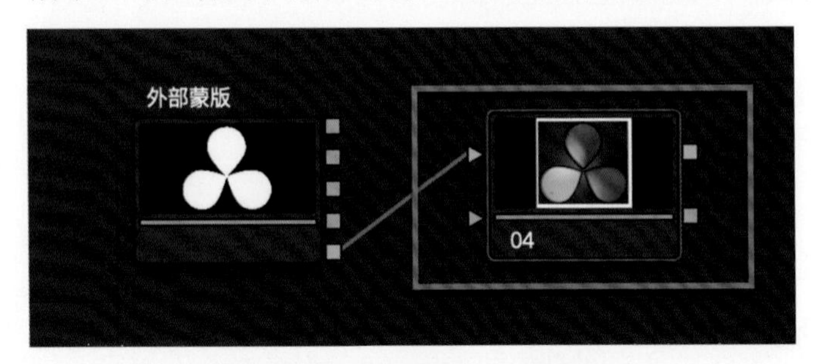

图 11-41　添加新的串行节点

11 进行信号连接，将“节点04”的绿色输出连接到“表面跟踪器”节点下方的绿色输入图标上，将“外部蒙版”第一个蓝色输出连接到“表面跟踪器”节点下方的蓝色输入图标上，如图11-42所示。

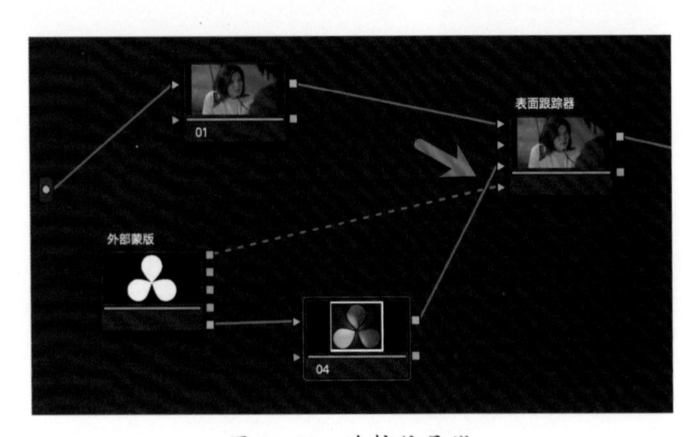

图 11-42　连接信号线

12 在“表面跟踪器”面板中单击“结果”按钮，然后单击“转到参考帧”按钮，如图11-43所示。

13 此时播放头跳转到时间标尺的中间位置，时间码为 01:00:02:00，在这一帧上可以看到白色方框和红色的井字线，便于调整 Logo 的大小和位置，如图 11-44 所示。

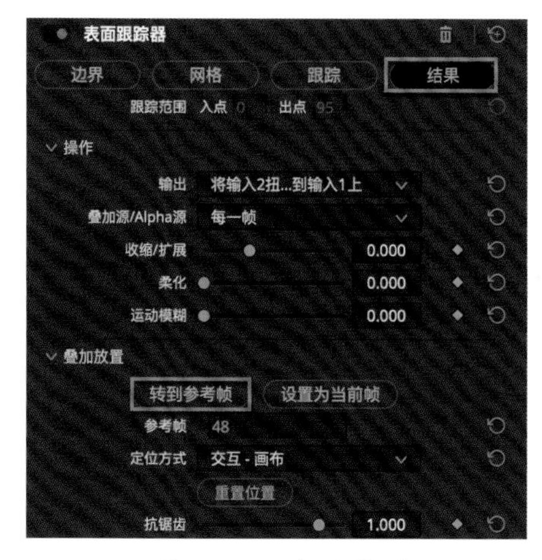

图 11-43 查看结果

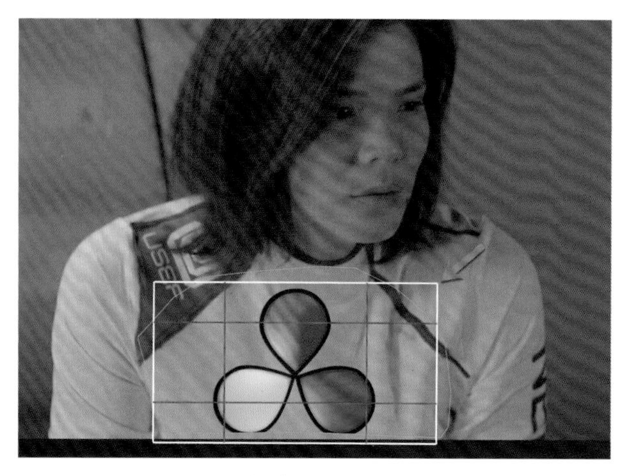

图 11-44 调整 Logo 的大小和位置

14 在“合成”参数组中，将合成类型修改为“柔光”，这会让 Logo 和衣服更加相融，如图 11-45 所示。

图 11-45 修改合成类型

15 循环播放这个镜头，查看最终的合成结果。可以看到 Logo 像原本就印在衣服上一样，随着衣服的褶皱运动，Logo 也在相应地改变形态，如图 11-46 所示。

图 11-46 Logo 跟随衣服的运动而运动

4.视频拼贴画（Video Collage）

“视频拼贴画”插件旨在更轻松地创建含有多个视频层基于网格的布局，以创建出不同类型的分屏效果，其中每个视频层出现在一个能够以不同方式设置样式的“贴片”中。该插件主要用于“快编”和“剪辑”页面，如图 11-47 所示。

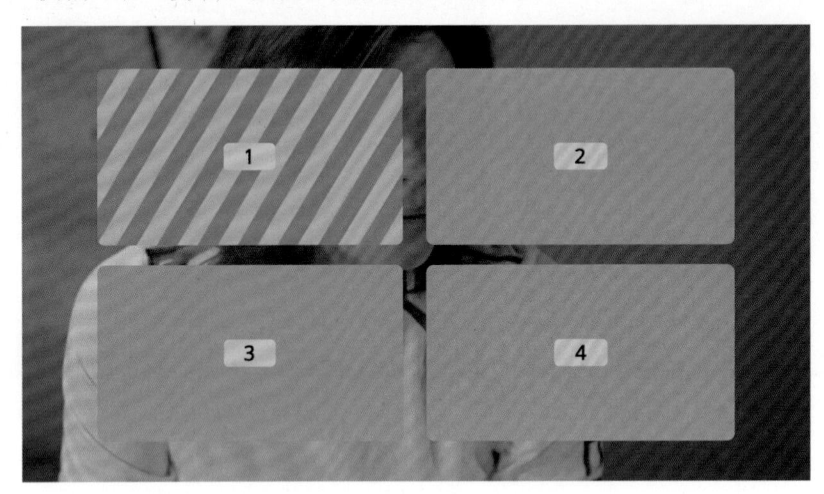

图 11-47　视频拼贴画效果预览

★视频教程

视频拼贴画。

5.运动匹配（Match Move）

“运动匹配”插件可以把 A 画面贴到 B 画面上，并且让 A 画面的运动匹配 B 画面的运动，如图 11-48 所示。

图 11-48　添加运动匹配

要想制作运动匹配效果，需要将运动匹配插件作为独立节点添加到节点树中，然后还需要引入一个新的片段。节点结构如图 11-49 所示。

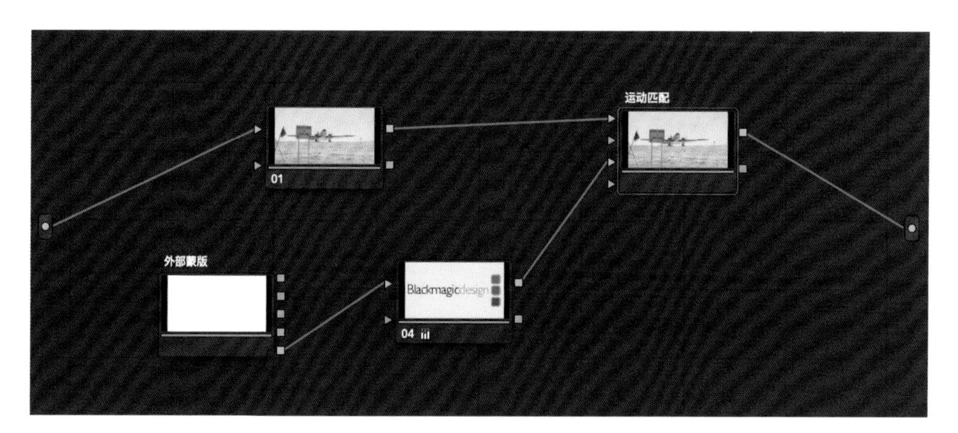

图 11-49 运动匹配节点结构

11.2.4 ResolveFX扭曲

ResolveFX 变形群组中提供了多款可以制作出程序化或者自定义的画面扭曲效果的插件。在工作中，变形器插件的使用频率较高，因为该工具可以对人物进行瘦脸处理。

1.凹痕（Dent）

“凹痕”插件可以制作出多种画面凹陷变形的效果，如图 11-50 所示。

图 11-50 不同的凹痕效果

2.变形器（Warper）

“变形器”是一款基于控制点的变形插件，可以把整幅图像想象为一张橡胶薄膜，移动控制点即可使这张薄膜变形。如果想要为一个人瘦脸，可以先在人物的面部轮廓线上打上一圈白色的控制点，然后按住【Shift】键再打一圈红色的控制点，红色控制点是不变形的区域，如图 11-51 所示。

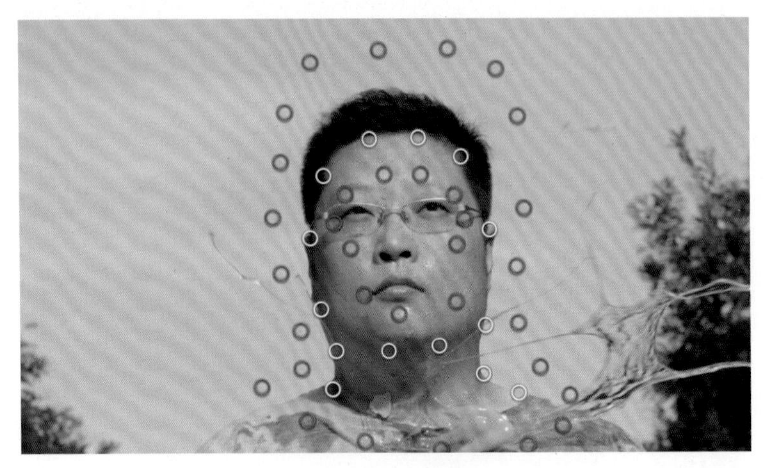

图 11-51　添加控制点

然后拖动白色的控制点以得到想要的效果，如图 11-52 所示。

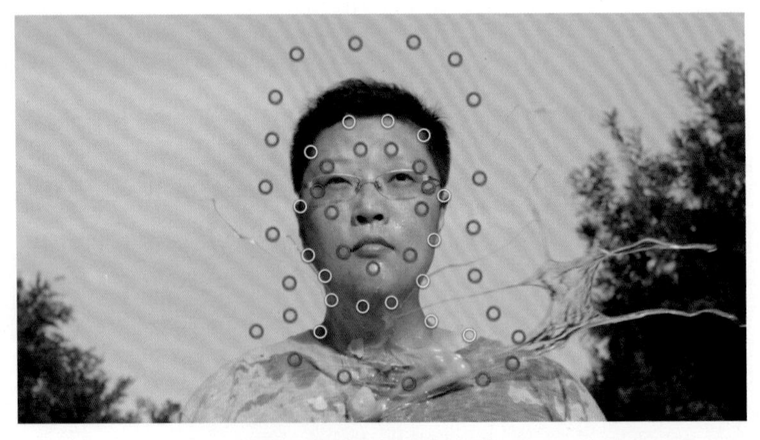

图 11-52　移动控制点

★提示

如果只有一个跟踪点，那么可以对“变形器”插件进行点跟踪（不带透视）。如果添加多个跟踪点，就可对“变形器”插件进行面跟踪（带透视效果）。但是，当人物运动范围过大或者各种原因导致只能看到侧面脸时，跟踪会失效，进而造成错误的变形效果。总的来说，“变形器”插件的功能有着很大的局限性，还有许多值得改进之处。

3.波状（Waviness）

“波状”插件可以制作出波浪变形的效果，波浪方向可以修改为垂直或者水平，也可以修改波浪的大小、强度、相位和速度等参数，如图 11-53 所示。

图 11-53　不同类型的波浪效果

4.涟漪（Ripples）

“涟漪”插件可以制作出涟漪和波纹效果，该插件有多种参数可供调节，如图 11-54 所示。

图 11-54　多种类型的涟漪效果

5.漩涡（Vortex）

“漩涡” 插件可以制作出正向或者反向的漩涡效果，如图 11-55 所示。

图 11-55　漩涡效果

6.镜头畸变（Lens Distortion）

“镜头畸变”插件可以添加或者去除镜头畸变效果。常见的镜头畸变分为桶形畸变和枕形畸变两种，如图 11-56 所示。

图 11-56　左侧为桶形畸变画面，右侧为校正后的画面

★提示

使用该插件可能给画面四周带来黑边，想要去除黑边可以使用调整节点大小工具进行处理。

11.2.5 ResolveFX抠像

达芬奇提供了几个专门用于直接在时间线上进行抠像与合成的插件，分别是 3D 键控器、HSL 键控器和亮度键控器。

1.3D键控器（3D Keyer）

“3D 键控器”插件提供了一种快速、简单的方法，只需用鼠标在画面上画几笔就可创造出抠像效果。“3D 键控器”还非常适合为蓝屏或绿屏背景抠像，详情请参阅 7.4 节的相关内容。

2.Alpha蒙版收缩与扩展（Alpha Matte Shrink and Grow）

使用限定器工具制作的蒙版可以使用“蒙版优化”工具进行精细处理，但是使用窗口工具绘制的蒙版如果使用传统的工具就难以进行更加精细的处理。达芬奇提供了“Alpha 蒙版收缩与扩展”插件，可以对蒙版进行进一步的处理，如图 11-57 所示。

图 11-57 右侧为进行蒙版处理后的画面

要想对蒙版进行二次处理，首先新建一个校正器节点，编号为 03，将节点 01 的蒙版输出给节点 03，给节点 03 添加“Alpha 蒙版收缩与扩展”插件，然后将蒙版输出给节点 02。在节点 03 中就可对蒙版进行二次调整，如图 11-58 所示。

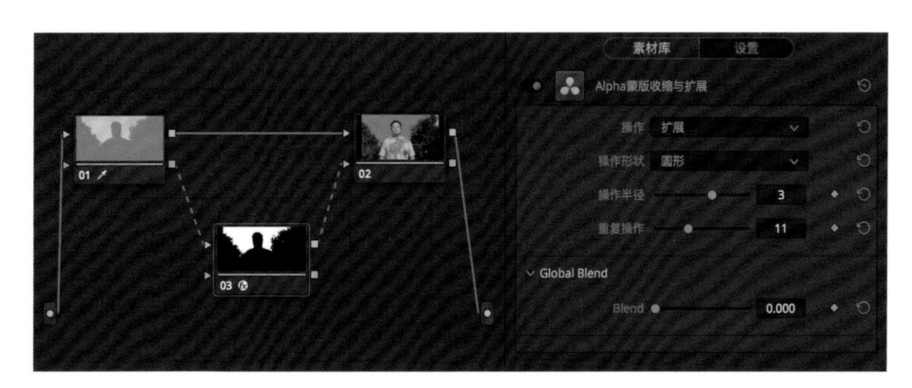

图 11-58 节点结构

3.HSL键控器（HSL Keyer）

“HSL 键控器”插件是一种通用键控器，它使用三种颜色属性（色相、饱和度和亮度）来定义“键”，详情请参阅 7.4 节的相关内容。

4.亮度键控器（Luma Keyer）

“亮度键控器”插件在亮度通道中创建一个“键”，详情请参阅 7.4 节的相关内容。

11.2.6 ResolveFX时域

达芬奇提供了一些基于时域设计的插件，如定格动画、涂抹、运动拖尾和运动模糊。

1.定格动画（Stop motion）

“定格动画”插件用于创建出定格动画中断断续续的运动效果。传统的定格动画需要手动拍摄镜头中的每一帧，拍摄主体（如人物）在帧之间以微小的增量移动。这是一个极其劳动密集型的过程，为加快制作速度，通常采用重复帧的方法，从而导致断断续续的运动节奏，如图 11-59 所示。

图 11-59　定格动画界面

2.涂抹（Smear）

“涂抹”插件通过混合一定的帧数来模拟运动模糊效果，但是如果过度使用该插件，可能会严重损伤画面细节，如图 11-60 所示。

图 11-60　右侧为添加了涂抹效果的画面

3.运动拖尾（Motion Trails）

“运动拖尾”插件复制图像以在动态图像上创建鬼影拖尾效果，用于模拟使用摄像机“慢门”效果所拍摄的画面，如图 11-61 所示。

图 11-61　右侧为添加了运动拖尾的画面

4.运动模糊（Motion Blur）

“运动模糊”插件和“调色”页面上的“运动特效”面板中的“运动模糊”工具相同。做成独立的插件后，即可在其他页面上使用。运动模糊使用基于光流的运动估计为没有运动模糊的画面添加人造的运动模糊效果。如果拍摄的视频缺少运动模糊，看起来会产生频闪效果，使用“运动模糊”插件可以改善这种情况，详情请参阅 7.4 节的相关内容。

11.2.7 ResolveFX模糊

ResolveFX 模糊群组中提供了一系列的模糊制作插件，可以弥补调色页面中“模糊、锐化和雾化”工具的不足之处。

1.四方形模糊（Box Blur）

“四方形模糊”插件采用一种快速的节省资源的模糊算法，如图 11-62 所示。

图 11-62　四方形模糊

2.径向模糊（Radial Blur）

“径向模糊”插件的模糊方向是沿着圆周方向的，用于模拟物体围绕圆心旋转而产生的运动模糊效果，如图 11-63 所示。

图 11-63　径向模糊

3.方向性模糊（Directional Blur）

“方向性模糊”可以将模糊限制在某个方向上。传统的模糊效果只能设定横向模糊或者纵向模糊，而方向性模糊的方向可以自由设置，如图 11-64 所示。

图 11-64　方向性模糊

4.缩放模糊（Zoom Blur）

当摄影机朝向所摄画面快速运动时会产生放射状的模糊效果，“缩放模糊”插件可以模拟这种模糊效果，如图 11-65 所示。

图 11-65　缩放模糊

5.镜头模糊（Lens Blur）

“镜头模糊”插件可以模拟浅景深效果，在添加本插件之前需要先把前景隔离，如图 11-66 所示。

图 11-66　使用镜头模糊插件制作浅景深效果

6.马赛克模糊（Mosaic Blur）

“马赛克模糊”插件可以制作出马赛克形状的模糊效果，用于保护车牌或人物的隐私，如图 11-67 所示。

图 11-67　使用马赛克模糊遮蔽人物面部

7.高斯模糊（Gaussian Blur）

“高斯模糊”是一种常见的模糊效果，达芬奇调色页面的“模糊、锐化和雾化”工具中的模糊就是高斯模糊，如图 11-68 所示。

图 11-68 高斯模糊

11.2.8 ResolveFX生成

ResolveFX 生成群组中提供了生成网格、纯色及配色板的插件。生成的网格可作为辅助线使用，因为达芬奇未提供辅助线功能。生成的纯色可以结合图层节点制作染色效果。生成的配色板有助于用户分析画面的色彩构成。

1.网格（Grid）

“网格”插件可以在画面上生成网格线，网格的形态可以自定义，如图 11-69 所示。

图 11-69 生成网格

2.色彩生成器（Color Generator）

“色彩生成器”可以让一个节点变成纯色画面。使用纯色节点和背景图进行叠加可以制作出老照片效果，如图 11-70 所示。

图 11-70 老照片效果

制作老照片效果的节点树如图 11-71 所示。

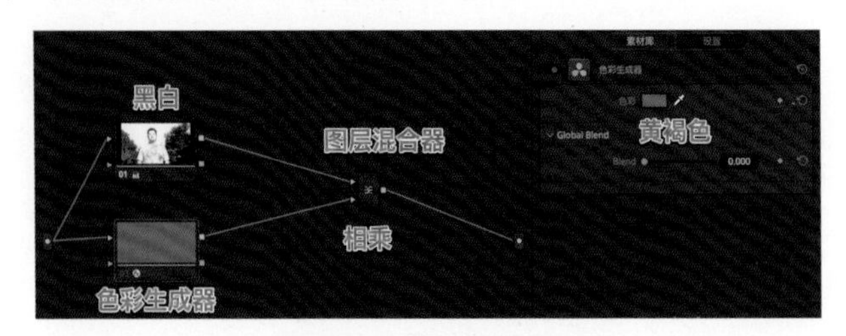

图 11-71　节点树

3.配色板（Color Palette）

想要分析画面的配色可以使用“配色板”插件，该插件会将配色结果以配色板的形式进行展示，如图 11-72 所示。

图 11-72　配色板效果

在“配色板”面板中可以进行参数修改，用户可以指定暗部区域、中间调区域和亮部区域的范围。也可对色块的数量进行设置，如图 11-73 所示。

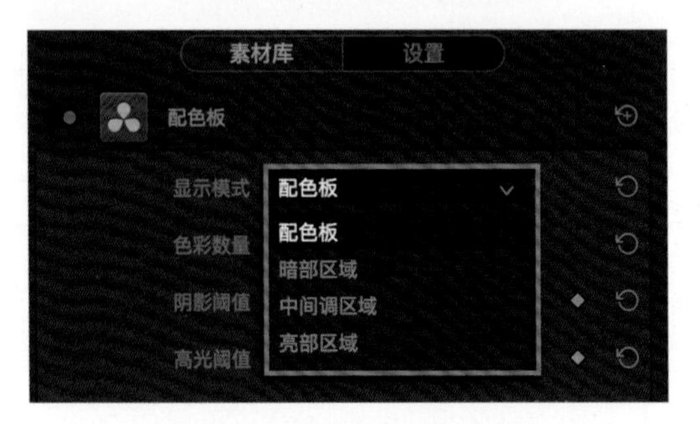

图 11-73　配色板参数设置

11.2.9 ResolveFX纹理

ResolveFX 纹理群组中提供了 JPEG 低画质、快速噪波、模拟信号故障、突出纹理、细节恢复、胶片损坏和胶片颗粒插件。

1.JPEG低画质（JPEG Damage）

“JPEG 低画质”插件可以制作出使用 JPEG 压缩后的低画质画面，用于降低画质，将好素材变成差素材，以满足特定的需求，如图 11-79 所示。

图 11-74 JPEG 低画质画面

2.快速噪波（Fast Noise）

“快速噪波（Fast Noise）”插件可以创建由计算机生成的噪波图案，这些图案可以合成到背景中创建烟雾效果，或者用于扭曲画面创建水波纹效果，如图 11-75 所示。

图 11-75 使用“快速噪波”插件添加雾效

3.模拟信号故障（Analog Damage）

“模拟信号故障”插件可以产生“模拟信号”传输过程中出现的信号衰减及损坏效果，可用于创建各种“老电视”或“垃圾录像带”效果，如图 11-76 所示。

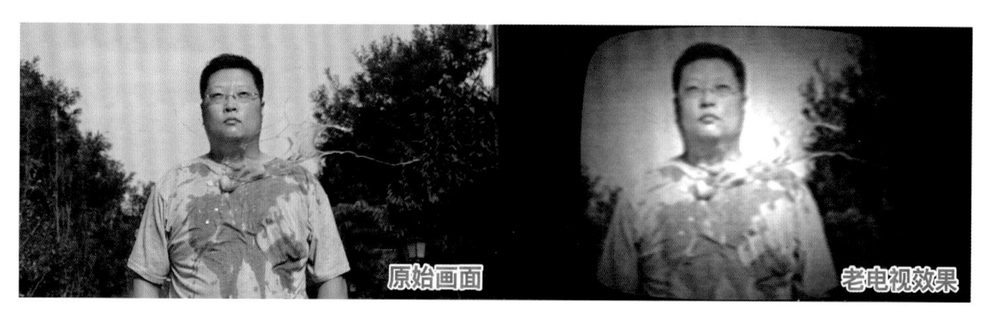

图 11-76 使用“模拟信号故障”插件模拟老电视效果

4.突出纹理（Texture Pop）

“突出纹理”插件是“中间调细节”工具的升级版，可以删除或者扩大纹理细节，如图 11-77 所示。

图 11-77 “突出纹理”插件

★提示

“突出纹理”插件的强大之处在于它可以把图片的纹理细节拆分为不同“频率”。“高频”是指微小的细节，“低频”是指比较大的细节。在对人物进行“磨皮”处理的过程中，可以使用“突出纹理”插件实现“高低频磨皮”效果。

5.细节恢复（Detail Recovery）

“细节恢复”插件是一种实用效果，可从第二个输入中提取图像细节，以便将其重新添加到第一个输入中的背景图像上。通过这种方式，可以有选择地将细节添加回已被删除的图像，如图 11-78 所示。

图 11-78 磨皮后并恢复细节

在使用中，先将“细节恢复”插件制作为单独的节点，然后设计节点结构，如图 11-79 所示。

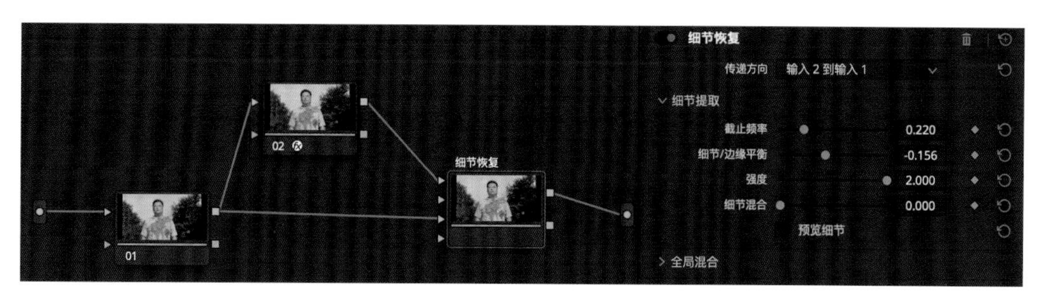

图 11-79 “细节恢复”节点结构

★视频教程

细节恢复。

6.胶片损坏（Film Damage）

“胶片损坏”插件可以用来模拟胶片损坏或被污染的效果，如图 11-80 所示。

图 11-80 胶片损坏效果

7.胶片颗粒（Film Grain）

“胶片颗粒”插件可以为画面添加多种参数化的颗粒效果，如图 11-81 所示。

图 11-81 胶片颗粒效果

11.2.10 ResolveFX美化

ResolveFX 美化群组中提供了对人物面部进行优化处理的插件。

1.深度贴图（Depth Map）

“深度贴图”插件根据视频中对象的感知距离创建一个 Alpha 通道（在三维软件与合成软件中这种类型的通道经常称为“Z 通道”）。深度贴图可以用来做很多事情，如隔离前景和背景元素，为场景添加带有深度感的烟雾等，如图 11-82 所示。

图 11-82　深度贴图

★视频教程

深度贴图。

2.美颜（Beauty）

“美颜”插件可以方便地对画面中的人物进行磨皮处理，同时为防止磨皮过度，还可恢复皮肤的细节，如图 11-83 所示。

图 11-83　右侧画面为磨皮后的效果

为了达到更好的美颜效果，可以使用“超级美颜模式”，如图 11-84 所示。

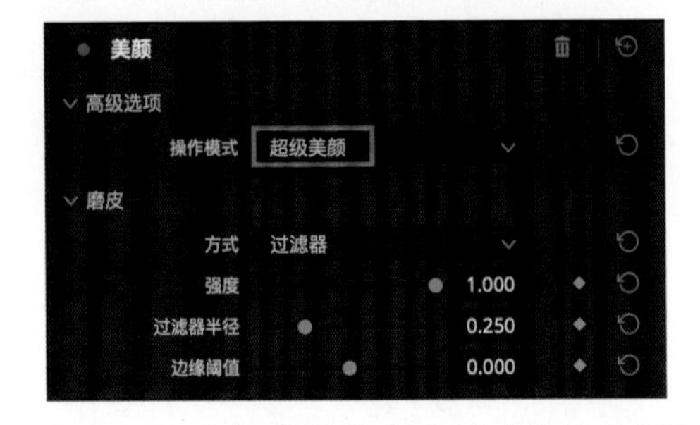

图 11-84　在操作模式中选择“超级美颜”

3.自定义混合器（Custom Mixer）

“自定义混合器”插件是“图层混合器”节点的高级版本，它需要两个输入并根据第二个输入的 Alpha 通道组合它们，如图 11-85 所示。

图 11-85　使用“自定义混合器”叠加颜色

4.面部修饰（Face Refinement）

“面部修饰”插件是一个智能化的美颜插件，可以对人物面部进行磨皮、亮眼、去眼袋和加腮红等处理，如图 11-86 所示。

图 11-86　右侧为面部修饰后的画面

“面部修饰”插件可以智能识别人脸，单击“分析”按钮，一个绿色的人脸轮廓线就会出现在人物面部并跟随人物面部的运动而运动，如图 11-87 所示。

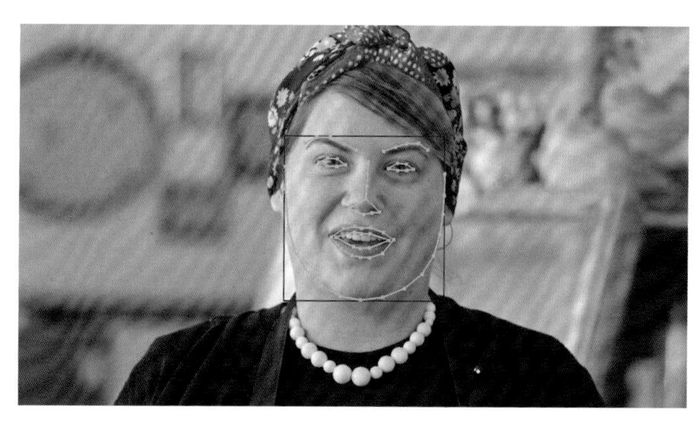

图 11-87　绿色人脸轮廓线出现

跟踪完成后还可以对皮肤遮罩进行细致调整，如图 11-88 所示。

图 11-88　对皮肤遮罩进行细致调整

“面部修饰”插件包括调色、眼部修整、唇部修整、腮红修整、前额修整、双颊修整和下巴修整等功能，如图 11-89 所示。

图 11-89　“面部修饰”插件面板

11.2.11 ResolveFX色彩

ResolveFX 色彩群组中提供了多种色彩转换和处理插件。想要深入掌握达芬奇的色彩管理流程，必须熟练掌握其中的重点插件，如“ACES 转换”和“色彩空间转换”。

1.ACES转换（ACES Transform）

“ACES 转换”插件可以修改 ACES 版本，以及输入转换和输出转换，如图 11-90 所示。

2.DCTL

DCTL（DaVinci Color Transform Language，达芬奇颜色变换语言）可以像 LUT 文件那样套在节点上。“DCTL”插件可以快速调取已经安装的 DCTL 文件，如图 11-91 所示。

图 11-90　ACES 转换面板

图 11-91　DCTL 面板

3.伪色（False Color）

“伪色”插件是一种创意效果器，可用于通过为视频定义一组颜色来创造出摄像机显示屏叠加元素、红外传感器和自定义分色外观。该插件有多种预设，并且很多参数都可进行自定义操作。如图 11-92 所示。

图 11-92“伪色”插件实现曝光指导效果

4.去除溢出色（Despill）

“去除溢出色”插件用于消除因绿屏或蓝屏的光反射而导致的主体偏色。即使已抠出绿色或蓝色屏幕，此偏色仍然存在。这个独立的“去除溢出色”插件可用于减少已抠像素材的溢出色（蓝色、绿色或红色），如图 11-93 所示。

5.反转颜色（Invert Color）

“反转颜色”插件可以反转任何颜色通道（RGB），甚至是 Alpha 通道。这个小插件在高级工作流程中有多种用途，尤其是当需要反转 Alpha 或“键”通道以执行特定操作时，如图 11-94 所示。

图 11-93　去除溢出色

图 11-94　“反转颜色”插件

6.添加闪烁（Flicker Addition）

“去闪烁（Deflicker）”插件可以去除闪烁效果，而“添加闪烁”插件用于为画面添加闪烁，如图 11-95 所示。

图 11-95　“添加闪烁”面板

7.突出反差（Contrast Pop）

“突出反差”插件可通过简单的参数设置提升画面的反差，如图 11-96 所示。

图 11-96 突出反差效果

8.色域映射（Gamut Mapping）

“色域映射”插件用于解决 HDR 视频和 SDR 视频之间的亮度映射和饱和度映射的问题，如图 11-97 所示。

9.色域限制器（Gamut Limiter）

“色域限制器”插件可以将当前色域限定到新的色域中，如图 11-98 所示。

图 11-97 “色域映射”面板

图 11-98 “色域限制器”面板

10.色度适应转换（Chromatic Adaptation）

“色度适应转换”插件可以精确地将已采用特定色温照明或处理过的图像转换为另一种用户可选择的色温。这种转换改变了图像中所有颜色的外观，符合人类视觉系统的感知。此插件可以在严谨的色彩管理工作流程执行特定的色温转换，也可作为创意调色工具使用，将母版光源修改为 DCI，使画面看上去更加“黄绿”，如图 11-99 所示。

11.色彩压缩器（Color Compressor）

“色彩压缩器”插件可以对色彩进行色相压缩、亮度压缩和饱和度压缩。例如，选择绿色树叶并将其色相压缩为紫色，如图 11-100 所示。

图 11-99　色度适应转换

图 11-100　色彩压缩器效果

在“色彩压缩器”面板中可以设置目标色彩，如图 11-101 所示。

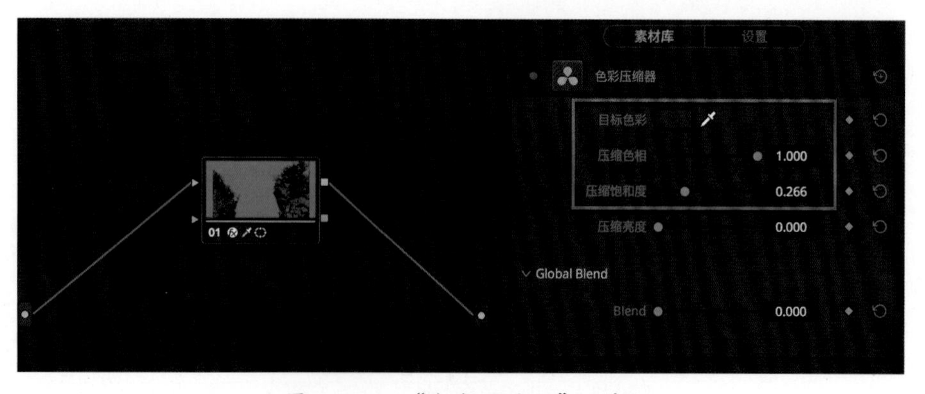

图 11-101　“色彩压缩器”面板

★提示

色彩压缩器用于将杂乱的颜色进行合并处理，起到消除杂色的作用。

12.色彩稳定器（Color Stabilizer）

“色彩稳定器”插件用于消除视频中亮度和颜色的抖动问题，其面板如图 11-102 所示。

13.色彩空间转换（Color Space Transform）

“色彩空间转换”插件是通过数学运算的方法来自由转换图像色彩空间的插件。例如，将 Rec.709 色彩空间转换为 Arri LogC 色彩空间，如图 11-103 所示。

图 11-102 “色彩稳定器”面板

图 11-103 将图像由 Rec.709 色彩空间转换为 Arri LogC 色彩空间

在“色彩空间转换”面板中可以设置输入色彩空间、输入 Gamma 和输出色彩空间、输出 Gamma 等参数，如图 11-104 所示。

图 11-104 “色彩空间转换”面板

14.除霾（Dehaze）

“除霾”插件可以一键去除画面中的雾霾，如图 11-105 所示。

图 11-105　右侧为去除雾霾的效果

在“除霾”面板中可以设置除霾强度，还可选择或设定雾霾的颜色，如图 11-106 所示。

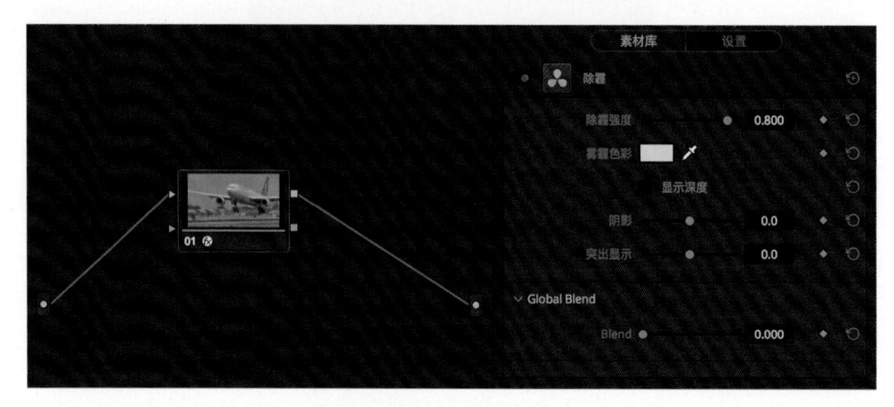

图 11-106　“除霾”面板

11.2.12 ResolveFX锐化

ResolveFX 锐化群组中提供了三种锐化插件，用于制作不同的锐化效果，它们是“调色”页面中“锐化”面板的有力补充。

1.模糊与锐化（Soften & Sharpen）

“模糊与锐化”插件既可模糊画面，也可锐化画面，如图 11-107 所示。

2.锐化（Sharpen）

“锐化”插件可以为画面进行锐化处理。与调色页面的“模糊、锐化和雾化”工具相比，锐化（Sharpen）插件对画面细节的控制力更好，如图 11-108 所示。

3.锐化边缘（Sharpen Edegs）

“锐化边缘”插件可以识别画面中的边缘部分并对边缘进行锐化处理，如图 11-109 所示。

图 11-107 模糊与锐化插件的效果

图 11-108 锐化插件

图 11-109 锐化边缘效果

11.2.13 ResolveFX风格化

ResolveFX 风格化群组中提供了多种风格化制作插件，便于用户快速获得风格化效果。实际上这个分类略显混乱，并不是每个插件都用于制作风格化效果。例如，“天空替换”插件更像是画面修复类插件。

1.天空替换（Sky Replacement）

“天空替换”插件可以将单调、无色的天空替换为更鲜艳的天空或匹配拍摄场景的天空。该插件可以生成“人工假天”，也可使用已有的天空素材（视频或图片），如图 11-110 所示。

图 11-110　天空替换

★视频教程

天空替换。

2.扫描线（Scanlines）

“扫描线”插件用于模拟老电视机的扫描线效果，如图 11-111 所示。

图 11-111　扫描线插件

3.投影（Drop Shadow）

“投影”插件可以向任何视频片段添加简单的投影效果，使用该片段的原生或生成的 Alpha 通道来创建阴影的形状，如图 11-112 所示。

图 11-112 投影效果

4.抽象画（Abstraction）

“抽象画”插件用于模拟抽象画艺术效果，如图 11-113 所示。

图 11-113 抽象画效果

5.暗角（Vignette）

“暗角”插件用于创建不同类型的边角变暗效果，它具有两种模式，“基础”和“高级”。使用“高级”模式可以获得更加细致的暗角效果，如图 11-114 所示。

图 11-114 暗角效果

6.棱镜模糊（Prism Blur）

“棱镜模糊”插件用于制作棱镜折射而产生的模糊效果，如图 11-115 所示。

图 11-115　棱镜模糊效果

7.水彩（Watercolor）

“水彩”插件用于模拟水彩画艺术风格，如图 11-116 所示。

图 11-116　水彩画艺术风格

8.浮雕（Emboss）

“浮雕”插件用于制作浮雕艺术效果，如图 11-117 所示。

图 11-117　浮雕艺术效果

9.移轴模糊（Tilt-Shift Blur）

“移轴模糊”插件可以模拟出使用移轴镜头拍摄的画面效果，如图 11-118 所示。

图 11-118 移轴模糊效果

10.边缘检测（Edge Detect）

“边缘检测”插件可以识别出画面的边缘部分，边缘可以使用 RGB 彩色也可以使用灰色，还可以设置为自定义颜色，如图 11-119 所示。

图 11-119 边缘检测效果

11.遮幅填充（Blanking Fill）

“遮幅填充”插件用于快速解决手机竖屏拍摄的画面在横屏播放的问题。画面的空白区被智能填充，填充的画面也可自定义，如图 11-120 所示。

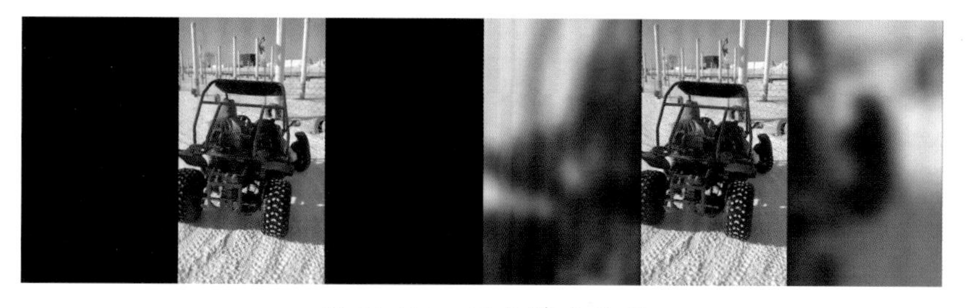

图 11-120 遮幅填充效果

12.铅笔素描（Pencil Sketch）

“铅笔素描”插件可使图像看起来像手工绘制的一样，它有多种参数可供调节，如图 11-121 所示。

图 11-121　铅笔素描效果

13.镜像（Mirrors）

“镜像”可以制作出多种镜像效果或是万花筒效果，如图 11-122 所示。

图 11-122　镜像效果

14.风格化（Stylize）

“风格化”插件，可让对不同画家的绘画风格进行分析，然后将绘画风格应用于图像。可以模拟如《呐喊》《印象派水池》和《野兽派肖像》等多种画风，如图 11-123 所示。

图 11-123　风格化效果

11.3 第三方OFX特效插件介绍

自从达芬奇 10.0 以后，在达芬奇内部就可以使用插件来增加调色效果。达芬奇要求插件接口是 OpenFX 类型的。如果想要给达芬奇安装插件，就必须选择 OpenFX 类型的安装包。另外，还要注意操作系统的区别，Mac 系统的安装包不能给 Windows 系统使用。

受欢迎的 OpenFX 插件有 Sapphire（蓝宝石）、Boris Continuum Complete（BCC）、Red Giant（红巨星）及 NewBlue TotalFX 等。这些插件在影视剧特效中普遍存在。由于 OpenFX 被开发者们广泛接受，所以，基于 OpenFX 的插件将会越来越多。

11.3.1 蓝宝石（sapphire）插件

蓝宝石插件是一套完整的特效系统，包括调色、模糊与锐化、合成、扭曲、照明、渲染、风格化、时间和过渡等类型，每个类型都有若干个命令，可以满足工作中的绝大多数要求。

11.3.2 BCC插件

BCC 插件目前最新版本是 Continuum 2019，该版本整合了 Particle Illusion 粒子系统、动态图形生成器、标题生成器，还具有辉光、射线、模糊等特效插件。Continuum 2019 内置了 Mocha 跟踪软件，便于为特效制作跟踪与 Roto。

11.3.3 RedGiant

RedGiant 开发了大量后期插件，如 Trapcode 粒子插件包、Magic Bullet Looks 调色包、Shooter 前期拍摄包、Keying 抠像包及 Effects 特效包。其中有多款插件都可以给达芬奇使用。

11.4 本章小结

本章讲解了达芬奇内置的ResolveFX插件的常见用法并推荐了几款常见的OpenFX插件。插件可以制作出常规工具难以制作出的效果，巧妙地使用插件可以提高工作效率，提升制作效果。但是切忌滥用插件，因为从本质上说绝大多数插件属于特效制作范畴，作为调色师还是应该把精力集中在调色本身。

第12章 调色案例——超光速旅行

本章导读

本章将讲解科幻短片《超光速旅行》的调色流程和调色步骤。科幻片的摄影风格和调色风格也有多种流派。《少数派报告》的“跳过漂白（Bleach Bypass）”和《变形金刚》的“橙青（Orange Teal）”就是两种完全不同的风格。即使是主题相同的电影，《银翼杀手 1982》和《银翼杀手 2049》的风格也有着显著区别。在本例中，读者完全可以发挥想象力，塑造出自己的科幻风格。

本章学习要点

◇项目分析
◇准备时间线
◇选择定调镜头
◇开始定调调色
◇匹配镜头
◇交付影片

12.1 项目分析

科幻短片《超光速旅行（Hyperlight）》讲述了两名精英宇航员在太空的深渊中醒来，然后才回到他们搁浅的飞船上，在那里发现了他们执行任务的灾难性失败背后的原因。

《超光速旅行》的成片如图 12-1 所示。这些图片可作为调色时的调性参考，当然读者也可以按照自己的思路进行创作，不必拘泥于成片。

图 12-1 《超光速旅行》成片

★提示

读者可以在随书下载中找到“02- 课程素材”文件夹中的“第 12 章”文件夹中的《超光速旅行》短片进行观看以熟悉故事，为影片调色做好准备。

12.2 准备时间线

01 打开达芬奇软件后，进入“项目管理器”面板，在空白区右击，在弹出的菜单中选择“恢复项目存档”命令，如图 12-2 所示。

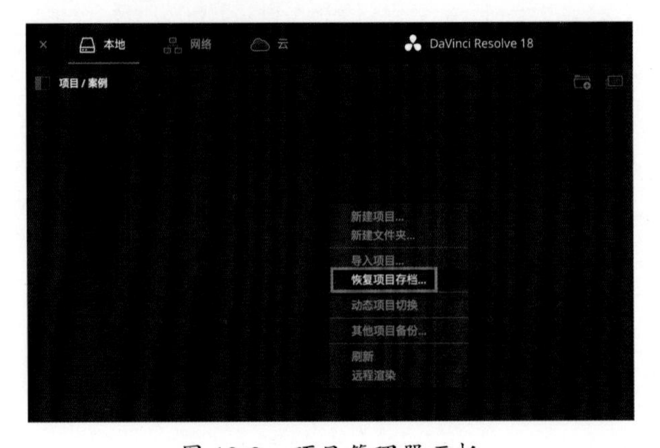

图 12-2 项目管理器面板

02 在随书下载中找到第 12 章文件夹中的“超光速旅行 .dra”文件夹。这是达芬奇的项目存档文件，其中不仅包含项目文件，还包含相关的媒体文件。因为步骤 01 选择“恢复项目存档”命令，所以，这一步需要选择整个文件夹，而不是文件夹内部的“Project.drp”文件，如图 12-3 所示。

图 12-3 选择整个文件夹

03 项目恢复后，双击该项目缩略图进入达芬奇软件内部，可以在剪辑页面看到已经剪辑好的时间线，如图 12-4 所示。

图 12-4 时间线概览

12.3 选择定调镜头

调色步骤的第一步并非是从影片的第一个镜头开始的。在执行具体的调色工作前，往往有一个“定调”过程。“定调”是指为整个影片在色彩上定一个“基调”或者“调子”，这个调子不仅要服从于影片的创作意图还要体现调色师的独特思考。然后调色师用自己定好的调子和甲方沟通并修改完善，最终获得双方都认可的定调方案。定调完成后，就是具体的调色工作。

01 首先选择定调镜头，单击达芬奇软件界面底部的“调色”按钮进入调色页面，然后单击界面右上角的“光箱”按钮，如图 12-5 所示。

图 12-5 “光箱”按钮

02 在“光箱”视图中，用户可以浏览所有的镜头，非常便于选择定调镜头。一般来说，定调镜头要有代表性，如含有主要角色的镜头，能够交代故事发生场景的镜头以及色彩相对丰富的镜头等。并且尽量选择全景镜头、中景镜头和近景镜头，避免特写镜头，因为景别越小，代表性就越差。对于本例来说，选择三个定调镜头，分别用黄框标识，如图 12-6 所示。

图 12-6　选择三个定调镜头

03 对于选中的镜头，可以使用快捷键【G】添加旗标。默认的旗标颜色是蓝色的，但是用户可以更改旗标的颜色。在本例中将使用默认的蓝色旗标，如图 12-7 所示。

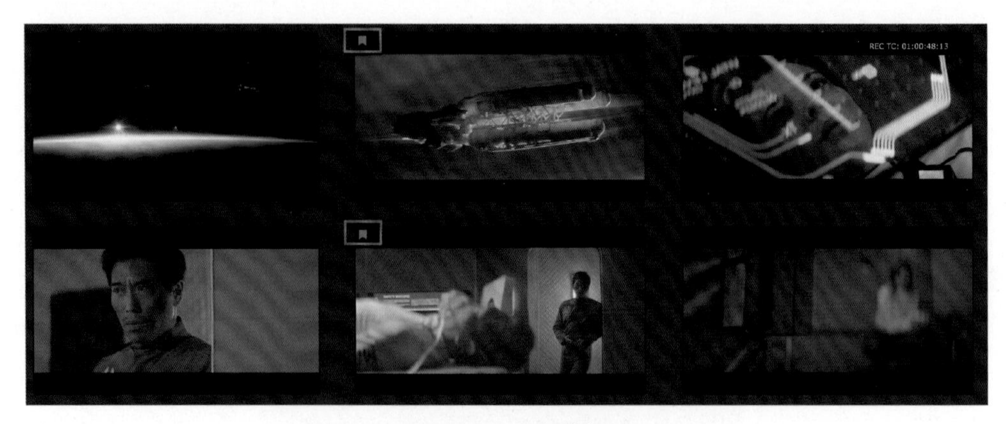

图 12-7　添加旗标

04 打开界面左上角的“边栏”，展开“含旗标的片段”并勾选“蓝色旗标”复选框，将筛选掉不含蓝色旗标的片段，仅保留带有蓝色旗标的片段，如图 12-8 所示。

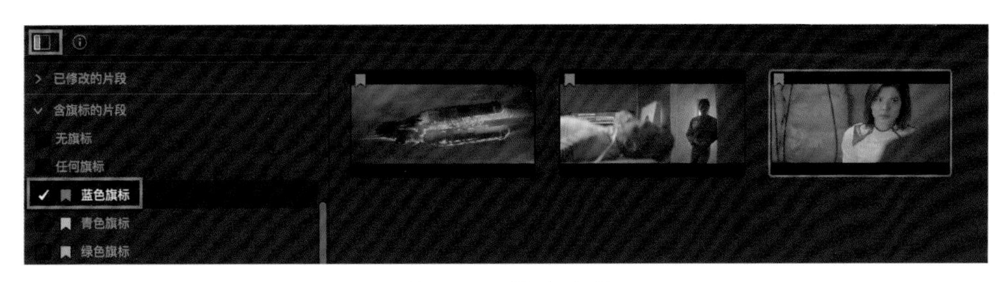

图 12-8 筛选片段

12.4 开始定调调色

片段筛选完成，即可进行定调工作。一个影片可以从色彩上定出多种不同的影调，也就是说，即使是同一个影片，不同的调色师对它也会有不同的理解，进而创作出各式各样甚至相互矛盾的影调。至于影片最后使用哪种影调，这还有甲乙双方讨论、修改和完善的过程。如果双方各不相让，最终乙方很可能会丢掉项目。项目没了，再好的创意也难以施展，因此，绝大多数情况下，定调的妥协和折中是难免的。

★提示

在本例中演示的是常规理解的定调画面。读者完全可以自行发挥，按照自己的理解进行定调，并邀请朋友或老师作为甲方来给定调提意见，亲身体验定调过程。

12.4.1 飞船调色

01 在“调色”页面中选择飞船镜头，此时“节点编辑器”中只有一个默认的节点，编号为“01”，这也是镜头的初始状态，如图 12-9 所示。

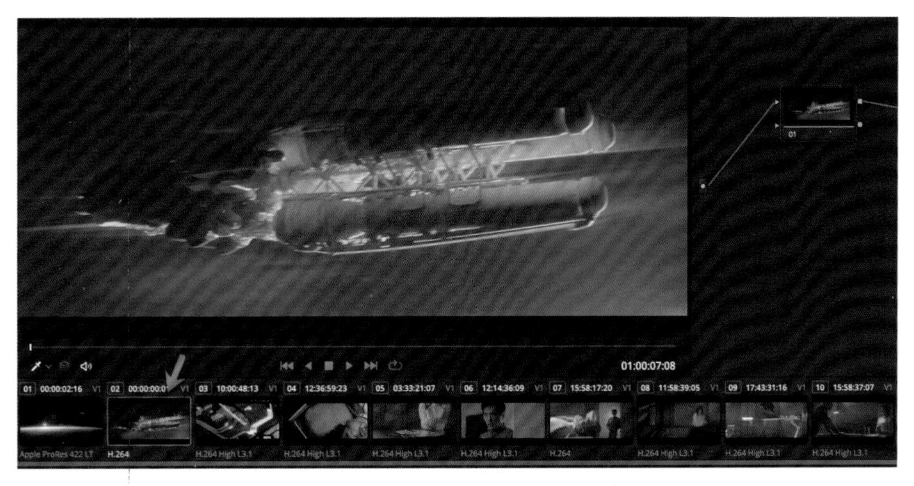

图 12-9 飞船镜头的初始状态

02 结合示波器进行观察和判别，可通过“分量图”看到画面的对比度较低，整体偏冷色。通过“矢量图”看到画面的饱和度很低，整体上给人以灰暗浑浊之感，需要加以改善，如图 12-10 所示。

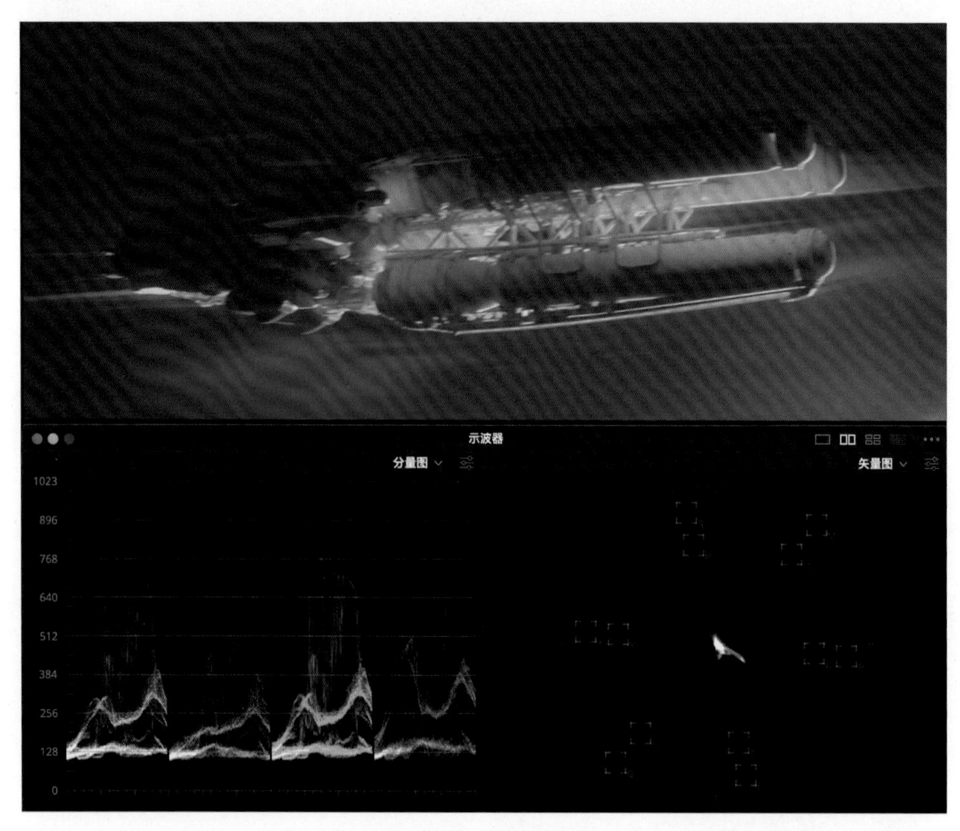

图 12-10　分析画面

03 保持节点 01 的选中状态，进入“一级 - 校色条”面板，将“对比度”设置为 1.200，“暗部”设置为 -0.02，“亮部”设置为 1.05，增加画面的反差，如图 12-11 所示。

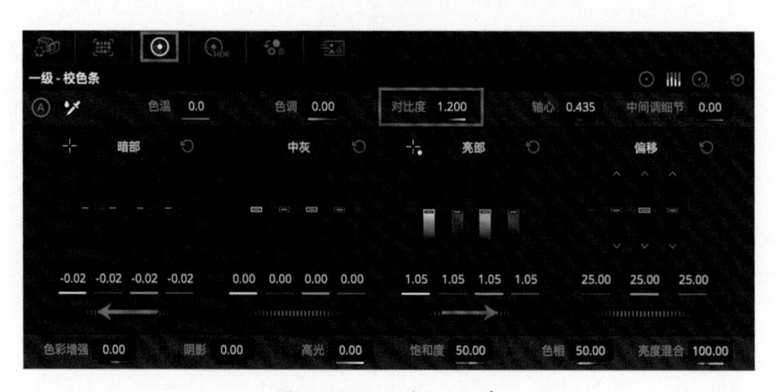

图 12-11　增加反差

04 进入“曲线”面板，在曲线约 20% 亮度处添加一个控制点，然后将其向下移动少许。具体位置如图 12-12 所示。

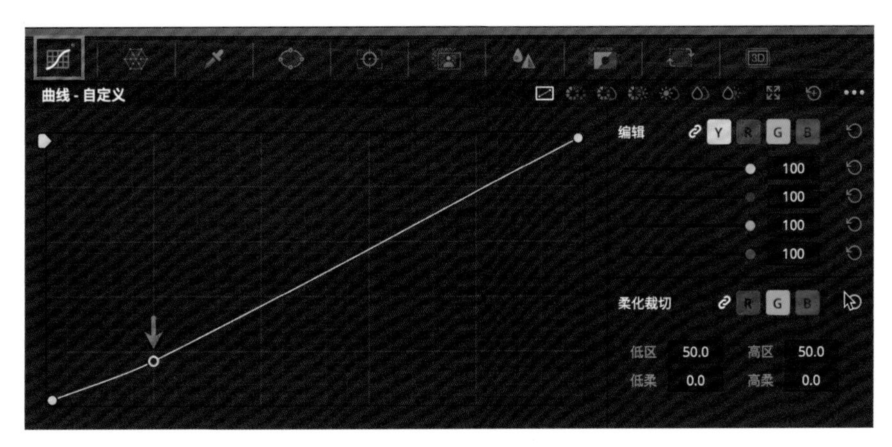

图 12-12 调整曲线

05 以上步骤主要用来增加画面的反差，并压低了阴影部分，调色后的画面如图 12-13 所示。

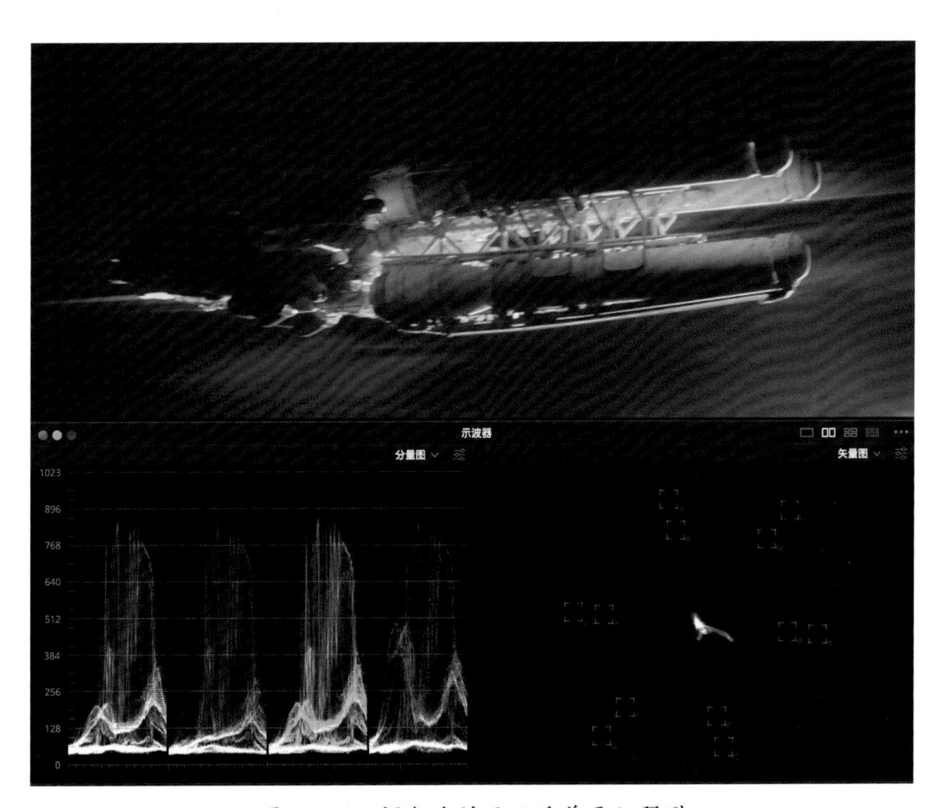

图 12-13 调色后的画面反差更加强烈

06 执行菜单“调色”→“节点”→“添加串行节点”命令，或者按快捷键【Option+S】添加一个新的节点，默认编号为“02”，如图 12-14 所示。

07 保证“循环”按钮的开启状态，按空格键循环播放整个镜头。整个镜头用背景中彩色光线的剧烈变化来反衬飞船的超光速旅行状态。彩色光线以蓝色和绿色为主，橙色为辅。

这些彩色光线的饱和度需要进行单独控制。将播放头移动到时间码 01:00:10:22 处，如图 12-15 所示。

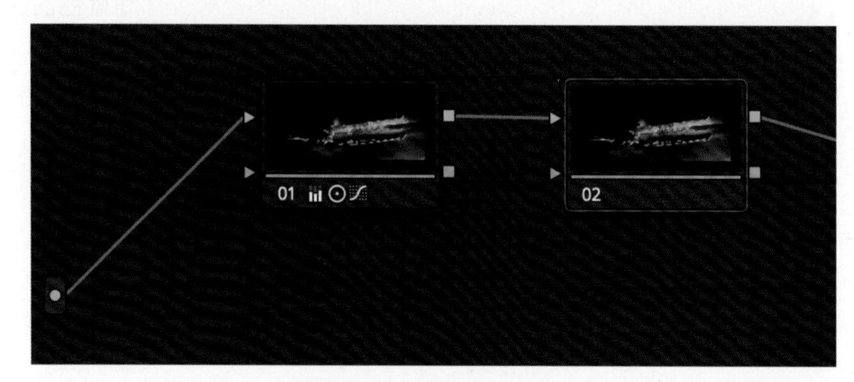

图 12-14　添加新的节点

图 12-15　移动播放头

08 进入“一级 - 校色轮”面板，将“色彩增强”调整为 15.00，“饱和度”调整为 70.00，增加画面的饱和度，如图 12-16 所示。

图 12-16　增加饱和度

09 上一步的调整是整体增加了画面的饱和度，但是导演可能会认为蓝色的饱和度太高了而绿色的饱和度却不够。这可以通过曲线来调整。进入“曲线 - 色相对饱和度”面板，在绿色和蓝色处添加对应的控制点，然后向上拖动绿色的控制点并向下拖动蓝色的控制点，如图 12-17 所示。

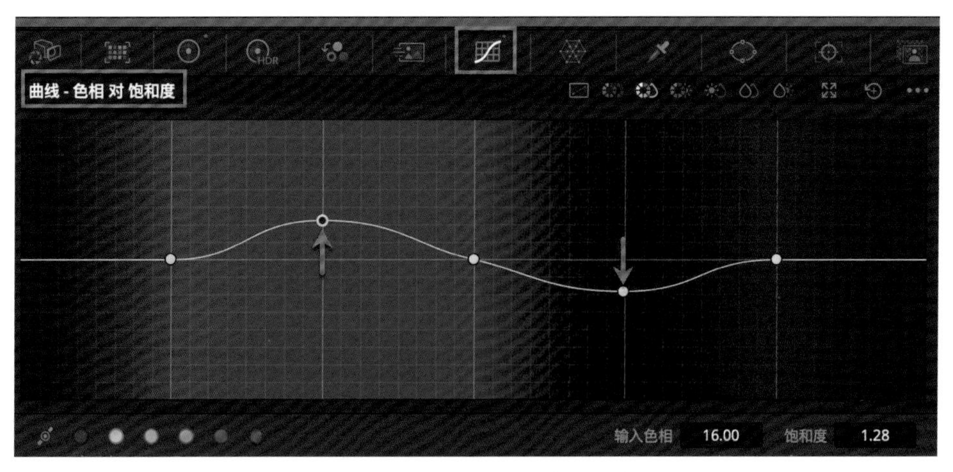

图 12-17 “曲线 - 色相对饱和度”面板

10 调整后的画面更加立体，彩色光线的饱和度也更加协调。当然还需循环播放来查看光线跟随时间所产生的变化，并适当调整蓝色和绿色的饱和度甚至是色相以获得最佳结果，如图 12-18 所示。

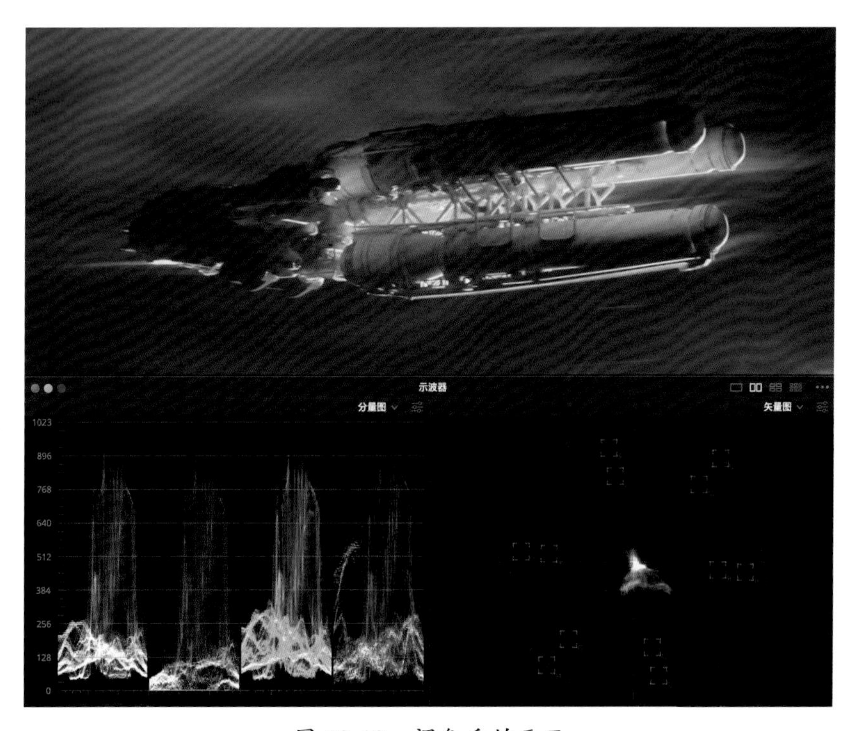

图 12-18 调色后的画面

飞船镜头是整个影片的外景镜头之一，其定调可以有多个方向。现在完成的是一个高反差、高饱和的版本。如果考虑飞船经历了漫长的旅行，可能经历了宇宙尘埃甚至是行星碎片的洗礼，那么还可以考虑低饱和版本。还可通过关键帧制作彩色背景的动态变化，显得更加奇幻，但是这种思路一定要和导演沟通，否则容易画蛇添足。

12.4.2 对话镜头调色

本片中的内景镜头占比很高，而且这些镜头以对话为主。因此，挑选一些对话镜头进行定调很有必要。本片是科幻短片，故事氛围不是浪漫温馨，而是充满了紧张、悬疑和生死抉择的思想斗争。所以，在定调时，考虑以中 / 低调曝光、高反差、偏冷调的中 / 低饱和画面来呈现。

01 在“调色”页面中，使用界面上方工具栏中的“片段”下拉菜单取消对旗标的筛选，然后选择第 14 个镜头，如图 12-19 所示。

图 12-19　选择编号为 14 的镜头

02 打开示波器并对初始画面进行分析。通过“分量图”可以看到画面的对比度中等，暗部没有死黑并且画面偏橙黄色，因为红色波形的顶部最高而蓝色波形的顶部最低。通过“矢量图”可以看到画面饱和度较低，大量像素偏暖，少量像素偏冷，如图 12-20 所示。

图 12-20　分析画面

03 保证默认的节点“01”处于被选中的状态，进入“一级 - 校色轮”面板，将“对比度”调整为 1.084，将“暗部”调整为 -0.02，“中灰”调整为 -0.01，“亮部”调整为 1.08，如图 12-21 所示。

图 12-21 “一级 - 校色轮”面板

04 调整后的画面加大了反差，暗部也接近于死黑，虽然没有增加饱和度参数，但是由于反差的增加，饱和度也跟随增加了一些，如图 12-22 所示。

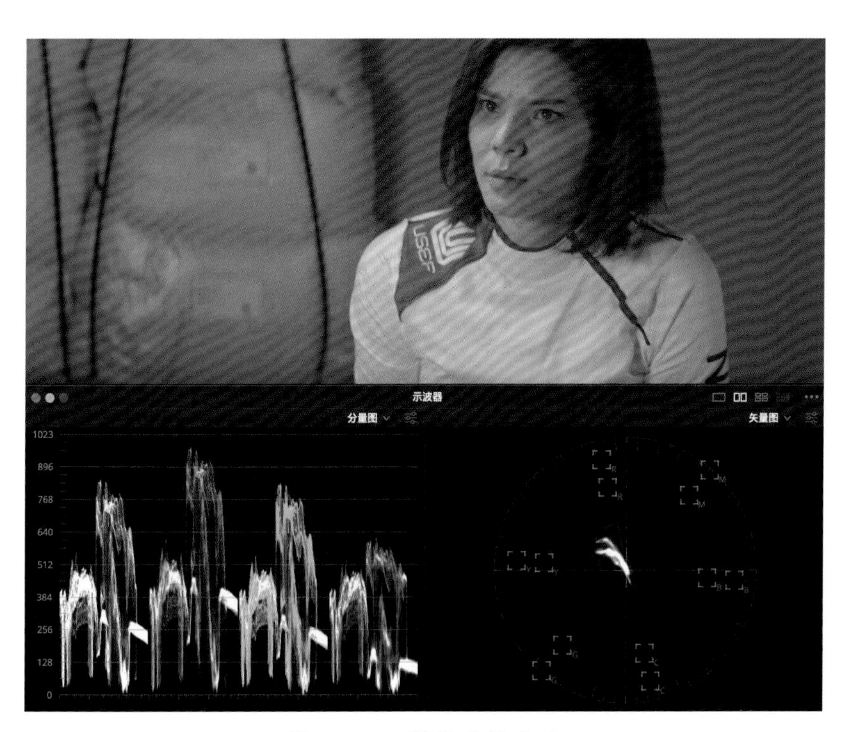

图 12-22 调整后的画面

05 为“节点 01”添加节点标签并输入“一级调光”。然后执行菜单“调色”→“节点”→“添加串行节点”命令，或者按快捷键【Option+S】添加一个新的节点，默认编号为“02”，并在节点上右击，然后在弹出的菜单中选择“节点标签”命令，如图 12-23 所示。

图 12-23　添加新节点

06 为“节点 02”的节点标签输入“一级调色”文本。该节点用来调整画面的色彩平衡。目前的画面太暖了，需要对白平衡进行调整，如图 12-24 所示。

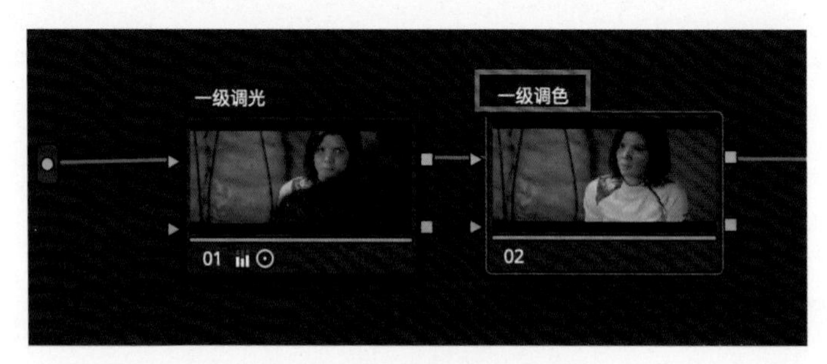

图 12-24　修改节点标签

07 进入“一级 - 校色轮”面板，将“色温”调整为 -210.0，“色调”调整为 -6，将“暗部”的红色调整为 -0.01，“中灰”调整为 -0.01，“亮部”的“红”调整为 0.97，“绿”调整为 1.01，“蓝”调整为 1.05，如图 12-25 所示。

图 12-25　“一级 - 校色轮”面板

08 此时画面的亮部增加了青蓝色，减少了红色，白平衡变得更加中性，但是并未完全校正为红绿蓝数值完全相等的纯白色。因为校正白平衡也是以创作意图为导向的，并非完全按照机械化的方式去调整，如图 12-26 所示。

09 执行菜单“调色”→“节点”→“添加串行节点”命令，或者按快捷键【Option+S】添加一个新的节点，此时节点编号为“03”。将节点标签修改为“二级曲线”，如图 12-27 所示。

图 12-26 校正白平衡

图 12-27 添加新节点

10 虽然校正了白平衡去除一些暖色，但是画面整体的黄色依然过多。因此，将在“节点03”上去除一些黄色。进入“曲线 - 色相对饱和度”面板，在曲线的“黄色”处添加一个控制点，然后降低控制点的位置，如图 12-28 所示。

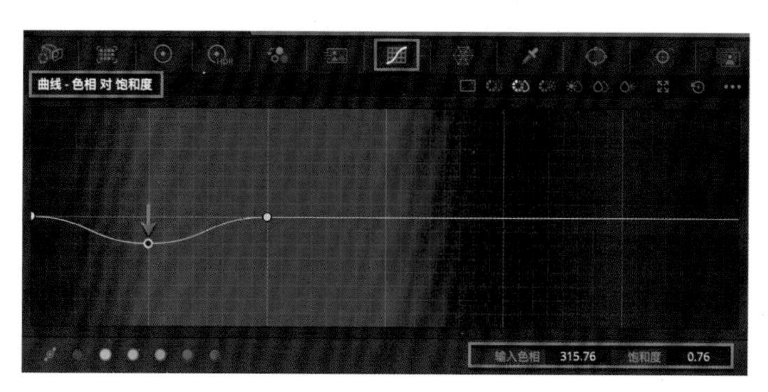

图 12-28 添加并降低控制点的位置

11 调整后的画面变得更加中性化，调性四平八稳，但是缺乏个性，如图 12-29 所示。

图 12-29　减少黄色后的画面

12 在“节点 03”被选中的情况下，执行菜单“调色”→“节点”→“添加并行节点”命令，或者按快捷键【Option+P】添加一个新的并行节点，此时节点编号为“04”。然后将节点标签修改为“二级限定器”，如图 12-30 所示。

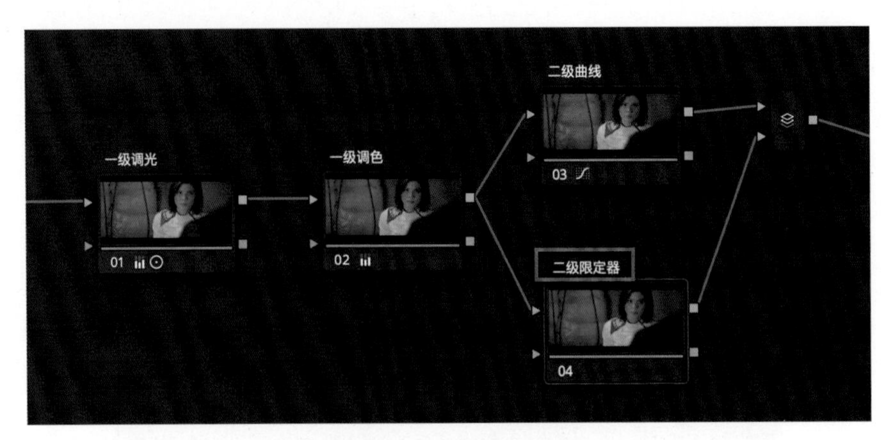

图 12-30　添加并行节点

13 进入“HSL 限定器”面板，将“亮度”的“低区”调整为 60，“低柔”调整为 6.0，“模糊半径”调整为 50.0，如图 12-31 所示。

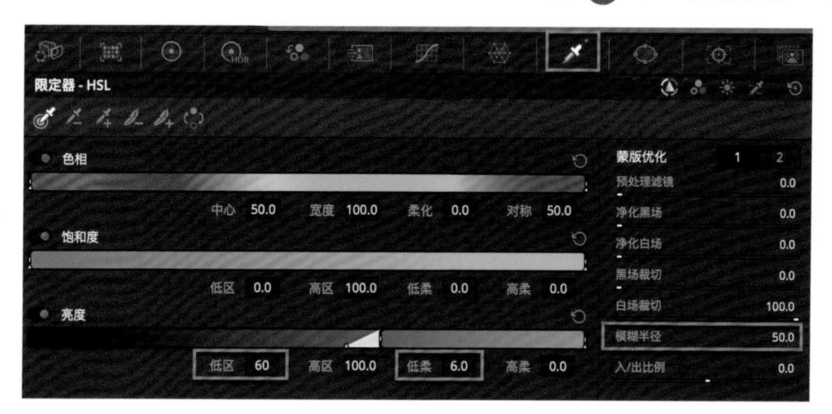

图 12-31 “HSL 限定器”面板

14 单击检视器左上角的“突出显示”按钮或按快捷键【Shift+H】，进入突出显示模式。这些操作选出了女演员的受光面，然后需要突出她受光的感觉，如图 12-32 所示。

图 12-32 突出显示模式

15 进入“一级校色轮”面板，将“色温”调整为 180.0，将“暗部”调整为 -0.01，“中灰”调整为 0.03，“亮部”的“Y”调整为 1.07，“红”调整为 1.10，“绿”调整为 1.04，“蓝”调整为 0.95，如图 12-33 所示。

图 12-33 “一级校色轮”面板

16 调整后女演员的受光面变得更亮、更暖、更突出。这也是通过二级调色技术突出主体的一种方法，如图 12-34 所示。

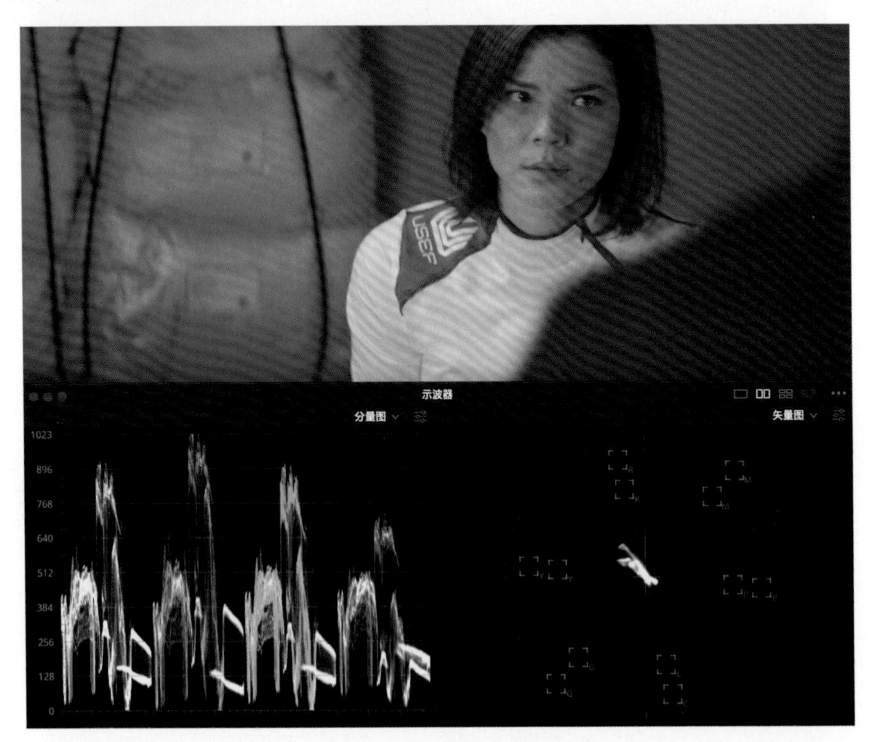

图 12-34 调整受光面

17 执行菜单“调色”→“节点”→“添加串行节点”命令，或者按快捷键【Option+S】添加一个新的串行节点，此时节点编号为“06”。然后把节点标签修改为“二级调光”，如图 12-35 所示。

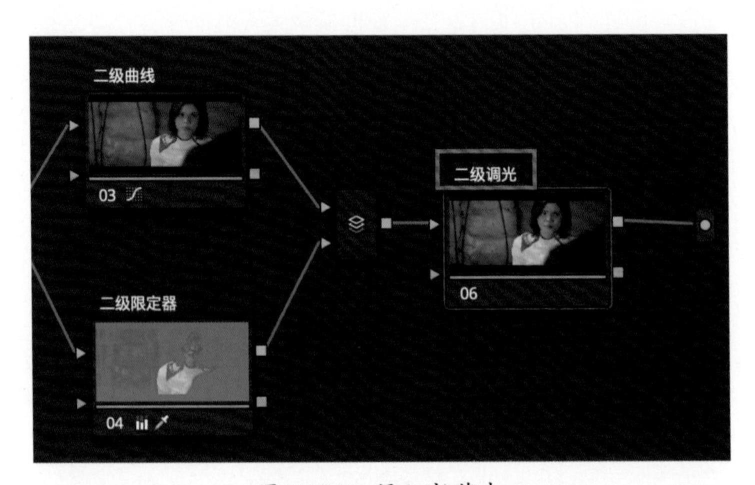

图 12-35 添加新节点

18 进入“一级校色轮”面板，将“暗部”调整为 0.02，“中灰”调整为 -0.01，“亮部”调整为 0.86，如图 12-36 所示。

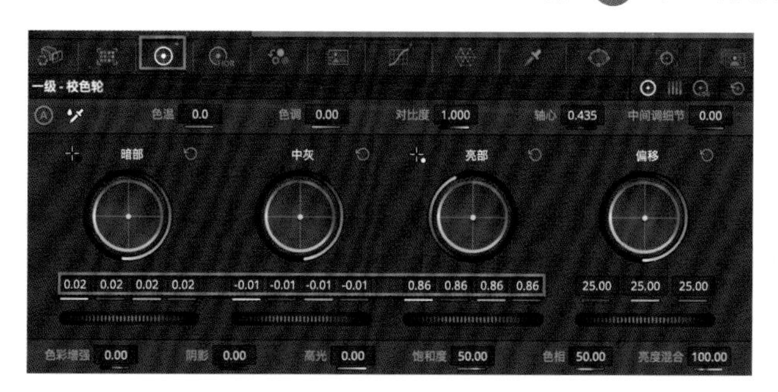

图 12-36 “一级校色轮”面板

19 进入“曲线 - 自定义”面板，在“Y”曲线的暗部添加三个控制点，然后分别调整三个控制点的位置。这是在不影响画面饱和度的情况下调整画面的反差，如图 12-37 所示。

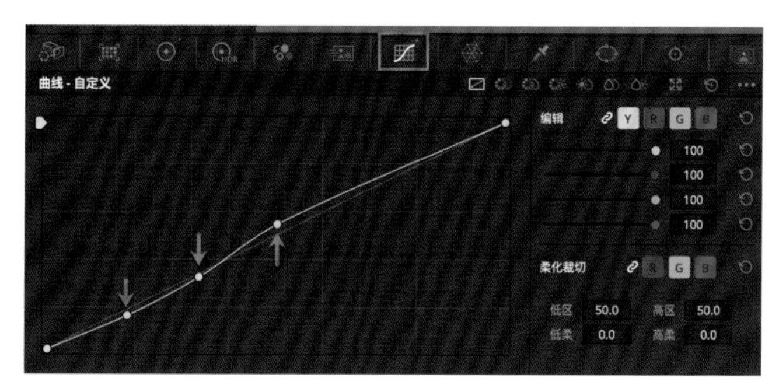

图 12-37 调整曲线

20 调整后的画面降低了高光部分的亮度，强化了暗部的反差，如图 12-38 所示。

图 12-38 调整后的画面

21 保证节点06被选中的状态，然后执行菜单“调色”→“节点”→“添加并行节点”命令，或者按快捷键【Option+P】添加一个新的并行节点，此时节点编号为“07”。然后将节点标签修改为“二级窗口”，如图12-39所示。

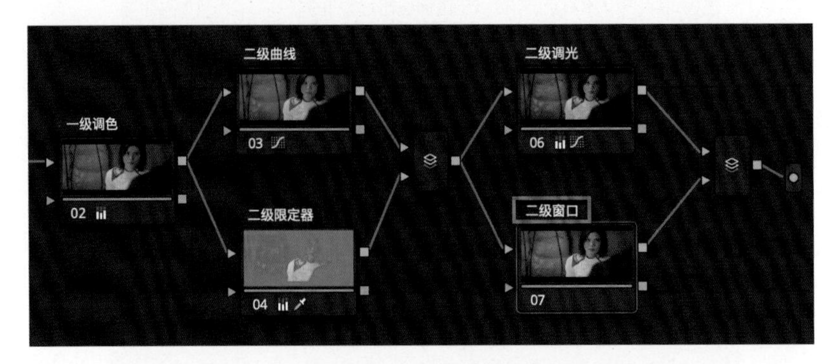

图12-39 添加新节点

22 进入“窗口”面板，激活“四边形”窗口，然后调整其形态，如图12-40所示。

图12-40 “四边形”窗口

23 在“窗口”面板中，激活“四边形”窗口的“反向”按钮，选中画面的右侧边缘部分，如图12-41所示。

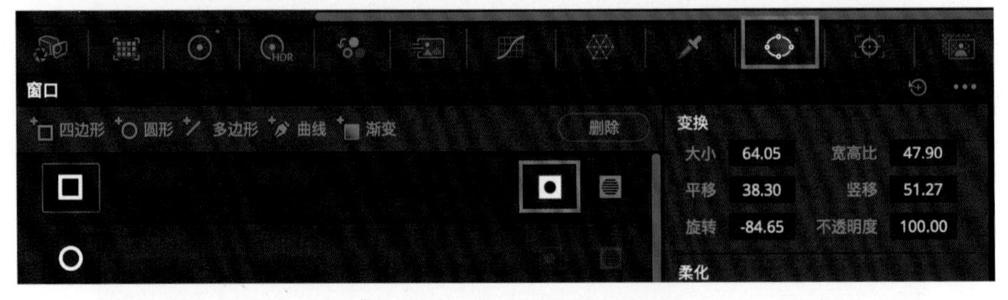

图12-41 激活“反向”按钮

24 进入“一级校色轮”面板，将“对比度”调整为 1.300，增加右侧画面的对比度，如图 12-42 所示。

图 12-42 增加对比度

25 调整后，画面右侧的对比度显著增加，女演员的面部反差也加大了，显得更加立体，如图 12-43 所示。

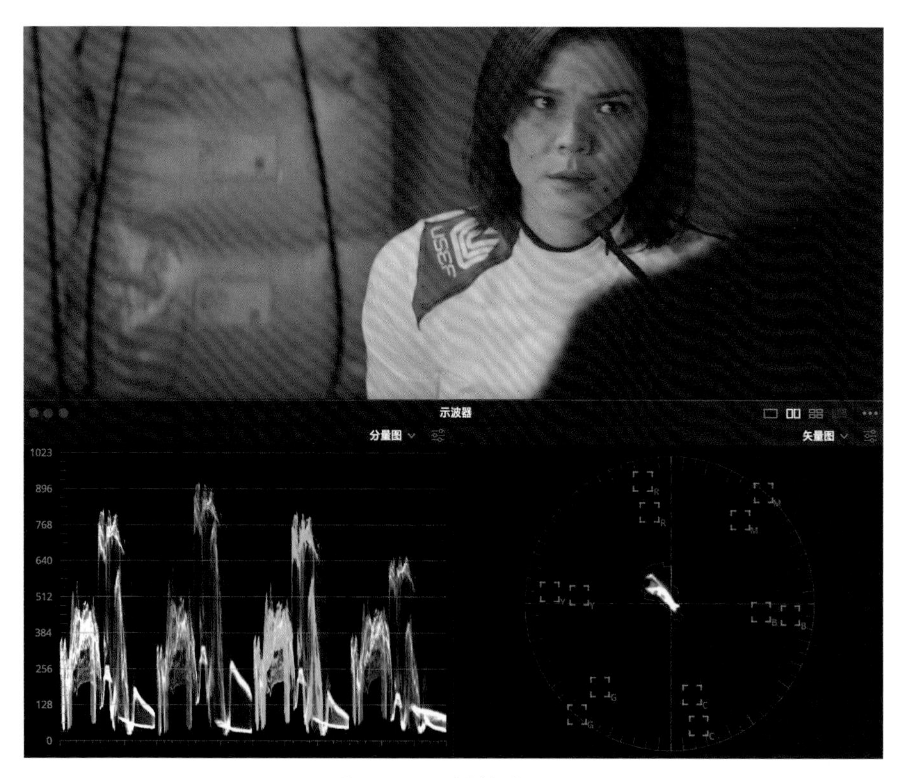

图 12-43 调整后画面

26 保证“节点 07”的选中状态，执行菜单“调色”→“节点”→“添加并行节点”命令，或者按快捷键【Option+P】添加一个新的并行节点，此时节点编号为“08”。然后将节点标签修改为“二级窗口”，如图 12-44 所示。

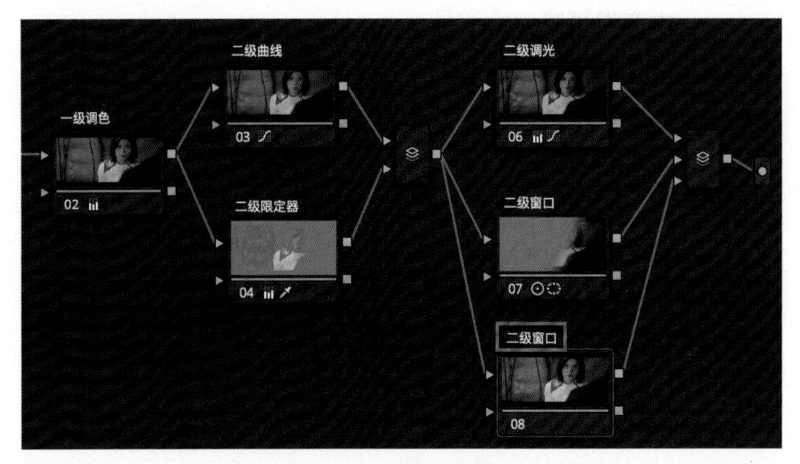

图 12-44　添加新节点

27 进入“窗口”面板，激活“渐变”窗口，然后在“检视器”中调整其位置和形态，选中画面底部的像素。“突出显示”处于激活状态，且模式为“突出显示黑白”。后面将压暗这部分像素，如图 12-45 所示。

图 12-45　“渐变”窗口

28 进入“一级校色轮”面板，将“中灰”调整为 -0.01，“亮部”调整为 0.61，如图 12-46 所示。

图 12-46　“一级校色轮”面板

29 调整后的画面下方变得更暗，女演员变得更加突出。在对画面进行光影处理时，经常会使用窗口工具绘制相应的选区。窗口还可以进行布尔运算，从而帮助用户得到细致精确的选区，如图 12-47 所示。

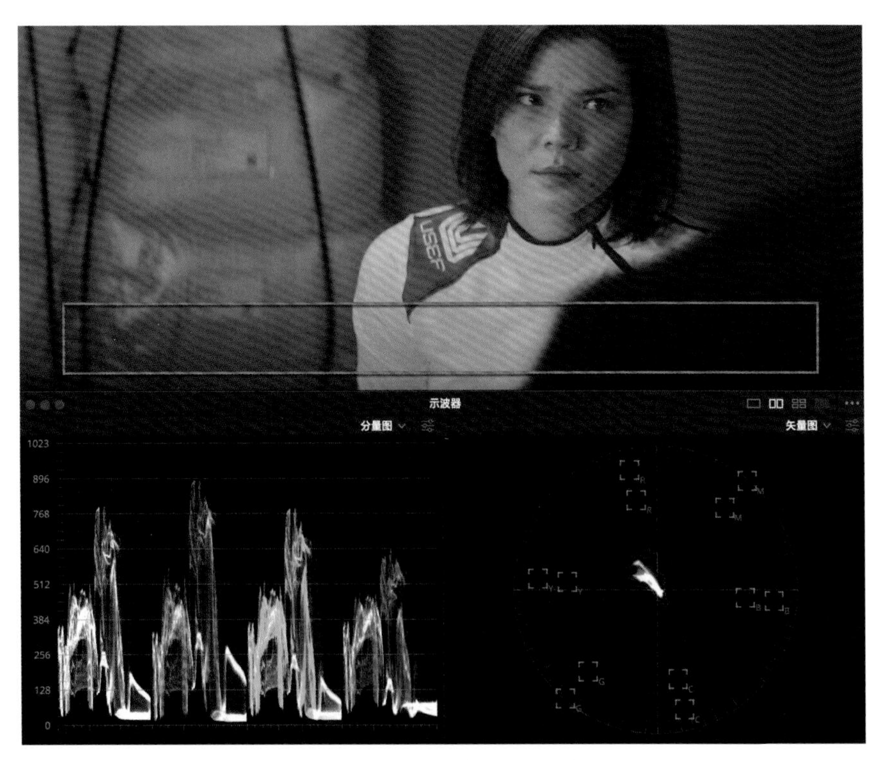

图 12-47 压暗下方区域

30 现在该镜头的调色已经进入尾声，画面整体上符合调色前的定调设想，但是仍然有些平庸，因此，将添加一个新的节点用于最后的风格塑造。执行菜单“调色”→“节点”→“添加串行节点”命令，或者按快捷键【Option+S】添加一个新的串行节点，此时节点编号为“10”，如图 12-48 所示。

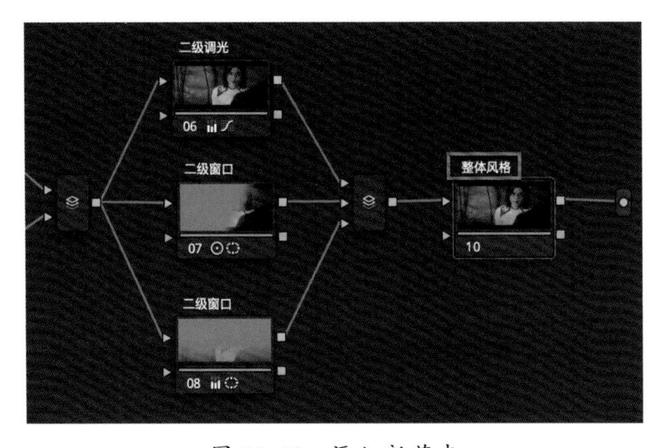

图 12-48 添加新节点

31 进入“一级校色轮”面板，将“对比度”调整为1.060，将“中灰”调整为-0.01，“亮部”的“红”调整为0.91,“绿”调整为1.01,“蓝”调整为1.05。让画面变得更加冷静和沉稳，如图12-49所示。

图12-49 “一级校色轮”面板

32 此时的画面已经接近于初期的设想，人物的受光面呈现为暖色，背光面则呈现为冷色。这种冷暖搭配有场景中合理的光源作为支撑。原始画面过于亮、灰、暖，经过调色后得到低调、高反差、冷暖结合但整体偏冷的感受，如图12-50所示。

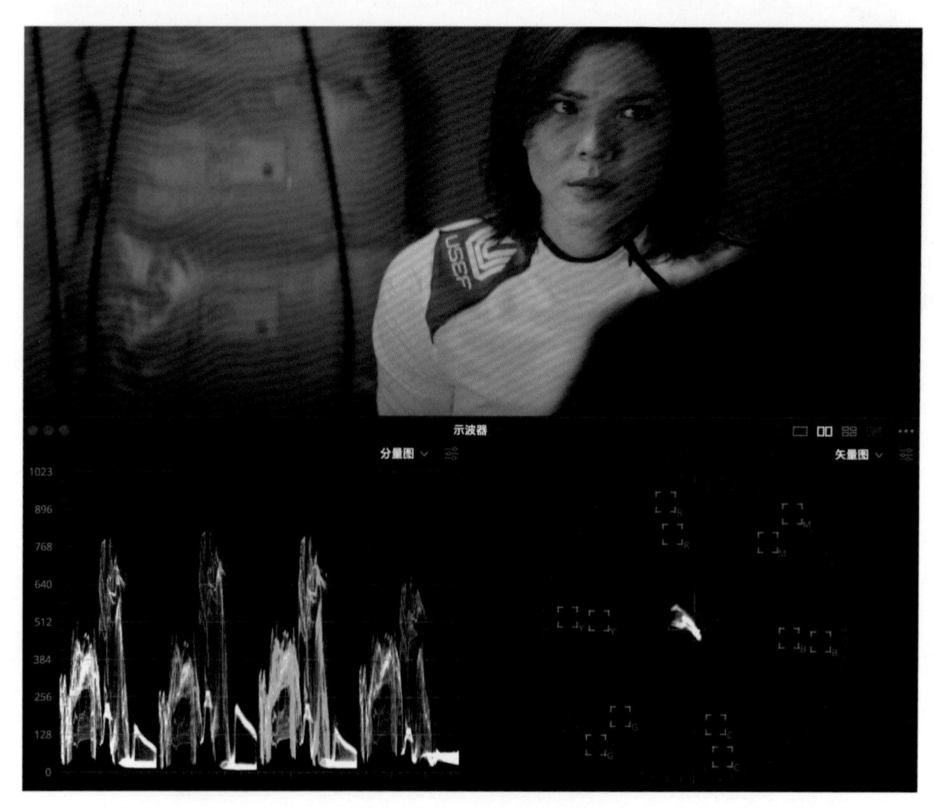

图12-50 完成调色的画面

33 对话镜头调色后的节点结构图共含有 10 个节点，但读者仍然可以按照自己的喜好添加或删除节点以形成自己的节点结构图，如图 12-51 所示。

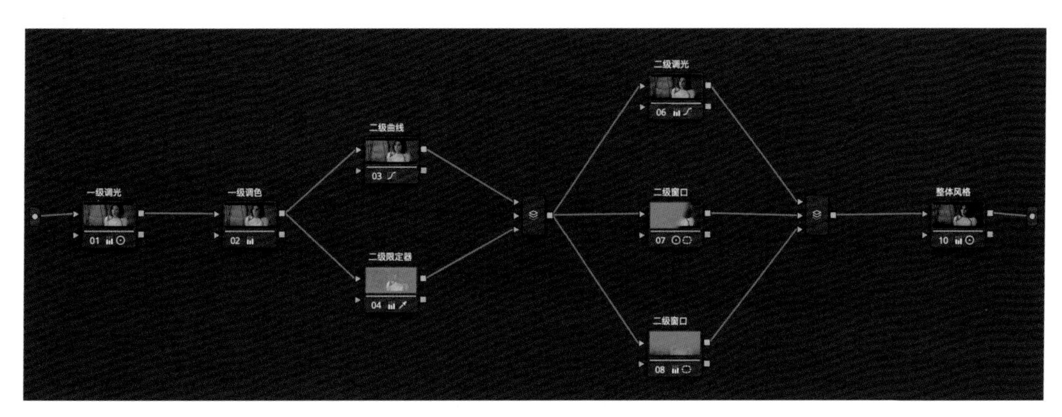

图 12-51 节点结构图

★提示

读者可以在本书的随书下载中找到本镜头的相关静帧，将静帧导入达芬奇画廊中进行学习与研究。

12.5 镜头匹配

当定调完成且甲方确认后，调色师即可对全片进行调色处理。由于有了定调镜头作为参考，后续的调色工作会更加容易。虽然全片有很多镜头，但是有些镜头是可以进行编组调色的，有些镜头则可以复制其他镜头的调色，稍作修改即可达到要求。在这种情况下，镜头匹配能力非常重要。下面通过一个简单的例子来演示如何进行镜头匹配。

01 首先选择片段编号为 16 的镜头，然后使用鼠标中键单击编号为 14 的镜头的缩略图，将片段 14 的调色复制到片段 16 上面。当然也可使用“静帧”复制调色，如图 12-52 所示。

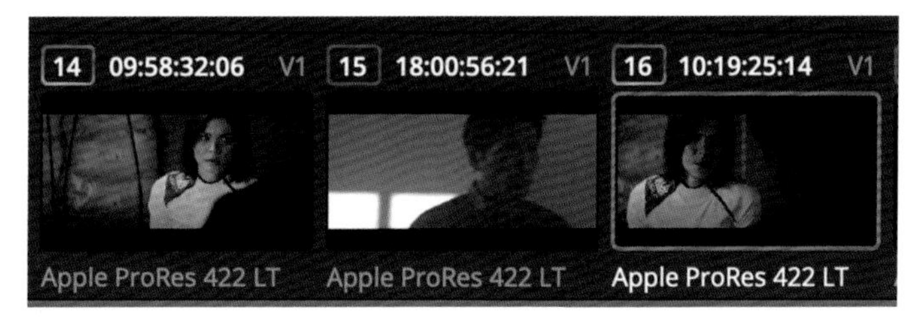

图 12-52 复制调色

02 由于片段 14 和片段 16 的构图和场景非常类似。所以，复制调色后，片段 16 看起来并没有问题，如图 12-53 所示。

图 12-53　片段 16

03 但是当并列观看时，就容易发现问题。首先选择片段 16，按【Command】键的同时选择片段 14，激活“检视器”面板的“分屏”按钮，然后在下拉菜单中选择“所选片段”选项，这样就能并列观看素材了，如图 12-54 所示。

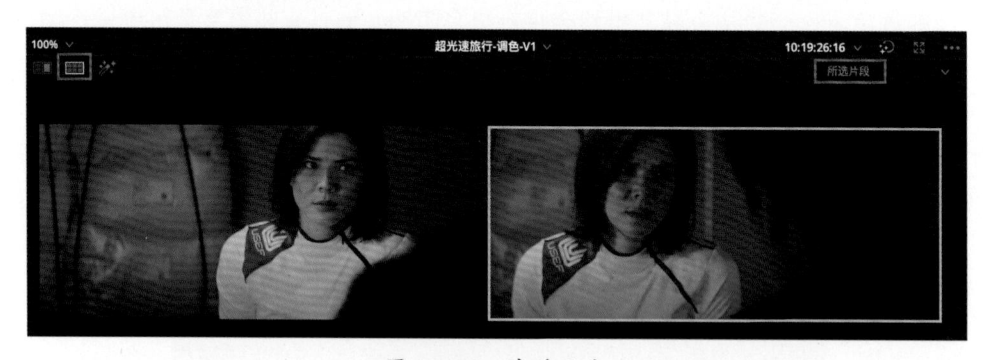

图 12-54　并列观看

04 另一种方式是“划像”观看。首先退出“分屏”模式，然后抓取片段 14 的静帧，并在片段 16 上播放刚刚抓取的静帧。通过划像的方式把两张脸放到一起比较，很容易发现左侧的脸更暗而且更红，如图 12-55 所示。

05 选择片段 16，在“节点编辑器”中选择“节点 08”，然后执行菜单“调色”→“节点”→“添加并行节点”命令，或者按快捷键【Option+P】添加一个新的并行节点，此时节点编号为“09”。将节点标签修改为“二级窗口”，如图 12-56 所示。

图 12-55 “划像”观看

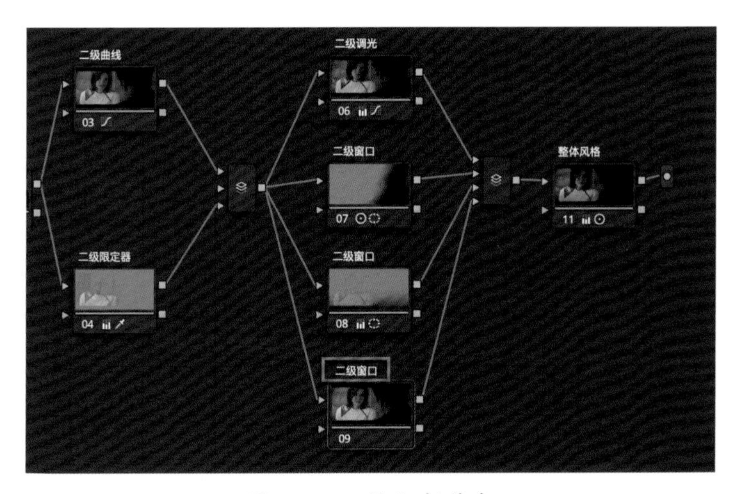

图 12-56 添加新节点

06 进入“窗口”面板，激活“圆形”窗口，并调整其大小和位置，放置到女演员面部，注意窗口要有一定的柔化边缘，如图 12-57 所示。

图 12-57 添加“圆形”窗口

07 开启“划像”模式，并调整划像位置。仔细观察和分析两张脸的不同之处，如图 12-58 所示。

图 12-58　分析两张脸的不同之处

08 进入“一级校色轮”面板，将“色温”调整为 160.0，“色调”调整为 -10.00，将“中灰”调整为 0.05，“亮部”调整为 1.06，如图 12-59 所示。

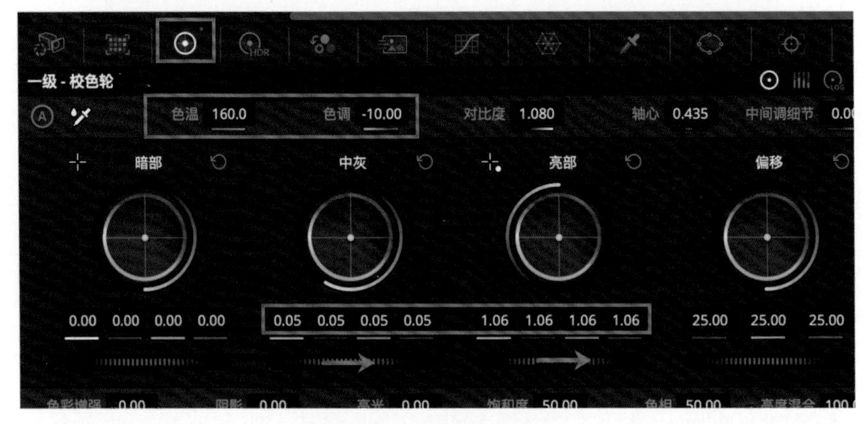

图 12-59　调整面部光影

09 此时两张脸变得更加接近，颜色的跳跃感明显减弱，如图 12-60 所示。

图 12-60　进行对比

★提示

在进行镜头匹配时通常会“先接光、后接色”，也就是先把曝光和反差进行匹配，然后再匹配色相和饱和度的差异。

10 最后不要忘记，镜头是动态的，女演员脸上的窗口还需进行跟踪处理。进入“跟踪器 - 窗口”面板，单击“双向跟踪”按钮即可完成，如图 12-61 所示。

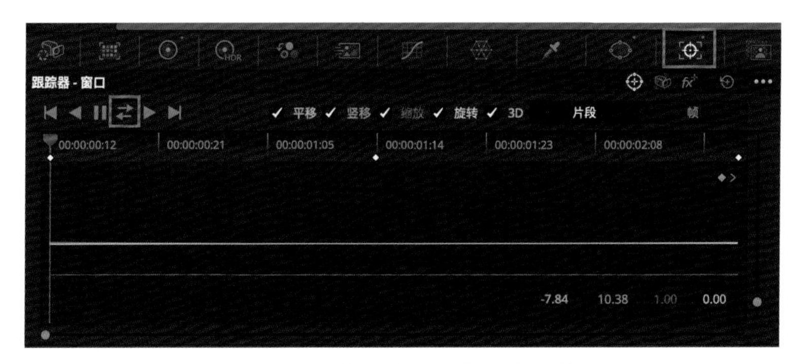

图 12-61 “跟踪器 - 窗口”面板

在这里只是对相似度非常高的镜头进行了匹配处理，实际上对于匹配度低甚至完全不匹配的镜头也可进行“镜头匹配（接光接色）”操作。读者可以根据本节讲授的方法对影片中的其他镜头进行镜头匹配处理。

12.6 交付影片

当整个影片完成镜头匹配流程后，经甲方审片且确认无误后，即可渲染输出。达芬奇的交付页面中有很多的知识点，相关内容见“从调色到交付”这一章。在本例中，将介绍一种管理输出文件名的技巧。

01 单击达芬奇界面底部“交付”按钮进入交付页面，正在工作的时间线将会自动在“交付”页面中打开。为简化输出流程，选择 ProRes 作为输出预设，如图 12-62 所示。

图 12-62 输出预设

02 在“文件名”输入框中输入“%”，在弹出的下拉菜单中有多种元数据，这些元数据可以当作文件名的组成部分，如图 12-63 所示。

03 选择“时间线名称”选项，可以看到文字下方有一个灰色的圆角矩形，说明它可以调取相应时间线的名称作为输出影片的文件名，如图 12-64 所示。

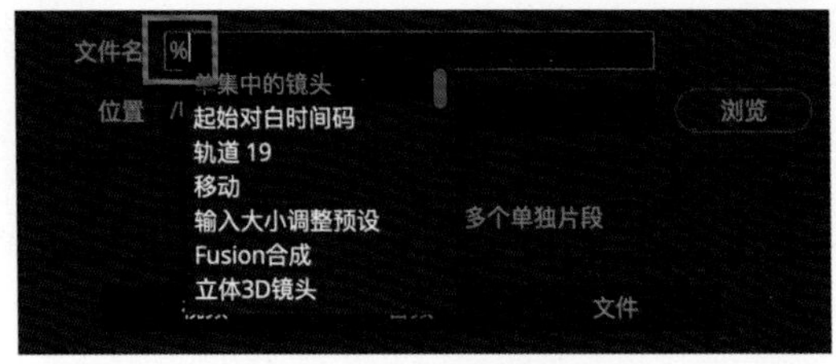

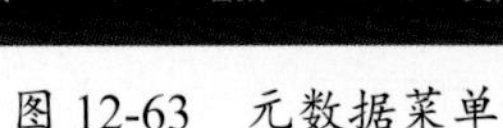

图 12-63 元数据菜单

图 12-64 时间线名称

04 单击界面底部“添加到渲染队列”按钮，在“渲染队列”面板中可以看到即将渲染的影片名称为“超光速旅行 - 调色 -V1.mov”。这说明达芬奇已经正确读取时间线的名称。如果有多条时间线需要渲染，又或者有多个片段需要渲染，用“%”设置文件名将会极大地帮助用户，如图 12-65 所示。

05 渲染后可以看到，影片的文件名就是“超光速旅行 - 调色 -V1”，如图 12-66 所示。

图 12-65 渲染队列

图 12-66 渲染后的影片

12.7 本章小结

本章讲解了科幻短片《超光速旅行》的调色过程，以真实的案例向读者展示了常规的调色流程。首先进行项目分析，在有条件的情况下熟读剧本，然后熟悉项目素材，准备时间线。当对影片创意有足够的把握后，选择定调镜头，对选出的镜头进行调色处理。工作中可能要提供多个定调版本给甲方，在和甲方讨论修改后确定影片的调性。需要注意的是，即使影片定调已经完成，也应在签订合同的基础上进行工作。最好在收到预付款项后再进行整片的调色处理。定调的难度比调色本身的难度要大得多，定调也大多由调色总监来完成。希望读者在学习和工作中不断提升自己的能力，最终用自己的调色画面征服甲方和观众。

第13章 家居广告片调色

本章导读

本章讲解家居广告片的准备过程、调色思路和调色步骤。广告片调色的品质要求比纪录片或者宣传片更高，这也要求注重素材的前期拍摄质量，对于调色学员来说是有门槛的。不同的广告片也有不同的风格。本章以家居广告为例进行讲解，读者可以根据不同类型的广告制作出不同的广告风格。

本章学习要点

◇项目诉求
◇色彩方案
◇方案确立
◇开始调色
◇匹配镜头
◇完成交付

13.1 调色准备

在正式制作广告片调色前，需要完成调色准备，首先要明确客户对广告片的定位，其次是领会导演的创意诉求，理解摄影师对画面品质的把控。询问导演是否有参考样片或者参考画面，是否可以提供分镜头脚本等；询问摄像老师，素材拍摄设备，如什么机型、什么色彩空间等信息；再与剪辑师对接使用的剪辑软件，是否需要套底回批，了解项目分辨率、帧速率及色彩空间等信息。最后仔细观看素材，进而根据综合判断来完成项目的调色工作。

13.1.1 项目情况

该项目是一则家居广告的调色制作，产品定位于舒适体验与快速助眠的床垫，素材主要分为两个场景。一个是女主角躺在床垫上，惬意地享受着大自然；另一个场景是女主角在森林里漫步与寻找。以此来凸显品牌的理念——以人为本，健康至上，专注睡眠。

素材是使用 RED 摄像机拍摄 RAW，5K 分辨率，素材量为 222GB，本案例选用部分素材进行演示，如图 13-1 所示。

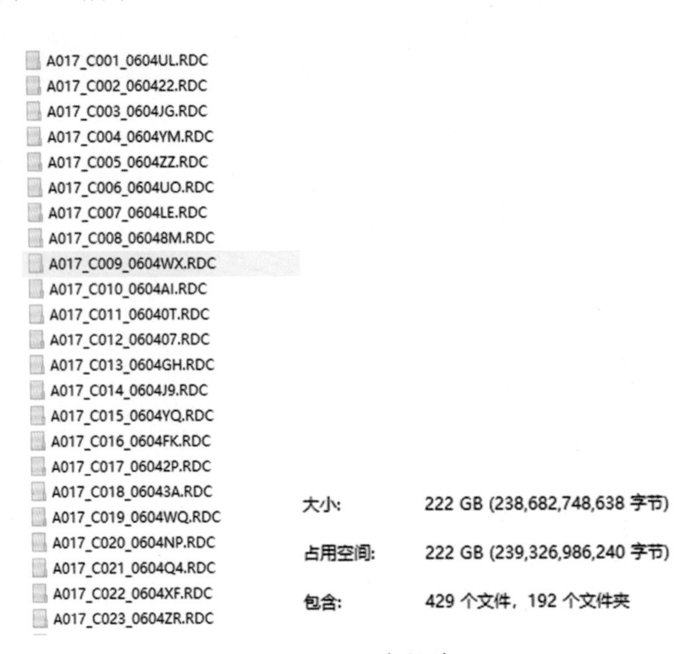

图 13-1　项目素材情况

13.1.2 项目诉求

品牌方的诉求是体现颜值、品质。导演的诉求是画面通透，有层次细节并且给了一些参考画面，图片来源于网络，如图 13-2 所示。

图 13-2 项目调色参考图（素材来源于网络）

分析样片，可以观察到画面中有大面积的树林，画面有比较大的明暗反差，绿色为画面的主色，画面亮部有一些偏暖，暗部偏冷色调，墨绿色调，给人清新怡然，健康生活之感。

13.1.3 观察整理素材

在调色前，千万不要忽略观察整理素材的步骤，会让你后续工作事半功倍。可以对照着导演分享的分镜头设计配合剪辑工程多浏览几遍，熟悉项目的素材音乐类型，以及体会音乐与素材的组接节奏，有利于熟悉素材的同时更加了解项目想表达的产品主题，会更加快速地建立调色思路并进入调色状态。

首先，拿到素材后建议在计算机或者硬盘、阵列中复制一份，避免出现素材遗失、误删或者计算机崩溃等问题。

提前与剪辑师沟通，询问好如何交接剪辑工程文件，如果剪辑师是在 Premiere 或者 Final Cut Pro 之类的非线性编辑软件中完成的剪辑，那就需要和剪辑师进行套底回批流程；

若异地完成项目或者素材量过大，可以考虑输出无压缩、接近无损的视频进入达芬奇场景剪辑探测完成调色工作，当然最好还是进行套底；也有部分剪辑师会使用达芬奇剪辑面板完成剪辑工作，剪辑师完成剪辑后把项目“导出项目存档”给到调色师，这样也大大提升了剪辑与调色工作协作的流程。无论哪种选择，一定要积极沟通，选择最优方式，良好地沟通与配合，才能更好地创作出成功的作品。

13.1.4 设计调色方案

基于前面的准备工作，进入达芬奇“调色”页面，寻找定调素材，定调素材建议选择有主体、有代表性环境的场景，对于其他素材才具有指导借鉴作用。

01 在“媒体存储”界面选择所需调色的素材导入“媒体池”，新建时间线，进入“调色”功能区。

02 在“调色”工作区单击右上角“光箱”按钮，可以在一个界面预览所有素材缩略图，方便纵观后，选择“定调”素材，确认后关闭光箱，如图 13-3 所示。

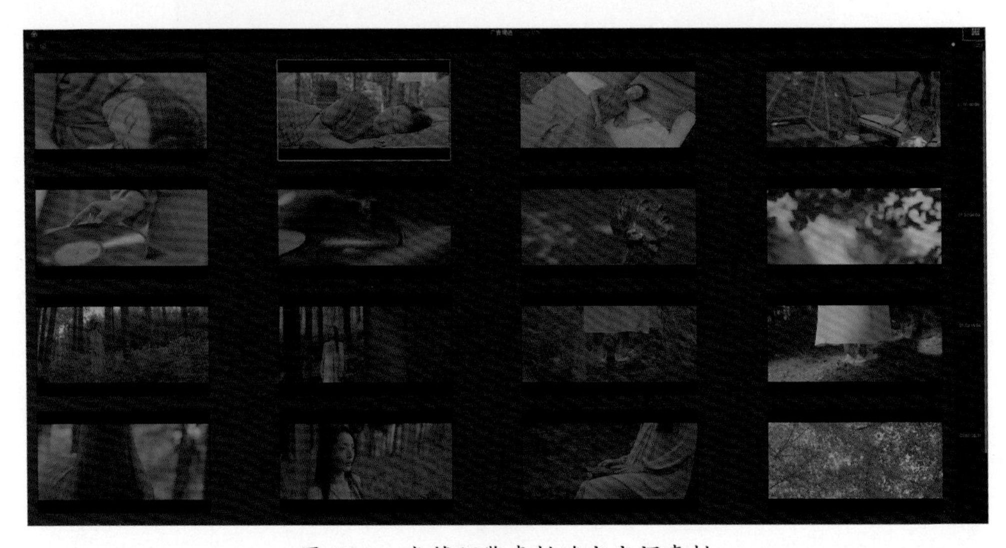

图 13-3　光箱预览素材确定定调素材

03 单击“画廊”按钮，在空白处右击，在弹出的菜单中选择“导入”命令，导入导演给的参考画面，可以使用划像模式，方便分析参考画面与定调素材的差别并模拟参考画面，如图 13-4 所示。

04 根据参考画面对定调素材进行调色，完成后画面有较大的明暗反差，亮部部分些许偏暖色调，暗部部分偏蓝青色，偏冷色调。主色调并未完全按照参考画面往墨绿色上进行偏色，而是往蓝青色上偏色，因为定调素材中占比更大的内容是女主角身穿睡衣躺在床上，偏蓝青色会让睡衣及寝具的质感显得更好，画面也更加清新通透，如图 13-5 所示。

05 当然，如果最初导演没有给参考画面或者调色师有更好的调色建议，可以多设计几个调色方案，提供给客户和导演选择，如图 13-6 所示。

图 13-4　在画廊中导入参考画面

图 13-5　定调画面处理

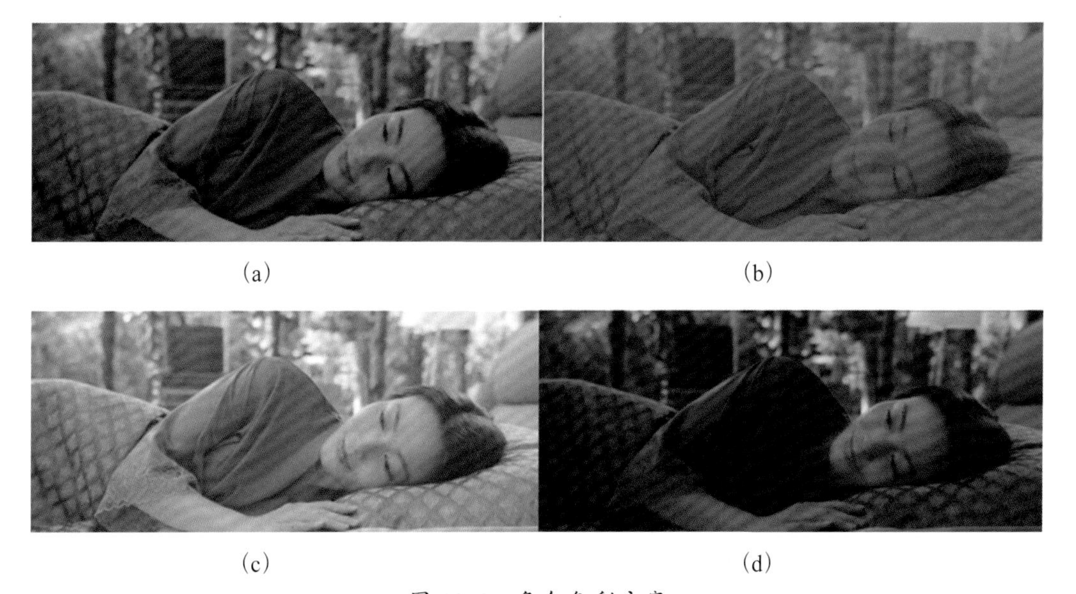

(a)　(b)

(c)　(d)

图 13-6　多个色彩方案

06 除了图 13-6（a）是大致按照参考画面设计外，图 13-6（b）偏向于小清新风格，画面特征为低反差、低饱和。图 13-6（c）所示为比较高亮的效果，画面暗部不明显，比较适合食品、化妆品类的广告。图 13-6（d）偏向于胶片风格，整体画面偏暗，比较适合于风格化的故事片类型。

最后，客户和导演都选择第一个调色方案，方案确立，开始后续的调色工作。

13.2 开始调色

下面详细讲解定调镜头具体的调色步骤及如何使用定调镜头匹配其他画面。

13.2.1 定调素材调色

01 在达芬奇“项目管理器”面板新建项目，命名为“广告调色”，进入达芬奇功能界面。

02 在“媒体”页面，单击左上角“媒体存储”按钮，选择需要调色的素材进行导入，把素材拖进媒体池，此时提示是否“更改项目帧率?”，单击“更改”按钮，如图 13-7 所示。

03 选择定调镜头，单击“元数据”信息，该素材的“分辨率”为 5120×2160，“帧速率”为 25.000 帧 / 秒，r3d 格式素材，如图 13-8 所示。

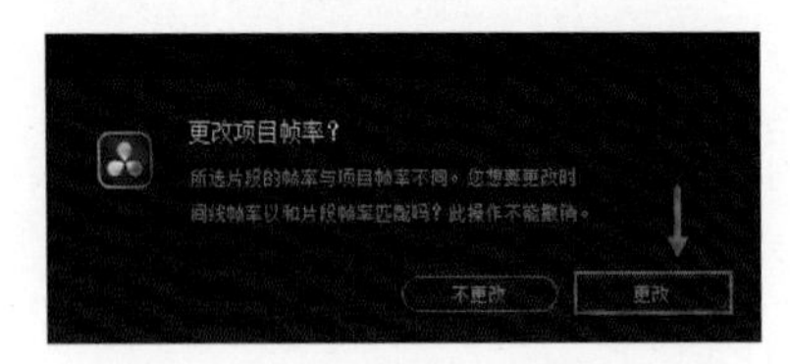

图 13-7　素材导入媒体池设置

图 13-8　素材元数据信息

04 默认情况下，项目的时间线分辨率为 1920×1080，与本项目素材信息不符，需要进行修改，如图 13-9 所示。

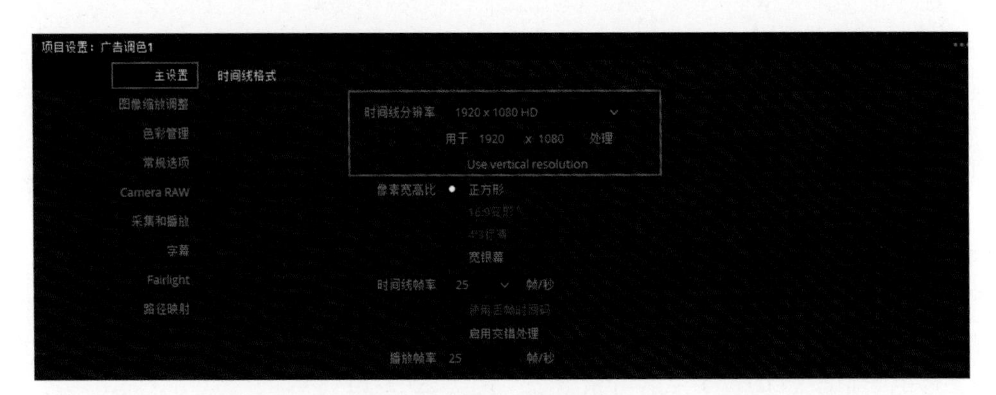

图 13-9　默认项目主设置

05 时间线色彩空间保持默认 Rec.709（Scene) 不变，本项目更多是在微信公众号及互联网投放，如图 13-10 所示。

图 13-10　默认色彩管理设置

06 接下来更改项目设置，在“媒体池”中选中需要完成调色的素材右击，在弹出的菜单中选择“使用所选片段新建时间线”命令，弹出“新建时间线”窗口，时间线名称改为“家居广告”。取消勾选“使用项目设置”复选框，激活“格式”“监看”“输出”功能，如图 13-11 所示。

07 单击“格式”按钮，重新设置“时间线分辨率”为“Custom”，用于“5120×2160”处理中，“像素宽高比”“时间线帧率”等信息保持默认，并且根据素材情况单击“监看”和“输出”选项卡进行设置，如图 13-12 所示。

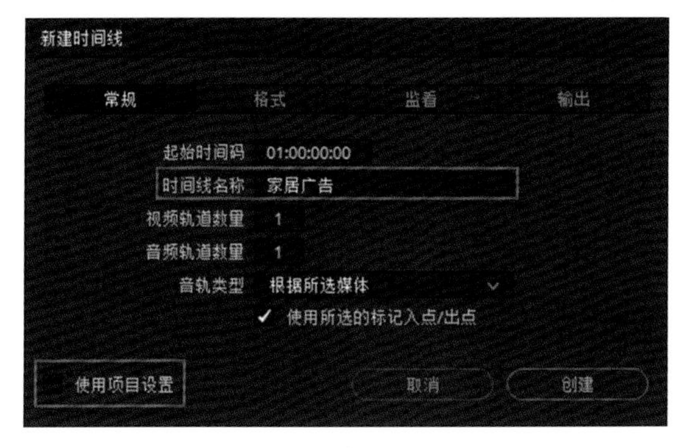

图 13-11 新建时间线设置

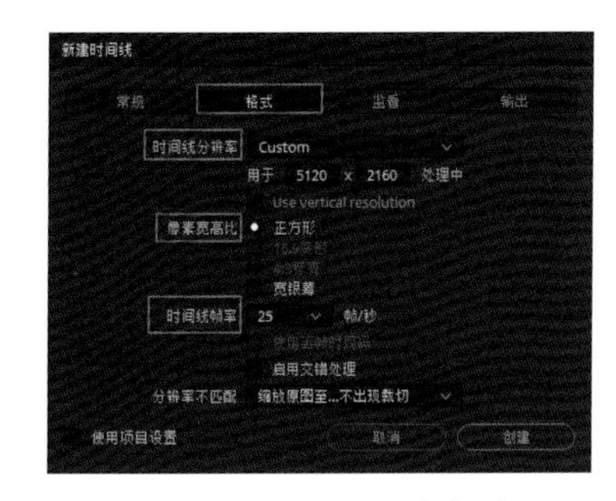

图 13-12 项目设置中格式设置

08 确认时间线设置无误后，进入“调色”页面，单击“片段”，打开时间线所有素材的缩略图，在缩略图下方还有重要信息，本案例的素材是 RED 摄像机拍摄的 RAW 素材，所以，可以使用“Camera Raw”功能，也可使用技术 LUT 转换色彩空间。本案例采用一级手动去灰的方式，如图 13-13 所示。

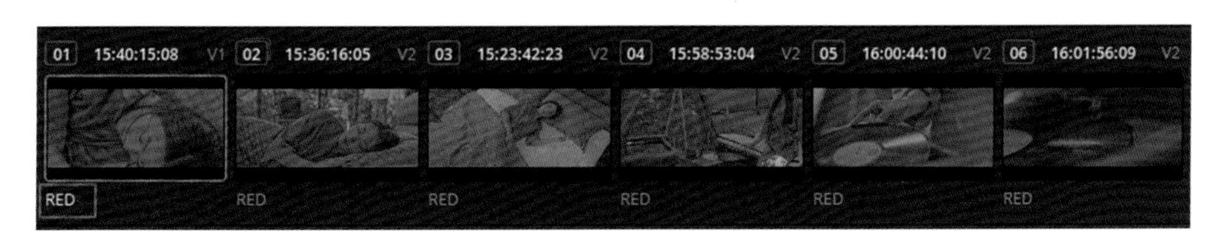

图 13-13 片段的编解码信息

09 在时间线上选择定调素材，打开“循环”按钮，方便在观察素材时始终播放该素材，还可以使用快捷键【Ctrl+F】全屏看素材细节，如图 13-14 所示。

图 13-14 打开“循环”按钮

10 结合示波器进行观察，通过“分量图”看到画面明暗反差很弱，画面亮度信息集中于中灰偏暗的部分，切换到“矢量图”发现画面的饱和度也很低，整体画面发灰，如图 13-15 所示。

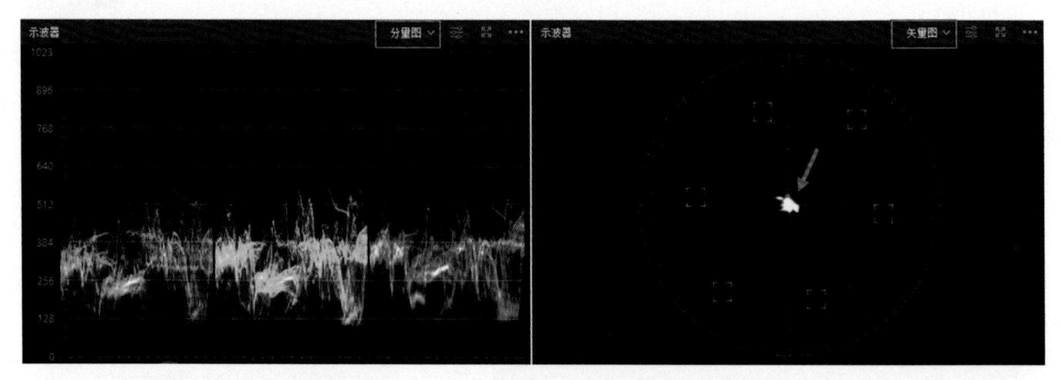

图 13-15　使用分量图和矢量图观看画面

11 根据示波器，结合参考画面，先把画面的反差适当拉大，单击“节点 01”，进入“一级校色轮”面板，将“暗部”设置为 -0.06，“中灰”设置为 -0.05，“亮部”设置为 1.61，如图 13-16 所示。

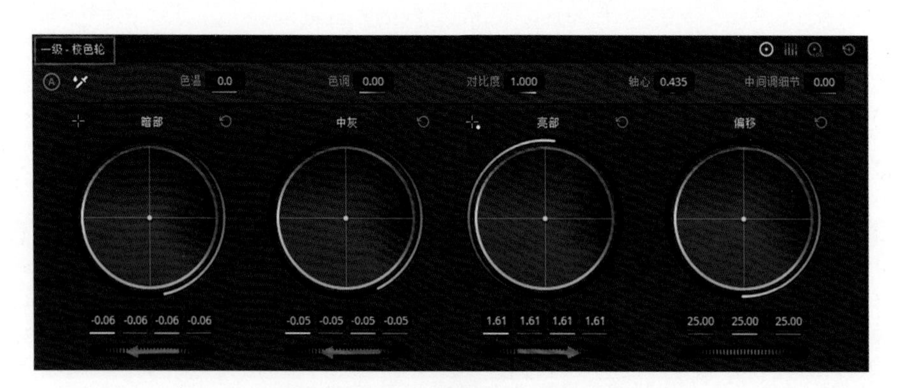

图 13-16　一级校色拉大反差

12 此时，画面有了较明显的反差，但感觉暗部还可以再暗些，将“阴影”设置为 -17.50，调整后画面的暗部暗下去了，但是暗部的细节没了，如图 13-17 所示。

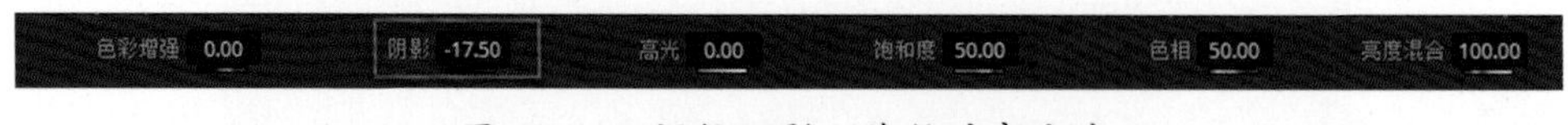

图 13-17　调整阴影，降低暗部亮度

13 打开“曲线 - 自定义”面板，选择“低区”把暗部丢失的细节往上拉，这时暗部虽然已经拉至分量图 0 刻度数值以上还是没有细节，再使用“低柔”找回暗部细节，如图 13-18 所示。

14 对比一级校色拉大反差后分量图示波器的变化，如图 13-19 所示。

15 执行菜单“调色”→“节点”→“添加串行节点”命令，或者按快捷键【Option+S】

添加一个新的节点，默认编号为“02”，如图 13-20 所示。

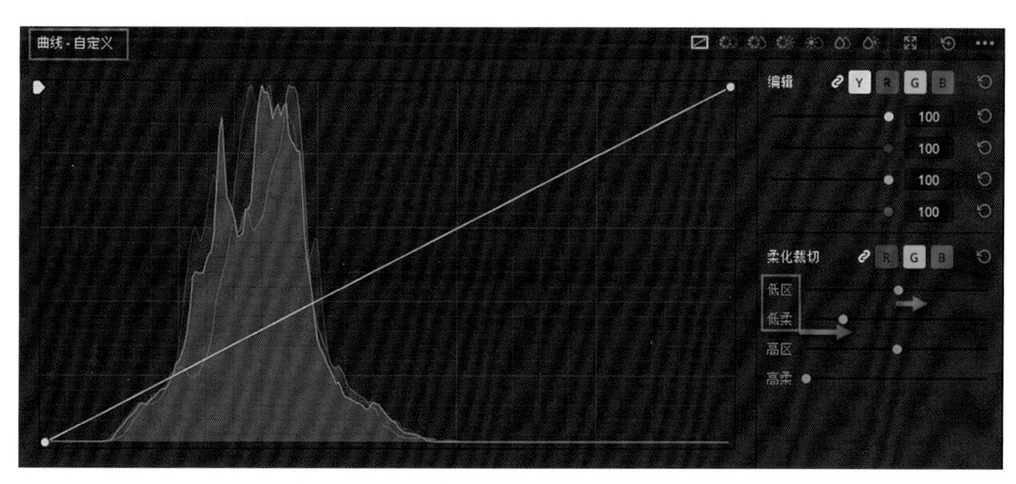

图 13-18 使用曲线低区和低柔找回画面暗部细节

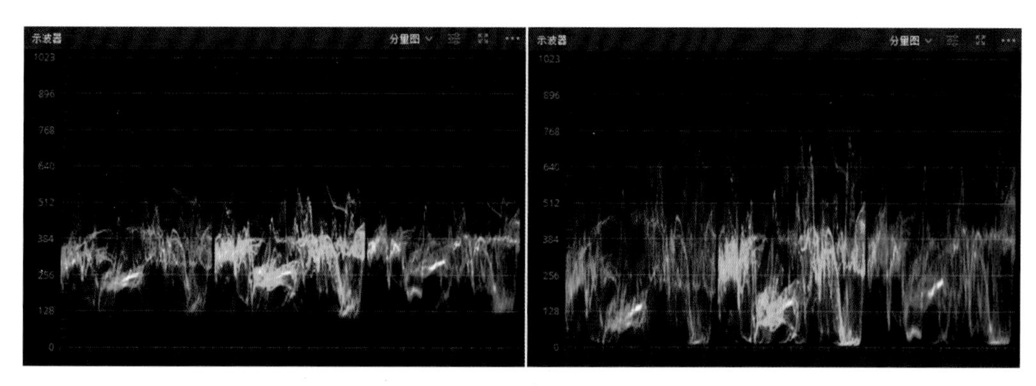

图 13-19 拉大反差分量图示波对比

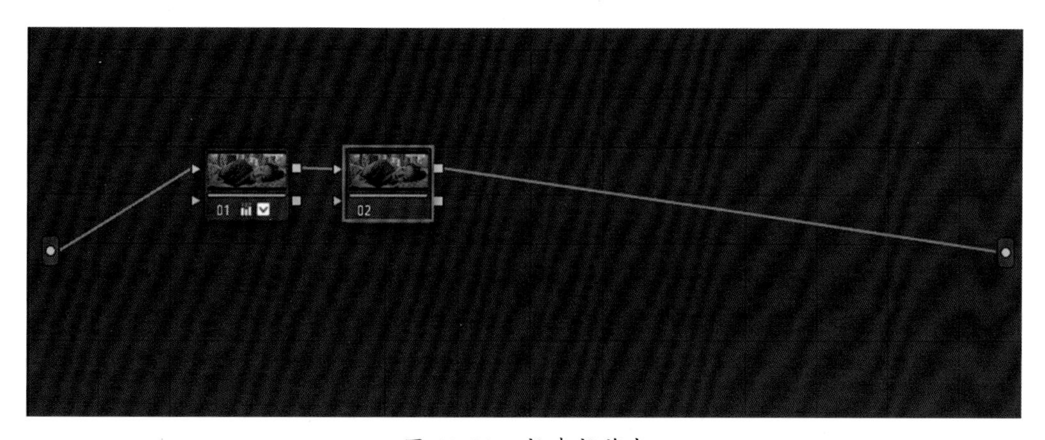

图 13-20 新建新节点

16 进入“一级校色轮”面板，根据观察参考图，画面亮部有些许的偏暖色调，将“亮部”色轮往黄色方向移动，与暗部偏冷色调也可形成冷暖对比，让画面有层次，如图 13-21 所示。

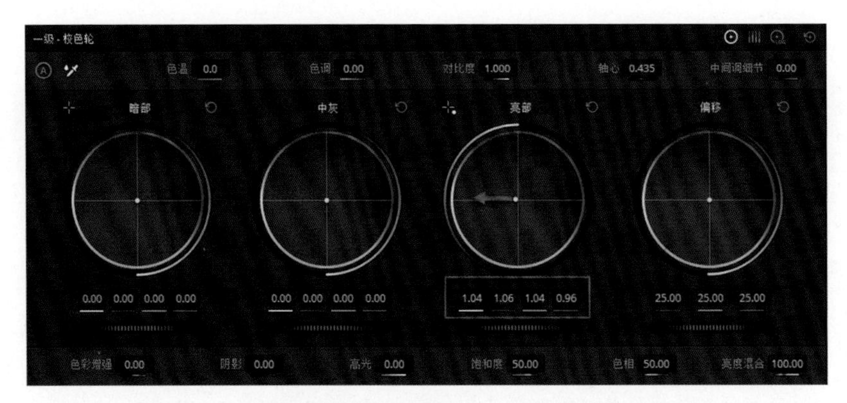

图 13-21　调整亮部色轮偏黄，形成简单的风格化

17 观察画面，当前画面的色彩构成比较繁杂。除了眼睛观察外，还可借助“配色板”使用。在调色界面右上角“特效库”中选择“配色板”特效，如图 13-22 所示。

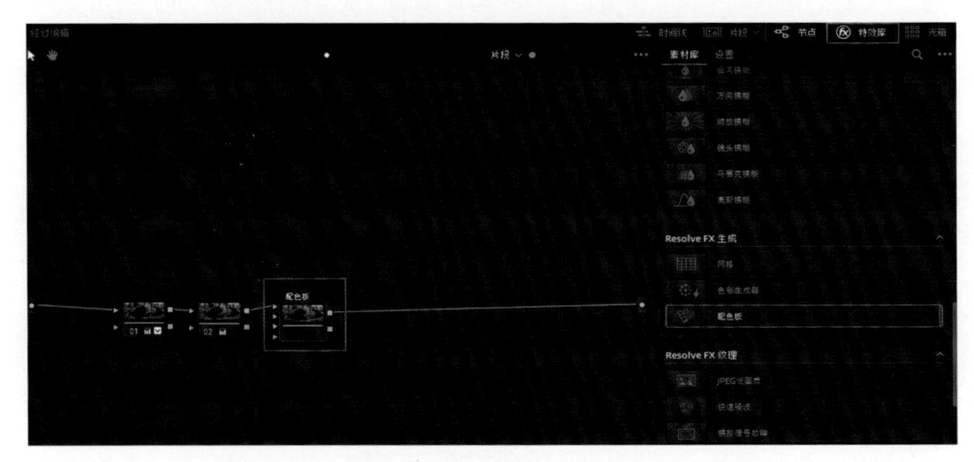

图 13-22　使用特效库配色表了解画面色彩配色

18“配色板”可以对画面进行整体配色的分析以及对画面暗部区域、中间调区域、亮部区域色彩的展示。观察到现在颜色没有一个统一的色调，需要在后续调色工作中调整。观察后可删除该节点，如图 13-23 所示。

图 13-23　检视器画面下方配色板配色展示

★提示

配色板也可用于分析参考样片的画面色彩构成，对于前期拍摄时场景设计、美术设计也有帮助。

19 执行菜单“调色”→“节点”→“添加串行节点”命令，或者按快捷键【Option+S】添加一个新的节点，默认编号为“03”，进入二级局部的调整，如图 13-24 所示。

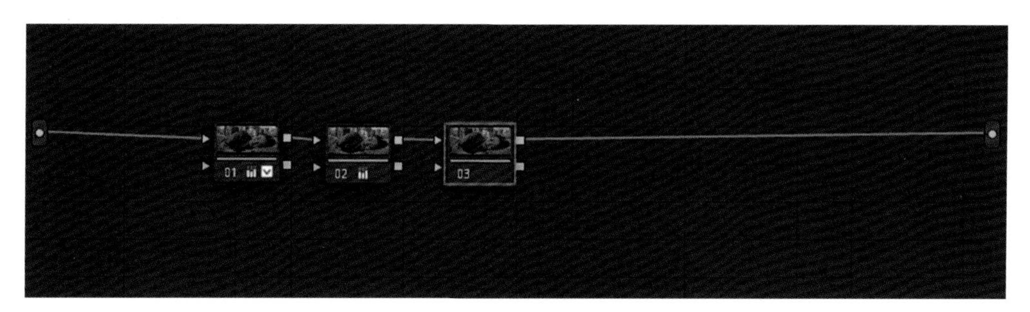

图 13-24 添加新节点

20 因为人物的衣服与寝具用品占据画面的大部分，这些物体的色相偏蓝色色调，与环境的绿色色调明显不统一。使用二级工具改变画面中人物的衣服与寝具用品的色相，使得整个画面的色调统一。在“节点 03”使用二级“色彩扭曲器”工具，利用“限定器”拾取人物的衣服，该颜色在“色彩扭曲器”显示，如图 13-25 所示。

图 13-25 使用限定器拾取衣服颜色后可在色彩扭曲器显示

21 通过“限定器”不断的拾取，发现人物的衣服和寝具用品的色相都在蓝色区域，如图 13-26 所示。

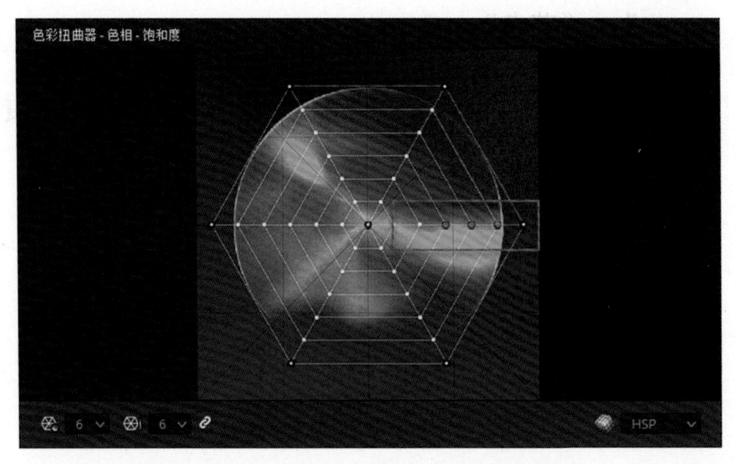

图 13-26　多个色相都在蓝色区域直线上

22 使用“选择列 / 固定列”工具全选蓝色这一列，该工具可以很精确地选择一列的点，避免出现框选不全或者多选的情况，如图 13-27 所示。

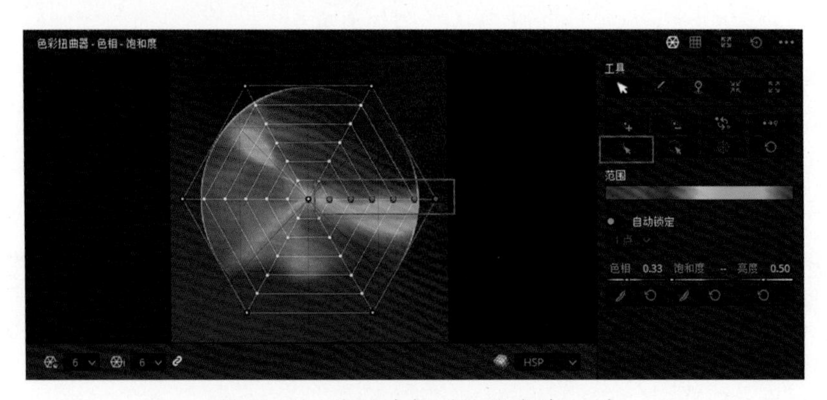

图 13-27　使用选择列工具全选一列

23 对于全选的点，可以使用鼠标拖动或者在右侧面板调整“色相”“饱和度”和“亮度”，使得画面中人物的睡衣和寝具用品都偏向蓝青色调，使得寝具与环境色调更加统一，如图 13-28 所示。

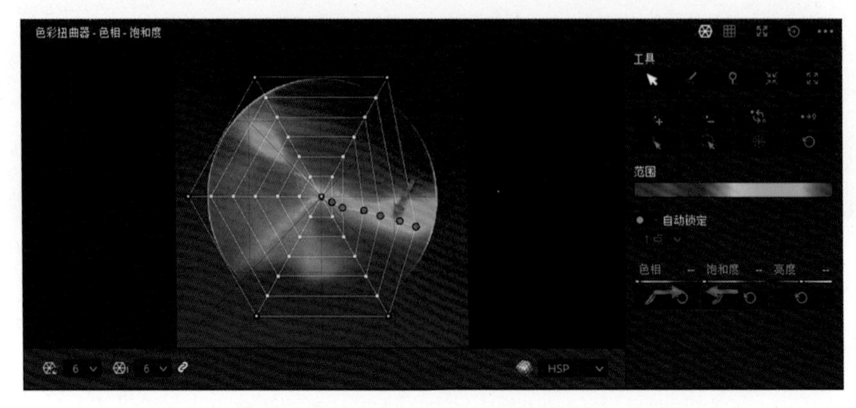

图 13-28　使用色彩扭曲器的色相和饱和度工具进行改变

24 执行菜单“调色”→“节点”→“添加并行节点”命令，或者按快捷键【Option+P】添加一个新的节点，默认编号为“04”。

25 衣服及寝具用品基本统一色调后，观察到画面人物的头发色相及饱和度有点过于耀眼。在“节点 04”使用二级“色彩扭曲器”工具，利用“限定器”拾取人物的头发，拾取多处后，头发部分的颜色在“色彩扭曲器”显示，如图 13-29 所示。

26 使用“选择”工具同时对于这三个点进行向内的拖动，降低头发的饱和度，让头发部分不要过于吸引观众的目光，但在拖动时发现人物的嘴唇颜色及人物的肤色都会受到不同程度的影响，如图 13-30 所示。

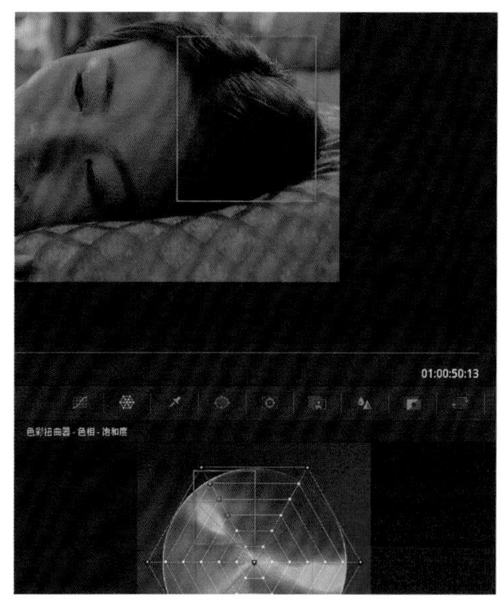

图 13-29 使用限定器在色彩扭曲器上显示人物头发色彩范围

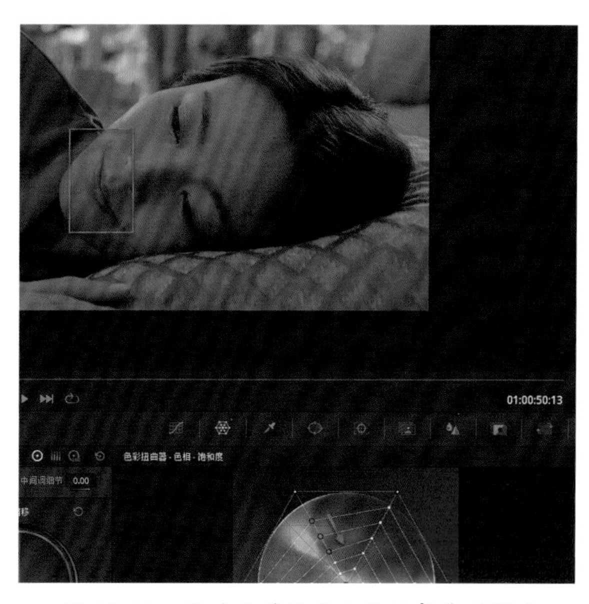

图 13-30 拖动后嘴唇及人物面部受到影响

27 重置之前的操作，使用“限定器”工具拾取人物嘴唇的颜色，使用“固定”工具固定该点，先对其他两点进行操作，如图 13-31 所示。

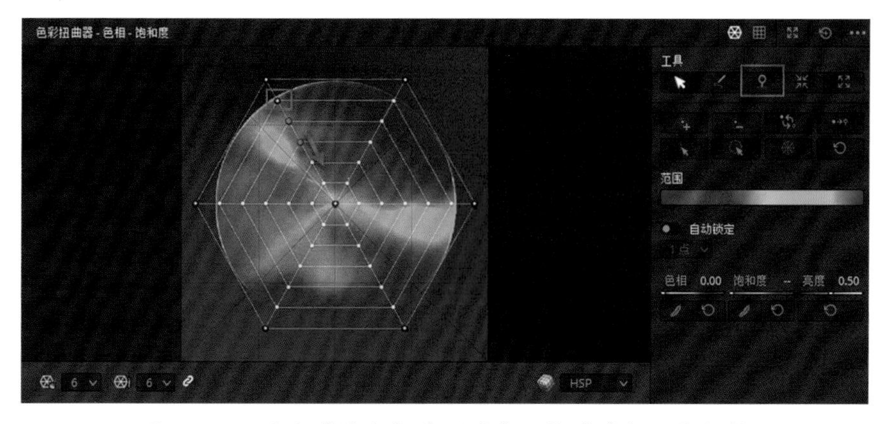

图 13-31 固定嘴唇色相范围的点，拖动其他两点调整

28 除了往中心拖动降低颜色的饱和度以外，还可左右移动改变色相，可以适当地往黄色区域靠一些，这样头发及肤色部分不会那么偏红，如图 13-32 所示。

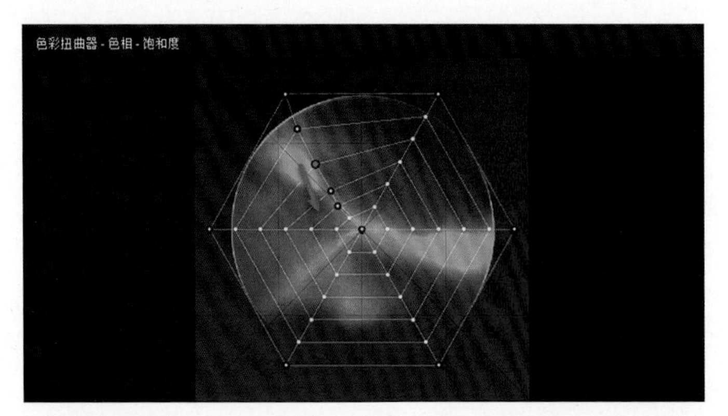

图 13-32 修改头发和肤色的色相、饱和度

29 基于以上操作，展示当前画面的效果，如图 13-33 所示。

图 13-33 定调素材当前调色效果

30 执行菜单“调色”→“节点”→“添加并行节点”命令，或者按快捷键【Option+P】添加一个新的节点，默认编号为“05”。

31 继续观察画面，背景高光部分呈现淡黄色调，与整体蓝青色调相差较大，利用“限定器”拾取背景高光部分，在色彩扭曲器上调整色彩的色相、饱和度和亮度，使得整体色调统一，如图 13-34 所示。

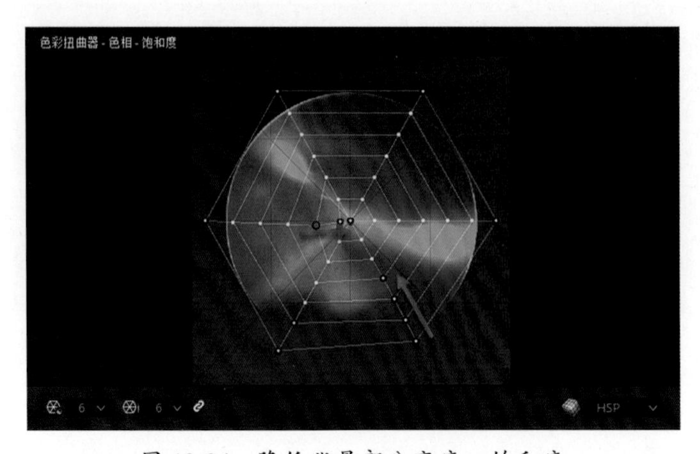

图 13-34 降低背景部分亮度、饱和度

32 执行菜单“调色”→“节点”→“添加并行节点”命令，或者按快捷键【Option+P】添加一个新的节点，默认编号为“06”，如图 13-35 所示。

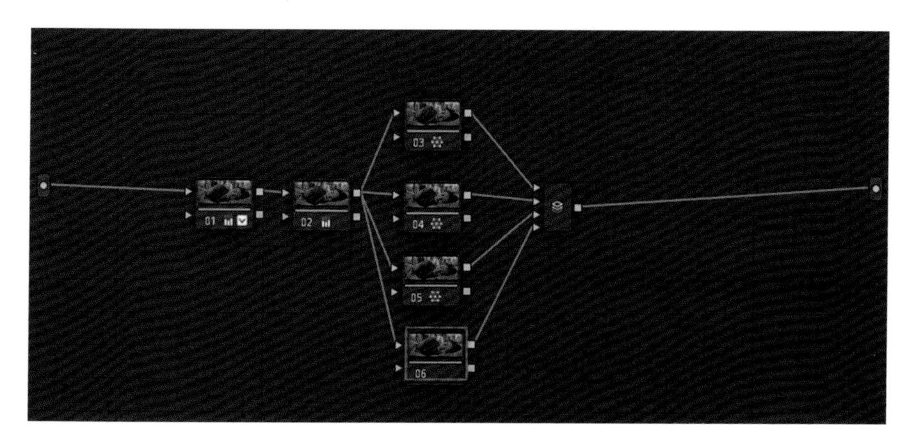

图 13-35 新建节点

33 使用“限定器 -3D”拾取人物面部，“拾取器”路径为蓝色，“拾取器减”为红色，绘制路径用于删除不需要的内容，如图 13-36 所示。

图 13-36 使用限定器 -3D 拾取人物面部

34 单击“检视器”左上角的“突出显示”按钮，使用快捷键【Shift+H】检查面部拾取是否完整，在“蒙版优化”选项组中，设置“净化黑场”为 40.1，“黑场裁切”为 19.7，“净化白场”为26.9，“模糊半径”为22.3，如图13-37所示。

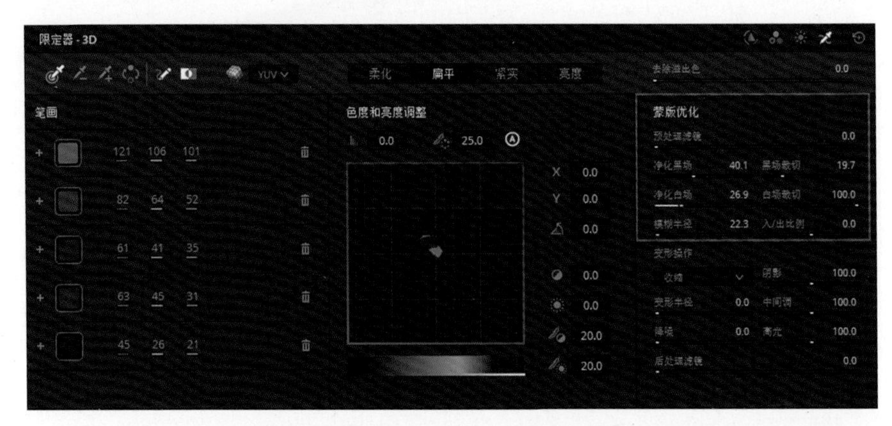

图13-37　使用蒙版优化减少噪点

35 将“播放头”移动到在定调片段的时间码01：00：39：17处，使用“窗口”工具框选人物面部和手臂部分，单击“窗口”激活“曲线”工具，使用“曲线0”工具围绕着人物面部和手臂部分绘制路径。路径绘制完成，“内柔”设置为1.92，“外柔”设置为0.32，使得后续效果过渡自然，如图13-38所示。

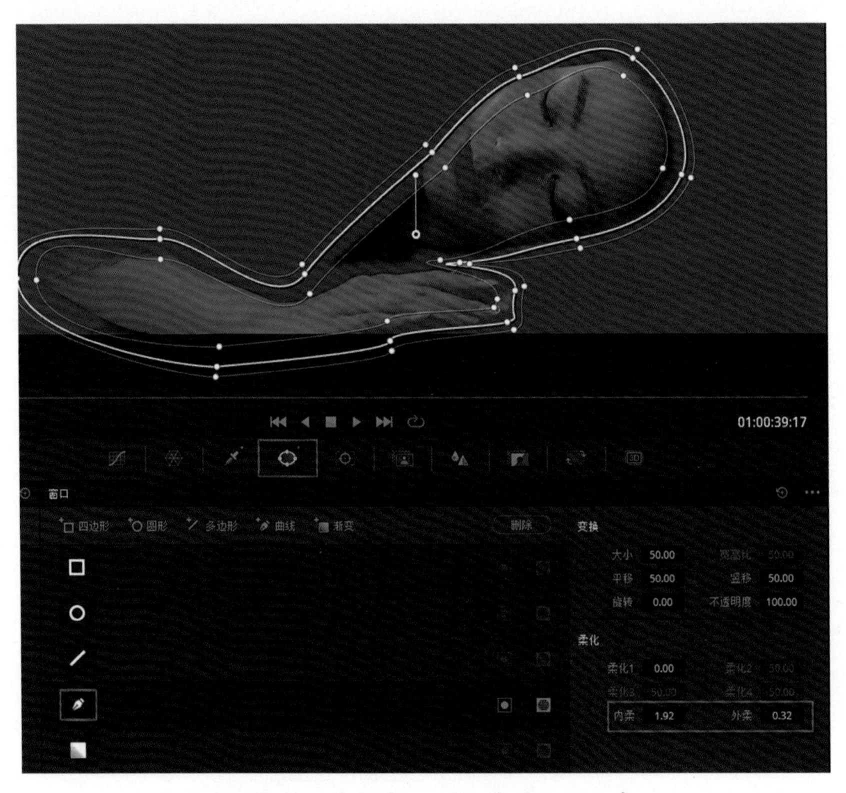

图13-38　使用窗口工具精确人物面部

36 该定调素材是一个视频不是图片，所以，一定要进行跟踪操作。单击二级调色工具“跟踪器”，进行“正向跟踪”，如图13-39所示。

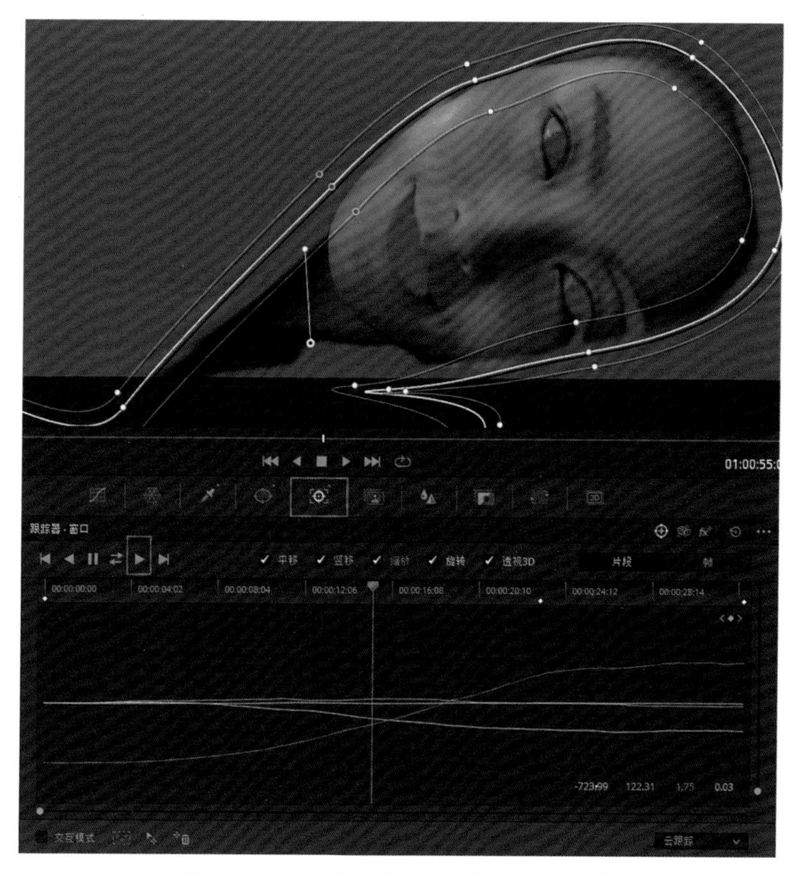

图 13-39　使用跟踪工具进行窗口跟踪

37 跟踪完成后检查是否出错，若需要对窗口进行调整修改，把“跟踪器 - 窗口”的“片段”模式切换成“帧”，使用“播放头”从头浏览，出错的地方修整窗口，在“跟踪器”面板上会自动记录关键帧，如图 13-40 所示。

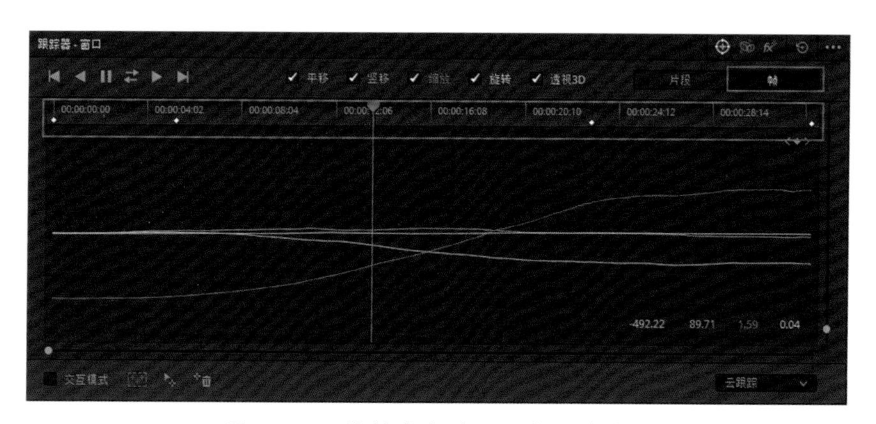

图 13-40　帧模式自动记录窗口关键帧

38 进行人物面部的美化，观看肤色是否需要进行调整。切换到“矢量图”，单击“突出显示”按钮，观察人物的肤色色相与肤色指示线基本重合，肤色可不用调整，如图 13-41 所示。

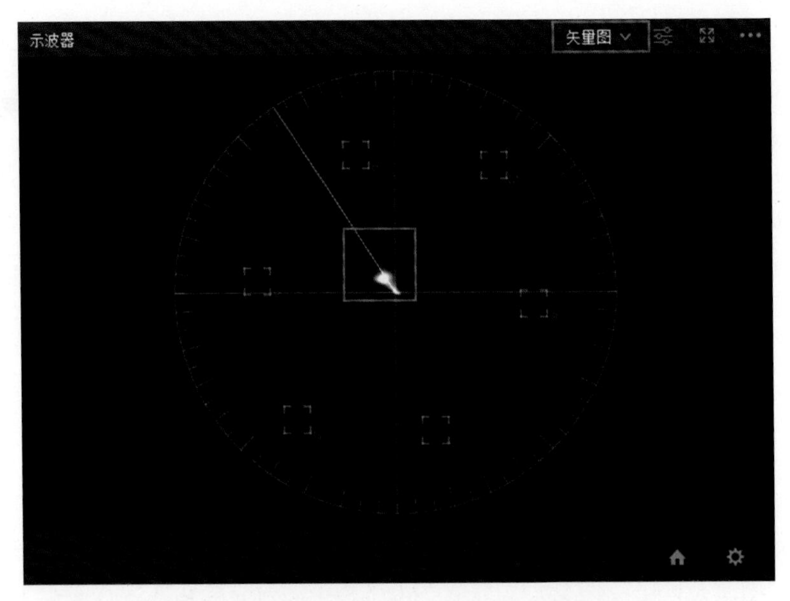

图 13-41　使用肤色指示线观看人物肤色

★提示

在矢量图的设置中勾选“显示肤色指示线”复选框，若突出显示的人物肤色与肤色指示线重合，表示人物肤色正常。肤色信息在指示线左侧表示人物肤色可能存在偏黄，在指示线右侧表示人物肤色可能存在偏红色或者品红色。使用“一级 - 校色轮”的中灰色轮对肤色进行校正。

39 在“一级 - 校色轮”面板中，将“中灰”设置为 0.04，加亮人物中灰部分亮度。“亮度”设置为“1.06”，人物肤色明显变亮，如图 13-42 所示。

图 13-42　调整中灰和亮部亮度

40 中灰和亮部的亮度都增加后，人物肤色在加亮的同时也失去了立体感，在“一级 -Log 色轮”中将“阴影”设置为 -0.02，“中间调”设置为 0.02，“高光”设置为 0.08，达到增加人物面部立体感，如图 13-43 所示。

图 13-43 调整 Log 色轮的阴影、中间调和高光

41 添加“特效库”-“ResolveFX 美化”中的“美颜”效果为女主角磨皮，单击“美颜”效果拖动给 06 节点，单击“设置”，在“高级选项”中选择“Advanced”（高级）操作模式，在“磨皮”选项中，“阈值平滑处理”设置为 0.028，“漫射光照明”为 0.678，在“纹理恢复”选项中，“纹理阈值”设置为 0.532，“添加纹理”为 0.084。在“特征恢复”选项中，“恢复程度”设置为 0.073，如图 13-44 所示。

42 磨皮处理后继续观察画面，人物的唇色饱和度稍微有点低，应该是之前降低头发的红色还是会影响唇色的，如图 13-45 所示。

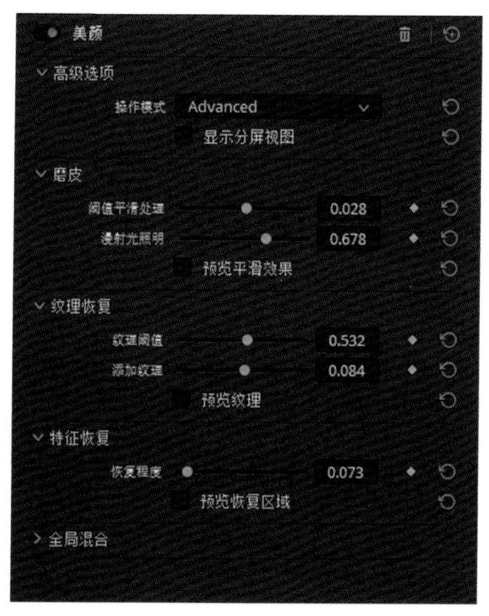

图 13-44 使用美颜特效进行磨皮

图 13-45 观察画面唇色饱和度不够

43 执行菜单“调色”→“节点”→“添加并行节点”命令，或者按快捷键【Option+P】添加一个新的节点，默认编号为“07”。

44 使用“限定器 -3D”拾取人物唇部，同时选中头发以及手指头的部分，然后使用“窗口”工具只框选人物唇部，如图 13-46 所示。

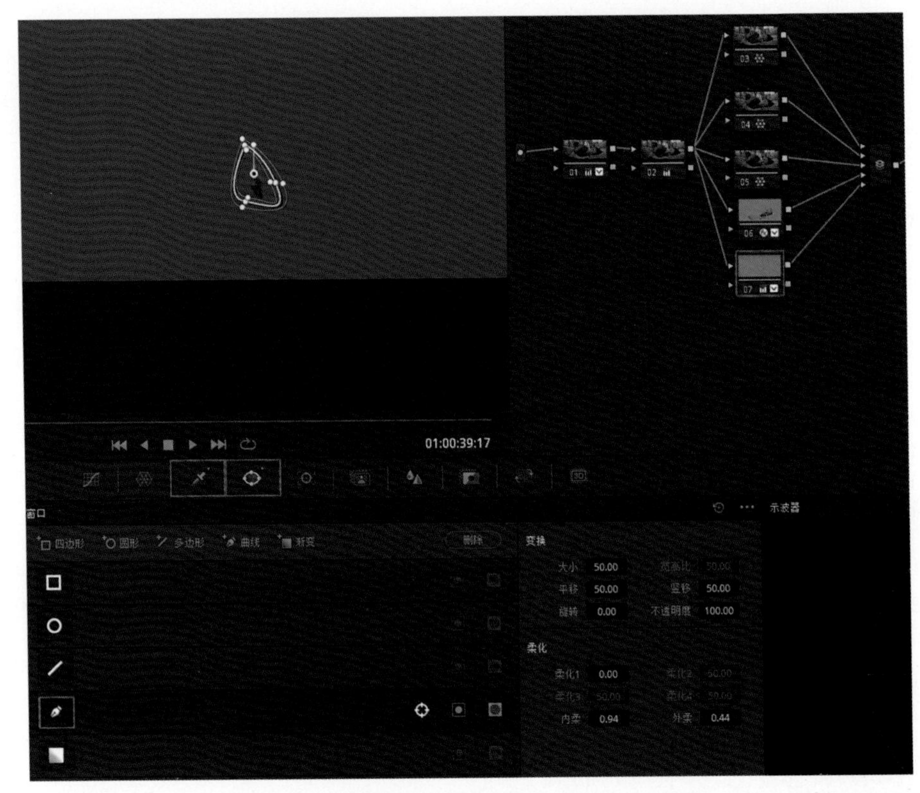

图 13-46　使用限定器和窗口框选人物唇部

45 同样需要进行跟踪，在“跟踪器 - 窗口”面板中单击“正向跟踪”按钮，如图 13-47 所示。

46 进入“一级 - 校色轮”面板，将“饱和度”设置为 55.00，“色相”为 52.80，使得人物面部自然有气色，如图 13-48 所示。

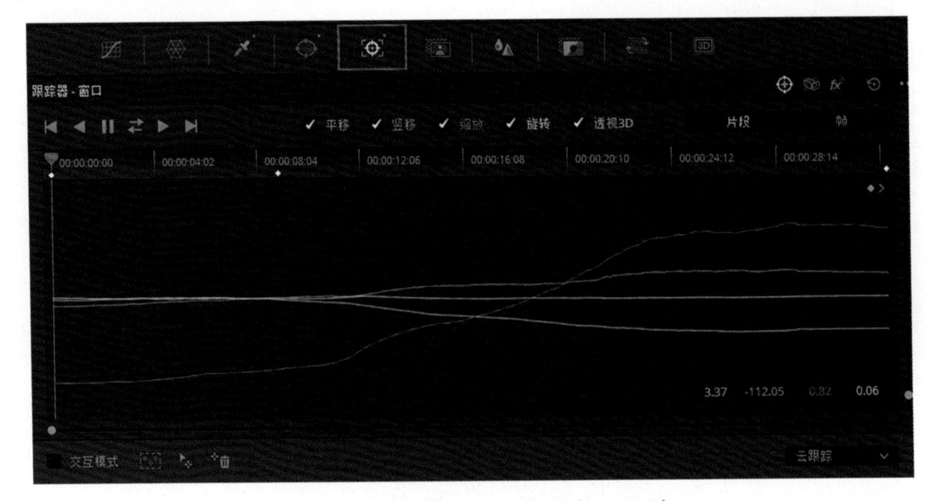

图 13-47　使用跟踪器进行窗口跟踪

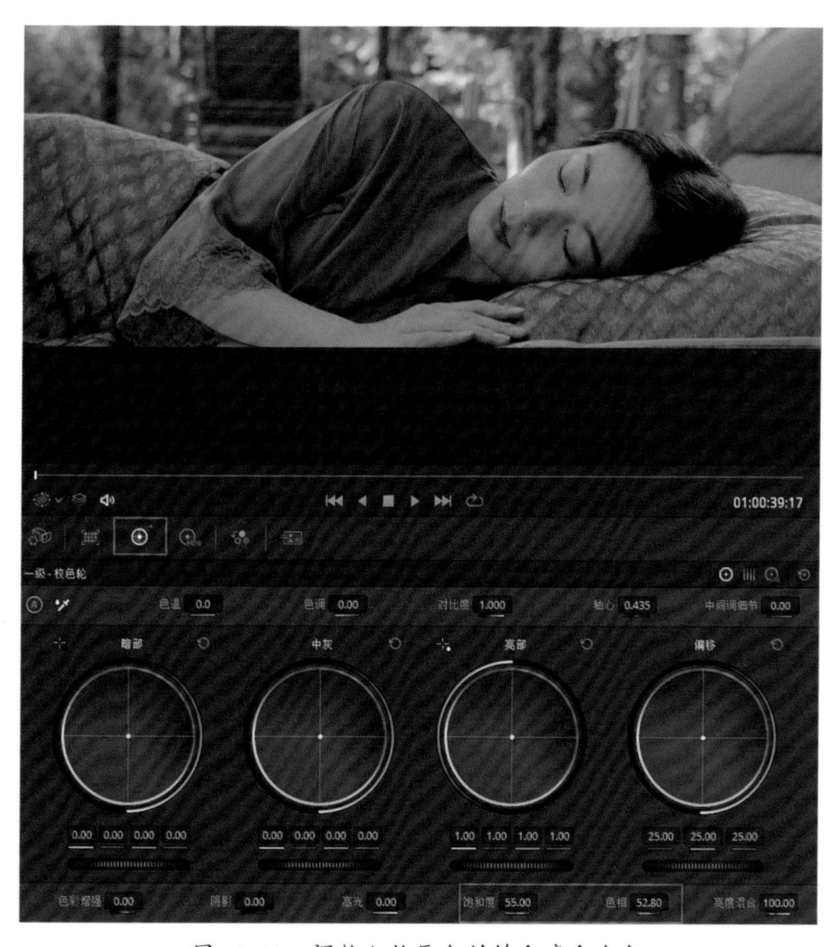

图 13-48　调整人物唇色的饱和度和色相

47 二级局部处理完成后，执行菜单“调色”→“节点”→“添加串行节点”命令，或者按快捷键【Option+S】添加一个新的节点，默认编号为“09”，如图 13-49 所示。

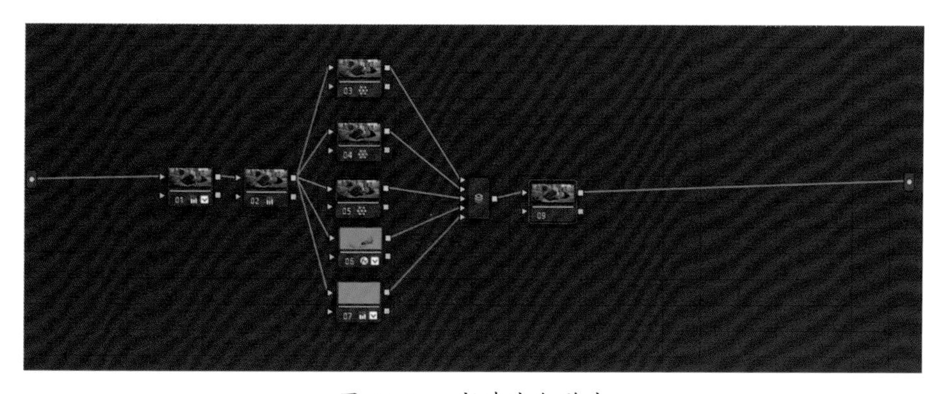

图 13-49　新建串行节点

48 保证节点 09 被选中的状态，调整“一级 - 校色轮”的暗部和亮部色彩倾向塑造符合广告主题的风格化。“暗部”往青色偏移，“亮部”往红色偏移，如图 13-50 所示。

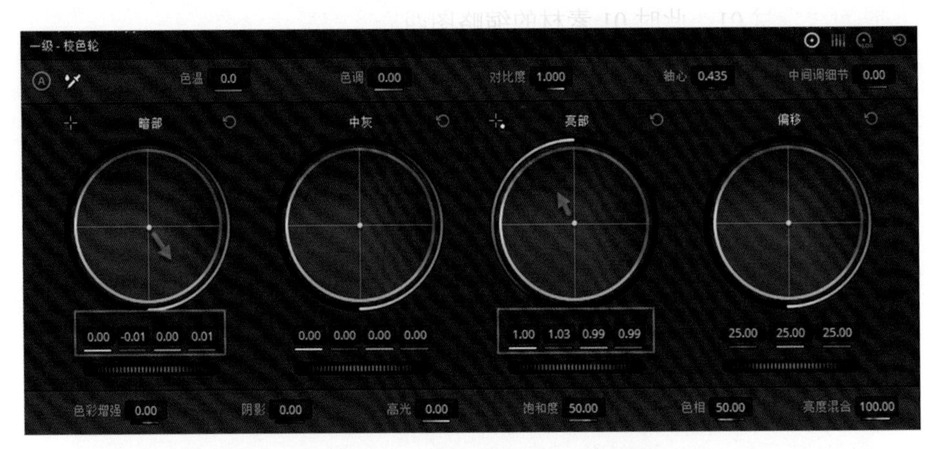

图 13-50　风格化的塑造与强化

49 目前定调素材的调色完成，观察调色前后对比效果，如图 13-51 所示。

图 13-51　定调素材前后对比

13.2.2 匹配镜头

定调素材的调色结果确认符合客户和导演的需求后，即可把时间线上的所有素材与定调素材进行匹配统一。在匹配中有多种方法进行匹配工作，具体如下。

01 打开“调色”页面，单击“片段”按钮，可以看到整个时间线的素材，定调素材是在时间线第二个，按照顺序对第一个素材进行复制定调素材调色信息的处理，如图 13-52 所示。

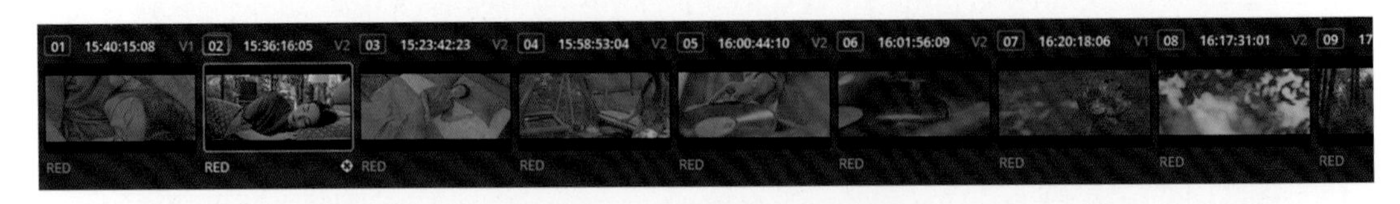

图 13-52　定调素材与时间线

★提示

经过调色的素材在时间线缩略图左上角的序号周围呈现彩色框，而未经过调色的素材左上角为灰色，由此可以快速地查看素材调色状态。

02 单击时间线素材 01，此时 01 素材的缩略图四周有红框，将鼠标移动到 02 素材上，单击“鼠标中键”进行复制，如图 13-53 所示。

图 13-53　01 素材复制 02 素材调色信息

03 除了 02 素材的画面颜色复制给 01 素材外，02 素材的节点信息也复制到 01 素材上。此时，01 与 02 素材都已经有了调色信息，如图 13-54 所示。

图 13-54　复制调色并携带节点信息

04 关闭 01 素材的所有节点，快捷键是【Option+D】。依次检查节点对于该素材的调色是否正确，若不正确，及时在该节点进行调整，如图 13-55 所示。

05 依次单击至 04 节点时，该节点是降低人物头发色彩饱和度的，但头发饱和度和色相效果不佳并且人物的肤色也受到了较大的影响，对 04 节点进行调整，如图 13-56 所示。

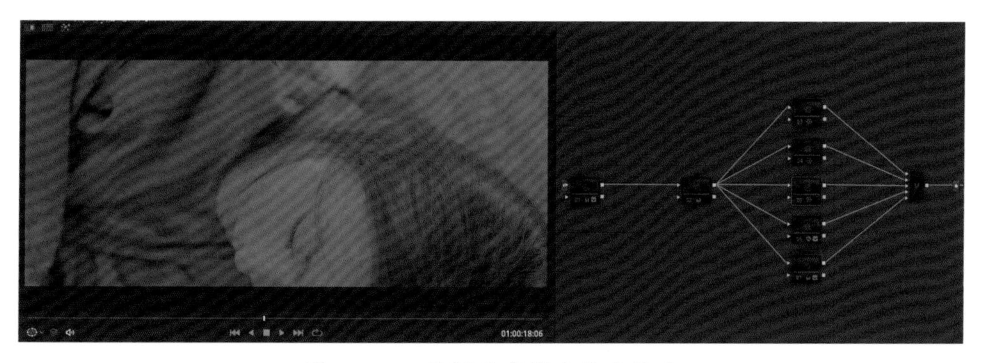

图 13-55　关闭所有节点依次检查

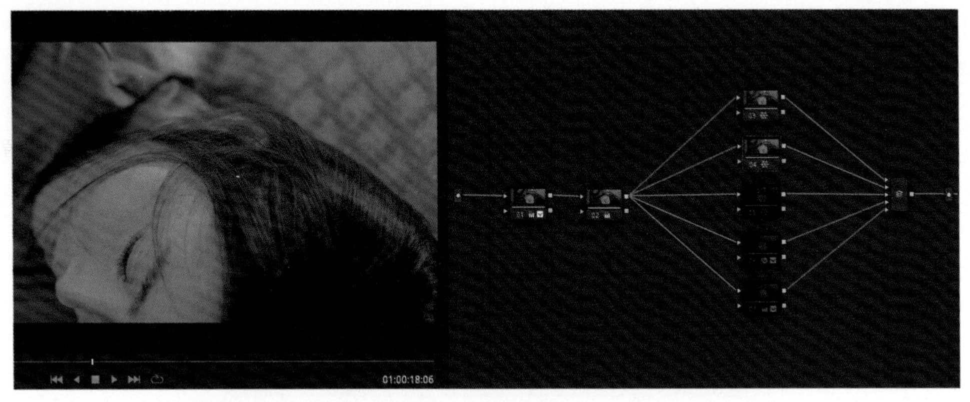

图 13-56　04 节点人物头发的色相、饱和度效果不佳

06 确认 04 素材选中的情况下，单击“色彩扭曲器”按钮，使用“限定器”工具拾取人物头发，再在“色彩扭曲器”中修改头发部分的色相、饱和度。若在现有节点信息上调整不方便，可以“重置节点调色”重新完成，如图 13-57 所示。

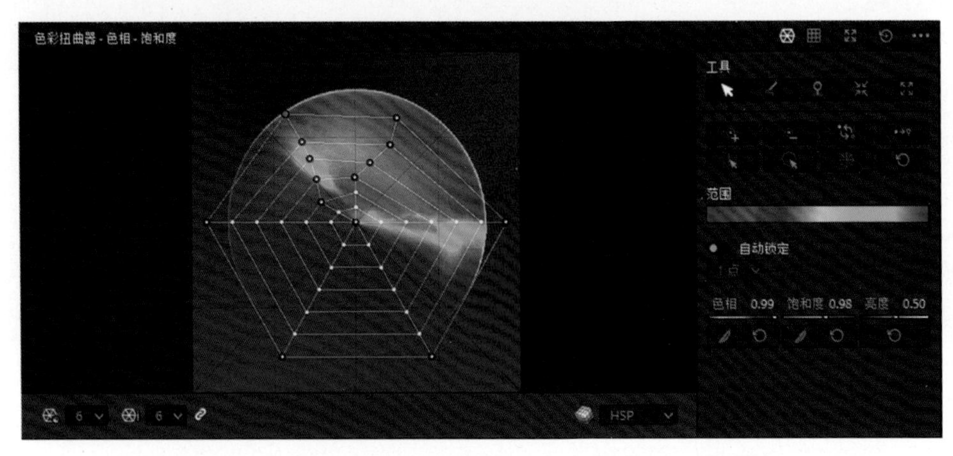

图 13-57　重新调整 04 节点人物头发的色相、饱和度

07 05 节点在 02 素材上是调整背景的高光，但在 01 素材中并没有背景这部分，所以，该节点可以删除或者关闭，如图 13-58 所示。

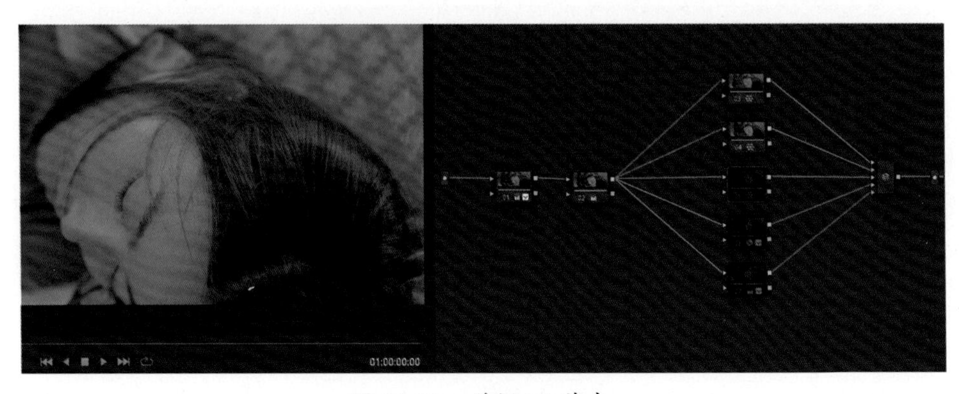

图 13-58　关闭 05 节点

08 打开 06 节点，06 节点在定调素材中是对人物进行面部的磨皮处理，因为 01 素材与 02 素材人物位置不一致，所以，对于该节点也需要再次调整。

09 确认 06 素材选中的情况下，右击“重置节点调色”，单击“限定器 -HSL”对人物面部重新拾取，拾取后单击“突出显示黑 / 白”进行蒙版优化，在“蒙版优化”选项中设置“净化黑场”为 27.6，“黑场裁切”为 43.6，“净化白场”为 6.7，“白场裁切”为 93.9，“模糊半径”调整为 27.0，如图 13-59 所示。

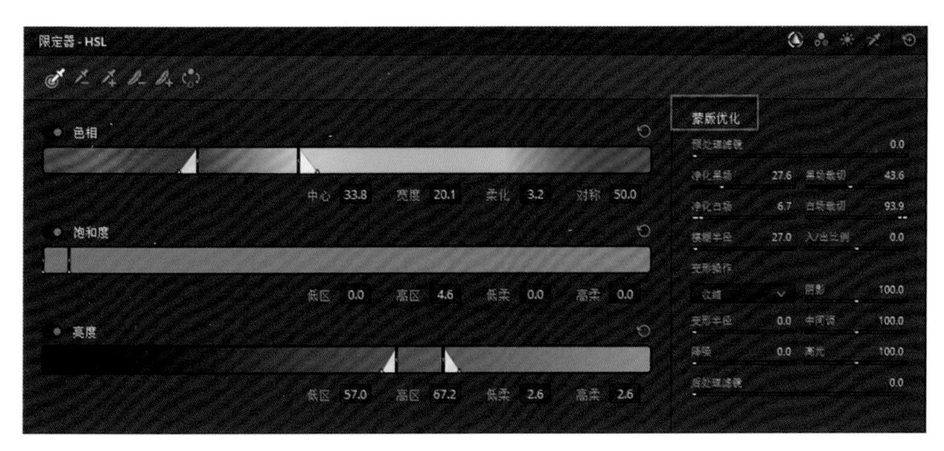

图 13-59　限定器 -HSL 设置

10 确认人物面部的选取后，单击“特效库”的“美颜”特效添加在 06 节点上，在“设置”中切换操作模式为“Advanced”，“阈值平滑处理”设置为 0.083，“漫射光照明”为 0.496，“纹理阈值”为 0.449，“添加纹理”为 1.128，“恢复程度”为 0.128，如图 13-60 所示。

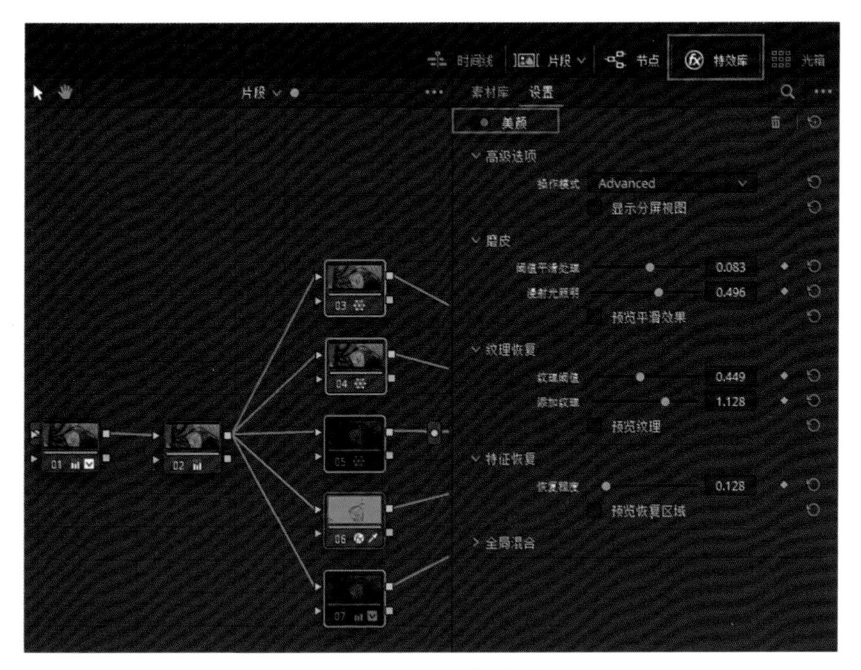

图 13-60　美颜效果

11 通过播放并使用“突出显示”检查人物面部，查看到该片段“美颜”特效不需要进行FX跟踪。

12 打开07节点，该节点在定调素材中是对人物唇色进行色相及饱和度的调整，而当前节点并没有拾取到人物唇色的局部，所以，对于该节点也需要再次调整。单击07节点，右击“重置节点调色”。

13 确认07素材选中的情况下，单击“限定器-3D”拾取人物嘴唇部分，单击“突出显示”检查嘴唇部分的范围，确认后进行“蒙版优化”，将“净化黑场”设置为9.5，“黑场裁切”为1.7，“净化白场”为46.8，“白场裁切”为88.5，“模糊半径”为15.6，如图13-61所示。

图13-61　限定人物嘴唇

14 在“一级-校色轮”面板中，设置“色相”为52.60，“饱和度”为58.00，色轮“暗部”为-0.05，“中灰”为-0.02，“亮部”为0.98，如图13-62所示。

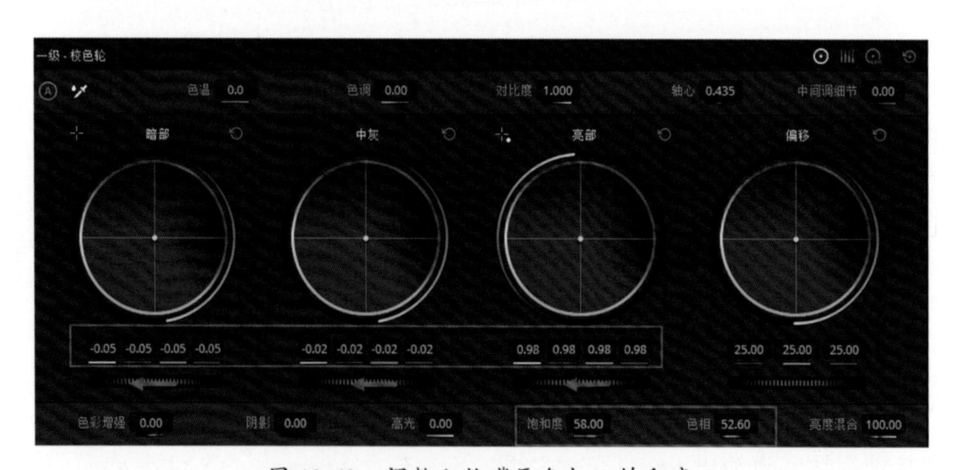

图13-62　调整人物嘴唇色相、饱和度

15 打开09节点，该节点在定调素材是做最后风格化的微调，该节点不需要修改。至此，01素材就完成了，如图13-63所示。

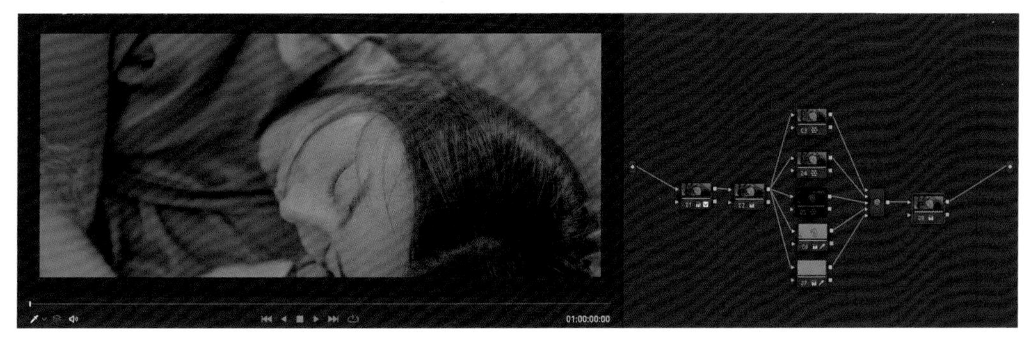

图 13-63 01 素材的调色步骤

若鼠标没有中键也可对定调素材在检视器中右击“抓取静帧”，再单击需要复制调色信息的素材，选择“画廊”里的“静帧”右击进行“应用调色”。若因为拍摄的光线或者机型等因素导致复制后色调不一致，按照以上方式，分析每个节点进行修改。最后可以利用光箱查看整个时间线缩略图确认所有素材色调统一。

13.3 完成交付

在交付阶段，需要与剪辑师提前做好对接，了解谁负责导出，什么软件导出及导出的设置等相关信息。在这个项目中，要求输出一个原分辨率（5120×2160）的视频及一个高清（1920×1080）视频。

13.3.1 交付回Premiere

若剪辑师需要返回 Premiere 软件完成添加字幕、转场等内容后完成最后的成品导出，那么调色师需在“交付”页面，“渲染设置”中选择“Premiere XML”选项进行导出，如图 13-64 所示。

图 13-64 回批 Premiere 软件设置

13.3.2 达芬奇直出

若直接使用达芬奇输出，在“交付”页面按照客户的要求进行设置导出即可，如图 13-65 所示。

图 13-65　达芬奇导出设置

★提示

每一个项目可能导出设置都不同，一定要熟知客户及导演的导出设置需求，按照要求完成导出。

13.4 本章小结

本章讲解了家居类广告短片的调色过程，以案例的形式向读者展示了调色前的思考、调色过程中的思路及完成调色后的收尾工作。首先需要与该项目的客户、导演、摄影师、剪辑师等保持良好的沟通，使得更加了解该项目的基本情况。根据项目结合导演给的参考画面进行主题风格、主体情况的分析，一定要做到先思考再动手。在思考的过程中，寻找有代表性的定调镜头，再对定调镜头进行细致地调色。在调色过程中需要保持与项目团队成员们的沟通，不断修正自己的调色思路与呈现效果。导演如果没有给参考画面，可按照对于广告短片主题的理解，完成多个调色风格供客户和导演选择。确认定调后完成时间线其他素材的匹配工作及最后的交付。

第14章 从调色到交付

本章导读

当影片制作完成后就需要输出成片并进行交付。本章将介绍达芬奇交付页面的布局及常用的渲染预设，带领读者认识常用的文件格式与编码。输出交付是调色工作的最后环节，其中涉及大量的技术问题，并且容不得粗心大意，需要每一位从业者慎重对待。

本章学习要点

◇常用的渲染设置预设
◇格式与编码的知识
◇电影 DCP 打包
◇使用商业工作流程

14.1 交付页面简介

交付页面分为五个主要的面板，渲染设置面板中有多种渲染预设可供选择，用户也可对各种参数进行自定义设置。检视器面板用来查看要渲染的影片的画面。缩略图时间线便于选择素材片段并设定入出点，在剪辑轨道上可以设置更加精确的渲染范围。渲染队列中存放着渲染任务。在交付页面中还有一个磁带面板，如果有磁带录机，还可把影片“吐”到磁带上，如图 14-1 所示。

图 14-1　交付页面

14.2 常用的渲染设置

根据不同的工作流程会有不同的渲染设置。有时候要将素材交付给合成部门用于合成，有时候要将音乐交付给音频部门用于混音，有时候要将成片交付给网站、电视台和影院，还有时候需要把调色后的时间线回批给剪辑部门。面对名目繁多的交付需求，调色师应该掌握对应的渲染设置。

14.2.1 渲染设置的预设

如果每一次渲染都需要从头设置渲染参数，那么不仅工作效率会降低，而且出错概率也会上升。因此，达芬奇提供了多种预设，如图 14-2 所示。

图 14-2 达芬奇渲染预设

1.自定义

自定义模板将主动权完全交给用户，渲染设置面板中的任何一个参数都可以被修改。当设置完成后还可将自定义的参数存储为自己的预设，如图 14-3 所示。

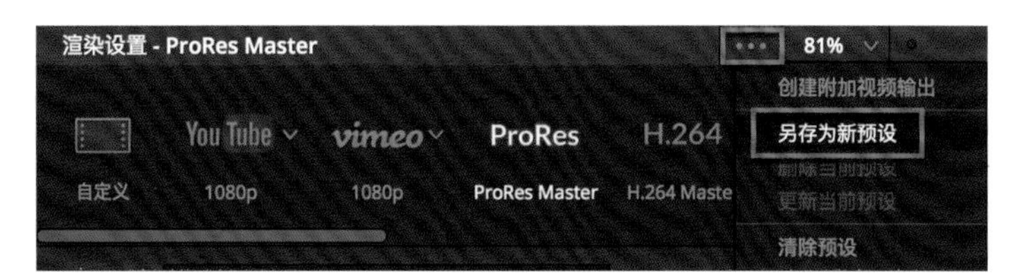

图 14-3 另存为新预设

2.YouTube

YouTube 预设包含三个不同的分辨率：720p、1080p 和 2160p。视频格式使用 QuickTime，编码为 H.264，质量被限制于 10 000Kb/s。其他视频设置如图 14-4 所示。

图 14-4 YouTube 预设的视频设置

音频编解码器使用 AAC，选择“固定比特率”选项，设置码流为 320 Kb/s，位深为 16 比特，如图 14-5 所示。

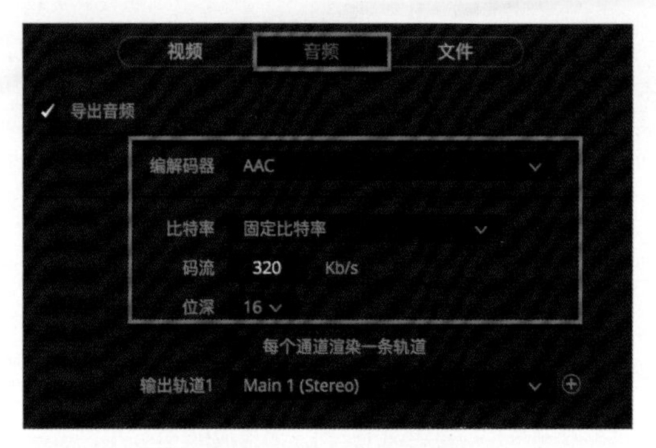

图 14-5　音频设置

3.Vimeo

Vimeo 预设和 YouTube 预设相同，这里不再赘述。如果想把影片输出给网络平台，可以启用这两个预设中的任何一个。如果网络平台对视频的码率和分辨率有特殊要求，则需要另行修改参数。

4.ProRes Master

ProRes Master 预设用于将影片输出为 ProRes 编码的母版文件。视频格式选择 QuickTime 选择，在"类型"中选择 Apple ProRes 422 HQ（如果想要获得更佳品质可以选择 Apple ProRes 4444），如图 14-6 所示。

音频编解码器使用线性 PCM（无损音频），位深设置为 16 比特，如图 14-7 所示。

图 14-6　ProRes Master 预设的视频设置

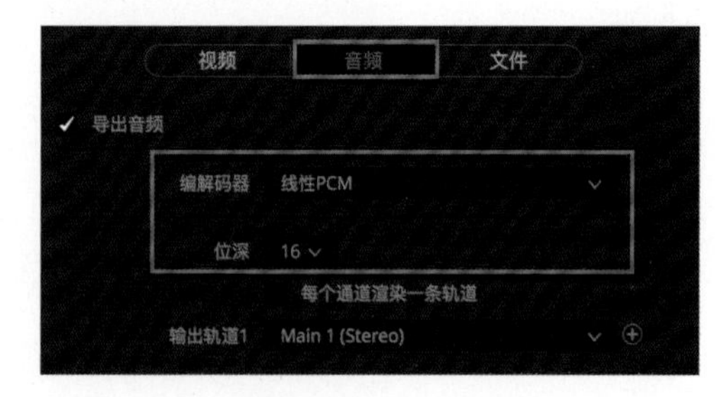

图 14-7　音频设置

5.H.264 Master

H.264 Master 预设用于将影片输出为 H.264 编码的母版文件。视频格式设置为 QuickTime，"编解码器"为 H.264，"质量"为"自动"，该品质比 YouTube 预设的品质高，如图 14-8 所示。

图 14-8 H.264 Master 预设的视频设置

“渲染设置”面板中的“质量”参数特指数字文件的数据速率，即传输视听流所需的每秒数据量。较高的数据速率包含更多的视觉信息，从而产生更好的运动再现和细节质量，而较低的数据速率会选择性地丢弃一些数据以生成更小的文件。

“限制在”：可以设置最高码率。设置较小的数值会极大地减少最终渲染文件的大小，当然这会牺牲一些画质。

“编码配置文件”：Encoding Profile 决定了编码 H.264 文件所涉及的复杂程度。“自动（Auto）”将根据分辨率和位深度确定最佳的配置文件。为获得最佳表现，将“编码配置文件”设置为“高”。

“关键帧”：是指含有完整数据的帧内编码帧，也被称为“i 帧”，以固定间隔（如每 12 帧）插入有损的视频流中。这些 i 帧是用于重新创建基于时间压缩的 P 帧（Predicted 预测）和 B 帧（Bi-directionally predicted 双向预测）的参考点，它们构成了分布式编解码器（如 H.264）中的大部分运动图像。

“高级设置”面板中有很多重要的参数，往往被用户忽视了。掌握这些参数对渲染工作会起到非常积极的作用，如图 14-9 所示。

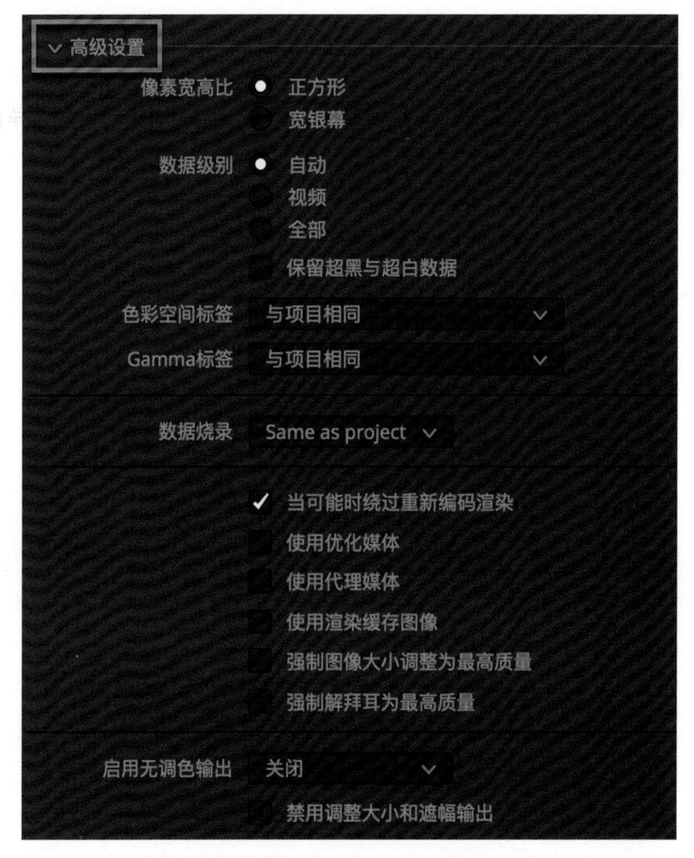

图 14-9 “高级设置”面板

“像素宽高比”：允许指定视频的像素是正方形还是 Cinemascope（变形宽银幕，长方形）的。该选项适用于较旧的工作流程，为模拟信号电视所录制的数字素材（1.33 ∶ 1 的长方形宽高比）被转换为适合于计算机显示器的素材（1 ∶ 1 正方形宽高比）。如果视频看起来在水平方向发生了扭曲（如被过度挤压或拉伸），则更改“像素宽高比”。

“数据级别”：根据视频的来源指定图像的数据范围。默认的“自动”设置是按照所选编解码器的数据级别来渲染媒体。“视频”适合于 YCbCr 格式，它在使用 Rec.709 视频标准的格式中，在 10-bit 系统上被限制为 64 ～ 940 的像素数值。“全部”将范围扩展到高端数字电影格式中使用的 4 ～ 1023 数值的电影标准。如果发现最终视频看起来比“调色检视器”中显示得更暗或更亮，则可能是数据级别的数值分配不正确。

“色彩空间标签”和“Gamma 标签”：允许将色彩元数据嵌入可由操作系统和应用程序读取并解释的视频文件中。这些标签可以解决 DaVinciResolve 检视器与具有内部颜色配置文件的某些视频播放器和浏览器之间可能发生的颜色偏移问题。

“数据烧录”：默认为“Same as project（与项目相同）”，如果设置为“None（无）”，就会让出现在检视器上的数据烧录信息不会出现在所渲染的视频中。

勾选“当可能时绕过重新渲染”复选框将尽可能渲染原始媒体文件的直出副本（DirectCopy）。如果已经对媒体进行了调色或合成，或者要导出为与源媒体不同的格式，则此选项将无效。这个设置什么时候有用呢？例如，正在使用 ProRes422 媒体编辑项目，并打算以 ProRes422 交付。“当可能时绕过重新渲染”将以尽可能高的质量交付这样的项目。

“使用优化媒体”“使用代理媒体”和“使用渲染缓存图像”：允许在导出过程中使用事先生成的素材进行渲染。当优化媒体、代理媒体和渲染缓存设置为“高”或无损画质（如 444 或 HDR）时，选择这些选项是有意义的。

“强制图像大小调整为最高质量”和“强制解拜耳为最高质量”的设置可以绕过“项目设置”面板中调整大小和解拜耳的参数设置。在使用高质量图像或 RAW 素材的处理器密集型（Processor-intensive）的时间线上工作时，这些参数就很有用。可以调整项目设置的参数以确保在剪辑期间输出较低画质的画面，但在渲染时绕过这些设置以确保输出最高质量的视频。

“启用无调色输出”允许绕过应用于时间线上的片段版本的调色信息。默认选项为“关闭”，以确保所有调色都保持在相应的片段上。选择“使用片段设置”是指在渲染时将按照每个片段版本的自身设置来决定是否绕过调色。选择“总是开启”是指将禁用时间线中的所有调色，从而提供一种快速导出剪辑好的时间线或一组不带调色信息样片的方法。

如果勾选“禁用调整大小和遮幅输出”复选框，将会删除在剪辑或调色页面中对片段应用的所有的变换（Transform）调整和遮幅设置。

在“音频”选项卡中，音频编解码器使用线性 PCM（无损音频），设置位深为 16bit，如图 14-10 所示。

图 14-10 H.264 Master 预设的音频设置

6.IMF

IMF（Interoperable Mastering Format，可互操作式母版格式），适用于影片网络母版的交付。IMF 具有一组符合 SMPTE ST.2067 标准的分辨率和编解码器，可用于提供网络版的“无带化（Tapeless）”交付。和 DCP（数字电影数据包）相同的是，IMF 也采用了 JPEG2000 编码，如图 14-11 所示。

在“音频”选项卡中，音频编解码器使用线性 PCM（无损音频），设置位深为 24bit。相比其他预设，IMF 音频设置中的参数更多，如图 14-12 所示。

图 14-11　IMF 预设的视频设置

图 14-12　IMF 音频设置

7.Final Cut Pro预设

有些影片套底到达芬奇中完成调色后，还需回批到剪辑软件中再进行修改，如果想回批到 Final CUT 剪辑软件中则选择 Final Cut Pro 预设。如果想回批给 Final Cut Pro 7，则选择 Final Cut Pro 7 预设。想回批给 Final Cut Pro X，就要单击下拉菜单将预设修改为 Final Cut Pro X，因为二者产生的 XML 文件格式不同。

在 Final Cut Pro 预设中，时间线上零碎的片段依然会被渲染为零碎的片段，不过视频已经被调过色了。另外，该预设还会同时导出一个 XML 文件便于回批。在 Final Cut Pro 剪辑软件中导入 XML 文件即可重建调色后的时间线。

视频格式使用 QuickTime，编码为 Apple ProRes 422 HQ（如果想要获得更佳品质可以选择 Apple ProRes 4444），如图 14-13 所示。

图 14-13　视频设置

在“音频”选项卡中，音频编解码器使用线性 PCM（无损音频），设置位深为 24bit，如图 14-14 所示。

在“文件”选项卡中，勾选“使用独特文件名”复选框，并且会被添加为前缀，如图 14-15 所示。

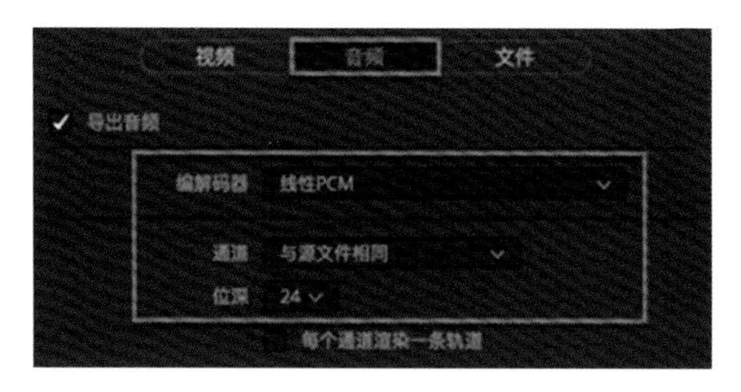

图 14-14 音频设置

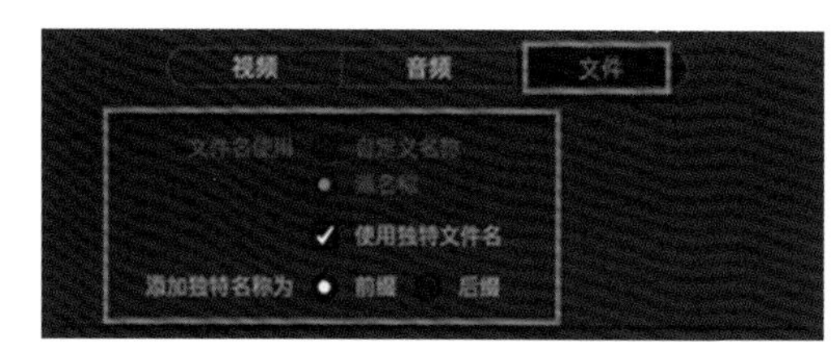

图 14-15 文件名设置

8.Premiere XML

Premiere XML 预设和 Final Cut Pro 7 预设相同，但输出的 XML 文件适合于 Premiere 软件使用。在 Premiere 剪辑软件中导入 XML 文件即可重建调色后的时间线。

9.AVID AAF

如果想把达芬奇调色后的时间线回批到 Avid Media Composer 剪辑软件中可以选择 AVID AAF 预设。设置视频格式为 MXF OP-Atom，编解码器为 DNxHR，类型为 DNxHR 444 12-bit，如图 14-16 所示。

在“音频”选项卡中，音频编解码器使用线性 PCM（无损音频），设置位深为 24bit，如图 14-17 所示。

图 14-16 视频设置

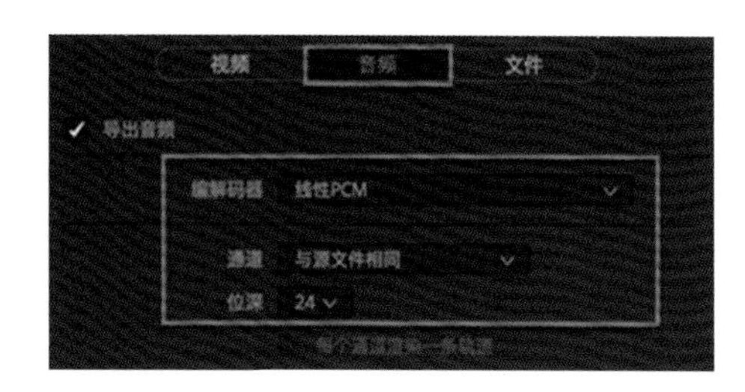

图 14-17 音频设置

在“文件”选项卡中，勾选“使用独特文件名”复选框，并且会被添加为前缀，如图 14-18 所示。

图 14-18　文件名设置

渲染完成后，在 Avid Media Composer 剪辑软件中导入 XML 文件即可重建调色后的时间线。

10.Pro Tools

Pro Tools 预设会将达芬奇时间线中零碎的视频片段渲染为单个 MXF 文件，将零碎的音频文件仍然渲染为零碎的 MXF 文件。同时还会导出一个 AAF 文件。在 Pro Tools 软件中导入 AAF 文件即可重建音视频时间线，便于音频制作者使用 Pro Tools 进行音频处理。

Pro Tools 预设会渲染三个文件：一个独立的视频供参考比对，所有的音频片段和声道的单独导出，以及一个用于 Avid Pro Tools 回批的 AAF 文件。该预设适用于最终的混音母版，适合由使用 Pro Tools 的其他混音师来完成的工作流程。

11.纯音频

纯音频预设会将时间线中的所有音频渲染为一条音频文件，该预设不会输出视频文件，如图 14-19 所示。

图 14-19　纯音频预设

14.2.2 创建附加视频输出

达芬奇还支持在同一个渲染任务中将影片渲染为多种视频格式。在“渲染设置”面板中单击快捷菜单按钮，选择“创建附加视频输出”命令，如图 14-20 所示。

图 14-20 创建附加视频输出

弹出一个新的标签面板，其编号为 2，在该面板中设置想要的视频格式即可。如果再按一次创建附件输出按钮，则会出现编号为 3 的标签面板，以此类推，如图 14-21 所示。

图 14-21 附加视频输出面板

14.3 常用格式与编码简介

达芬奇支持读入多种文件格式与编码，也支持渲染多种文件格式与编码。本节将介绍达芬奇渲染面板中常见的格式与编码的相关知识。

14.3.1 文件格式简介

1.QuickTime

QuickTime 影片格式（MOV 格式）是 Apple 公司开发的一种音频、视频文件格式，用于存储常用的数字媒体。很多摄影机可以拍摄 MOV 格式的影片，绝大多数后期软件都支持 MOV 格式。建议使用 Mac 版达芬奇的用户使用 QuickTime 格式输出。

2.AVI

AVI（Audio Video Interleaved，音频视频交错格式），是微软公司于 1992 年 11 月推出，作为其 Windows 视频软件一部分的一种多媒体容器格式。AVI 文件将音频和视频数据包含在一个文件容器中，允许音视频同步回放。如果使用 Windows 版的达芬奇，可以考虑使用 AVI 格式。

3.Cineon

1993 年，柯达公司研发出一套数字电影系统并将其命名为 Cineon。这套系统可以把胶片转换为10bit的RGB数字文件，数字文件的存储格式是Cineon，简写为CIN。经过合成和调色处理的Cineon文件还可以被记录回胶片。

4.DPX

DPX是在柯达公司的Cineon文件格式上发展出的基于位图（bitmap）的文件格式，是数字电影和DI工作中最重要的文件格式之一。未压缩，每通道10位。DPX是用来储存和表达运动图画或视频流的每一个完整帧而发展出的格式。多个DPX文件可以表示运动图画的片段和序列，用于在多种电子和计算机设备上交换和处理这些以完整帧为单位的运动视频。

5.DCP

DCP（Digital Cinema Package，数字电影数据包），是指发行至数字影院的包含影片画面、声音、字幕等内容及相关信息的数据包，作用相当于胶片电影中的拷贝。数字电影母版的制作过程，就是将DSM根据数字电影的技术要求转换成标准格式的DCDM；随后对DCDM进行图像压缩、数据加密、封装打包等处理，生成最终用于数字影院发行放映的DCP。

6.IMF

IMF（Interoperable Mastering Format，可互操作式母版格式），是为了简化母版文件交付工序而建立的，主要用于影片增值应用。和DCP（数字电影数据包）相同的是，IMF也采用JPEG2000编码。

7.EXR

OpenEXR格式由Industrial Light and Magic（工业光魔）开发，支持多种无损或有损压缩方法，适用于高动态范围图像。OpenEXR文件可以包含任意数量的通道，并且该格式同时支持16位图像和32位图像。OpenEXR已成为视效行业使用的一种重要文件格式。

8.MJ2

2002年Joint Photographic Experts Group（联合图像专家小组JPEG）制定了基于JPEG2000的运动图像标准：Motion JPEG2000（JPEG2000 part III，简称为MJ2或MJ2K）。该标准对视频序列帧独立采用JPEG2000编码，各帧编码数据完全独立，编码得到的视频序列具有可分级性。与其他视频编码标准相比，Motion JPEG2000抗干扰能力强，生成的编码序列易于编辑，目前越来越多地应用于数码相机、数字摄像机、数字影院、视频编辑、监控和远程医疗等领域。2005年好莱坞七大影业巨头联合确定Motion JPEG2000为未来数字影院标准，得到了工业界和娱乐界的支持。

9.MP4

MP4是一套用于音频、视频信息的压缩编码标准，由国际标准化组织（ISO）和国际电工委员会（IEC）下属的“动态图像专家组”（MPEG）制定。MPEG-4包含了MPEG-1和MPEG-2的绝大部分功能及其他格式的长处，并加入及扩充对虚拟现实模型语言（Virtual Reality Modeling Language，VRML）的支持，面向对象的合成档案（包括音效、视讯及VRML对象），以及数字版权管理（DRM）及其他互动功能。

10.MXF

MXF（Material eXchange Format，素材交换格式）是 SMPTE（美国电影与电视工程师学会）组织定义的一种专业音视频媒体文件格式。MXF 主要应用于影视行业媒体制作、编辑、发行和存储等环节。达芬奇支持输出两种 MXF 格式：一种是 MXF OP-Atom（Operational Pattern Atom）；另一种是 MXF OP1a（Operational Pattern 1a）。MXF OP-Atom 渲染的是分离的轨道，而 MXF OP1a 渲染的是包含所有音视频轨道的单个文件。

11.TIFF

TIFF（Tagged Image File Format，标记图像文件格式）是一种比较灵活的图像格式，支持 256 色、24 位真彩色、32 位色、48 位色等多种色彩位，同时支持 RGB、CMYK 及 YCBCR 等多种色彩模式，支持多平台，文件体积大。在数字电影母版制作中，通常采用符合 TIFF6.0 技术规范的长度为 16 位的无压缩 TIFF 文件作为数字电影发行母版的图像文件格式。

14.3.2 视频编码简介

1.Apple ProRes

Apple ProRes 编解码器提供独一无二的多码流实时编辑性能、卓越图像质量和降低的存储率组合。Apple ProRes 编解码器充分利用多核处理，并具有快速、降低分辨率的解码模式。所有 Apple ProRes 编解码器都支持全分辨率的所有帧尺寸（包括 SD、HD、2K、4K 和 5K）。数据速率有所不同，具体取决于编解码器类型、图像内容、帧尺寸及帧速率。Apple ProRes 包括以下格式，见表 14-1。

表 14-1 Apple ProRes 编码家族

编码名称	比特数	采样比	Alpha	码率（Mbit/s）	备注
Apple ProRes 4444 XQ	12	4∶4∶4∶4	是	500	对于 1920×1080 和 29.97 fps 的 4∶4∶4 源，Apple ProRes 4444 XQ 具有约 500 Mbit/s 的目标数据速率
Apple ProRes 4444	12	4∶4∶4∶4	是	330	1920×1080 和 29.97 fps 的 4∶4∶4 源，具有约 330 Mbit/s 的目标数据速率
Apple ProRes 422 HQ	10	4∶2∶2	否	220	目标数据速率在 1920×1080 和 29.97 fps 时约为 220 Mbit/s
Apple ProRes 422	10	4∶2∶2	否	147	目标数据速率在 1920×1080 和 29.97 fps 时约为 147 Mbit/s
Apple ProRes 422 LT	10	4∶2∶2	否	102	目标数据速率在 1920×1080 和 29.97 fps 时约为 102 Mbit/s
Apple ProRes 422 Proxy	10	4∶2∶2	否	45	目标数据速率在 1920×1080 和 29.97 fps 时约为 45 Mbit/s

2.Apple ProRes 4444 XQ

Apple ProRes 4444 XQ 是用于 4 ∶ 4 ∶ 4 ∶ 4 图像源的最高品质的 Apple ProRes 版本（包含 Alpha 通道）。该格式具有非常高的数据速率，可以保留目前最高质量数字图像传感器生成的高动态范围图像中的详细信息。Apple ProRes 4444 XQ 可以保留大于 Rec. 709 图像的动态范围数倍的动态范围。即使在经过极端的视觉效果处理后也是如此，这种处理过程会使色阶的暗部或亮部得到显著延伸。像标准 Apple ProRes 4444 一样，此编解码器支持每图像通道高达 12 位，Alpha 通道高达 16 位。对于 1920×1080 和 29.97 fps 的 4 ∶ 4 ∶ 4 源，Apple ProRes 4444 XQ 具有约 500 Mbit/s 的目标数据速率。

3.Apple ProRes 4444

Apple ProRes 4444 是用于 4 ∶ 4 ∶ 4 ∶ 4 图像源的最高品质的 Apple ProRes 版本（包含 Alpha 通道）。此编解码器具有全分辨率、高质量 4 ∶ 4 ∶ 4 ∶ 4RGBA 颜色和与原始材料没有视觉区别的视觉保真度。Apple ProRes 4444 是一项高质量解决方案，用于存储和交换动态图形和复合视频，具有出色的多次编码性能和数学无损 Alpha 通道（最高达 16 位）。与未压缩的 4 ∶ 4 ∶ 4 HD 相比，此编解码器具有卓越的低数据速率。对于 1920×1080 和 29.97fps 的 4 ∶ 4 ∶ 4 源，具有约 330 Mbit/s 的目标数据速率。它还提供了 RGB 和 Y' CBCR 像素格式的直接编码和解码。

4.Apple ProRes 422 HQ

Apple ProRes 422 HQ 是较高数据速率版本的 Apple ProRes 422，它可对 4 ∶ 2 ∶ 2 图像源保留与 Apple ProRes 4444 相同等级的视觉质量。随着视频后期制作行业广泛地采用 Apple ProRes 422 HQ，这种格式能在视觉上无损保留一个单链路 HD-SDI 信号可携带的最高质量专业 HD 视频。此编解码器支持全宽度、10 位像素深度的 4 ∶ 2 ∶ 2 视频源，同时通过多次解码和重编码保持了视觉无损状态。目标数据速率在 1920×1080 和 29.97 fps 时约为 220 Mbit/s。

5.Apple ProRes 422

Apple ProRes 422 是高质量的压缩编解码器，提供几乎所有 Apple ProRes 422 HQ 的优势，但是提供 66% 的数据速率，可以实现更好的多码流实时编辑性能。目标数据速率在 1920×1080 和 29.97 fps 时约为 147 Mbit/s。

6.Apple ProRes 422 LT

Apple ProRes 422 LT 是比 Apple ProRes 422 更高度压缩的编解码器，数据速率约为 70%，文件小 30%。该编解码器非常适合追求最佳存储容量和数据速率的环境。目标数据速率在 1920×1080 和 29.97 fps 时约为 102 Mbit/s。

7.Apple ProRes 422 Proxy

Apple ProRes 422 Proxy 是比 Apple ProRes 422 LT 更高度压缩的编解码器，适用于需要

低数据速率和全分辨率视频的离线工作流程。目标数据速率在 1920×1080 和 29.97 fps 时约为 45 Mbit/s。

★提示

Apple ProRes 4444 和 Apple ProRes 4444 XQ 非常适合动态图形媒体的交换，因为它们几乎是无损的，它们也是仅有的支持 Alpha 通道的 Apple ProRes 编解码器。

8.H.264

H.264 是由 ITU-T 视频编码专家组（VCEG）和 ISO/IEC 动态图像专家组（MPEG）联合组成的联合视频组（Joint Video Team，JVT）提出的高度压缩数字视频编解码器标准。H.264 具有低码率、高质量、容错能力强和网络适应性强的优点。但是由于压缩比很高，H.264 编码的视频在调色环节的自由度较低。

9.DNxHD/DNxHR

DNxHD 是面向高清视频的编码方案，DNxHR 则是面向 2K、4K 分辨率视频的编码方案。DNxHD/DNxHR 编码有多种封装格式可以选择，如 MOV 和 MXF 等。

10.GoPro CineForm

CienForm 编解码器被设计用于高清及更高分辨率的数字中间片流程。2011 年 CineForm 公司被 GoPro 公司收购，因此，收购后该编码名称更改为 Gopro CineForm。

11.Grass Valley

Grass Valley（草谷公司）推出的编码。Grass Valley HQ 用于编码高清视频，Grass Valley HQX 用于编码更高分辨率的视频。

12.Kakadu JPEG2000

JPEG2000 是新一代静止图像压缩编码国际标准，由 JPEG 标准发展而来。Kakadu JPEG2000 于达芬奇 15 版本中被引入。

13.Photo JPEG

Photo JPEG 编码使用 JPEG 算法对图像进行压缩，可以用来存储静态图像，也可存储高品质的视频文件。在 QuickTime 中有三种基于 JPEG 的编码：Photo JPEG、MJPEG-A 和 MJPEG-B。

14.Uncompressed

Uncompressed 是一种未压缩编码，可以输出未经压缩处理的视频文件。

15.VP9

VP9 是一个由 Google 开发的视频压缩标准。VP9 在开发初期曾被命名为 Next Gen Open

Video（NGOV，下一代开放视频）与 VP-Next。VP9 相比 VP8 有很多提升。在比特率方面，VP9 比 VP8 提高 2 倍图像画质，H265 的画质也比 H264 高 2 倍。VP9 的一大优势是没有版税，与 H.264（2013 年 cisco 已将 H.264 开源）和 H.265 不同，它可以免费使用。VP9 标准支持两种编码格式设定（Profiles）：profile 0 和 profile 1。Profile 0 支持 4 ：2 ：0 的色度抽样，Profile 1 支持 4 ：2 ：0、4 ：2 ：2 和 4 ：4 ：4 色度抽样，并支持 Alpha 通道和 Depth 通道，另外，Google 也在考虑新增一个支援 10 位色彩深度的编码格式设定。

16.AV1

AV1 是目前业界最新的开源视频编码格式，对标专利费昂贵的 H.265。它由思科、谷歌、网飞、亚马逊、苹果、Facebook、英特尔、微软、Mozilla 等组成的开放媒体联盟（Alliance for Open Media，AOMedia）开发。AV1 开发的主要目标是在保持实际解码复杂性和硬件可行性的同时，在最先进的编解码器上实现显著的压缩增益。达芬奇在本书写作期间（2022 年 10 月）还不支持 AV1 编码，但在可以预见的将来应该会加入该编码。

14.4 电影DCP打包

数字电影数据包（Digital Cinema Package，DCP）是指发行至数字影院的包含影片画面、声音、字幕等内容及相关信息的数据包，作用相当于胶片电影中的拷贝。达芬奇软件支持输出 DCP 格式，因此可以在完成调色后直接交付数字电影数据包（DCP）。

01 创建 DCP 时，时间线必须设置为以下三个 2K 分辨率的一个：

- 2K Native（1.90 ：1）2048×1080 @ 24，25，30，48，50，或 60 帧 / 秒；
- 2K Flat（1.85 ：1）1998×1080 @ 24，25，30，48，50，或 60 帧 / 秒；
- 2K CinemaScope（2.39 ：1）2048×858 @ 24，25，30，48，50，或 60 帧 / 秒。

或者以下三个 4K 分辨率的一个：

- 4K Native（1.90 ：1）4096×2160 @ 24，25，30，48，50，或 60 帧 / 秒；
- 4K Flat（1.85 ：1）3996×2160 @ 24，25，30，48，50，或 60 帧 / 秒；
- 4K CinemaScope（2.39 ：1）4096×1716 @ 24，25，30，48，50，或 60 帧 / 秒。

★提示

目前国内电影一般采用的帧率为 24 帧 / 秒，具体画幅大小需要和制片方确认。

02 检查影片图像、音频和字幕无误后进入“交付”页面。将导出格式设置为“DCP”，将编解码器设置为“kakadu JPEG 2000”，根据项目需求自行设置影片分辨率为 2K 或 4K，最大比特率一般设置为 250 Mbit/ 秒。然后单击“工程名称”后面的“浏览”按钮，如图 14-22 所示。

图 14-22 DCP 格式设置

★提示

DCP 使用 XYZ 色彩空间。项目色彩空间到 XYZ 的转换是在创建 DCP 文件的同时完成的。项目色彩空间由色彩管理设置中的“时间线色彩空间”的设置来确定，即使在未使用 DaVinci YRGB Color Management 时也是如此。

勾选“使用 Interop 标准打包”复选框，确定是基于较旧但受到更广泛支持的 Interop 标准，还是更现代且功能更丰富的 SMPTE 标准来生成 DCP。使用 SMPTE 标准的好处之一是它支持更广泛的帧率。使用 Interop 标准的好处是它可以在更多的电影投影机上正常播放，尽管帧率被限制为 24 帧 / 秒或 48 帧 / 秒。

03 在弹出的“DCP 工程名称生成器”面板中根据具体项目设置工程名称，该名称不同于 DCP 数据包的文件名称。DCP 内容的标题遵循某种特定但自愿的数字电影命名约定。对于创建的电影的每个版本［如英语 5.1 版本、西班牙语 5.1 版本、立体声版本、飞行（In-flight）版本等］，都会创建一个包含相应内容名称的合成播放列表（CPL）。DCP 预设会创建这个 CPL，并内置了一个生成遵循适当命名约定的名称的便捷方式，如图 14-23 所示。

04 至于电影音频，大多是 5.1 或 7.1 声道的，也有少量杜比全景声格式。这需要提前在 Fairlight 页面中建立对应的总线。图 14-24 所示为创建了 5.1 声道总线。

用户可以使用 Fairlight 直接进行电影混音，或者将其他混音工作室提供的最终混音文件放置到 Fairlight 的音轨上并进行正确设计。在交付页面中也要检查音频是否已经设置正确，如图 14-25 所示。

05 将项目添加到渲染队列中进行渲染，即可得到数字电影数据包（DCP），如图 14-26 所示。

图 14-23　DCP 工程名称生成器

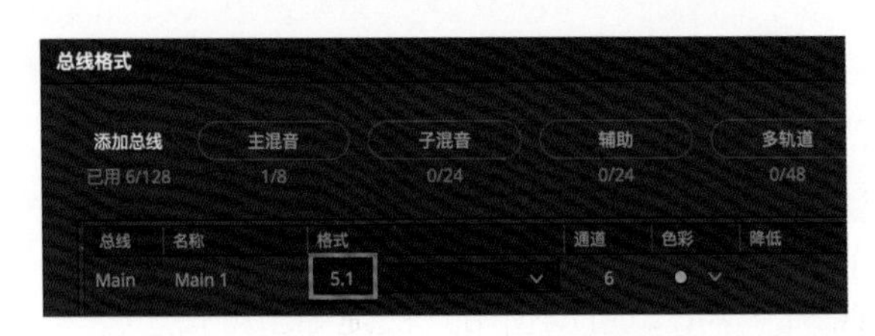

图 14-24　5.1 声道总线

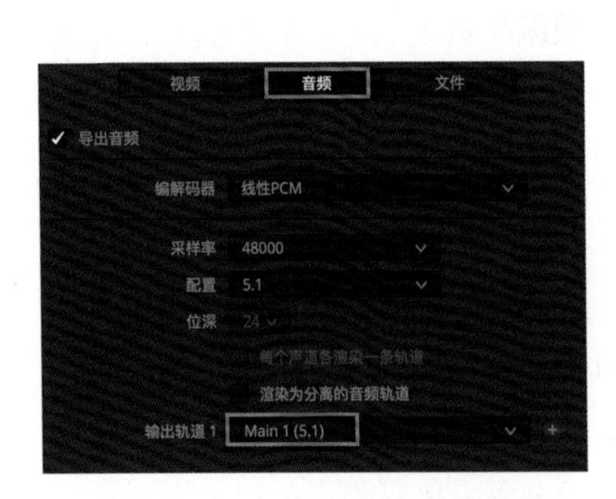

图 14-25　交付页面的音频设置

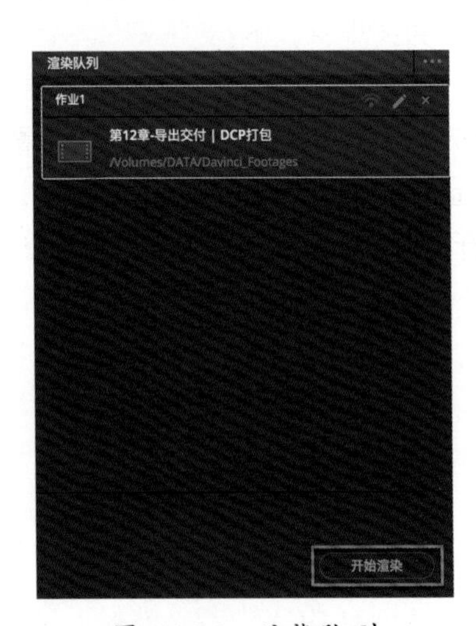

图 14-26　渲染队列

导出的 DCP 是一种结构化的文件，由 CPL（合成播放列表）、PKL（打包列表）、AssetMap（资产映射表）和 KDM（密钥传送消息）四部分构成。DCP 文件可以由专门的播放器来播放检查，也可导入达芬奇内部进行播放。

在交付真实的电影项目时，可将 DCP 输出到 Cru Dataport DX-115 内部的硬盘驱动器上，该设备可以直接挂载到许多类型的数字电影服务器上，并且通常是某些电影节指定的存储介质。更方便的方式是输出到 USB 2 或 USB 3 的硬盘驱动器上，或是 USB 记忆棒上（如果它适合电影的文件大小）。无论选择哪种存储设备，都必须将设备格式化为 Linux ext2 或 ext3 驱动器。在 Mac OS 和 Windows 工作站上有多种方法可以做到这一点。某些电影投影机服务器可能没有足够的电源来正确挂载某些通过 USB 供电的驱动器。在这种情况下，务必使用带有外接电源的 USB 驱动器。

当渲染一个真实的电影项目时，希望在生成 DCP 文件后对其进行测试与质检。测试 DCP 的唯一可靠的方法是租用一个影院放映厅并按照为观众放映的方式播放它。这是可以绝对验证色彩空间转换（从时间线色彩空间转换到 XYZ）是否正常工作的唯一方法。还可通过将 DCP 导入新的 DaVinci Resolve 项目文件并管理从 DCI X'Y'Z' 到监看标准的色彩空间来测试 DCP。但是，此方法可能无法准确还原出项目在影院放映时的显示方式。

★提示

目前使用达芬奇内置的 kakadu JPEG 2000 编解码器输出 DCP 文件还有不少局限性。想要获得更加丰富的功能，可以使用 DaVinci Resolve Studio 版携带的 easyDCP 软件进行 DCP 输出。注意，easyDCP 是收费软件，需要单独进行授权。

14.5 快捷导出

影片完成后想要和他人分享时，可以使用“快捷导出”按钮将时间线的内容输出为多种不同格式和编码的文件。用户可以在 DaVinci Resolve 的绝大多数页面中选择快捷导出命令或按钮，具体步骤如下：

01 在“剪辑”“Fusion”或“调色”页面中，可选择在时间线中设置入点和出点，以选择要导出的当前视频的范围。如果未设置时间线入点或出点，则将导出整个时间线。

02 选择“文件”→“快捷导出”命令或单击“快编”页面右上角的“快捷导出”图标。

03 在弹出的“快捷导出”对话框的图标栏中选择要使用的预设，然后单击“导出”按钮，如图 14-27 所示。

图 14-27 “快捷导出”面板

04 使用“导出”对话框选择目录位置并输入文件名，然后单击“保存”按钮，弹出一个进度条对话框，可以知道导出需要多长时间。

14.6 使用渲染队列

在达芬奇中，渲染任务被称为“作业”。每个作业可以拥有不同的参数设置，如渲染目录、格式、分辨率和数据级别等。如果有多个作业需要渲染，则将所有作业添加到渲染队列中。这样，只需单击一次按钮，达芬奇就可按照队列顺序渲染完成所有作业。在工作中，善于使用渲染队列，可以提高工作效率，摆脱烦琐的重复性劳动。

★视频教程

本节案例请观看随书配套视频教程。

14.7 使用商业片工作流程

在给影片定调的过程中，调色师会给一个片段调整多个调色版本供客户选择。但是在渲染影片时却只能渲染一个版本。“使用商业工作流程”可以将一个片段的多个调色版本同时渲染出去。

★视频教程

本节案例请观看随书配套视频教程。

14.8 本章小结

影片的交付平台主要分为网络、电视和影院三种。网络交付通常使用H.264编码的视频文件，如果需要交付网络母版文件可以使用IMF格式。给电视台交付节目建议使用Apple ProRes 422 HQ编码，当然也可根据电视台的需求进行调整，因为HDR节目要求的文件格式和编码不同于常规节目。给影院交付需要使用DCP格式。另外，还介绍了达芬奇渲染的多种技巧和方式，如单击就可以渲染多个项目及用A计算机调色但是用B计算机渲染等。